21世纪高等学校计算机
基础实用系列教材

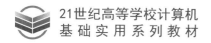

U0368211

大学计算机基础教程

Windows 10+Office 2019

吴亚坤 王大勇 编著

清华大学出版社
北京

内 容 简 介

本书由教学篇、实践篇两部分组成。教学篇强调基础知识的讲解和基本技能的应用,主要内容包括计算机及信息安全基础知识,操作系统基础及 Windows 10 应用,办公软件 Word 2019、Excel 2019、PowerPoint 2019 的应用,多媒体技术基础与应用,网络基础与 Internet 应用,常用工具软件的使用等。实践篇根据教学篇的知识点设置了丰富的实验题目,以加强学生对所学知识的理解与巩固,提高学生计算机操作的能力和解决问题的能力。

本书理论与实践相结合,讲解细致、实例丰富、图文并茂、通俗易懂,可作为高校各专业计算机基础课的教材,也可作为各类计算机培训的教材和广大计算机爱好者自学的参考书。

图书在版编目(CIP)数据

大学计算机基础教程:Windows 10＋Office 2019/吴亚坤,王大勇编著.
北京:清华大学出版社,2024.8. --(21 世纪高等学校计算机基础实用系列教材). -- ISBN 978-7-302-67109-1

Ⅰ. TP316.7;TP317.1

中国国家版本馆 CIP 数据核字第 2024XF4714 号

责任编辑:贾　斌　薛　阳
封面设计:刘　键
责任校对:申晓焕
责任印制:丛怀宇

出版发行:清华大学出版社
　　　　网　　　址:https://www.tup.com.cn,https://www.wqxuetang.com
　　　　地　　　址:北京清华大学学研大厦 A 座　　邮　　编:100084
　　　　社 总 机:010-83470000　　　　　　　　　邮　　购:010-62786544
　　　　投稿与读者服务:010-62776969,c-service@tup.tsinghua.edu.cn
　　　　质量反馈:010-62772015,zhiliang@tup.tsinghua.edu.cn
　　　　课件下载:https://www.tup.com.cn,010-83470236
印 装 者:三河市天利华印刷装订有限公司
经　　销:全国新华书店
开　　本:185mm×260mm　　印　　张:26　　　　字　　数:636 千字
版　　次:2024 年 8 月第 1 版　　　　　　　　　印　　次:2024 年 8 月第 1 次印刷
印　　数:1~4000
定　　价:79.00 元

产品编号:107158-01

May all your wishes come true

祥凤鲸鲩
祥生齐祥

扬帆起航
清华大学出版社
TSINGHUA UNIVERSITY PRESS

May all your wishes come true

如果知识是通向未来的大门，
我们愿意为你打造一把打开这扇门的钥匙！

https://www.shuimushuhui.com/

图书详情 | 配套资源 | 课程视频 | 会议资讯 | 图书出版

前　言

当今世界,物联网、大数据、云计算、人工智能等新一代信息技术已经渗透到人们生活的各个领域,能够理解新一代信息技术,具备计算思维能力,掌握基于互联网的学习和交流方法,已经成为新时代大学生素质的基本要求。作为一门面向高等院校非计算机专业学生开设的重要基础课程,"大学计算机"课程肩负着培养学生计算思维能力、普及新一代信息技术教育、提高大学生计算机应用能力的历史重任。为此,教育部高等学校大学计算机课程教学指导委员会于2023年4月最新编制了《新时代大学计算机基础课程教学基本要求》,提出了以计算思维能力培养和新一代信息技术赋能为目的的大学计算机基础课程教学改革目标,通过课程体系与内容、实践模式与方法的改革,将新一代信息技术融入对计算系统的理解之中,融合应用能力的培养之中,并最终实现技术赋能和计算思维能力培养这一目标。本教材就是在这样的背景下,按照《基本要求》的精神编制而成的。

在内容组织上,本教材集理论与实践于一体,分为教学篇和实践篇两大部分。教学篇内容共8章。第1章介绍计算机、信息安全及计算机新技术的基础知识;第2章介绍操作系统基础知识及 Windows 10 操作系统的常用操作;第3章介绍利用文字处理软件Word 2019 实现文本的编辑、排版、打印、图文混排、表格编辑、长文档编辑、邮件合并等常用操作;第4章介绍使用电子表格软件 Excel 2019 完成电子表格的编辑、计算、图表的应用及数据的统计、筛选、分析等操作;第5章介绍利用 PowerPoint 2019 制作多媒体演示文稿的方法;第6章介绍多媒体的基础知识,以及 GoldWave、Photoshop、Flash 等多媒体软件的简单应用;第7章介绍计算机网络基础知识及 Internet 常用操作,包括网络分类、组成、拓扑结构、局域网基础、网络参数的设置、IE 浏览器的使用,电子邮件收发等;第8章介绍常用工具软件的使用方法。在内容编排上,教材采用了深入浅出、图文并茂的讲解方法,同时还穿插了50多个教学案例,使得教材内容不仅更加生动,而且更易于学生的消化和理解。实践篇与教学篇相呼应,每章均按教学内容的知识点划分为若干实验,教师可以根据教学需求选取实验内容。每个实验均由实验目的、实验题目和作业3部分组成。实验目的概括了该实验要达到的目标;实验题目不仅给出了该实验的具体内容,还详细给出了完成该实验的具体操作步骤,引导学生循序渐进地进行计算机规范操作。作业部分列出了一些综合练习的实验题目,供学生自主学习,以巩固对所学知识的掌握,提高操作的熟练程度。

本教材是集体智慧的结晶,教研室的多位老师参与了教材的编写工作。其中,第1章由周应强、殷慧文编写,第2章、第9章由闫威、刘婷丽、孙时光编写,第3章、第10章由吴亚坤编写,第4章、第11章由王晓静、殷慧文编写,第5章、第12章由王大勇、李丽编写,第6章、第13章由邸春红、马旭编写,第7章、第14章由董博编写,第8章、第15章由易俗编写;总体架构及内容由吴亚坤策划，经教研室全体教师讨论后定稿，由吴亚坤、王大勇汇总、统稿。

本教材的编写得到了创新创业学院领导的大力支持，辽宁大学教务处也给予了极大的帮助。同时，教研室的各位老师也对本教材提出了许多有益的建议，在此一并表示衷心的感谢！

由于时间仓促，加之编者水平有限，教材中不当之处在所难免，欢迎广大同行和读者批评指正。

编　者

2024 年 5 月

目 录

第二篇　实　践　篇

第一篇　教学篇

第1章 计算机基础知识

1.1　计算机概述

计算机是人类在 20 世纪最伟大的科技成果之一。1946 年世界上第一台电子计算机诞生以来,计算机技术得到了突飞猛进的发展。目前,计算机已广泛地应用在工业、农业、国防、科技、文教、卫生、家庭生活等各个领域,并引起人类社会的巨大变革,不断推动着现代人类社会的文明和进步。

今天所说的"计算机",指的是利用电子技术实现计算的工具,即电子计算机。电子计算机以二进制信息处理为基础,具有运算速度快、计算精度高、自动执行等许多特点,并广泛应用于科学计算、数据处理、过程控制、计算机辅助过程及计算机网络等领域。现在使用的计算机都是电子计算机,为方便起见,以下电子计算机简称计算机。

1.1.1　计算机及其发展过程

计算机诞生之前,人类的计算工具在不断地创新和发展,如结绳、算筹、算盘、计算尺、手摇机械计算机、电动机械计算机等。

1. 计算机的发展历史

1946 年世界上第一台电子计算机,即电子数字积分器和计算器(electronic numerical integrator and calculator,ENIAC)在美国诞生。这台计算机采用电子管作为基本部件,共使用了 18 000 个电子管,占地面积 170 m^2,重达 30 t,每秒仅能计算 5000 次加法。虽然 ENIAC 与现代计算机相比速度慢、体积大、可靠性差,但它的诞生却标志着新的工业革命的开始,世界文明进入了一个崭新的时代。

从 ENIAC 的诞生到现在,根据计算机采用的基本物理器件,计算机的发展经历了 4 个时代:电子管时代、晶体管时代、集成电路时代和大规模集成电路时代。

(1) 第一代:电子管计算机时代(1946—1955 年)。这一时代的计算机采用电子管作为基本元件;使用机器语言或汇编语言进行程序设计;主要用于军事、科学和工程计算;运算速度为每秒几千次至几万次。

(2) 第二代:晶体管计算机时代(1956—1963 年)。这一时代的计算机采用晶体管作为基本元件;相较电子管,晶体管体积缩小、功耗降低,运算速度(可达每秒几十万次)和可靠性提高;采用高级语言,如 FORTRAN、COBOL、ALGOL 等进行程序设计;在软件方面还出现了操作系统。计算机的应用范围涉及数据处理等更广泛的领域。

(3) 第三代:集成电路计算机时代(1964—1971 年)。这一时代的计算机采用集成电路

（在几平方毫米的单晶硅片上集成了几十个到上百个电子器件）作为基本元件；相较晶体管，集成电路体积更小，功耗、价格等进一步降低；运算速度可达每秒几十万次到几百万次；软件设计上采用了结构化程序设计方法，并且操作系统日益完善。

（4）第四代：大规模集成电路计算机时代（1972年至今）。这一时代的计算机采用大规模集成电路（在一块芯片上集成上千个到几百万个电子器件）作为基本元件；相较集成电路，大规模集成电路的集成度更高；运算速度可达每秒几百万次至上亿次；在软件方面发展了数据库系统、分布式操作系统、高效而可靠的高级语言及软件工程标准化等，并逐步形成了软件产业。

20世纪70年代以来，以大规模集成电路为基础的微型计算机得到了迅速发展。微型计算机由于具有体积小、耗电少、价格低、性能高、可靠性好、使用方便等优点，被应用到社会生活的各个方面，使计算机的应用更为广泛。

2. 计算机名人

在计算机的发展过程中出现了许多杰出的科学家，他们为计算机科学的发展做出了卓越的贡献。艾伦·图灵（Alan Turing）和冯·诺依曼（Von Neumann）就是其中最耀眼的两位明星。

图灵是英国数学家，他因为提出了图灵机模型和图灵测试方法而被称为"计算机科学之父"和"人工智能之父"。图灵机是理论计算机的抽象模型，它用机器模拟人用纸笔进行数学运算的过程，第一次回答了计算机是怎样一种机器及如何工作。图灵测试首次提出了测试机器是否有智能的方法。为纪念图灵，美国计算机协会于1966年设立了图灵奖，奖励在计算机科学研究中做出创造性贡献、推动计算机科学技术发展的杰出科学家。图灵奖是计算机领域的国际最高奖项，被誉为"计算机界的诺贝尔奖"。

冯·诺依曼是旅美匈牙利科学家，他提出了在数字计算机内部的存储器中存放程序的思想，这是所有现代电子计算机的范式，称为"冯·诺依曼结构"。按这种结构制造的计算机由运算器、控制器、存储器、输入设备、输出设备五大部分组成，称为存储程序计算机，又称通用计算机。冯·诺依曼被后人称为"计算机之父"。

3. 计算机的发展趋势

第一台计算机诞生以来，计算机的性能得到了惊人的提高，且价格大幅下降。今后，计算机还将不断地发展，从结构和功能等方面看，大致有如下趋势。

（1）巨型化。随着科学和技术的发展需要，许多部门要求计算机具有更高的速度、更大的存储容量和更强的功能，从而使计算机向巨型化发展。

（2）微型化。计算机的体积更小、重量更轻、价格更低，更适用于各个领域或各种场合。目前，市场上的各种笔记本计算机、膝上型和掌上型计算机等都是向这一方向发展的产品。

（3）网络化。计算机网络是计算机技术和通信技术互相渗透、不断发展的产物。计算机联网可以实现计算机的相互通信和资源共享。目前，各种计算机网络（局域网和广域网）的形成，无疑将加速社会信息化的进程。

（4）多媒体化。在社会生活中，除了传统计算机处理的字符和数字以外，还有图片、声音、图像等多种形式的信息。数字化技术能进一步改进计算机的表现能力，使现代计算机可以集图形、图像、声音、文字处理等为一体，使人们可以面对有声有色、图文并茂的信息环境，这就是通常所说的多媒体技术。多媒体技术使信息处理的对象和内容发生了深刻改变。

（5）智能化。计算机智能化是要求计算机能模拟人的感觉和思维能力。它能进行数值计算或处理一般的信息，主要面向知识处理，具有形式化推理、联想、学习和解释的能力，能够帮助人们进行判断、决策、开拓未知领域和获得新的知识。人、机之间可以直接通过自然语言（声音、文字）或图形图像交换信息。

1.1.2　计算机的分类、工作特点

1. 计算机分类

计算机按照处理的数据类型，可分为模拟计算机和数字计算机两类。

（1）模拟计算机。模拟计算机通过电压的大小表示数，即通过电的物理变化过程进行数值计算。其优点是速度快，适用于解高阶的微分方程，在模拟计算和控制系统中应用较多。但其通用性不强，信息不易存储，且计算机的精度受到设备的限制。因此，模拟计算机不如数字计算机的应用广泛。

（2）数字计算机。数字计算机通过电信号的有无表示数，并利用算术和逻辑运算法则进行计算。它具有运算速度快、精度高、灵活性大和便于存储等优点，因此适用于科学计算、信息处理、实时控制和人工智能等应用。人们使用的计算机，一般都是指数字计算机。

计算机按照用途，可分为专用计算机和通用计算机两类。

（1）专用计算机。专用计算机具有单纯、使用面窄甚至专机专用的特点，是为了解决一些专门的问题而设计制造的。因此，可以通过增强某些特定的功能，忽略一些次要功能，使专用计算机能够具有高速度、高效率地解决某些特定问题的能力。模拟计算机通常都是专用计算机。在军事控制系统中，广泛地使用了专用计算机。

（2）通用计算机。通用计算机具有功能多、配置全、用途广、通用性强等特点，人们通常所说的及本书介绍的就是通用计算机。

在通用计算机中，人们又按照计算机的运算速度、字长、存储容量、软件配置等多方面的综合性能指标将计算机分为巨型机、大型机、小型机、工作站、微型机等几类。

① 巨型机。巨型机又称超级计算机，它是电子计算机的一个重要发展方向。巨型机的研制水平、生产能力及应用程度已成为衡量一个国家经济实力和科技水平的重要标志。目前，巨型机的运算速度可达每秒几百亿次。巨型机使研究人员可以研究以前无法研究的问题，如研究更先进的国防尖端技术、更详尽地分析地震数据及帮助科学家计算毒素对人体的作用等。美国的 Frontier、日本的 Fugaku、我国的"神威·太湖之光"都属于巨型机。

巨型机在技术上朝两个方向发展：一方面是开发高性能器件、缩短时钟周期、提高单机性能；另一方面是采用多处理器结构，提高整机性能，例如，Frontier 就采用了 8 699 904 个处理器。

② 大型机。大型计算机（简称大型机）虽然在量级上不及巨型机，但也有很快的运算速度和很大的存储量，适用于政府部门或大型企业（如银行），主要用于复杂事务处理、海量信息管理、大型数据库管理和数据通信等。目前，生产大型机的厂商主要有美国的 IBM 公司和 DEC 公司，以及日本的富士通公司等。

③ 小型机。小型机规模小、结构简单、设计试制周期短，便于及时采用先进工艺。小型机由于可靠性高、价格便宜、对运行环境要求低、易于操作且便于维护、用户使用机器不必经过长期的专门训练，因此其对广大用户具有吸引力，加速了它的推广、普及。

小型机应用范围广泛,如用于工业自动控制、大型分析仪器、测量仪器、医疗设备中的数据采集、分析计算等,也可作为大型、巨型计算机系统的辅助机,并广泛运用于企业管理及大学和研究所的科学计算等。

UNIX 服务器,也就是中国业内习惯上所说的小型机,在服务器市场处于中高端位置。DEC 公司的 PDP-11 系列是 16 位小型机的早期代表。现在生产 UNIX 服务器的厂商主要有 IBM、HP、富士通、甲骨文(收购 Sun 公司)、我国的浪潮集团。

④ 工作站。工作站是一种高档的微机系统,具有较高的运算速度,既具有大、中、小型机的多任务、多用户能力,又兼具微型机的操作便利和良好的人机界面。它可以连接多种输入、输出设备,最突出的特点是图形性能优越,具有很强的图形交互处理能力,因此在工程领域,特别是在计算机辅助设计(computer-aided design,CAD)领域得到了广泛运用。

目前,多媒体等各种新技术已普遍集成到工作站中,使其更具特色。它的应用领域也已从最初的计算机辅助设计扩展到商业、金融、办公领域,并频频充当网络服务器的角色。目前,许多厂商都推出了适合不同用户群体的工作站,如 IBM、联想、戴尔(DELL)、HP、正睿(国产)等,而工业级一体化工作站的生产厂家有国内的诺达佳(NODKA)和中国台湾的研华等。

⑤ 微型机(个人计算机)。1971 年,美国英特尔(Intel)公司成功研制出世界第一片 4 位微处理器(micro processing unit,MPU)芯片,又称 Intel 4004,并由它组成了第一台微型计算机 MCS-4,由此揭开了微型计算机推广普及的序幕。

早期的个人计算机(personal computer,PC)生产商主要有 IBM 和 Apple(苹果)公司。美国 IBM 公司采用 Intel 微处理器芯片,自 1981 年推出第一代 IBM PC 后,又推出了一系列微型计算机,由于其功能齐全、软件丰富、价格便宜,很快便占据了微型计算机市场的主导地位。苹果计算机由于其先进的技术、友好的用户界面及软硬件的完美结合,在个人计算机领域备受人们的青睐。

现在主要的个人计算机品牌有 Think Pad、HP、华硕(ASUS)、索尼(Sony)、三星(Samsung)、戴尔(DELL)、东芝(Toshiba)、宏碁(Acer)、苹果(Apple-MAC)、联想(Lenovo)、神舟(Hasee)等。

微型机由于具有小、巧、轻、使用方便、价格便宜等特点,因此应用范围极其广泛。从太空中的航天器到家庭生活用品,从工厂的自动控制到办公自动化,以及商业、服务业、农业等,遍及社会各个领域。

2. 计算机工作特点

计算机的主要工作特点如下。

(1) 运算速度快。运算速度是计算机的一个重要性能指标。计算机的运算速度通常用每秒浮点操作数(floating-point operations per,FLOPS)或平均每秒执行指令的条数来衡量。运算速度快是计算机的一个突出特点。计算机的运算速度已由早期的每秒几千次至几万次发展到如今的每秒几十亿至几万亿次,顶级的超级计算机的运算速度甚至达到每秒百亿亿次的 E 级运算速度。

(2) 计算精度高。科学研究和工程设计中,对计算结果的精度要求很高。一般计算工具的结果精度只能达到几位有效数字,而计算机对数据的结果精度可达到十几位、几十位有效数字,根据需要甚至可达到任意的精度。

（3）存储容量大。计算机的存储器可以存储大量数据,使得计算机具有了"记忆"功能。目前计算机的存储容量越来越大,已高达千兆数量级。计算机具有"记忆"功能,是其与传统计算工具的一个重要区别。

（4）具有逻辑判断功能。计算机的运算器除了能够完成基本的算术运算外,还具有比较、判断等逻辑运算的功能。这种能力是计算机处理逻辑推理问题的前提。

（5）自动化程度高、通用性强。由于计算机的工作方式是将程序和数据先存放在计算机内,工作时按程序规定的操作,一步一步地自动完成,一般无须人工干预,因而自动化程度高。这一特点是一般计算工具不具备的。计算机通用性主要表现为几乎能求解自然科学和社会科学中一切类型的问题,并能广泛地应用于各个领域。

（6）可靠性高。计算机基于数字电路的工作原理,使用二进制,其运行状态稳定,再加上数字电路采用的各种校验方法,使计算机具有非常高的可靠性。

1.1.3 未来新型计算机

展望未来,计算机的发展必然要经历很多新的突破。未来的计算机技术将向超高速、超小型、平行处理、智能化的方向发展。从目前的发展趋势来看,未来的计算机将是微电子技术、光学技术、超导技术和电子仿生技术相互结合的产物。届时,计算机将发展到一个更高、更先进的水平。

新型的光子计算机、分子计算机、量子计算机、纳米计算机等将会逐步走进人们的生活,遍布各个领域。

1. 光子计算机

光子计算机是利用激光作为载体进行信息处理的计算机,又称光脑。它依靠激光束进入由反射镜和透镜组成的阵列来实现对信息的处理,其运算速度将比普通的电子计算机快至少 1000 倍。

与电子计算机相似,光子计算机也依靠一系列逻辑操作来处理和解决问题。由于光束在常规条件下互不干扰,因此光子计算机能够在极小的空间内开辟很多平行的信息通道,密度大得惊人。一块截面为 5 分硬币大小的棱镜,其光通过能力超过全球现有电缆的许多倍。

2. 分子计算机

分子计算机是利用分子计算的能力进行信息处理的计算机。分子计算机的运行靠的是分子晶体吸收以电荷形式存在的信息,并以更有效的方式进行组织排列。分子计算机正在酝酿之中。1999 年 7 月 16 日,美国 HP 公司和加州大学宣布,已成功研制出分子计算机中的逻辑门电路,其线宽只有几个原子直径之和,运算速度是计算机的 1000 亿倍。

3. 量子计算机

量子计算机是一种可以实现量子计算的机器,它通过量子力学规律实现算术和逻辑运算、处理和存储信息。量子计算机以量子态为记忆单元和信息存储形式,以量子动力学演化为信息传递与加工基础实现量子通信与量子计算。量子计算机的计算基础是量子比特（qubit）,它可以同时是 0 和 1,即允许"叠加态"共存,从而拥有更强大的并行能力。

目前,量子计算的应用已经走出实验室,很多国家都把量子计算当作未来技术的制高点,国内外知名企业纷纷涉足量子计算,全球量子计算创业公司超过百家。2023 年 12 月,我国第三代自主超导量子计算机"本源悟空"在本源量子计算科技（合肥）股份有限公司上线运行。据介绍，这台量子计算机搭载 72 位自主超导量子芯片"悟空芯"，是目前我国最先进的可编程、可交付超导量子计算机。超导量子计算机是基于超导电路量子芯片的量子计算机。国际上，IBM 与谷歌（Google）量子计算机均采用超导技术。

4. 纳米计算机

纳米技术是从 20 世纪 80 年代初迅速发展起来的前沿科研领域，最终目标是人类可以按照自己的意志直接操纵单个原子，制造出具有特定功能的产品。现在，纳米技术正从微电子机械系统（micro-electromechanical system，MEMS）起步，把传感器、电动机和各种处理器都放在一个硅芯片上，进而构成一个系统。应用纳米技术研制的计算机内存芯片，其体积只有数百个原子大小，相当于人的头发丝直径的千分之一。纳米计算机不仅几乎不需要耗费任何能源，而且其性能也比如今的计算机强许多倍。

5. DNA 计算机

脱氧核糖核酸（deoxyribonucleic acid，DNA）计算机是一种生物形式的计算机。它是利用 DNA 建立的一种完整的信息技术形式，以编码的 DNA 序列（通常意义上的计算机内存）为运算对象，通过分子生物学的运算操作解决复杂的数学难题。

DNA 计算机"输入"的是细胞质中的核糖核酸（ribonucleic acid，RNA）、蛋白质及其他化学物质，"输出"的则是很容易辨别的分子信号。其工作原理是以瞬间发生的化学反应为基础，通过和酶的相互作用，将发生过程进行分子编码，把二进制数翻译成遗传密码的片段，每一个片段就是著名的双螺旋的一个链，然后对问题以新的 DNA 编码形式加以解答。

和普通计算机相比，DNA 计算机的优点是体积小，但存储的信息量却超过世界上所有的计算机。在生物医学领域，DNA 计算机能够探测和监控基因突变等细胞内一切活动的特征信息，确定癌细胞等病变细胞并自动激发微小剂量的治疗。

6. 神经元计算机

人类神经网络的强大与神奇是众所周知的。神经元计算机是模仿人的神经细胞功能制造的计算机。即使没有庞大的软件神经元，计算机也能从过去的经验和数据中总结出规律，从而进行运算处理。神经细胞由进行乘法、加法运算的处理机及记忆软件组成。

神经元计算机最有前途的应用是在国防领域，它可以识别物体和目标，处理复杂的雷达信号，决定要击毁的目标。神经元计算机的联想式信息存储、对学习的自然适应性、数据处理中的平行重复现象等性能都将异常有效。

7. 生物计算机

生物计算机是以生物电子元件构建的计算机。它利用蛋白质的开关特性，用蛋白质分子作为元件，从而制成生物芯片。其性能是由元件之间电流启闭的速度来决定的。用蛋白质制成的计算机芯片，一个存储点只有一个分子大，因此它的存储容量可达普通计算机的十亿倍。由蛋白质构成的集成电路，大小只相当于硅片集成电路的十万分之一，而其运算速度却比如今最新一代的计算机快十万倍，大大超过人脑的速度。

1.1.4 计算机在信息社会中的应用

尽管人们获取信息的途径有很多，但是通过计算机在网络上收集和获取信息是最重要的途径，计算机则是实现信息社会的必备工具之一。如今，计算机的应用已遍及各领域和国民经济的各部门，按其涉及的技术内容，可概括为如下几方面。

1. 科学研究

（1）科学计算。科学计算即数值计算，一直是计算机的一个重要应用领域。在科学实验和工程设计中，经常会遇到各种数学问题需要求解，利用计算机并应用数值方法进行求解是解决这类问题的主要途径。例如，导弹飞行弹道计算、天气预报计算、石油勘探及桥梁设计等领域都存在着复杂的数学问题，需要利用计算机和数值方法求解。科学计算的特点是计算量大和数值变化范围大。

（2）数据存储和检索。随着大量电子出版物、网站、数据库系统的出现，数据数字化快速发展，人们已经习惯使用计算机来存储和检索海量的数据资料。

（3）计算机仿真。计算机仿真主要应用于需要利用其他方法反复进行的实际实验，或者无法进行实际实验的场合。国防、交通、制造业等领域的科学研究是仿真技术的主要应用领域。

2. 数据处理

人类社会中的各种信息，需要及时地采集、存储并按各种需要加以整理、分类、统计，并加工成人们需要的形式，这就是数据处理，又称信息处理。

数据处理主要应用在办公自动化、文字处理、文档管理、辅助企业管理、财务统计、银行储蓄系统、情报文献检索、图书馆管理、电子商务等方面。目前，应用比较多的数据处理技术有以下几种。

（1）多媒体技术。图像和声音等多媒体信息的处理都会涉及更广泛的数据形式，而这些数据处理过程不但数据量大，而且十分复杂。计算机能够处理文字、图像、音频、视频等多种媒体信息，广泛应用于教育、娱乐、广告等领域。例如，计算机游戏、动画制作、虚拟现实等技术都离不开计算机的多媒体应用。

（2）大数据技术。大数据技术能够存储和管理大量数据，方便用户进行查询、分析等操作。例如，企业管理系统、网站后台等都使用了大数据技术。

（3）区块链技术。区块链本质上是一个去中心化数据库，是一种分布式数据存储、点对点传输、共识机制、加密算法等计算机技术的新型应用模式。区块链的应用前景巨大，将彻底革新现有价值传递体系，当社会的各领域广泛应用区块链时，它必将成为信息时代的重要基础设施。

3. 自动控制

自动控制是指计算机根据汇集的各种有关数据信息，按最佳值对生产过程自动进行控制。计算机的控制对象可以是机床、生产线和车间，甚至整个工厂。例如，在化工厂可以用计算机控制化工生产的某些环节或全过程；在炼钢车间可以用计算机控制高炉生产的全过程等。

除了用于工业生产，计算机控制还广泛地用于交通、通信、国防等行业，如铁路与公路的交通调度与管理、卫星的发射和运行、导弹飞行控制等。

用于过程控制的系统需要对接收到的数据及时响应，因此，要求计算机具有良好的实时性和高度的可靠性。

4. 计算机辅助过程

计算机辅助过程是计算机的另一个重要领域，包含辅助设计、辅助制造、辅助教学及其他方面的内容。

（1）计算机辅助设计是利用计算机帮助设计人员进行产品、工程设计的重要技术手段，它能提高设计自动化程度，不仅节省人力和物力，而且速度快、质量高，为缩短产品设计周期、保证产品质量提供了有利的条件。这种技术目前已在飞机、车船、桥梁、建筑、电子、机械、服装等设计中得到了广泛的应用。

（2）计算机辅助制造（computer-aided manufacturing，CAM）是利用计算机进行生产设备的控制、操作和管理的技术手段，它能提高产品质量、降低生产成本、缩短生产周期，并有利于改善生产人员的工作条件。

（3）计算机辅助教学（computer-aided instruction，CAI）是现代教学手段的体现，它利用计算机帮助学生进行学习，科学地组织教学内容，并编制好教学程序，使学生通过人机交互，自如地从提供的材料中学到需要的知识并接受考核。

5. 人工智能

人工智能也是计算机的重要应用领域之一。人们把用计算机模拟人类脑力劳动的过程称为人工智能。如利用计算机进行数学定理的证明、辅助进行疾病诊断、实现人机对弈等，利用计算机程序实现这些过程的智能机器人和专家系统等都是人工智能的应用成果。目前，机器学习已经成为人工智能应用的新热点。计算机能够通过学习算法和大量数据，实现诸如图像识别、自然语言处理等复杂任务，这在自动驾驶、智能家居、医疗诊断等领域都有广泛应用。

6. 计算机网络通信

计算机网络是通过通信线路互联的自主计算机的集合。联网的计算机可以相互通信，并相互共享计算机的硬件、软件和数据等资源。

近年来，计算机网络技术得到了飞速发展，世界上各国家和地区的计算机网络已与世界上最大的国际计算机网络（computer network）相联，形成了世界性的网络系统。在我国，计算机网络在科研、金融、邮电、教育、政府等领域也已经普遍建立起来。有了计算机网络，人们可以通过计算机与世界各地交流和了解有关信息。例如，读者在当地便可以查询到全国乃至全世界入网图书馆的资料信息；消费者可以在家里选购商品、获取最新的商品信息等。

1.2 计算机内部数据的表示

计算机内部数据是所有能输入计算机并被计算机程序处理的符号和介质的总称，是用于输入计算机进行处理，具有一定意义的数字、字母、符号和模拟量的统称。

1.2.1 数制

1. 进位计数制

进位计数制是数的一种表示方法。它采用一组计数符号，并按进位的方式计数，简称进制。人们在日常生活中一般采用十进制，但有时也采用其他进制。例如，计算时间采用六十进制：1 h 为 60 min，1 min 为 60 s，其计数规则是"逢六十进一"。还有一些其他的进制，如十二进制、十六进制和二十四进制等。

下面以十进制数为例，来分析进位计数制的特征。

十进制采用的计数符号（又称数码）为 $0,1,\cdots,9$，共 10 个，称"十"为十进制的基数。十进制的进位规则为"逢十进一"。

十进制数中每个数码表示的数值大小，与其所处的位置有关。

例如，十进制数 1234.56 的各个数码分别表示为 $1\times 10^3, 2\times 10^2, 3\times 10^1, 4\times 10^0, 5\times 10^{-1}, 6\times 10^{-2}$。

每个数码表示的数值等于该数码乘以一个以 10 为底，以该数码的位置序号为指数的整数次幂。因此，将这个整数次幂称为位权，简称权。

显然，$1234.56 = 1\times 10^3 + 2\times 10^2 + 3\times 10^1 + 4\times 10^0 + 5\times 10^{-1} + 6\times 10^{-2}$。

一般来说，任意一个十进制数都可以写成按权展开的多项式和的形式，即

$$K_n K_{n-1}\cdots K_1 K_0 K_{-1} K_{-2}\cdots K_{-m+1} K_{-m}$$
$$= K_n\times 10^n + K_{n-1}\times 10^{n-1} + \cdots + K_1\times 10^1 + K_0\times 10^0 +$$
$$K_{-1}\times 10^{-1} + K_{-2}\times 10^{-2} + \cdots + K_{-m+1}\times 10^{-m+1} + K_{-m}\times 10^{-m}$$

其中：K_i 表示 0～9，共 10 个数码中的一个。

上面的讨论，可推广到任意进制数。一个 J 进制数，有 J 个数码，它的进位规则为"逢 J 进一"。每个数码对应的位权为以基数 J 为底，以该数码的位置序号为指数的幂，且可按权展开为多项式和的形式。需要说明的是，任何进制数的按权展开的多项式和的值，也是该进制数对应的十进制数值。

2. 二进制数

二进制是计算技术中广泛采用的一种数制，18 世纪由德国数理哲学大师莱布尼兹发明。当前的计算机系统使用的基本都是二进制系统，也就是说，在计算机内部所有数据都是以二进制数值或二进制编码的形式存储和处理的。

二进制数包括 0 和 1 两个数码，基数为 2，位权是以 2 为底的幂，进位规则是"逢二进一"。例如，二进制数 110.11，逢二进一，其位权的顺序为 $2^2, 2^1, 2^0, 2^{-1}, 2^{-2}$。对于有 n 位整数，m 位小数的二进制数用加权系数展开式表示，可写为

$$(a_{n-1} a_{n-2}\cdots a_{-m})_2 = a_{n-1}\times 2^{n-1} + a_{n-2}\times 2^{n-2} + \cdots + a_1\times 2^1 +$$
$$a_0\times 2^0 + a_{-1}\times 2^{-1} + a_{-2}\times 2^{-2} + \cdots + a_{-m}\times 2^{-m}$$

表 1-1 所示为二进制数与十进制数的对应关系。

表 1-1 二进制数与十进制数的对应关系表

二进制	十进制	二进制	十进制
0	0	1000	8
1	1	1001	9
10	2	1010	10
11	3	1011	11
100	4	1100	12
101	5	1101	13
110	6	1110	14
111	7	1111	15

人们在生活中一般使用十进制计数，而计算机采用二进制计数，这是由于二进制数具有如下的特点。

（1）实现技术简单。计算机由逻辑电路组成，逻辑电路通常只有两个状态，即开关的接通与断开，这两种状态正好可以用"1"和"0"表示。因此，在计算机中，二进制数的存储、传送和处理易于实现。

（2）运算规则简单。二进制数两个数码的和、积运算组合各有 3 种，即 0＋0＝0、0＋1＝1、1＋1＝0(有进位)及 0×0＝0、0×1＝0、1×1＝1。运算规则简单，有利于简化计算机内部结构，提高运算速度。

（3）适合逻辑运算。逻辑代数是逻辑运算的理论依据，二进制只有两个数码，正好与逻辑代数中的"真"和"假"吻合。因而，可以利用逻辑代数综合、分析计算机中的有关逻辑线路，为计算机的逻辑设计提供方便。

（4）易于进行转换。二进制数与十进制数易于互相转换。

（5）具有抗干扰能力强、可靠性高等优点。因为每位数据只有高低两个状态，当数据受到一定程度的干扰时，仍能可靠地分辨出它是高还是低。

3. 八进制数与十六进制数

计算机中的数据采用二进制表示。二进制的缺点是表示数时需要的位数多、书写数据和指令不方便。通常，为了书写和读数方便还会用到八进制和十六进制。表 1-2 所示为十进制、二进制、八进制、十六进制的对应关系。

表 1-2　十进制、二进制、八进制、十六进制的对应关系

十进制	二进制	八进制	十六进制	十进制	二进制	八进制	十六进制
0	0000	0	0	8	1000	10	8
1	0001	1	1	9	1001	11	9
2	0010	2	2	10	1010	12	A
3	0011	3	3	11	1011	13	B
4	0100	4	4	12	1100	14	C
5	0101	5	5	13	1101	15	D
6	0110	6	6	14	1110	16	E
7	0111	7	7	15	1111	17	F

（1）八进制数包括 0～7 共 8 个数码，运算规则为逢八进一。将二进制数从低向高、每三位组成一组即可构成八进制数。例如，二进制数$(100100001100)_2$，若每三位一组，即$(100,100,001,100)_2$，可表示成八进制数$(4414)_8$。

（2）十六进制数包括 0～15 共 16 个数码，运算规则为逢十六进一。将二进制数从低向高、每四位组成一组即可构成十六进制数。例如，二进制数$(100100001100)_2$，若每四位一组，即$(1001,0000,1100)_2$，每组值的大小为 0(0000)～15(1111)，用 A，B，C，D，E，F 分别表示 10～15 的 6 个数，则上面的二进制数可以表示成十六进制数$(90C)_{16}$。

4. 与二进制数相关的单位

在计算机中使用二进制数时常用如下单位，为方便后续学习，简单介绍一下。

（1）位(bit)：指一位二进制数码，它只具有"0"和"1"两个状态。

（2）字节(byte)：8 位二进制数构成一个字节，它是衡量信息数量或存储设备容量的单位。CPU 向存储器存取信息时，以字(或字节)为单位。

（3）字(word)：字由字节构成，一般为字节的整数倍，也是表示存储容量的单位。

1.2.2 进制转换

1. 二进制转换成十进制

人们在生活中习惯采用十进制数,而计算机采用的是二进制数,在使用计算机的过程中,就要涉及十进制数与二进制数的转换。由于一个二进制数可表示为如下的按权展开的多项式和的形式,即

$$K_n K_{n-1} \cdots K_1 K_0 K_{-1} K_{-2} \cdots K_{-m+1} K_{-m}$$
$$= K_n \times 2^n + K_{n-1} \times 2^{n-1} + \cdots + K_1 \times 2^1 + K_0 \times 2^0 +$$
$$K_{-1} \times 2^{-1} + K_{-2} \times 2^{-2} + \cdots + K_{-m+1} \times 2^{-m+1} + K_{-m} \times 2^{-m}$$

其中:K_i 表示 0 或 1。

因此,将二进制数按权展开并求和,即可得到与其对应的十进制数。

【例 1-1】 将二进制数 1011.101 转换成十进制数。

$$(1011.101)_2 = (1 \times 2^3 + 0 \times 2^2 + 1 \times 2^1 + 1 \times 2^0 + 1 \times 2^{-1} + 0 \times 2^{-2} + 1 \times 2^{-3})_{10}$$
$$= (8 + 0 + 2 + 1 + 0.5 + 0 + 0.125)_{10}$$
$$= (11.625)_{10}$$

其中:$()_2$ 和 $()_{10}$ 分别表示二进制数和十进制数。

2. 十进制转换成二进制

将十进制数转换成二进制数时,整数与小数的转换方法有所不同。

(1) 整数的转换。采用"除 2 取余"的方法,即反复除以基数 2,并取余数,直到商为 0 为止。最先得到的余数为整数的低位,最后得到的余数为整数的高位。

【例 1-2】 将十进制整数 23 转换成二进制数。

```
2 | 23
2 | 11 ················· 1
  2 | 5 ················· 1
    2 | 2 ················· 1
      2 | 1 ················· 0
          0 ················· 1
```

所以,$(23)_{10} = (10\,111)_2$。

(2) 纯小数的转换。采用"乘 2 取整"的方法,即反复乘以基数 2,并取乘积的整数部分,再将余下的小数部分继续乘 2 取整,直到被乘数为 0 或达到了要求的位数为止。最先得到的整数为小数的高位,最后得到的整数为小数的低位。

【例 1-3】 将十进制小数 0.8125 转换成二进制数。

$$
\begin{array}{r}
0.8125 \\
\times \quad\quad 2 \\
\hline
0.6250 \quad \cdots\cdots\cdots 1 \\
\times \quad\quad 2 \\
\hline
0.25 \quad \cdots\cdots\cdots 1 \\
\times \quad\quad 2 \\
\hline
0.5 \quad \cdots\cdots\cdots 0 \\
\times \quad\quad 2 \\
\hline
0.0 \quad \cdots\cdots\cdots 1 \\
\end{array}
$$

所以，$(0.8125)_{10} = (0.1101)_2$。

（3）一般数的转换。将该数拆成整数部分和小数部分，分别进行转换，然后再合并。

【例 1-4】 将十进制数 23.8125 转换成二进制数。

因为，$(23)_{10} = (10111)_2$，$(0.8125)_{10} = (0.1101)_2$，所以，$(23.8125)_{10} = (10111.1101)_2$。

1.2.3 字符的编码

数值在计算机中以二进制数值表示，数字字符、字母、汉字、声音、图像等信息都以二进制编码的形式表示。本节介绍字符及汉字的编码，声音、图像等多媒体信息的编码将在本书 6.3、6.4 节介绍。

在计算机中，存在多种字符编码方式，最常用的一种字符编码就是 ASCII 码。

ASCII 码全称是美国标准信息交换码（American Standard Code for Information Interchange）。标准的 ASCII 码是一种 7 位二进制编码，总计可表示 128 个字符（$2^7 = 128$），包含大小写英文字母各 26 个、10 个阿拉伯数字、32 个标点符号和运算符，以及 34 个控制符等。具体编码如表 1-3 所示。

表 1-3 ASCII 码字符表

$b_3b_2b_1b_0$	$b_6b_5b_4$							
	000	**001**	**010**	**011**	**100**	**101**	**110**	**111**
0000	NUL	DLE	SP	0	@	P	`	p
0001	SOH	DC1	!	1	A	Q	a	q
0010	STX	DC2	"	2	B	R	b	r
0011	ETX	DC3	#	3	C	S	c	s
0100	EOT	DC4	$	4	D	T	d	t
0101	ENQ	NAK	%	5	E	U	e	u
0110	ACK	SYN	&	6	F	V	f	v
0111	BEL	ETB	'	7	G	W	g	w
1000	BS	CAN	(	8	H	X	h	x
1001	HT	EM	)	9	I	Y	i	y
1010	LF	SUB	*	:	J	Z	j	z
1011	VT	ESC	+	;	K	[	k	{
1100	FF	FS	,	<	L	\	l	|
1101	CR	GS	—	=	M	]	m	}
1110	SO	RS	.	>	N	^	n	~
1111	SI	US	/	?	O	_	o	DEL

一个 7 位 ASCII 码在计算机内占 8 个二进制位，即 1 字节，将字节的最高位统一置为 0。

计算机上使用的是扩展的 ASCII 码，采用 8 位二进制编码，可表示 256 个字符。不同国家对这个扩充部分的编码有着不同的规定，一般为满足本国语言文字的需要。

1.2.4 汉字的编码体系

在汉字信息处理过程中，根据对汉字信息处理的不同要求，需要对汉字进行不同的编码。在输入汉字时,使用汉字输入码来编码;在计算机内部处理汉字时,统一使用机内码来编码;在输出汉字时使用字形码以确定一个汉字的外貌。这些编码构成了汉字处理的编码体系。

1. 汉字国标码(汉字交换码)

1981 年由国家颁布的国家标准《信息交换用汉字编码字符集　基本集》(GB/T 2312—1980)对在计算机中处理的汉字作了编码规定。该标准规定了一级汉字 3755 个(用汉语拼音排序)和二级汉字 3008 个(用部首笔画排序),以及各种符号 682 个,总计 7445 个汉字和字符。汉字国标码是在国家标准中对计算机内处理汉字的编码,由于其用于汉字信息处理系统之间或者通信系统之间交换信息,所以又称汉字交换码。

2. 汉字输入码

汉字输入码是利用键盘在计算机上输入汉字的编码。每个汉字的输入码均为一组键盘符号,又叫外部码。

输入码的编制应该简单清晰、直观易学、操作方便、码位短、重码少,既适合初学者的学习,又能满足专业输入人员的要求,便于盲打。

汉字输入码的编码方案主要有 3 种,分别为拼音码(微软拼音、搜狗拼音等)、字形码(五笔字型)以及音形码(自然码)。用户可根据用途或各自喜好采用不同的输入码。

3. 汉字机内码

汉字机内码(或汉字内码)是计算机内存储、传输、处理汉字时使用的编码。由于汉字国标码在编制时,也是将每字节的最高位设置为 0,这样不便于与 ASCII 码区分。因此,目前一般采用变形的国标码作为汉字机内码。所谓变形国标码是将汉字国标码两字节每字节的最高位统一置为 1,形成机内码。这样就可以在计算机系统中,实现汉字与 ASCII 码字符的共存和区分。

4. 汉字字形码

在屏幕上显示或在打印机上打印汉字时,必须以汉字的字形方式输出,因此必须为每个汉字编制字形码。汉字字形码是将汉字字形数字化的编码,一般采用点阵的方式。如图 1-1 所示,是一个 16×16 点阵的“次”字,如果用 1 表示黑点,0 表示白点,则从左到右、从上下就形成一个二进制的数,这就是“次”字的字形码。

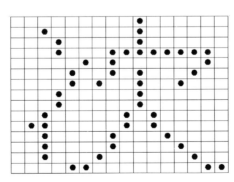

图 1-1　汉字“次”的点阵字形

目前通常采用 16 点阵和 24 点阵格式进行编码。若采用 16 点阵,则每个汉字的字形码为 32 字节,若采用 24 点阵,则字形码为 72 字节。

除了点阵表示方法外，汉字字形的另一种表示方式是采用矢量来表示汉字的轮廓特点，这种字形码在汉字放大时可以保持形态不变。Windows 的 TrueType 字体就是采用这种技术。

1.2.5　其他常用计算机编码

除了前面介绍的 ASCII 码、GB/T 2312、GB 18030 等编码之外，还有如下一些常用的编码。

1. unicode 字符集编码

随着计算机的普及，在不同的国家和地区出现了很多字符编码，例如，中国的 GB/T 2312、中国香港和中国台湾的 Big5 码、日本的 Shift JIS 等。由于字符编码不同，计算机语言在不同国家之间的交流变得很困难，经常会出现乱码的问题。例如，对于同一个二进制数据，不同的编码会解析出不同的字符。当互联网打破地域限制之后，迫切需要一种统一的规则，对所有国家和地区的字符进行编码，于是出现了 unicode。

unicode 是国际标准字符集，它为世界各种语言的每个字符定义了唯一的编码，以满足跨语言、跨平台的文本信息转换。

unicode 字符集只规定了每个字符的二进制值，并没有规定字符的具体存储方式（编码规则）。因此，unicode 出现了多种编码规则，常见的有 UTF-8、UTF-16、UTF-32。这里"UTF"是"unicode transformation format"的缩写，意思是"unicode 转换格式"，后面的数字表明至少使用多少个二进制位来编码。例如，UTF-8 最少需要 8 个二进制位（1 字节）来编码，UTF-16 和 UTF-32 分别最少需要 16 位（2 字节）和 32 位（4 字节）来编码。

2. Big5 码

Big5 码，又称大五码或五大码，是一种繁体中文汉字字符集，其中收录 13 053 个繁体汉字，808 个标点符号、希腊字母及特殊符号。Big5 码的编码码表直接针对存储设计，每个字符统一使用两个字节存储表示。

Big5 码推出后，得到了繁体中文软件厂商的广泛支持，在使用繁体汉字的地区迅速广泛使用。目前，Big5 编码在中国台湾、中国香港、中国澳门及海外华人中普遍使用，成为了繁体中文编码的事实标准。在互联网中检索繁体中文网站，打开的网页中，大多都是通过 Big5 码产生的文档。

3. ANSI 编码

准确来说，并不存在某种具体的编码方式称为 ANSI，它只是 Windows 操作系统中的别称而已。不同语言版本的 Windows 操作系统有不同的 ANSI 编码，所谓的 ANSI 编码只存在于 Windows 操作系统中。例如，在中文简体 Windows 操作系统中，ANSI 就是汉字国际扩展码（Chinese character GB extended code，GBK）；在泰语操作系统中，ANSI 就是 TIS-620（一种泰语编码）；在韩语操作系统中，ANSI 就是 EUC-KR（一种韩语编码）。

1.3　计算机系统的基本组成

完整的计算机系统由硬件系统和软件系统两大部分组成。计算机硬件系统是构成计算机的所有物理设备的总称，包括所有电子、机械和磁性的装置及相互之间连接的部件，是计算机完成计算工作的物质基础。计算机软件系统是在计算机硬件设备上运行的各种程序及相关资料的总称,程序是完成特定任务的一系列计算机指令的总称。

硬件系统和软件系统是相辅相成、缺一不可的整体。没有软件的计算机通常称为"裸机",裸机是无法工作的;同样,没有硬件作为物质基础,再好的软件也不可能发挥作用。因此,一个完整的计算机系统需要硬件系统和软件系统的相互依存。

1.3.1 计算机硬件系统及工作原理

计算机的硬件结构由其工作原理决定。计算机的基本工作原理可以通俗地理解为,当需要在计算机上运行的程序装入并存储到计算机后,启动该程序,计算机便自动逐条取出程序中的指令,并根据指令的要求控制计算机的各部分运行,包括输出计算的结果,直到程序运行结束。根据这个工作原理,计算机需要由五大功能部件组成,分别是输入设备、存储器、控制器、运算器和输出设备。如图 1-2 所示是计算机各功能部件及相互关系图。

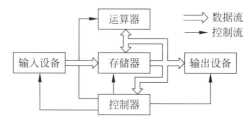

图 1-2　计算机各功能部件及相互关系图

1. 运算器

运算器用于对数据进行加工和处理,可对数据进行算术运算和逻辑运算。

运算器通常由算术逻辑部件(arithmetic logical unit,ALU)和一系列寄存器组成。ALU 是具体完成算术逻辑运算的部件;寄存器用于存放运算操作数及计算的中间结果。运算操作数一般取自存储器,运算的结果也要存放到存储器中。

2. 控制器

控制器用于控制和协调计算机各部件自动、连续地执行各条指令。它每次从存储器读取一条指令,经过分析译码,产生操作命令发向各部件,控制各部件动作,实现该指令的功能;然后再取下一条指令,继续分析、执行,直至程序结束,从而使整个系统能连续、有序地工作。

通常将运算器和控制器统称为中央处理器(central processing unit,CPU),CPU 是计算机中最为核心的部件。

3. 存储器

存储器是计算机用于存储程序和数据的部件。程序是计算机操作指令的集合,数据是计算机操作的对象,它们在存储器中以二进制的编码存储。存储器一般被分成若干存储单元,每个存储单元具有一个编号,称为地址。存储单元地址是唯一且固定不变的,存储单元中的内容则是可以改变的。

存储器通常分为内存储器(又称主存储器)和外存储器(又称辅助存储器)。

内存储器直接向运算器和控制器提供数据和指令,用于存放计算机当前正在运行的程序和数据。内存储器又分为只读存储器(read-only memory,ROM)和随机存储器(random

计算机基础知识

access memory，RAM）。

（1）ROM 中的信息只能读出不能改写，用于存放固定不变的程序或数据，这些是系统的核心数据，在出厂时就已装入，不允许随意改动。

（2）RAM 中的信息可以读出也可以改写，用于存放当前系统运行的程序和相关的数据。由于 RAM 中的信息由电路的状态表示，所以断电后存储的数据会立即丢失，且无法挽救。

外存储器是与内存储器成批交换信息的存储设备，用于存放暂时不用的程序和数据，断电后数据不会丢失。外存储器一般采用磁性或光学材料制成，如硬盘、软盘、磁带、U 盘和光盘等。外存储器的速度相对较低，但容量较大，且价格较低。

存储器容量是反映存储性能的重要指标。位表示 1 位的二进制数码，是计算机的最小容量单位。1 字节由 8 个位组成，是存储系统对数据的最小存取单位，可存放一个 ASCII 码字符。比字节大的容量单位有 KB、MB、GB、TB、ZB 等，它们均为 1024 进制，即 1 KB＝1024 Byte，1 MB＝1024 KB，1 GB＝1024 MB。

4. 输入设备

输入设备的功能是将数据、声音、图像等信息转换成计算机可识别和存储的二进制代码，并输入计算机内部。

常见的输入设备有键盘、鼠标、扫描仪、读卡机、光笔、话筒和摄像头等。

5. 输出设备

输出设备的功能是将计算机内部二进制形式的信息，转换成人或其他设备能接收和识别的数字、文字、声音、图像、视频、电压等信息形式。

常见的输出设备有显示器、打印机、扬声器、音响设备、绘图仪、投影仪等。

需要说明的是，有的设备既可以作为输入设备，又可以作为输出设备，如光盘驱动器和磁带机等。

1.3.2　计算机软件系统

计算机软件（computer software）是在计算机硬件设备上运行的各种程序及相关文档资料的总称。程序是完成特定任务的一系列计算机指令的总称，文档是为便于了解程序所需的阐明性资料。

软件是用户与硬件之间的接口，用户通过软件与计算机进行交流。有了软件，人们可以不必过多地了解计算机本身的结构与原理，直接采用更加灵活、方便、有效的手段使用计算机。

计算机软件总体分为系统软件和应用软件。

1. 系统软件

系统软件负责管理计算机系统中各种独立的硬件，使它们可以协调工作。系统软件使计算机使用者和其他软件将计算机当作一个整体，无须顾及每个硬件如何工作。可分为操作系统、程序语言处理程序、数据库管理、辅助程序。

（1）操作系统。在计算机软件中最重要且最基本的就是操作系统（operating system，OS）。它是最底层的软件，控制所有计算机运行的程序并管理整个计算机的资源，是计算机裸机与应用程序及用户之间的桥梁。没有它，用户就无法使用其他软件或程序。

常用的操作系统有 Windows、Linux、UNIX、macOS 等。

（2）计算机语言及语言处理程序。计算机语言（computer language）指用于人与计算机之间通信的语言，是人与计算机之间传递信息的媒介。为使计算机进行各种工作，需要有一套用于编写计算机程序的数字、字符和语法规则，由这些字符和语法规则组成计算机各种指令（或各种语句），就是计算机能接收的语言。

计算机语言的种类非常多，总的来说可以分为机器语言、汇编语言和高级语言三大类。

① 机器语言。机器语言是第一代计算机语言，是指一台计算机的全部指令集合。在计算机发明之初，人们只能用计算机的语言去命令计算机工作。因为二进制是计算机的语言基础，因此就是写出由"0"和"1"组成的指令序列交由计算机执行，这种计算机能够识别的语言，就是机器语言。

机器语言程序是由指令组成的，指令是不可分割的最小功能单元。由于每台计算机的指令系统往往各不相同，所以在一台计算机上执行的程序，无法直接在另一台计算机上执行，必须重新编写程序，造成了重复工作。因此使用机器语言是烦琐和困难的，特别是在程序有错需要修改时。但是，由于使用的是针对特定型号计算机的语言，故而运算效率是所有语言中最高的。

② 汇编语言。汇编语言是第二代计算机语言。为了减少使用机器语言编程的困难，人们用一些简洁的英文字母、符号串替代特定指令的二进制码。例如，用"ADD"代表加法，"MOV"代表数据传递等等。这样，人们很容易读懂并理解程序在干什么，纠错及维护都变得方便了，这种程序设计语言就称为汇编语言，然而计算机不能识别这些符号，这就需要专门的程序，负责将这些符号翻译成二进制数的机器语言，这种翻译程序被称为汇编程序。

汇编语言同样十分依赖于机器硬件，移植性不好，但效率十分高，针对计算机特定硬件编制的汇编语言程序，能准确发挥计算机硬件的功能和特长，程序精炼且质量高。源程序经汇编生成的可执行文件不仅比较小，而且执行速度很快，所以至今仍是一种常用且好用的软件开发工具。

③ 高级语言。高级语言是第三代计算机语言，也是目前绝大多数编程者的选择。和汇编语言相比，它不但将许多相关的机器指令合成为单条指令，而且去掉了与具体操作有关但与完成工作无关的细节，例如使用堆栈、寄存器等，大大简化了程序中的指令。由于省略了很多细节，所以编程者也不需要具备太多的专业知识。高级语言主要相对于汇编语言，它并不是特指某一种具体的语言，而是包括了很多编程语言，如目前流行的 VB、C、C++、Delphi、java、C♯、Python 等，这些编程语言的语法、命令格式都各不相同。高级语言源程序可以用解释、编译两种方式执行。

（3）数据库及数据库管理系统。

简单来说，数据库是"按照数据结构组织、存储和管理数据的仓库"。完整地说，数据库是存储在一起的相关数据的集合，这些数据是结构化的，无有害的或不必要的冗余，并为多种应用服务。数据的存储独立于使用它的程序，对数据库插入新数据，修改和检索原有数据均能按一种公用的和可控制的方式进行。当某个系统中存在结构上完全分开的若干数据库时，则该系统包含一个"数据库集合"。

大型的数据库有 DB2、Oracle、Informix、Sybase 和 SQL Server；自由数据库有 PostgreSQL；小型数据库有 MySQL；微型计算机数据库有 Access 和 FoxPro。

2. 应用软件

应用软件（application software）是使用各种程序设计语言编制的应用程序的集合，是为满足用户不同领域、不同问题的应用需求而开发的软件，分为应用软件包和用户程序。应用软件包是利用计算机解决某类问题而设计的程序的集合，供多用户使用。

应用软件可以拓宽计算机系统的应用领域，放大硬件的功能。它可以是一个特定的程序，也可以是一组功能联系紧密，可以互相协作的程序的集合。例如，微软 Office、WPS Office 是常用的办公软件，AutoCAD、3ds Max、Maya 等是常用的辅助设计软件，Adobe PhotoShop 是常用的图像处理软件等。

1.4　个人计算机及配置

个人计算机最早由美国 IBM 公司、美国苹果公司等少数几家公司分别按照各自的标准进行设计制造。由于各公司制造的个人计算机具有不同的结构，使得在不同厂家的计算机上开发的软件或存储的数据不能交换使用，称为互不兼容。

由于 IBM 公司的个人计算机生产的规模较大，且许多软件公司，包括美国微软（Microsoft）公司，为这种个人计算机开发了丰富的软件，因此世界上大多数工厂生产的个人计算机均与 IBM 公司的个人计算机兼容，于是形成了个人计算机中的一个大的群体——IBM PC 兼容机。

随着电子和计算机硬件技术的发展，IBM PC 兼容机也在不断地更新换代，由最初的 PC、XT、AT，到相当成熟的 286、386、486，以至发展到现在的奔腾（Pentium）系列和酷睿系列高档个人计算机。

我们现在使用的微型计算机或个人计算机基本上都是 IBM PC 兼容机，因此以下提到微型计算机或个人计算机时均指的是这一类计算机。如图 1-3 所示的是一套典型的个人计算机。

图 1-3　一套典型的个人计算机

1.4.1　个人计算机的硬件组成

个人计算机的硬件系统也是由五大功能部件组成。但按其模块化结构，一台标准的台式个人计算机由 13 个部件组成，归类为如下四大部分。

（1）主机：CPU、主板、内存条、主机箱（含电源）。

（2）外存储器设备：硬盘、移动存储器、光盘驱动器。

（3）输入输出设备：显示器、显示适配器（显卡）、键盘、鼠标。

（4）多媒体部件：声卡、音箱。

除了上述的基本部件外，个人计算机还可配备一些其他外部设备，比如，打印机、扫描仪、网卡、不间断电源（uninterrupted power supply，UPS）等。

1. CPU

CPU 是计算机的核心部件，它决定了计算机数据处理的速度和能力。如图 1-4 所示的是当前微型计算机中常用的两种品牌 CPU。

个人计算机的 CPU 由算术逻辑单元（arithmetic and logic unit，ALU）、控制器（control unit)、指令集(instruction set)、高速缓存(cache)和浮点运算器(floating-point processing unit, FPU)等组成。

图 1-4　微型计算机中常用的两种品牌的 CPU

算术逻辑单元和控制器在 1.3 节作了介绍。

指令集是永久存储在 CPU 内部结构中的一组机器指令的集合,指令的丰富与否决定了 CPU 的处理功能,例如,带有 MMX 指令集的 CPU 强化了对多媒体功能的处理,带有这些指令的软件必须在装有这种 CPU 的微型计算机上运行。

高速缓存用于暂时存储即将被 CPU 调用的指令或相关数据,以解决 CPU 处理速度快、但从内存储器读写数据慢的矛盾,从而提高 CPU 的使用效率和处理运算速度。封装在 CPU 中的缓存称为内部缓存(internal cache),主板上的缓存称为外部缓存(external cache)。

浮点运算器用于处理非整数数据,在处理图形、图像,特别是动画数据中起着关键作用。

CPU 的性能指标主要包括字长、主频、外频等。

字长是指 CPU 一次能处理二进制数的位数,取决于 CPU 的内部结构。CPU 的字长越长,其计算精度就越高,处理速度也越快。常见的 CPU 的字长有 8 位、16 位、32 位、64 位等。

主频(或工作频率)是在每个内部时钟周期里,CPU 所能完成的操作次数,通常以千兆赫兹(GHz)为单位。完全用主频来衡量 CPU 的快慢并不准确,有时还依赖于 CPU 的内部结构和指令集。

外频是 CPU 与计算机其他设备之间数据传送的工作时钟频率,也是 CPU 的一个重要性能指标。

CPU 主要的生产厂商是美国 Intel 和 AMD 公司。美国 Intel 公司是世界上最大的 CPU 生产厂商,世界上第一块微处理器芯片就是 Intel 公司于 1971 年研制成功的,称为 Intel 4004,字长 4 位。美国 AMD 公司也是世界著名的 CPU 生产厂商,不断生产出与 Intel 公司相抗衡的产品。

目前市场上 CPU 的主要产品有 Intel 公司的赛扬、奔腾、酷睿 i3、i5、i7、i9、至强 E3、E5 等系列。其中,赛扬、奔腾、酷睿 i3 属于入门和低端系列,i5、i7、i9 分别为中端、高端和发烧级系列,至强 E3、E5 属于服务器处理器。AMD 公司目前最高端的、性能最强的是 FX 推土机和打桩机系列,高端是锐龙系列、中端是 APU 系列、羿龙系列、速龙、速龙 PRO 系列、低端是闪龙系列。

2. 内存储器(内存条)

内存储器是直接与 CPU 交换数据的存储器,它的容量大小和品质好坏是决定计算机整机性能的一个重要因素。目前,微机内存的最低配置是 8 GB,高档的机器可以配置到 64 GB 或更多。

微型计算机上使用的内存条主要是双倍数据速率(double data rate,DDR)内存,按照发布时间顺序分为 SDRAM、DDR、DDR2、DDR3、DDR4、DDR5 等几种类型,目前市面上常见的内存条是 DDR4、DDR5,装机普遍使用的是 DDR5。

DDR4 内存是新一代的内存规格。2011 年 1 月 4 日,三星电子完成史上第一条 DDR4

内存。DDR4 相比 DDR3 最大的区别有三点：16 b 预取机制（DDR3 为 8 b），同样内核频率下理论速度是 DDR3 的 2 倍；更可靠的传输规范，数据可靠性进一步提升；工作电压降为 1.2 V，更节能。

DDR5 内存协议起草于 2017 年，2020 年 10 月，韩国存储巨头 SK 海力士宣布正式发布全球第一款 DDR5 内存。相比 DDR4，DDR5 性能更强、功耗更低、容量更大、电压更低。DDR5 的实际带宽比 DDR4 提高 36%，DDR5 提供了超过 16 GB 的单片芯片密度，工作电压从 DDR4 的 1.2 V 进一步降低到了 1.1 V，而且 DDR5 将电源管理集成电路（power management intergrated circuit，PMIC）从主板挪到了双列直插式存储模块（dualin-line memory modules，DIMM，一种内存插槽的接口模式）上，这让电源管理的颗粒度更小，更加省电。

内存条的主要性能参数是容量和频率。内存条容量决定了内存的大小，现在常见的内存容量是 8 GB 和 16 GB。内存条的频率也称内存的主频，习惯上用来表示内存的速度，它代表着内存所能达到的最高工作频率。内存的主频以 MHz 为单位计量，主频越高表示内存所能达到的速度就越快，目前大家所认知的内存频率参数以 DDR4 为例有 2133 MHz、2400 MHz、2666 MHz、2800 MHz、3000 MHz、3200 MHz、3600 MHz 等。

3. 主板

主板是一块印制电路板，上面分布有个人计算机的系统总线。总线（BUS）是各部件之间传输信息的公共通路。按照传送信息类型的不同，总线可分为数据总线、地址总线和控制总线。数据总线用来传送数据信息，是 CPU 同各部件交换信息的通路。地址总线用来传送地址信息，CPU 通过地址总线把需要访问的内存单元地址或外部设备的地址传送出去。控制总线用来传送控制信号，以协调各部件的操作。

个人计算机的总线结构对机器的性能及数据传送速度有很大的影响，目前常见的总线结构有 PCI、AGP、PCI-E 总线等。

个人计算机的模块化结构以主板为中心，即在总线上焊接有众多的插座或插槽，个人计算机所有的部件都通过这些插座或插槽安插在主板上，或通过电缆线与主板相连接。

图 1-5 展示的是一种主板结构，它由如下主要器件组成。

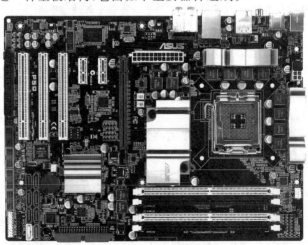

图 1-5　主板示意图

（1）CPU 插座。由于不同封装方式的 CPU 需要插在不同的 CPU 插座上，所以，选择主板要考虑 CPU 的封装方式。Slot 1 是一条长槽，而 Socket 系列则为四方形。

（2）内存条插座。内存条插座与内存相适应，DDR4 和 DDR5 分别具有不同的内存条插座。

（3）芯片组。芯片组是主板的核心组成部分，如果 CPU 是整个计算机系统的心脏，那么芯片组将是整个计算机的中枢神经。芯片组性能的优劣，决定了主板性能的好坏与级别的高低，进而影响到整个计算机系统性能的发挥。目前 CPU 的型号与种类繁多、功能特点不一，如果芯片组不能与 CPU 良好地协同工作，将严重地影响计算机的整体性能，甚至不能正常工作。

根据芯片组中芯片的功能不同，通常把它们分为南桥芯片和北桥芯片。

北桥芯片（northbridge）是主板芯片组中最重要的、起主导作用的部分，也称为主桥（host bridge）。芯片组的名称一般以北桥芯片的名称来命名，如 Intel 845E 芯片组的北桥芯片是 82845E，875P 芯片组的北桥芯片是 82875P 等。北桥芯片负责与 CPU 联系并控制内存、AGP 数据在北桥内部传输，提供对 CPU 的类型和主频、系统的前端总线频率、内存的类型和最大容量、AGP 插槽、ECC 纠错等的支持。整合型芯片组的北桥芯片还集成了显示核心。

南桥芯片（southbridge）负责输入/输出（input/output，I/O）接口控制、I/O 设备控制、高级能源管理等，这些技术一般相对来说比较稳定，所以不同芯片组中南桥芯片可能是一样的。南桥芯片不与处理器直接相连，而是通过一定的方式与北桥芯片相连。考虑到南桥芯片所连接的 I/O 总线较多，一般位于主板上离 CPU 插槽较远的下方，PCI 插槽的附近，以利于布线。

目前，Intel 与 AMD 的新一代处理器已经将传统北桥芯片整合到 CPU 内部。市场上以 Intel、NVIDIA 以及 VIA 的芯片组最为常见。常用的 Intel 芯片组有 845、875、915、925、i945 和 955X 等。NVIDIA、VIA 等厂家主要生产 AMD 芯片组，每个厂家都为支持不同系列的 AMD 产品生产了众多的芯片组，这里不再详述。

（4）BIOS 和 CMOS。基本输入/输出系统（basic I/O system，BIOS）是一个特殊的 ROM 芯片，其中保存着计算机最基本的输入和输出程序。计算机所有外部设备（键盘、显示器、磁盘、鼠标、打印机等）的工作最终靠这组程序来完成。

BIOS 芯片的容量从 512 KB～2 MB 不等。由于外部设备在不断更新换代，现在的 BIOS 大多可以通过软件直接更新，以方便主板的升级。可是 CIH 病毒也利用这一点破坏 BIOS 芯片中的数据，从而破坏整个主板。为了防止病毒，最好在平时将可刷新功能屏蔽（通过跳线设置）。

CMOS 是一种由主板电池供电的可读写的存储芯片，用来保存当前系统的硬件配置和用户对某些参数的设定。利用 BIOS 中的设置程序，可以对 CMOS 中的参数进行修改和重新配置。

（5）I/O 扩展槽。一般主板备有若干组 PCI 扩展槽和 PCI-E 扩展槽，分别用来接插显卡、声卡、网卡等。有些主板还备有一个 AGP 扩展槽，专门用来接插 AGP 显卡。

（6）其他接口。主板上还备有如下接口：IDE 接口、SATA 接口和 SCSI 接口（以上连接硬盘或光盘驱动器）、并行口（LPT，连接打印机等）、串行口（COM，连接鼠标、扫描仪、调制解调器等）、USB 接口（连接 USB 标准设备）、键盘插座、电源插座等。

4. 机箱和电源

机箱和电源分别是主机的外衣和动力源泉。

电源根据电源标称功率有 300 W、350 W、400 W、450 W 等几个档次，分别提供不同的最大输出电流。由于计算机配件功耗越来越大，所以电源的承载功率也在不断加大。

机箱内部还有一个小型扬声器，用来发出提示音和报警，主板上有相应的插座。

电源的后部有两个插座，分别用来连接外界电源和为显示器提供插座。有许多电源取消了显示器插座，并在此位置上安装了电源开关，这是一个真正的物理电源切断开关，与机箱前的 Power 键有本质的区别。

5. 硬盘

硬盘是微型计算机的主要外存储器，其特点是存储容量大、读写速度快、性能可靠。硬盘按照存储介质不同分为传统硬盘和固态硬盘两大类，下面分别介绍。

（1）传统硬盘（hard disk）。传统硬盘一般按照温彻斯特技术（winchester technology）制造，即将若干片硬盘片固定在一个公共转轴上，构成盘片组，并与驱动电机、读写磁头等封装在一起。这种盘片和驱动器合为一体结构的硬盘，简称温盘，如图 1-6 所示。

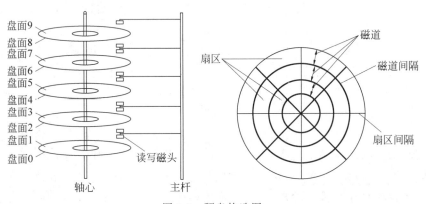

图 1-6　硬盘构造图

传统硬盘的盘片由金属薄圆片作基底，表面涂以磁性材料，信息记录在磁盘表面上。磁盘表面分成若干同心圆，每个同心圆称为一个磁道，磁道又分为若干扇区，磁道和扇区均按顺序编号，参见图 1-6。所有盘面上同一位置的磁道组成一个柱面（cylinder）。由于每个盘面对应一个磁头，所以盘面号常用头（head）来表示。如果知道一个硬盘的头数、柱面数、每柱面的扇区数，则可计算出硬盘的容量。

从接口上看，传统硬盘主要分为 IDE 接口、SATA 接口和 SCSI 接口三种。SCSI 接口速度快但价格高，一般用于网络服务器或高档微型计算机。SATA 接口是目前微型计算机主流硬盘接口。

（2）固态硬盘（solid state disk，SSD）。SSD 是一种使用闪存芯片（flash memory）作为存储介质的硬盘，与传统硬盘有着本质的区别。

① 读写速度不同。传统硬盘是通过机械臂在磁盘表面读写数据，因此读写速度受到机械运动速度的限制，而且机械运动也会产生噪声和振动。SSD 通过电子信号的传输进行读写操作，没有机械运动的时间和噪声的限制，因此读写速度更快、也更加安静。SSD 的读写速度可以达到传统硬盘的 10 倍以上，对于需要高速读写应用的用户来说，SSD 无疑是更好

的选择。

② 存储寿命不同。传统硬盘的存储介质是磁性材料,通过磁头的磁化来存储数据,因此对磁场敏感,而且长时间存储可能会出现磁性衰减的情况。SSD 是使用闪存芯片作为存储介质,通过电荷的变化存储数据,因此具有更长的存储寿命和更高的稳定性。

③ 抗震能力不同。传统硬盘由于有机械部件,因此对振动和冲击比较敏感,容易受到外部环境的影响而出现故障。SSD 是没有机械部件的固态产品,具有更强的抗震能力,对于经常需要移动或者使用笔记本电脑的用户来说,SSD 更加适合。

④ 功耗和散热不同。传统硬盘由于需要机械部件的运转,因此功耗较大、发热严重。SSD 没有机械部件的运转,功耗更低、发热更少,对于需要长时间运行服务器的用户来说,使用 SSD 可以有效地降低服务器的功耗和散热成本。

总之,与传统硬盘相比,SSD 具有读写速度快、抗震能力强、功耗和散热低、更稳定可靠、存储寿命更长等优点,唯一的缺点是价格较高。目前 SSD 已逐渐成为主流存储设备,在计算机硬件、数据存储、服务器、云计算等领域都有着重要的应用。

(3) 硬盘的主要技术指标。无论是传统硬盘还是 SSD,都包括如下的技术指标。

① 存储容量:传统硬盘一般配置为 500 GB 以上,如 500 GB、1 TB、2 T 等,SSD 相对会小一些。

② 速度:传统硬盘一般用转速表示硬盘的速度,目前转速一般为 7200 r/min;SSD 硬盘速度分为 500 MB/s、2000 MB/s、5000 MB/s 等多个级别。

③ 缓存容量:缓存用于缓解数据传输和存储速度不协调的问题,缓存容量越大,传输效果越好。通常传统硬盘的缓存容量为 2 MB、8 MB 等。

(4) 硬盘使用前的准备工作。在使用之前需要对硬盘进行低级格式化、分区和高级格式化。低级格式化的作用是在磁盘上划分出磁道和扇区,在出厂前已经完成。硬盘分区操作的过程,首先划分出一个主分区,再划分出一个扩展分区,最后在扩展分区中划分出若干逻辑盘。主分区用 C 来标识,各逻辑盘依次用 D,E,F 等标识。高级格式化的作用是建立磁盘管理信息区,该格式化要对主分区和每个逻辑盘分别实施。

6. 光盘和光盘驱动器

光盘是微型计算机上重要的外存储器,具有存储容量大、读写速度快、可靠性高、价格便宜、便于保管等特点。光盘驱动器是光盘的读写设备。光盘和光盘驱动器如图 1-7 所示。

图 1-7　光盘和光盘驱动器

目前,用于微型计算机的光盘主要有只读型光盘、一次写入型光盘、可擦写型光盘三种。

(1) 只读型光盘(compact disk read only memory,CD-ROM)。在制作时已由厂家写入了数据,并永久保留在光盘上。它是靠表面凹凸形式来表示记录的 0、1 信息,其存储容量为 650 MB 或以上。

26

（2）一次写入型光盘。光盘中的信息可以由用户写入,写入后可直接读出,但写入后不能修改。

（3）可擦写型光盘。像磁盘一样可以反复擦写,主要有磁光型、相变型和染料聚合型三种。

DVD(digital video disc)DVD 盘片的存储容量较大,仅单面单层的容量就可以达到 4.7 GB。DVD 也分为只读和可擦写等类型。

光盘驱动器是读写光盘数据的外部设备。现在主要有只读型光盘驱动器(CD-ROM)、可写入型光盘驱动器(CD-R)、可擦写型光盘驱动器(CD-RW)和只读型 DVD 光盘驱动器(DVD-ROM)和可擦写型 DVD 光盘驱动器(DVD-ROM)。它们分别与前面介绍的光盘相对应。现在,还有一种称为 COMBO 的光盘驱动器,同时具有 CD-RW 和 DVD-ROM 的功能。

光盘驱动器的主要技术如下。

① 速度：包括读取、写入和擦写的速度,一般以倍速为单位,其中单倍速为 150 KB/S。现在,CD-ROM 一般在 40 倍速以上；CD-RW 可以达到 48 速读取、48 速写入和 24 速擦除；DVD-ROM 一般在 16 倍速以上。

② 缓存容量：容量越大,速度就越快,稳定性也越好。一般为 2 MB 或更多。

7. 移动存储器

这里的移动存储器主要指 U 盘和移动硬盘。它们在用户转移存储计算机中数据的过程中起到了非常重要的作用。

U 盘是 USB(universal serial bus)闪存存储器的简称,如图 1-8 所示。闪存存储器(flash memory)采用闪存芯片作为存储介质,可反复擦写,通过 USB 接口与计算机连接,可以热插拔；U 盘的容量比较大,一般为 32 GB、64 GB、128 GB、甚至更多。由于这些优点,U 盘已经取代了软盘,作为数据转存的媒介。

图 1-8　U 盘

移动硬盘由一个移动硬盘盒和一个硬盘(一般为笔记本电脑的小硬盘)组成,一般通过 USB 接口与计算机连接。与 U 盘相比,移动硬盘的优点是容量大,缺点是体积稍大。

与其他 USB 标准的设备一样,这两种移动存储器在 Windows 10 下都是即插即用的。

8. 显示器

显示器是微型计算机最基本的输出设备。随着计算机硬件的发展,显示器也在不断地推陈出新。

（1）显示器分类。显示器按显示原理分为 CRT、LCD、LED 和 OLED 显示器。

① 阴极射线管显示器(cathode ray tube,CRT)。它的显示原理与电视机类似,依靠电子枪向带有荧光粉的屏幕发射电子束产生光点,众多的光点构成一幅画面。按照屏幕的表面曲度可以分为球面、平面直角、柱面和纯平 4 种。纯平显示器的显示效果最好,画面也更为细腻、鲜艳。

② 液晶显示器(liquid crystal display,LCD)。LCD 依靠布满整个屏幕的会发光的液晶点显示信息。与 CRT 显示器比较,具有体积小、重量轻、用电省、不刺激眼睛等优点,但是

也存在着价格高、显示色彩不够美观、刷新速度慢等缺点。

③ 发光二极管(light emitting diode，LED)显示屏。LED显示屏通过控制半导体发光二极管的显示方式显示文字、图形、图像、动画、行情、视频、录像信号等各种信息，具有节能、环保、安全、寿命长、低功耗等特点。

④ 有机发光二极管(organic light emitting diode，OLED)显示屏。有机发光二极管是一种利用多层有机薄膜结构产生电子发光的器件，具有制作容易、驱动电压低的特点，非常适合在平面显示器上应用。OLED显示屏比LCD更轻薄，且亮度高、功耗低、响应快、清晰度高、柔性好、发光效率高，能满足消费者对显示技术的新需求。OLED显示屏运用的一个突出代表是手机屏幕，可以显示出完美画面对比度，显示画面也更为生动、真实。

(2) 显示器的主要性能指标。显示器的主要性能指标包括屏幕尺寸、屏幕材质、分辨率，此外还包括刷新频率、响应时间、色域、色深、对比度等。

① 屏幕尺寸。显示器的尺寸通常以显示部分的对角线的长度作为衡量标准，但它的可视范围并未达到这个尺寸。例如，19 in①和17 in CRT显示器的可视范围可分别达到18 in和16 in。目前23 in、24 in和27 in是主流选择。

② 屏幕材质。IPS、TN和VA是目前液晶显示器的主流面板，面板类型关系着液晶显示器的响应时间、色彩、可视角度、对比度等重要因素。TN面板刷新率高、响应时间快，缺点是色彩深度低、色彩表现能力差。IPS面板色彩还原度较高、色彩表现能力强，可视角度最广(一般为178°)，在任何角度观看画面，颜色的质量都没有下降。专业显示器一般采用IPS屏。VA面板品质和色彩表现力介于二者之间，缺点是刷新率低、响应速度最慢。追求响应速度且对色彩要求不高的电竞游戏玩家可选TN面板，其他用户建议选色彩更好的IPS或VA面板。

③ 分辨率。分辨率是显示器一个非常重要的参数指标。显示器上的图像通过像素点组合而成，分辨率就是显示屏上纵横像素数目的一种表示方式。以1920×1080分辨率为例，表示显示器横向有1920个像素点，纵向有1080个像素点。在Windows图形界面操作系统中，越高的分辨率意味着能够在屏幕中显示越多的内容，同时显示的图像也更加细腻清晰。值得一提的是，一台显示器在75 Hz的刷新频率下所能达到的分辨率才是它真正的分辨率。目前显示器分辨率主要有1920×1080(全高清)、2560×1440(2 K)和3840×2160(4 K)等。

9. 显卡

微型计算机的显示系统由显示器和显示适配器(显卡)共同构成，一个好的显示器必须由相应的显卡支持才能达到最佳的显示效果。显卡是一块印制电路板，一般插在主板的标准插槽中，并引出一个插座与显示器相连，如图1-9所示。

显卡性能不但与显示器的分辨率和刷新频率有关，还与色深相关。色深是指在某一分辨率下，每个像点可以有多少种色彩来描述，单位是b(位)。具体

图1-9 显卡

---

① 1 in=2.54 cm。

来说，8 位的色深将所有颜色分成 256(2^8)种层次。增强色指 16 位(2^{16}＝65 536)的色深，而真彩色指 24 位或 32 位的色深。

显卡要插在主板上才能与主板交换数据，因此显卡接口分为 PCI、AGP 等几种。有些主板集成了显卡，当然不可能得到很好的显示效果。

10. 键盘

键盘是微型计算机最基本的输入设备，它供用户向主机输入命令或数据等。

早期的键盘为 101 键，现在使用的键盘增加了 3 个 Windows 专用键，故为 104 键。键盘大致可分为 4 个区域，如图 1-10 所示。

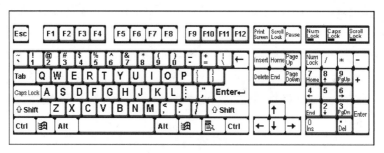

图 1-10　键盘示意图

（1）主键盘区。是键盘的主要使用区，它的键位排列与标准英文打字机的键位排列是相同的。该区包括所有的数字键、英文字母键、常用运算符、标点符号及以下几个特殊的控制键。

① Shift(上档键)：在一般情况下，单独按下一个双符号键时，输入该键面的下方字符；如果按下 Shift 键的同时按下该键，则输入该键面的上方字符。对于英文字母来说，在小写字母状态下，同时按下 Shift 键和某个字母键，则输入的是大写字母；在大写字母状态下，同时按下 Shift 键和某字母键，则输入的是小写字母。

② Caps Lock(大写字母锁键)：计算机启动后，英文字母的初始状态为小写。按一次该键后，变为大写状态，再按一次该键，又回到小写状态。Caps Lock 键的功能是进行英文大小写状态的切换。键盘右上角的 Caps Lock 指示灯指示大写字母锁的状态。

③ Tab(制表键)：按该键光标右移若干位。

④ Backspace(退格键)：按该键会删除当前光标左侧的一个字符。

⑤ Enter(回车键)：输入命令时，按此键可向系统提交执行该命令。另外，在全屏幕编辑状态下，按此键可将光标移到下一行的行首。

⑥ Space(空格键)：按该键会在光标位置上输入一个空格。

⑦ Ctrl 与 Alt 键：这两个键往往与其他键组合使用，组合的功能由具体的软件系统定义。

⑧ Esc(换码键)：在输入命令时，按此键可废除刚才的输入。在某些程序中，按此键可退出当前子程序，返回到上层程序。

（2）数字键区。这个区中的多数键具有双重功能，一是代表数字；二是代表某种编辑功能。其中 NumLock 键称为数字锁键，其功能是在两种状态之间进行切换，当键盘右上角的 NumLock 灯亮时，该键区处于数字状态。

（3）功能键区。该区中有 12 个功能键 F1～F12。这些键的功能由具体的软件系统定义。

（4）编辑键区。该区中的键主要用于全屏幕编辑的环境,将在第 3 章中加以介绍。

11. 鼠标（mouse）

鼠标的功能是替代键盘进行光标定位,以及在某些程序或系统中激活事件。在 Windows 系统中,鼠标是必备的输入设备。

当前光电鼠标已经成为鼠标的主流产品,结构轻巧、精密度高、传送速率快。在其底部装有一个发光二极管。当鼠标在平面上移动时,首先通过光照获取到平面表面物体图像的变化,然后通过分析产生鼠标移动的位置和速度信息,传给计算机完成光标的同步移动。鼠标通过接口连接到主板上,目前常用的接口方式是 USB 接口。

12. 声卡

声卡是微型计算机的多媒体组成部件之一,它的功能是对计算机内的声音信息在模拟信号和数字编码之间进行转换,并进行放大等处理,使计算机可以具备录音、播放等功能。

根据总线的不同,声卡分 ISA 声卡和 PCI 声卡。现在,多数主板的生产商将声卡直接集成在主板上。

13. 音箱

音箱是微型计算机的发声设备。音箱和声卡的性能共同决定了微型计算机的音响效果。微型计算机上常用的音箱主要分为封闭式和倒相式两种类型。

在封闭式音箱的箱体上除了有个安放扬声器的孔外,其他部分都是密闭的,好处是可以获得很好的低频性能。封闭式音箱一般应用在音箱的高端产品上,如低音炮和作为环绕声用的小音箱等。

倒相式音箱是音箱的主流。它的特点是在音箱的箱板上多了个倒相孔或倒相管。合理设计的倒相管尺寸和位置可以使原来扬声器盆体后面发出的声波再通过倒相孔在某一频段倒相,使其和扬声器前面发出的声波叠加,变成同相辐射,增加了低频的声辐射效果,提高了音箱的工作效率。

14. 打印机

打印机是计算机常用的输出设备。为了将计算机输出的内容长期保存,就需要用打印机打印出来。

打印机按打印方式分为点阵打印机、喷墨打印机与激光打印机,如图 1-11 所示。

图 1-11　点阵打印机、喷墨打印机与激光打印机

（1）点阵打印机。点阵打印机也称为针式打印机。它的打印头含有若干根针,现在一般为 24 针。

点阵打印机打印头上的针排成几列,在打印时,随着打印头在纸上的平行移动,由电路

计算机基础知识

控制相应的针动作,动作的针头接触色带击打纸面形成墨点,没有动作的针在相应位置上留下空白,这样移动若干列后就可打印出需要的字符。

点阵打印机按行宽,分为 80 列(窄行)和 136 列(宽行)两种。

(2) 喷墨打印机。喷墨打印机使用很细的喷嘴把油墨喷射在纸上实现字符或图形的输出。喷墨打印机一般具有彩色打印的功能,但如果要打印出高分辨率的彩色图片,需要使用高质量的专用打印纸。

喷墨打印机与点阵打印机相比,打印速度快、打印质量好、噪声小。但喷墨打印机使用专用墨水打印,打印成本比较高。

(3) 激光打印机。激光打印机是激光技术与复印技术相结合的产物。激光打印机具有打印时无噪声、分辨率高、打印速度快等优点,打印成本在喷墨打印机与点阵打印机之间。

15. 其他设备

图 1-12　扫描仪

扫描仪是常用的图像输入设备,如图 1-12 所示。它可将纸面上的图形、图像、照片、文字等扫描后输入计算机内形成一个图片文件。文件中的图像可以作进一步的图像处理,文件的文字图形可以通过 OCR 软件识别为文本字符,作为文字处理的素材。

网卡是计算机连接局域网或城市宽带网的接口卡。选择网卡主要考虑传输速率,一般有 100 Mb/s 和 1000 Mb/s 两种。

不间断电源(UPS)用于在外部电源切断时,向计算机继续供电,以保证计算机正常工作或数据不丢失。选择购买不间断电源时,需要考虑它的功率和供电时间。

1.4.2　个人计算机的软件配置

为了使计算机具有我们所需要的功能,需要在计算机上安装适当的软件。下面将在个人计算机上经常使用的软件分成几类进行介绍。

1. 操作系统

操作系统是计算机中最重要的系统软件。现在一般是根据计算机的不同用途,安装由美国微软公司出品的 Windows 系列产品,如 Windows 10 和 Windows 11 等。

2. 办公软件

办公软件包括文字处理、表格处理、数据管理、演示文稿设计等,其主要产品是微软公司的 Office 套装软件、我国金山公司的 WPS 和美国 Adobe 公司的 Adobe Reader。

3. 工具软件

工具软件用于对计算机进行维护和管理,根据用途又可以分为以下几种。

(1) 压缩软件:用于文件的压缩和解压,常用的有 7zip、WinRAR、Bandizip 等。

(2) 硬盘工具:用于硬盘的分区、备份和其他管理,常用的有 Partition Magic、Norton Ghost 等。

(3) 杀毒软件:用于检查、清除和监视计算机病毒,在 1.5 节将详细介绍。

(4) 系统维护:用于清理系统等,常用的有 Windows 优化大师、腾讯 QQ 电脑管家、360 电脑管家、鲁大师等。

4. 多媒体软件

多媒体软件用于图片、声音、视频等多媒体信息的浏览、播放和编辑等操作,根据用途又可以分为以下几种。

(1) 图片浏览软件:用于图片的浏览和管理,常用的有 AcdSee、Picasa3、Honeyview、ImageGlass 等。

(2) 多媒体播放软件:用于播放音频和视频文件,常用的有抖音、QQ 影音、暴风影音、PotPlayer 等。

(3) 多媒体设计软件:用于图形、图像、动画和多媒体课件设计,常用的有 Photoshop、CorelDraw、Illustrator、Authorware、3ds Max 等。

5. 网络软件

网络软件用于文件的上传和下载、电子邮件管理、网页制作等,根据用途归纳为以下几种。

(1) 文件的上传下载:用于在互联网中上传下载文件,常用的有比特精灵、QQ 旋风、迅雷、电驴等。

(2) 电子邮件管理:用于在本机上管理电子邮件,常用的有 FoxMail、Outlook 等。

(3) 网页制作:常用的网站的设计工具有 Dreamweaver、WordPress、Wix、Pixso 等。

1.4.3 个人计算机的选购

个人计算机的类型有笔记本、上网本、平板电脑、台式机、一体机和工作站。具体选购哪种个人计算机要看个人的需要。下面主要介绍两种常用的个人计算机的选购。

1. 台式机的选购

可以选择品牌机和组装机,目前大多是品牌机。

(1) 品牌机的选购。品牌机可以选择联想、HP、DELL、华硕、ACER、方正等。品牌机的特点是,配置相对固定;价格偏高;售后服务好;适合普通家庭或企事业单位使用。品牌机选购的基本原则是按需选购,具体可以遵循以下三种原则。

① 商务机:注重安全性,能长时间应用,一般采用主流的 CPU 和内存,显卡性能偏弱,价格较高。

② 家庭娱乐机:家用娱乐机注重性价比和娱乐性能,兼顾性能和价格。

③ 高端游戏机:高端游戏机比较看重性能,高端的 CPU、大容量内存和硬盘,还有千元级别的显卡,价格很高。

(2) 组装机的选购。组装机选择范围大,可根据需要任意搭配各部件。特点是价格便宜、兼容性可能差、售后服务一般,适合计算机爱好者或有特殊需求的用户使用。

组装机选购配件时一定要明确选购计算机的用途,不同的用途选择硬件的标准不同。具体的用途包括办公学习、作图设计、游戏娱乐、家庭上网、豪华配置等。

① 选择 CPU。现在主流的 CPU 有 Intel 和 AMD 两家,Intel 有酷睿 i7、i5、i3、酷睿 2 四核、酷睿 2 双核等;AMD 有羿龙 II X4、羿龙 II X3、速龙 II X2 等。

② 选择主板。主板要与 CPU 兼容,所以首先要选择合适的芯片组。Intel 有 X79、H61、H67、P67、Z68、H55、P55、X58、G41、P45、NM10 等;AMD 有 A55、A75、970、990、X990、FX870、880G、890GX、890FX、E-APU 等。此外,还要看是否集成显卡、前端总线的频

率和主板的扩展能力。

③ 选择内存。内存的品牌有威刚、金士顿、海盗船、宇瞻、三星等，容量有 8 GB、16 GB 和 32 GB 等，类型有 DDR4 和 DDR5，频率有 2666 Hz、3200 Hz、3600 Hz 等。

④ 选择硬盘。硬盘的品牌有希捷、西部数据、日立、三星、富士通等，容量有 1 TB、2 TB、4 TB，接口有 SATA3.0、SATA2.0、SATA1.0、PATA、SAS。个人计算机硬盘转速主要有 7200 r/min 和 5400 r/min 两种。

⑤ 选择显卡。显示系统有核芯显卡、集成显卡、独立显卡。显卡分为 A 卡（ATI）和 N 卡（NVIDA）。A 卡分为三种：入门有 GT430、GT440、GTS450、GTX550Ti；实用有 GTX460、GTX560、GTX560Ti；发烧有 GTX570、GTX580、GTX590。N 卡也分为三种：入门有 HD6450、HD6570、HD6750、HD6770，实用有 HD6790、HD6850、HD6870，发烧有 HD6950、HD6970、HD6990。

同时还要看显存大小，接口的种类和品牌。

⑥ 选择显示器。显示器类型有 LCD 和 LED。品牌有三星、LG、长城、HKC、AOC、明基、优派、瀚视奇、飞利浦、戴尔、Acer 等。尺寸有 19 in、21 in、24 in、26 in 及以上。视频接口有 VGA、DVI、HDMI、USB 3.0。

⑦ 选择机箱和电源。机箱的选择原则是，机箱是否结实、美观大方、做工优良。电源的选择原则是，总功率是否满足要求、风扇声音、接口丰富、安全认证。

2. 笔记本选购

笔记本选购有以下几个原则。

（1）尺寸大小。首先购买笔记本要确定自己的需求，要清楚自己买笔记本有什么用途，例如，用于取代家里的台式机，移动需求不大的用户，可以选择 15 寸以上的、家庭娱乐机型；如果需要经常出差外出使用，则应该选择相对轻便的 12、13 寸笔记本；如果是学生偶尔需要携带外出，可以选择性价比较高的 14 寸机型；先确定自己需要什么尺寸的笔记本，然后再根据自己对性能的要求选择笔记本的配置。

（2）配置。如果是经常出差、注重电池续航能力，应该选择集成显卡等功耗低的机型；如果是家庭娱乐使用，则需要大屏幕、音响效果好的机型；如果只是上网、办公和一些常用应用，可以选择最基本配置的笔记本；如果是专业的图形设计者、骨灰级玩家，则需要一台性能强大的机型。

（3）价位。购买笔记本要先了解自己对笔记本性能的要求，3000 元左右的笔记本是最基本配置的笔记本，适合只是简单应用的用户；4000～5000 元价位的笔记本基本是 i3/i5 二代笔记本，配备了独立显卡，适合大多数的用户；6000～9000 元价位的笔记本性能已经相当不错，适合对性能要求高的中高端用户；万元以上的笔记本则适合一些有特殊要求的用户。

1.5 信 息 安 全

信息作为一种资源，它的普遍性、共享性、增值性、可处理性和多效用性，使其对于人类具有特别重要的意义。信息安全的实质就是要保护信息系统或信息网络中的信息资源免受各种类型的威胁、干扰和破坏，即保证信息的安全性。

1.5.1 信息安全概述

根据国际标准化组织的定义，信息安全是为数据处理系统建立和采用的技术、管理上的安全保护，为的是保护计算机硬件、软件、数据不因偶然和恶意的原因遭到破坏、更改和泄露。信息安全是任何国家、政府、部门、行业都必须重视的问题，是不容忽视的国家安全战略。

信息安全主要包括以下 5 方面的内容，即需要保证信息的保密性、完整性、可用性、不可否认性和可控性。

信息安全本身包括的范围很大，其中包括如何防范商业机密泄露、防范青少年对不良信息的浏览、个人信息的泄露等。网络环境下的信息安全体系是保证信息安全的关键，包括计算机安全操作系统、各种安全协议、安全机制（数字签名、消息认证、数据加密等），直至安全系统，只要存在安全漏洞便可以威胁全局安全。

1. OSI 信息安全体系

ISO 7498 标准是目前国际上普遍遵循的计算机信息系统互连标准。1989 年，ISO 颁布了该标准的第二部分，即 ISO 7498-2 标准，并首次确定了开放系统互联参考模型（open systems interconnection reference model，OSI-RM）的信息安全体系结构，我国将其作为 GB/T 9387.2—1995 标准。它包括了五大类安全服务以及提供这些服务所需要的八大安全机制。五大类安全服务分别是鉴别、访问控制、数据保密性、数据完整性和不可否认性。八大安全机制分别是加密、数字签名机制、访问控制机制、数据完整性机制、鉴别交换机制、业务填充机制、路由控制机制和公证机制。

2. 信息安全技术

（1）密码技术。采用密码技术对信息加密，是最常用和有效的安全保护手段，包含加密和解密两部分。加密和解密过程共同组成了加密系统，其核心是加密算法和密钥。通常，密码技术使用一个数学公式作为密钥，加密算法使用该密钥将最初信息转换为加密信息，解密算法再通过该密钥把加密信息转换为最初信息。功能强大的密码算法很难被破解。

目前广泛应用的加密技术主要分为两类：对称加密技术是一种使用相同的密钥对数据进行加密和解密的加密通信方式。对称加密的优点是速度快、加密解密过程简单，适合大量数据传输，缺点是密钥管理难以保证安全性。非对称加密技术是一种使用不同的密钥对数据进行加密和解密的加密通信方式。非对称加密使用两个密钥，一个是公钥，另一个是私钥，公钥可以自由传播，私钥只能由拥有者保管和使用。

（2）认证技术。认证是对于证据的辨认、核实和鉴别，以建立某种信任关系。在通信中，它涉及两方面，一方面提供证据或者标识；另一方面对这些证据或标识的有效性加以辨认、核实和鉴别。认证技术主要包括数字签名和身份认证。

数字签名是一种用于保证文档完整性和真实性的技术。它通过使用公钥密码生成一个数字签名，该数字签名可以验证文档是否被篡改或伪造。

身份认证是确认用户身份的一种技术，以确保只有授权用户可以访问某个系统或网络资源。常见的身份认证技术是用户名和密码。身份认证技术不仅要能够有效地确认用户身份，还要具有适当的安全性和易用性。

（3）防火墙技术。防火墙技术是通过有机结合各种用于安全管理与筛选的软件和硬件设备，帮助计算机网络与其内、外网之间构建一道相对隔绝的保护屏障，以保护用户资料与信息安全性的一种技术。

防火墙技术的功能主要在于及时发现并处理计算机网络运行时可能存在的安全风险、数据传输等问题，处理措施包括隔离与保护，同时可以对计算机网络安全当中的各项操作实施记录与检测，以确保计算机网络运行的安全性，保障用户资料与信息的完整性，为用户提供更好、更安全的计算机网络使用体验。

（4）入侵检测系统（intrusion detection system，IDS）。入侵检测系统是一种安全技术，它旨在监视网络流量和系统活动，以便及时发现可能的入侵和攻击。IDS 可以分为签名型 IDS 和行为型 IDS 两类，签名型 IDS 通过事先定义好的规则来检测网络流量和系统活动中是否存在已知的攻击行为，这些规则通常包括特定的攻击模式、恶意代码等。行为型 IDS 不依赖于事先定义好的规则，而是根据正常的网络和系统活动行为模式来建立基线，并对异常行为进行检测。

（5）虚拟专用网络技术（virtual private network，VPN）。VPN 是一种通过公共网络（如互联网）建立安全、加密的通信隧道，使远程用户可以像在私有网络中一样访问内部资源。VPN 可以提供身份验证、数据加密和完整性保护等安全机制，并使远程用户能够绕过地理位置限制，从任何地方都可以访问所需的资源。VPN 技术得到了广泛的应用，它被用于实现企业内部网络、跨越国界的远程办公、绕过地理位置限制的访问等场景。

（6）移动终端安全。移动互联网的普及性、开放性和互联性的特点，使得移动终端正在面临传统的互联网安全问题，如安全漏洞、恶意代码、钓鱼欺诈和垃圾信息等。同时，由于移动终端更多地涉及个人信息，其隐私性更强，也面临诸多新的问题。因此，有必要加强对移动安全领域的关注，提高移动终端的安全等级。移动设备管理技术包括应用程序保护技术和移动数据加密技术。

（7）云安全技术。云安全技术是网络时代信息安全的最新体现，它融合了并行处理、网格计算、未知病毒行为判断等新兴技术和概念，通过网状的大量客户端对网络中软件行为的异常监测，获取互联网中木马、恶意程序的最新信息，推送到服务器端进行自动分析和处理，再把病毒和木马的解决方案分发到每个客户端。

（8）数据保护技术。数据保护技术是指通过各种手段来确保数据的安全性、完整性和可用性。数据安全保护系统是依据国家重要信息系统安全等级保护标准和法规，以及企业数字知识产权保护需求，自主研发的产品。它以全面数据文件安全策略、加密解密技术及强制访问控制有机结合为设计思想，对信息媒介上的各种数据资产实施不同安全等级的控制，有效杜绝机密信息泄露和窃取事件。

数据保护应当以零信任架构为指导，从资产、入侵、风险三个视角出发，实现覆盖数据全生命周期的数据安全体系建设，包括数据发现与分类分级，数据使用安全、流动安全、外部入侵安全，数据存储安全、态势感知等安全能力输出，构建全方位的数据安全保护体系。

1.5.2 计算机安全与防护

计算机安全是指计算机资产安全，即计算机信息系统资源和信息资源不受自然和人为有害因素的威胁和危害，保护计算机硬件、软件、数据不因偶然的或恶意的原因而遭到破坏、更改、泄露。

根据国家计算机安全规范,可把计算机的安全大致分为三类:一是实体安全,包括机房、线路、主机等;二是网络与信息安全,包括网络的畅通、准确及其网上的信息安全;三是应用安全,包括程序开发运行、输入输出、数据库等的安全。

1. 计算机安全的主要威胁

(1)计算机病毒。种类繁多的计算机病毒,利用自身的"传染"能力,严重破坏数据资源,影响计算机使用功能,甚至导致计算机系统瘫痪。

(2)内部用户非恶意或恶意的非法操作。

(3)网络外部的黑客。这种人为的恶意攻击是计算机网络所面临的最大威胁。黑客一旦非法入侵国家政府部门一些重要的政治、军事、经济和科学等领域的内部网络,盗用、暴露和篡改大量在网络中存储和传输的数据,其造成的损失是无法估量的。

对于个人计算机的用户来说,主要是计算机病毒的威胁最大,以下主要介绍计算机病毒。

2. 计算机病毒

计算机病毒(computer virus)是编制者在计算机程序中插入的破坏计算机功能或数据、影响计算机使用、并且能够自我复制的一组计算机指令或程序代码,具有破坏性、复制性和传染性。

计算机病毒具有如下特点。

(1)繁殖性。计算机病毒可以像生物病毒一样繁殖,当正常运行程序的时候,它也进行自身复制,是否具有繁殖、感染的特征是判断某段程序为计算机病毒的首要条件。

(2)破坏性。计算机中毒后,可能会导致正常的程序无法运行,计算机内的文件被删除或受到不同程度的损坏。通常表现为增、删、改、移。

(3)传染性。计算机病毒不但本身具有破坏性,更有害的是具有传染性,传染性是病毒的基本特征,是否具有传染性是判别一个程序是否为计算机病毒的重要条件。

(4)潜伏性。计算机病毒程序进入系统之后一般不会马上发作,可以在存储设备里潜伏几天,甚至几年。其内部往往有一种触发机制,不满足触发条件时,计算机病毒除了传染外不做任何破坏。触发条件一旦得到满足,则执行破坏系统的操作。

(5)隐蔽性。计算机病毒具有很强的隐蔽性,有的可以通过病毒软件检测出来,有的则根本查不出来,有的时隐时现、变化无常,这类病毒处理起来通常很困难。

(6)可触发性。因某个事件或数值的出现,诱使病毒实施感染或进行攻击的特性称为可触发性。病毒既要隐蔽又要维持杀伤力,它必须具有可触发性。病毒的触发机制用于控制感染和破坏动作的频率。

3. 计算机病毒的分类

可以从不同角度对计算机病毒进行分类。

根据病毒存在的媒体,病毒可以划分为网络病毒、文件病毒、引导型病毒和混合型病毒。网络病毒通过计算机网络传播,感染网络中的可执行文件;文件病毒感染计算机中的可执行文件,如 COM、EXE 等;引导型病毒感染启动扇区和硬盘的系统引导扇区;混合型病毒是文件型和引导型病毒的混合,感染文件和引导扇区两个目标。

根据病毒传染的方法可将病毒分为驻留型病毒和非驻留型病毒。驻留型病毒感染计算机后,把自身的内存驻留部分放在内存中,这部分程序挂接系统调用并合并到操作系统中,处于激活状态，一直到关机或重新启动。非驻留型病毒在得到机会时才会激活从而感染计算机。

4. 计算机病毒的主要传播渠道

计算机病毒之所以称为病毒是因为其具有传染性。病毒的传播渠道通常有以下几种。

（1）通过 U 盘传播。随着 U 盘、移动硬盘、存储卡等移动存储设备的普及，U 盘病毒也随之泛滥起来。国家计算机病毒处理中心发布公告称 U 盘已成为病毒和恶意木马程序传播的主要途径。U 盘病毒并不是只存在于 U 盘上，中毒的计算机每个分区下面同样有 U 盘病毒，计算机和 U 盘交叉传播。

（2）通过光盘传播。因为光盘容量大，存储了海量的可执行文件，大量的病毒就有可能藏身于光盘，对只读式光盘，不能进行写操作，因此光盘上的病毒不能清除。以谋利为目的非法盗版软件的制作过程中，不可能为病毒防护担负专门责任，也决不会有真正可靠可行的技术保障避免病毒的传入、传染、流行和扩散。当前，盗版光盘的泛滥给病毒的传播带来了很大的便利。

（3）通过网络传播。随着因特网的风靡，给病毒的传播又增加了网络传播这一新的途径。网络病毒的传播更迅速，反病毒的任务更艰巨。因特网带来两种不同的安全威胁，一种威胁来自文件下载，这些被浏览的或被下载的文件可能存在病毒。另一种威胁来自电子邮件，大多数因特网邮件系统提供了在网络间传送附带格式化文档邮件的功能，因此，遭受病毒的文档或文件就可能通过网关和邮件服务器涌入企业网络。网络使用的简易性和开放性使得这种威胁越来越严重。

（4）通过硬盘传播。通过硬盘传染也是重要的渠道，由于带有病毒的机器移到其他地方使用、维修等，将干净的硬盘传染并再扩散。

5. 个人计算机病毒预防

预防计算机病毒可以从如下几方面入手。

（1）建立良好的安全习惯。不要打开一些来历不明的邮件及附件，不要登录一些不太了解的网站、不要执行从因特网下载后未经杀毒处理的文件等，这些必要的习惯会使个人计算机更安全。

（2）关闭或删除系统中不需要的服务。默认情况下，许多操作系统会安装一些辅助服务，如 FTP 客户端、Telnet 和 Web 服务器。这些服务为攻击者提供了方便，又对用户没有太大用处，如果删除它们，就能大大减少被攻击的可能性。

（3）经常升级操作系统的安全补丁。据统计，有 80％的网络病毒是通过系统安全漏洞进行传播的，如蠕虫王、冲击波、震荡波等，因此应该定期到官方网站下载最新的安全补丁，以防患未然。

（4）使用复杂的密码。许多网络病毒通过猜测简单密码的方式攻击系统，因此使用复杂的密码，将会极大提高计算机的安全系数。

（5）迅速隔离受感染的计算机。当个人计算机发现病毒或异常时应立刻断网，以防止计算机受到更多的感染，或者成为传播源，再次感染其他计算机。

（6）了解一些病毒知识。可以及时发现新病毒并采取相应措施，在关键时刻使个人计算机免受病毒破坏。如果能了解一些注册表知识，就可以定期查看注册表的自启动项是否有可疑值；如果了解一些内存知识，就可以查看内存中是否有可疑程序。

（7）安装专业的杀毒软件进行全面监控。在病毒日益增多的今天，使用杀毒软件进行防毒是越来越经济的选择，不过在安装了杀毒软件之后，应该经常升级、打开主要监控（如邮件监控、内存监控等）、遇到问题上报，这样才能真正保障个人计算机的安全。

（8）安装个人防火墙软件。由于网络的发展，计算机面临的黑客攻击问题也越来越严重，许多网络病毒都采用了黑客的方法来攻击计算机，因此，还应该安装个人防火墙软件，将安全级别设为中、高，这样才能有效地防止网络上的黑客攻击。

1.5.3　网络信息安全简介

网络是一个信息传输、接收、共享的虚拟平台，通过它可以将各个点、面、体的信息全部联系到一起，从而实现所有信息资源的共享。网络信息安全是指网络系统的硬件、软件及其系统中的数据受到保护，不因偶然的或者恶意的原因遭到破坏、更改、泄露，系统能连续可靠正常地运行，网络服务不中断。

网络信息安全的 8 个机制是数据加密机制、访问控制机制、数据完整性机制、数字签名机制、实体认证机制、业务填充机制、路由控制机制和公证机制。

对于个人计算机用户来讲，网络信息安全主要涉及黑客防范、隐私保护和知识产权保护。

1. 黑客防范

黑客防范主要是阻挡黑客攻击。黑客攻击是指利用计算机技术或者其他手段，非法入侵他人的计算机系统或者网络，窃取、破坏、篡改或者泄露数据的行为。黑客攻击可能给个人、企业或者国家带来严重的损失和危害，因此我们需要提高网络安全意识，采取有效的措施来防范黑客攻击。

个人计算机用户的黑客防范方法如下。

（1）建立强密码。强密码指包含有大写字母、小写字母、数字和特殊字符的长密码。而且每个账户的密码都应该是唯一的，并且要定期更改，也可以考虑使用密码管理器管理密码。通常，人们习惯于在多个账户中使用相同的密码，但这意味着一个泄露的密码可以使攻击者访问用户的所有其他账户，被称为凭据填充，即攻击者使用泄露的用户名和密码登录其他在线账户。

（2）启用双因素身份验证。密码不足以保护在线活动，为了增加一层保护，可以在账户中添加双因素身份验证和多因素身份验证，这需要通过电子邮件、短信或生物识别进行验证。

（3）使用虚拟专用网络软件。不安全的 WiFi 是恶意方监视互联网流量并收集机密信息的主要场所。当被迫使用不安全的公共 WiFi 时，应使用虚拟专用网络软件，创建安全连接并屏蔽自己的活动。

（4）保护家用路由器。家用路由器是通往互联网的网关。如果没有安全保障，远程工作者、企业和家庭很容易受到攻击者的攻击。为了保护网络，需要定期更改路由器管理员账户密码，按照设备管理页面上的说明更新路由器固件，启用自动更新，并确保将加密设置类型设置为 WPA2 或 WPA3。

（5）安装最新的操作系统、杀毒软件和防火墙软件，并且定期更新这些软件，也可以将软件设置为自动运行更新，以帮助减轻关键工作时间的干扰。

（6）不要随意点击来源不明的链接或者下载附件。随着远程工作的激增，遇到网络犯罪分子恶意活动的概率有所增加，他们往往通过伪装成可信赖来源发送"诱骗"信息。因此，不要随意点击来源不明的链接或者下载附件，收发邮件时检查发件人的电子邮件地址是否存在拼写错误、主题和电子邮件正文中语法错误，或将鼠标指针悬停在链接上以验证 URL 来源。

（7）及时备份。养成及时备份的好习惯，避免将敏感数据存放在云端服务器。当计算机中病毒、遭受黑客攻击时都会影响系统的正常运行，轻则导致信息缺失，重则导致系统瘫痪。养成良好的备份习惯，就可以通过数据备份快速、可靠地完成数据还原。

2. 数据隐私

数据隐私是指个人或组织对其所拥有或控制的数据保持私密性和保密性的权利。这些数据包括个人身份信息、财务信息、医疗信息、社交媒体活动、电子邮件、通信记录、位置数据等。数据隐私保护是确保这些数据不被未经授权的访问、使用或披露的过程。

（1）数据隐私涉及方面。

① 数据收集：个人和组织收集数据时需要遵守相关法律法规，收集的数据必须合法、透明、有明确的目的，对于敏感的个人信息必须经过用户的同意。

② 数据存储：个人和组织需要采取措施保护已收集的数据，如加密、存储在安全的位置、限制访问权限等。

③ 数据使用：个人和组织使用数据时需要遵守相关法律法规，确保数据的使用合法、透明、有明确目的，不会侵犯个人隐私权。

④ 数据共享：在共享数据时要确保数据的安全性和隐私性，确保数据只被授权的人访问。

⑤ 数据销毁：当数据不再需要时，需要采取措施进行安全地销毁，以防止数据泄露。

（2）常见的个人数据隐私威胁。

① 身份盗窃。黑客可能通过各种方式获取个人身份信息，如姓名、地址、社会保险号码、银行账户和信用卡信息等，以进行身份盗窃和欺诈活动。

② 数据泄露。组织可能因为员工失误、网络攻击或技术故障等原因导致数据泄露。泄露的数据可能包括个人身份信息、医疗记录、信用卡信息等。

③ 无法控制的数据收集。一些组织可能通过追踪用户在线活动，收集用户的个人信息，包括搜索记录、购买记录、社交媒体活动等，而用户可能不知道这些信息被收集了。

④ 数据滥用。组织可能滥用用户的个人信息，例如，出售给第三方广告商或进行不当的营销活动。

⑤ 勒索软件。勒索软件是一种恶意软件，会对用户的计算机进行加密，以勒索用户支付赎金才能恢复数据。

⑥ 社交工程。社交工程是指攻击者利用人们的社交网络和信任，通过诱骗用户提供个人信息或密码等敏感信息，或通过伪造电子邮件或网站来欺骗用户。

⑦ 钓鱼攻击。钓鱼攻击是指攻击者伪装成合法的实体，例如，银行或电子商务网站，以诱骗用户提供个人信息或密码等敏感信息。

（3）保护个人数据隐私的主要方法。个人数据隐私的泄露主要在使用公共资源时发生，因此，使用公共资源时要注意以下几点。

① 使用公共电脑时,注意密码保护,可以使用软键盘,尽量不要登录和使用个人应用程序。

② 小心使用公共 WiFi,在使用公共 WiFi 时,不要使用不安全的网络,不要登录敏感信息,如银行账户或社交媒体账户。

③ 限制个人信息的共享,不要轻易将个人信息提供给不可信任的组织或个人,如电子邮件、电话或社交媒体上的陌生人。

④ 尽量不要打开不可信的网络链接、短信、彩信、邮件、广告推送和附件,主要防止钓鱼攻击。

⑤ 保护移动设备。使用安全密码锁保护移动设备,远离公共网络,尽量避免使用无线网络、VPN 网络等。

3. 知识产权

知识产权是基于创造成果和工商标记依法产生的权利的统称。最主要的三种知识产权是著作权、专利权和商标权,其中专利权与商标权也被统称为工业产权。个人计算机用户主要涉及计算机软件著作权。

不同的软件一般都有对应的软件许可,使用者必须在有使用软件许可的情况下才能够合法地使用软件。未经软件版权所有者许可的软件拷贝将会引发法律问题,一般来讲,购买和使用这些盗版软件也是违法的。

计算机软件著作权的个人侵权行为主要有以下几种。

(1) 未经软件著作权人许可,发表或者登记其软件。

(2) 将他人软件作为自己的软件发表或者登记。

(3) 未经合作者许可,将与他人合作开发的软件作为自己单独完成的软件发表或者登记。

(4) 在他人软件上署名或者更改他人软件上的署名。

(5) 未经软件著作权人许可,修改、翻译其软件。

(6) 其他侵犯软件著作权的行为。

除法律另有规定外,未经软件著作权人许可,有上述侵权行为的,应当根据情况,承担停止侵害、消除影响、赔礼道歉、赔偿损失等民事责任;同时损害社会公共利益的,由著作权行政管理部门责令停止侵权行为,没收违法所得,没收、销毁侵权复制品,可以并处罚款;情节严重的,著作权行政管理部门可以没收主要用于制作侵权复制品的材料、工具、设备等;触犯刑律的,依照刑法关于侵犯著作权罪、销售侵权复制品罪的规定,依法追究刑事责任。

1.5.4　计算机网络道德与责任

网络道德是人们对网络持有的意识态度、网上行为规范、评价选择等构成的价值体系,是一种用来正确处理、调节网络社会关系和秩序的准则。网络道德的目的是按照善的法则创造性地完善社会关系和自身,其社会需要除了规范人们的网络行为之外,还有提升和发展自己内在精神的需要。

网络道德是指以善恶为标准,通过社会舆论、内心信念和传统习惯来评价人们的上网行为,调节网络时空中人与人之间以及个人与社会之间关系的行为规范。网络道德的基本原则是诚信、安全、公开、公平、公正、互助。主要具有三个特点：无形性、全球性和多元性。

网络行为需要一定的规范和原则，因而国内外一些计算机和网络组织为其用户制定了一系列相应的规范。在这些规则和协议中，比较著名的是美国计算机伦理学会为计算机伦理学所制定的十条戒律，也可以说就是计算机行为规范，这些规范是一个计算机用户在任何网络系统中都"应该"遵循的最基本的行为准则，具体内容如下。

（1）不应用计算机去伤害别人。

（2）不应干扰别人的计算机工作。

（3）不应窥探别人的文件。

（4）不应用计算机进行偷窃。

（5）不应用计算机作伪证。

（6）不应使用或拷贝没有付钱的软件。

（7）不应未经许可而使用别人的计算机资源。

（8）不应盗用别人智力成果。

（9）应该考虑你所编程序的社会后果。

（10）应该以深思熟虑和慎重的方式使用计算机。

1.5.5 信息安全法律法规

为尽快制定适应和保障我国信息化发展的计算机信息系统安全总体策略，全面提高安全水平，规范安全管理，国务院、公安部等有关单位从 1994 年起制定发布了一系列信息系统安全方面的法规，这些法规是指导我们进行信息安全工作的依据。

（1）一般性法律规定。这类法律法规是指《中华人民共和国宪法》《中华人民共和国国家安全法》《中华人民共和国著作权法》等。这些法律法规并没有专门对网络行为进行规定，但是它们所规范和约束的对象中包括了危害信息网络安全的行为。

（2）规范和惩罚网络犯罪的法律。这类法律法规包括《中华人民共和国刑法》《全国人民代表大会常务委员会关于维护互联网安全的决定》等，其中刑法也是一般性法律规定，这里将其独立出来，作为规范和惩罚网络犯罪的法律规定。

（3）直接针对计算机信息网络安全的特别规定。这类法律法规主要有《中华人民共和国网络安全法》《中华人民共和国计算机信息系统安全保护条例》《中华人民共和国计算机信息网络国际联网管理暂行规定》《计算机信息网络国际联网安全保护管理办法》《计算机软件保护条例》《中华人民共和国数据安全法》《中华人民共和国个人信息保护法》等。

（4）具体的、规范的信息网络安全技术和安全管理方面的规定。这一类法律法规主要有《商用密码管理条例》《计算机信息系统安全专用产品检测和销售许可证管理办法》《计算机病毒防治管理办法》《计算机信息系统保密管理暂行规定》《计算机信息系统国际联网保密管理规定》《金融机构计算机信息系统安全保护工作暂行规定》《互联网安全保护技术措施规定》《互联网电子公告服务管理规定》《互联网站从事登载新闻业务管理暂行规定》《中华人民共和国计算机信息网络国际联网管理暂行规定》《中华人民共和国计算机信息网络国际联网管理暂行规定实施办法》《计算机信息网络国际联网安全保护管理办法》《互联网信息服务管理办法》等。

1.6　计算机新技术简介

1.6.1　大数据

随着云计算、物联网等新兴技术的发展,在电子商务、金融交易、社交网络、移动通信、数字家庭等不同领域每时每刻都产生海量数据,这些数据规模越来越大,数据形式越来越复杂,据估算 2030 年全球数据存储量将达到 2500 ZB。对此,传统的数据处理技术已经不能满足当前海量数据的处理需求,大数据技术应运而生。大数据技术能够高效采集、存储海量数据,并通过数据分析与挖掘技术从中萃取提炼有效信息。如今,大数据(big data)已经渗透到各行各业诸多领域,对人类的社会生产和生活产生重大而深远的影响。

1. 大数据的概念

当前,学术界对于大数据还没有一个完整统一的定义,众多权威机构从不同角度对大数据给予了不同的定义。例如,来自维基百科的定义"大数据是指一些使用目前现有数据库管理工具或传统数据处理应用很难处理的大型而复杂的数据集",IDC 数据公司认为"大数据是一种新一代的技术和架构,具备高效率的捕捉、发现和分析能力,能够经济地从类型繁杂、数量庞大的数据中挖掘出价值",美国麦肯锡全球研究所则认为"大数据是一种大规模数据集合,其数据量之大使其无法通过传统数据处理方式得到采集、储存和管理"。

一般认为,大数据主要有 4 个显著特征,即 4V 特征:规模性(volume)、多样性(variety)、高速性(velocity)、价值性(value)。

(1) 规模性。指数据量巨大,数据量的存储单位从 GB 到 TB,甚至达到 EB、ZB。

(2) 多样性。指数据来源及类型多样,包括结构化、半结构化和非结构化数据,其中非结构化数据占绝大多数。

(3) 高速性。指数据产生、流转速度快,需要满足实时数据分析需求。

(4) 价值性。指数据价值密度相对较低,只有通过分析才能实现从数据到价值的转变。

2. 大数据的关键技术

大数据技术是使用非传统工具对大量的结构化、半结构化和非结构化的数据进行处理,从而获得分析和预测结果的一系列数据处理和分析技术,其核心是分布式存储和分布式处理技术,以 Google 的分布式文件系统 GFS、分布式数据库 BigTable 和分布式并行处理技术 MapReduce 为代表的一系列大数据处理技术被广泛应用,同时还催生出以 Hadoop、Spark 为代表的一系列大数据开源工具。从大数据处理的流程来看,大数据技术主要包括大数据采集与预处理、大数据存储和管理、大数据处理与分析、大数据呈现、大数据安全和隐私保护等。

(1) 大数据采集与预处理。大数据的采集指通过传感器、射频识别(radio frequency indentification,RFID)、互联网设备、社交网络、移动网络、网络爬虫等方式采集互联网应用、物联网应用、传统信息系统等数据,它需要支持高速的并发,因为数据源可能是成千上万用户的并发行为。然后对采集到的原始数据通过数据清洗、数据集成与数据变换等一系列数据预处理操作,清理掉虚假的、不完整的和无价值的数据,将有效数据进行填补、平滑和规格化处理,进行数据集成,以便达到大数据分析进行知识获取研究所要求的最低规范和标准。

(2) 大数据存储和管理。大数据存储和管理需要用存储器将采集到的数据存储起来并建立相应的数据库，主要解决大数据的可存储、可表示、可处理、可靠性及有效传输等几个关键问题。目前，主要采用 Hadoop 分布式文件系统（hadoop distributed file system，HDFS）和非关系型分布式数据库（no only SQL，NoSQL）来存储和管理大数据。常用的 NoSQL 数据库包括列式数据库 HBase、混合型数据库 Cassanda、图数据库 Neo4j、键值型数据库 Redis、文档型数据库 MongoDB 等。

（3）大数据处理与分析。利用分布式模型和计算框架，结合机器学习与数据挖掘算法，实现对海量数据的分析处理。面对不同的业务需求，典型的大数据计算模式包括大规模数据批量处理计算的 MapReduce、Spark，流数据实时计算的 Storm、S4、Flume、Streams，大规模图结构数据计算的 Pregel、GraphX，大规模数据查询和分析计算的 Hive、Dremel、Impala 等。

（4）大数据呈现。将数据以不同的视觉表现形式展现在不同系统中，采取云计算、标签云、关系图等技术来展现可视化的分析结果，帮助用户更深层次地理解数据的含义。常用的大数据可视化工具有 Echarts、Tableau 等。

（5）大数据安全和隐私保护。大数据开启了一扇高效数据的"大门"，从大数据中挖掘潜在的巨大商业价值和学术价值的同时，构建数据安全体系和隐私数据保护体系是十分必要的，这既体现在服务商、用户的安全需求，更体现在国家的安全需求。特别是在商业化场景中，用户应有权决定自己的信息如何被利用，实现用户可控的隐私保护。

3. 大数据的应用实例

2015 年我国提出了"互联网＋"行动计划和"大数据战略"，鼓励大数据与云计算、人工智能、物联网等技术融合创新。中国加快实施大数据战略，大数据生态系统的日益完善为云计算发展奠定了重要基础，云计算也催化出大数据在应用领域的"层出不穷"。而云计算和大数据的融合则为人工智能的发展提供着源源不断的动力，同时人工智能的持续发展又为大数据和云计算的发展带来了更多的机遇。大数据应用逐渐落地生根，在金融、汽车、医疗、电子商务、电子政务、教育、社交媒体、能源等社会各行业都已经融入了大数据的印迹，大数据给我们的生活带来了便捷，下面仅举几例应用。

（1）推荐系统。电子商务网站分析每天交易的海量数据，基于客户消费习惯的大数据分析预测用户的购买力和产品需求来进行精准营销，量身推荐相关产品；社交网站推荐系统可以通过社交媒体大数据向用户推荐感兴趣的视频、新闻等。

（2）金融行业。依据客户消费和现金流提供信用评级或融资支持，利用客户社交行为记录实施信用卡反欺诈的风险管控，利用决策树技术进行抵押贷款管理，利用数据分析报告实施产业信贷风险控制，利用金融行业全局数据了解业务运营薄弱点，利用大数据技术加快内部数据处理速度，利用客户行为数据设计满足客户需求的金融产品等。

（3）医药行业。大数据在医药行业的应用不仅关乎医药产业的发展，还影响着民众的生命健康。医疗行业拥有大量的病例、病理报告、治疗方案等，通过挖掘大数据，医药企业可以拓宽市场调研数据的广度和深度，在治疗方案优化、新药研发、供应链管理、医药生产质量控制与工艺改进、市场营销等方面发挥重要作用。

（4）农业领域。大数据在农业中的应用涵盖从种植管理到精准农业的各个方面，可以帮助农民和农业企业更好地掌握生产环节的数据和信息，提高生产效率，减少浪费和成本，提高农业生产的可持续性，特别是对农业生产过程中的天气变化和自然灾害的农业气象预测有着重大影响。

1.6.2 云计算

大数据时代,对海量数据进行存储和处理需要强大的算力支撑,云计算(cloud computing)已成为一种被普遍认可的计算方式与算力服务。例如,人们习惯每天将数据备份到"云端",越来越多的企业用户租用虚拟计算机的数据存储空间和计算能力,感受云计算的方便与快捷。云计算可以将很多计算机资源协调在一起,使用户通过网络就可以获取无限资源,而且获取的资源不受时间和空间的限制。云计算面向不同服务提供不同的算力模型,用户通过网络使用云计算资源并按需付费。

1. 云计算的概念

云计算是一种能够将动态的、易扩展的、虚拟化的计算资源通过互联网以服务的方式提供给用户的计算模式,其最终目标是将计算、服务和应用作为一种公共设施提供给公众。目前得到广泛认同和支持的定义是美国国家标准与技术协会(National Institute of Standards and Technology,NIST)对云计算的定义,即"云计算是一种能够通过网络以便利的、按需付费的方式获取计算资源(如网络、服务器、存储、应用和服务等),并提高其可用性的模式"。用户只需要一个能上网的设备(计算机、平板电脑、智能手机等)即可随时获取"云"上的资源和服务,并且"云"上资源是无限扩展的,只需按需求量使用和付费,而不必考虑购买相关硬件设备。因此,云计算的核心思想是将大量用网络连接的计算资源统一管理和调度,构成一个计算资源池,向用户按需服务。云计算主要有以下特点。

(1)超大规模。大多数云计算中心都具有相当的规模,Google 云计算中心拥有几百万台服务器,而亚马逊、IBM、微软等企业拥有的云计算规模也毫不逊色,云计算中心通过整合和管理数量庞大的计算机集群,赋予用户前所未有的计算和存储能力。

(2)虚拟化。云计算利用软件来实现硬件资源的虚拟化管理、调度及应用,支持用户随时随地利用各种终端获取应用服务,甚至包括超级计算服务。

(3)高可靠性。云计算使用了数据多副本容错、计算结点同构、可互换等措施保障服务的高可靠性。

(4)通用性。云计算不针对特定的应用,在"云"的支撑下可以构造出千变万化的应用,同一个"云"可以同时支撑不同的应用运行。

(5)高可扩展性。云计算的规模可以根据其应用的需要进行调整和动态伸缩,可以满足用户和应用大规模增长的需要。

(6)按需服务。用户可以根据自身实际需求,通过网络方便地进行计算能力申请、配置和调用,云计算服务商按需收费。

(7)潜在的危险性。数据存储是云计算服务的重要应用,对于选择云计算服务的政府、商业机构在选择云计算时一定要保持足够的警惕。

2. 云计算的发展

云计算是多种信息技术整合的产物,它的发展与虚拟化、并行计算、分布式计算、效用计算、网络存储等计算机技术密切相关。云计算的发展过程大体可分为初期阶段、发展阶段和广泛应用阶段。

(1)初期阶段。2006 年之前是云计算发展的初期阶段,在这个阶段随着虚拟化技术的发展及分布式计算框架的提出,云计算模式突破了技术上的限制,有了初步的发展,比较典型的是 2004 年 Google 发表的关于分布式文件系统 GFS、MapReduce 分布式计算模型和分布式存储系统 BigTable 三个技术的论文,对云计算技术的发展产生了深远影响。

（2）发展阶段。2006—2010 年,云计算迅速成为学术界、工业产业界的关注热点,云计算技术有了长足的发展,云计算的理论、技术和体系架构逐渐成熟。Google、亚马逊、微软、IBM 和 Apache 等大公司和标准化组织等是云计算模式的先行者。Google 公司在 2006 年搜索引擎大会上首次提出"云计算"的概念,并于 2009 年推出 Google App Engine 这一里程碑产品。亚马逊公司从 2006 年起相继推出了弹性云计算（EC2）、简单存储服务（S3）等 AWS 云计算服务,奠定了亚马逊在云计算领域的重要地位。此后,IBM 公司于 2007 年推出"蓝云（Blue Cloud）"计划发布云计算商业解决方案,次年微软发布 Windows Azure 系统,由此拉开了微软的云计算大幕。在国内,阿里巴巴公司紧跟云计算大潮步伐,于 2009 年在南京建立首个"电子商务云计算中心",启动阿里云计划,同年 11 月,中国移动云计算平台"大云"计划启动。

（3）广泛应用阶段。2010 年至今,是云计算广泛应用、逐渐走向成熟的阶段,云计算领域在技术、商业模式等方面快速发展。我们比较熟悉的云应用有云存储、云服务、云物联、云安全及云办公等。例如,百度云作为百度推出的一项云存储服务,用户可以将文件上传到网盘上,实现跨终端随时随地查看和分享。现在的移动设备基本都具备了自己的账户云服务,可以在不同终端轻松读取存储在云上的联系人、音乐、图像等数据。360 使用云安全技术,在 360 云安全计算中心建立了存储数亿个木马病毒样本的黑名单数据库和已经被证实是安全文件的白名单数据库。WPS 云办公可满足企业和团队在文档处理、云存储、共享协作、在线编辑等全场景办公需求。

云计算成为大型企业、互联网建设者研究的重要方向,并将其列为核心战略。亚马逊、微软凭借投入时间早、地区布局广、云＋AI 等技术优势,长期稳居全球云计算市场第一梯队。国内的阿里巴巴、腾讯、百度、华为和金山等主流 IT 企业也都已经在云计算领域各显神通。

在政府层面,各国加速推进云计算战略,如美国继"云优先""云敏捷"后又出台多个战略文件,聚焦云计算赋能行业价值。云计算作为数字经济时代下的基础设备,已成为我国"十四五"期间重点发展产业之一,政策指引云计算应用创新,全面推动信息产业融合发展。据统计,2022 年我国云计算市场达 4550 亿元,已成为提升信息化发展水平、打造数字经济新动能的重要支撑,云计算正为数字化转型和创新注入新的动力。

3. 云计算的服务类型

云计算屏蔽了底层技术实现的细节,同时以服务的方式提供给用户,使用户的关注点从技术细节转到自己的需求上。云计算提供的服务类型分为三个层次,基础设施即服务（infrastructure as a service,IaaS）、平台即服务（platform as a service,PaaS）和软件即服务（software as a service,SaaS）,如图 1-13 所示。

（1）IaaS 位于云计算三层服务的最底层,指的是通过虚拟化技术以服务形式提供服务器、存储和网络硬件等资源,并根据用户对资源的实际使用量或占用量进行计费。在这种模式中,IaaS 提供接近于裸机（物理机或虚拟机）的计算资源和基础设施服务,云服务提供商仅负责云基础设施的运行和管理,用户自己部署和运行任意软件,包括安装操作系统和开发

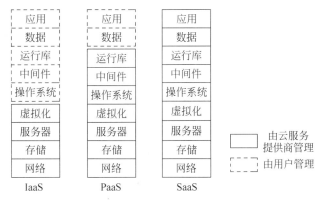

图 1-13 云计算的三种服务类型

应用程序等。典型的服务有亚马逊的弹性计算云 EC2 和简单存储服务 S3、国内的阿里云、华为云、腾讯云、天翼云、移动云和联通云等。

（2）PaaS 比 IaaS 服务更进一步，它将服务器平台和开发环境作为一种服务提供给用户，包括应用设计、应用开发、应用测试和应用托管等。PaaS 为开发人员提供了构建应用程序的环境，如操作系统、数据库管理软件、开发平台、中间件等系统软件。在这种模式下，用户负责应用软件开发与应用系统的运行和管理，云服务提供商负责云基础设施与云平台的运行和管理。当前的 PaaS 服务，如 Microsoft Windows Azure、Google App Engine、国内的阿里云、腾讯云、华为云、天翼云、百度云等处于领先地位。

（3）SaaS 是目前市面上最成熟、知名度最高的云计算服务类型，它是一种基于互联网提供软件服务的应用模式，不需要安装相应的应用软件，打开浏览器即可运行。在这种模式中，用户与云服务提供商分工明确，应用软件由云服务提供商根据用户需求定制，云计算基础设施、云平台以及应用软件都由云服务提供商运行和管理，用户只要将自己的注意力放在网络应用系统的部署、推广与应用上。SaaS 的应用范围很广，如在线杀毒、邮件服务、网络会议等各种工具型服务，在线 CRM、在线进销存等各种管理型服务，以及在线视频、网络游戏等娱乐型应用。微软、salesforce.com、阿里、百度、腾讯和金山等各大国内外 IT 公司也推出了自己的 SaaS 应用。

4. 云计算的实现机制

如今，云计算已由概念构想转化为行业应用，形成了云计算环境向用户提供 IaaS、PaaS 和 SaaS，实现这一系列服务依靠一系列 IT 技术实现机制。除网络基础之外，云计算的实现在技术层面上的关键技术还包括虚拟化机制、分布式数据存储管理机制和分布式计算机制。

（1）虚拟化机制。虚拟化是实现云计算的最重要的技术基础，在现有资源情况下实现所有资源的高效利用和有效整合，达到资源的快速部署，满足用户需求的不断变化。它将详细的计算特性加以封装隐藏，对外供应统一规律接口，从而屏蔽物理设备多样性带来的差异，实现计算虚拟化、存储虚拟化、网络虚拟化、应用虚拟化和桌面虚拟化。通俗地说，云计算实际是一个虚拟化的计算资源池，用来容纳各种不同的工作模式，这些模式可以快速部署到物理设备上。虚拟化的资源按照来自用户的需求多少动态调用资源，每个用户都有一个独立的计算执行环境。

（2）分布式数据存储管理机制。云计算系统由大量服务器组成，同时为大量用户服务，为保证高可用、高牢靠和经济性，云计算采用分布式存储的方式来存储数据，用冗余存储（即给同一数据存储多个副本）的方式保证数据的牢靠性。当前云计算系统中广泛使用的数据存储系统是谷歌公司的 GFS 和 Hadoop 团队开发的 HDFS 两种分布式文件系统。其中，GFS 是谷歌公司发明并使用的非开源技术，其他大部分云计算公司采用的是 HDFS 开源数据存储技术。同样，云计算还需要对分布的、海量的数据进行处理、分析，云计算系统中的数据管理技术主要是谷歌的 BigTable 数据管理技术和 Hadoop 团队开发的开源数据管理技术 HBase。

（3）分布式计算机制。云计算将复杂的计算和任务的调度执行隐藏在后台，在前台提供简单的编程模型给用户进行编写程序，极大地降低了用户在云上编程的难度，从而更加轻松的驾驭云。在云计算领域广泛采用的是谷歌开发的 MapReduce 编程模型。与传统编程模式相比，该编程模式更加适合编写具有任务内部松耦合，且并行化程度很高的程序。

（4）Web2.0 界面交互机制。在 Web2.0 网站中，用户不仅可以是网站的浏览者，而且可以参与网站建设，而且由于 Web2.0 版权开放、软件代码免费，用户可以直接参与到软件产品的合作开发中。目前 Web2.0 是云计算应用层的核心技术，很好地实现了 SaaS 界面层的功能。

1.6.3 物联网

目前，物联网是全球研究的热点之一，物联网（internet of things，IOT）是将人与物、物与物连接起来的一种新的综合技术，是继计算机、互联网和移动通信技术之后世界信息产业最新的革命性发展，是新一代信息技术的重要组成部分，也是信息化时代的重要发展阶段，已经成为当前世界新一轮经济和科技发展的战略制高点之一。

1. 物联网的起源与发展

物联网是通过射频识别、红外线感应器、激光扫描器和全球定位系统等各种传感设备，按照约定的协议，把物品与互联网连接，进行信息交换和通信，实现对物品的智能化识别、定位、跟踪、监控和管理的一种网络，是互联网的延伸与扩展。简单地说，物联网就是物物相连的互联网，其核心和基础仍然是互联网。

1991 年，美国麻省理工学院（Massachusetts Institute of Technology，MIT）的 Kevin Ashton 教授首次提出物联网的概念，1999 年，美国麻省理工学院建立了"自动识别中心"（Auto-ID），提出"万物皆可通过网络互联"，阐明了物联网的基本含义，并构建了物物互联的物联网解决方案和原型系统。早期的物联网是依托射频识别技术的物流网络，随着技术和应用的发展，物联网的内涵已经发生了较大变化。2005 年，在突尼斯举行的信息社会世界峰会（The World Submmit on Information Society，WSIS）上，国际电信联盟（International Telecommunications Union，ITU）发布《ITU 互联网报告 2005：物联网》，正式提出了"物联网"的概念。报告指出，无所不在的"物联网"通信时代即将来临，世界上所有的物体从轮胎到牙刷、从房屋到纸巾都可以通过因特网主动进行信息交换，全面而又透彻地分析了物联网的可用技术、市场机会、潜在挑战和美好前景等内容。2009 年欧盟委员会的《欧洲物联网行动计划》，描绘了物联网技术的应用前景。同年，IBM 提出了"智慧地球"的研究设想，认为 IT 产业下一阶段的任务是把新一代 IT 技术充分运用到各行各业中，即"互联网＋物联网＝智慧地球"，并以此作为经济振兴的发展战略。目前，美国、欧盟等都在投入巨资深入探索物联网,其他国家也在积极推动以物联网为代表的新兴技术与传统产业相融合,如日本、韩国正在推进智慧日本、智慧韩国的建设。

我国也高度重视物联网的发展,早在 1999 年中国科学院的学者启动了关于传感网的研究和探索,是研究物联网的早期代表。在我国,物联网肩负建设数字中国的重要历史使命,政府的大力支持有效推动了物联网的快速发展,先后发布了《国务院关于加快培育和发展战略性新兴产业的决定》《物联网"十二五"发展规划》等重要政策文件,明确将物联网列为我国重点发展的战略性新兴产业之一,明确在智能工业、智能农业、智能物流、智能交通、智能电网、智能环保、智能安防、智能医疗、智能家居九大重点领域开展物联网应用示范。此外,《国家中长期科学与技术发展规划纲要(2006—2020 年)》和"新一代宽带移动无线通信网"重大专项中均将物联网列入重点研究领域。

2. 物联网的关键技术

物联网体系架构大体可以分为三层,即感知层、网络层和应用层。感知层由各类传感器构成,是物联网识别、采集信息的来源;网络层通过现有的互联网、广电网络、通信网络实现数据的传输与计算;应用层主要解决信息处理、人机交互等相关问题,通过对采集的信息进行智能分析、加工和处理,为用户提供丰富特定的服务。例如,电力行业的智能电网远程抄表,部署于用户家中的读表器可以被看作感知层中的传感器,这些传感器收集到用户的用电信息后,经过网络发送并汇总到相应应用系统的处理器中,该处理器及其对应的相关工作建立在应用层上,它将完成对用户用电信息的分析与处理。

物联网系统的关键技术包括射频识别技术、传感器技术、位置服务技术、嵌入式技术、网络通信技术、安全和隐私技术等。

(1)射频识别技术。射频识别俗称电子标签,是一种非接触式的自动识别技术,通过射频信号自动识别目标对象,并对其进行标记、登记、存储和管理。射频识别技术是物联网的基础技术,已经广泛应用在物流和供应管理、图书馆管理、航空行李处理、动物身份标识、一卡通、门禁控制、电子门票、道路自动收费等领域。此外,由非接触式射频识别及互连互通技术整合演变而来的近场通信技术(near field communication,NFC),能在短距离内与兼容设备进行识别和数据交换。随着 NFC 技术在智能手机上的普及,每个用户的手机都可成为最简单的射频识别阅读器。射频识别技术在物联网"识别"物品和近距离通信方面起到了至关重要的作用,极大地推动了物联网的应用和发展。

(2)传感器技术。传感器技术是从自然信源获取信息,并对其进行处理和识别的一门多学科交叉的技术,涉及传感器、信息处理和识别技术。传统的传感器正在逐步实现微型化、智能化、信息化和网络化。无线传感网络的传感器可探测包括温度、湿度、地震、电磁、噪声、光强度、压力、移动物体的大小、速度和方向等周边环境中多种多样的信息,成为国防军事、环境监测和预报、健康护理、智能家居、建筑物结构监控、复杂机械监控、城市交通等众多产业领域中最具竞争力的应用。

(3)位置服务技术。利用遥感技术、全球定位系统(global positioning system,GPS)、地理信息系统(geographical information system,GIS)、电子地图及移动通信技术等为物联网中的智能物体提供位置信息服务。例如,我国自主研发的北斗卫星导航系统将卫星定位、导航技术与现代通信技术相结合,可实现全天候、全时空和高精度的定位与导航服务。

(4)嵌入式技术。嵌入式技术的发展为物联网实现智能控制提供了技术支撑。嵌入式系统利用嵌入式技术将应用软件与硬件固化在一起，实现对各种物品及设备的控制，广泛应用于生活中的各种电器设备上，如家电设备、工控设备、通信设备、汽车电子设备、医疗仪器设备等。

（5）网络通信技术。物联网通信技术主要实现物联网数据信息和控制信息的双向传递、路由和控制。与物联网相关的信息传递技术包括有线通信技术和无线通信技术。有线通信技术包括双绞线和光纤组网。无线通信技术包括短距离通信，如蓝牙、NFC 等；中距离无线，如 WiFi、ZigBee 等；远距离无线，如 3G、4G、5G 等；长距离无线，如微波、卫星等。

（6）安全和隐私技术。物联网的安全涉及物联网的所有层，主要包括系统安全和信息安全。系统安全主要是防止网络被入侵和攻击；信息安全是指数据采集、传输和存储的安全，防止数据及用户隐私被篡改、破坏和泄露。

此外，云计算技术作为海量数据的存储、分析平台，也将是物联网应用层的重要组成部分。物联网感知层获取大量数据信息，经过网络层传输后，放到一个标准平台上，再利用高性能的云计算对其进行处理，实现数据智能，才能最终转换成对终端用户有用的信息。近年来，物联网理念和相关技术产品已广泛渗透到社会、经济的各个领域，诸如智能家居、智能交通、智能医疗、智能建筑、智慧物流、数字图书馆、公共安全、智能消防、工业监测、食品溯源等多个领域。物联网是信息产业革命第三次浪潮和第四次工业革命的核心支撑，物联网的发展必然引起产业、经济和社会的变革，重构我们的世界。

1.6.4　虚拟现实技术

虚拟现实（virtual reality，VR）技术是 20 世纪末逐渐兴起的一门综合性技术，涉及计算机图形学、电子信息、仿真技术、人工智能等多个领域，由于其可使用户在虚拟世界体验到真实世界的"身临其境"，受到越来越多人的认可。因此虚拟现实技术被认为是 21 世纪发展较迅速，对人们的工作、生活有着重要影响的技术之一。

1. 虚拟现实技术的概念与特征

虚拟现实技术是利用计算机等设备模拟产生一个三维空间的虚拟世界，以一种立体呈现方式模仿并融合人类的视觉、听觉、触觉和嗅觉等多种感知功能，给体验者提供一种直接的、可交互的虚拟环境和自然的交互体验。它具有超强的仿真系统，真正实现了人机交互，使人们在操作过程中，可以得到环境最真实的反馈。与传统的模拟技术相比，虚拟现实技术的三个突出特征是交互性、沉浸性和想象性。

（1）交互性。在虚拟现实系统中，使用者能够以很自然的方式（如手势、体势等身体动作和自然语言等）跟虚拟世界中的对象进行交互操作或交流，实时产生与真实世界相同的感知，过程中需要借助头盔、数据手套、数据衣等特殊的硬件设备，计算机能根据使用者的肢体动作及语言信息，实时地调整系统呈现的图像和声音。由于改变了传统的人与计算机之间被动、单一的交互模式，使用户和系统的交互变得主动化、多样化和自然化。

（2）沉浸性。计算机生成的虚拟世界给使用者带来一种身临其境的感觉。在这种环境中，使用者通过具有深度感知的虚拟现实、精细三维声音及触觉反馈等多种感知途径，观察和体验设计过程及设计结果。在多感知形式的综合作用下，用户能够完全沉浸在虚拟环境中。

（3）想象性。使用者沉浸在"真实的"虚拟环境中，与虚拟环境进行各种交互，通过发挥主观能动性获取新的知识,提高感性和理性认识,从而使用户深化概念和萌发新意。因而可以说,虚拟现实可以启发人的创造性思维。

虚拟现实系统的设备主要分成输入设备和输出设备。常用的输入设备有立体眼镜、数据手套、三维控制器、三维扫描仪等基于自然的交互设备,电磁跟踪系统、光学跟踪系统、机械跟踪系统等三维定位跟踪设备;常用的输出设备有头盔式显示器、听觉感知设备、触觉反馈装置等视觉听觉感知设备。

2. 虚拟现实技术的应用

虚拟现实技术在教育、医疗、娱乐、军事、航天、工业等众多领域有着非常广泛的应用前景。

(1)在教育中的应用。虚拟现实技术在教育培训领域的应用十分广泛,由于装备了多种传感器与驱动器,它能让学习者直接地、自然地、主动地与虚拟环境中的各种对象进行交互,帮助学生打造生动、逼真的学习环境,这种提供多通道信息的虚拟学习环境,将为参与者掌握新技能提供全新的途径。此外,各大院校还利用虚拟现实技术建立了与学科相关的虚拟仿真实验室来帮助学生更好地学习。

(2)在医学中的应用。虚拟现实技术与增强现实技术不仅可用于手术步骤的模拟、医学院学生培训,还可用于测试新药及通过医学图像辅助手术治疗。例如,在实施复杂的手术前,可先用外科手术仿真器模拟手术台和虚拟的病人人体,通过头盔显示器检测病人的血压、心率等指标,用带有位置跟踪器的手术器械进行演练,部分实验器械甚至可提供手术时虚拟肌肉的真实阻力。根据演练结果,医生就可以制订出实际手术的最佳方案。

(3)在建筑设计中的应用。无论是大型景观设计还是小型家具展示,设计者都希望在设计之初向人们全面、具体地展示建筑的预期形象和应用效果。例如,人们利用虚拟现实技术把设计之初的室内结构、房屋外形展示出来,使用户不仅可以看到甚至“摸”到这些建筑物,还可以随时对不同的方案进行讨论、修改和对比,并通过不断修改虚拟建筑物的造型和结构,获取最佳设计方案,这样既节省了时间,又降低了成本。

(4)在娱乐方面的应用。虚拟现实技术在游戏娱乐业也大放异彩,可以说,与新技术不断融合的娱乐领域是虚拟现实最有“效益”的应用领域。虚拟现实技术已在电影制造、电视导播、新型游乐场、体感交互式电子游戏以及玩具制造业中显示出极强的生命力。

(5)在航空航天方面的应用。虚拟现实系统的引入,意味着飞行器可以通过仿真模拟的方式来大幅缩短设计周期、提升设计效率和降低投资风险。此外,人们利用虚拟现实技术和计算机的统计模拟,在虚拟空间重现现实世界的航天飞机与飞行环境,使飞行员在虚拟空间中进行飞行训练和实验操作,极大地降低培训成本,提高安全系数。

1.6.5 区块链

区块链(blockchain)是近些年来极受关注的前沿技术,从数据的角度来说,区块链是一种几乎不可能被更改的分布式数据库,不仅体现在存储架构上,也体现在分布式记录中,即由系统参与者共同维护分布账户。区块链是多种技术的复合,如分布式账本、数字签名、非对称加密、智能合约、共识机制和 P2P 网络架构等技术。

1. 区块链的起源与概念

2008 年,中本聪发表的《比特币:一种点对点的电子现金系统》一文中首次提出区块链的概念。2009年1月9日出现序号为1的区块，并与序号为0的创世区块相连接形成了链，标志着区块链的诞生。区块链可以被理解为一种公共记账的机制，它并不是一个物质化的产品，其基本思想是通过互联网创建一个分布式的公共账本，由网络中所有的用户同步在账本上按照严格的规则和共识来记账与核账，以此保证信息的真实性和不可篡改性。简单地说，区块链是一种特殊的分布式数据库。区块链的主要作用是储存信息，任何需要保存的信息都可以写入区块链，也可以从区块链中读取。同时，任何人都可以架设服务器，加入区块链网络成为一个结点，每个结点都是平等的，都保存着整个数据库。可以向任何一个结点写入/读取数据，所有结点最后都会同步，保证区块链一致。

2. 区块链的特征

区块链技术是一种新的分布式基础设施和计算范式，利用区块链数据结构来验证和存储数据，利用分布式结点共识算法来生成和更新数据，利用密码学来保证数据传输和访问的安全，利用由自动化脚本代码组成的智能契约来编程和操作数据。区块链的主要特征有如下几点。

（1）去中心化。区块链是由众多结点共同组成的点对点网状结构，不依赖额外的第三方管理机构或硬件设施，没有中心管制，通过分布式核算和存储，任意结点的权利和义务都是平等的，各结点实现了信息自我验证、传递和管理。系统中的数据块由整个系统中具有维护功能的结点共同维护，数据在每个结点互为备份，因此系统不会因为任意结点的损坏或异常而影响正常运行，使基于区块链的数据存储具有较高的安全可靠性。去中心化是区块链最突出、最本质的特征。

（2）开放性。区块链技术是开源的，除了交易各方的私有信息被加密外，区块链的数据对所有人开放，任何人都可以通过公开的接口查询区块链数据和开发相关应用，因此整个系统信息高度透明。

（3）独立性。区块链采用基于协商一致的规范和协议，使得整个系统中的所有结点能够在系统内自动安全地验证、交换数据，不需要任何人为的干预。

（4）安全性。一旦信息经过验证并添加至区块链，就会永久地存储起来，除非能够同时控制系统中超过51％的结点，否则单个结点上对数据库的修改是无效的，这使区块链本身变得相对安全，避免了主观人为的数据变更。

（5）匿名性。由于结点之间的交换遵循固定的算法，除非有法律规范要求，单从技术上来讲，各区块结点的身份信息不需要公开或验证，信息传递可以匿名进行。

3. 区块链的应用

区块链是第二代互联网技术，是人类向智能社会迈进的关键支撑技术，可广泛应用于金融、物流系统、物联网、公共服务、数字版权和保险等诸多领域，尽管仍面临可扩展性和法规等问题，但它已经成为改变传统商业和社会模式的强大工具，未来具有巨大潜力。例如，在金融领域引入区块链技术，可解决跨境支付信息不对称的问题，通过公私钥技术保证数据的可靠性，再通过加密技术和去中心化，使数据不可篡改，最后通过P2P技术实现点对点的结算，提高了效率、降低了成本。又如，在数字版权领域通过区块链技术，可以对作品进行鉴权，证明文字、音频和视频等作品的存在，保证权属的真实性、唯一性，实现数字版权全生命周期管理。

我国高度重视区块链行业发展，区块链不仅被写入"十四五"规划纲要，各部委发布的区块链相关政策也已超过 60 项,加快推动区块链技术和产业创新发展。2023 年 5 月,《区块链和分布式记账技术参考架构》国家标准正式发布,这是我国首个获批发布的区块链技术领域国家标准。2023 年 3 月全国医保电子票据区块链应用启动仪式在浙江省杭州市举行,医保电子票据区块链的应用作为全国统一医保信息平台建设的重要组成部分,其全领域、全流程应用将为医疗费用零星报销业务操作规范化、标准化和智能化提供强大的技术支撑,实现即时生成、传送、存储和报销全程"上链盖戳"。

1.6.6 3D 打印技术

三维快速成型打印(three-dimensional printing),又称 3D 打印,是快速成型技术的一种,它综合了数字建模技术、机电控制技术、信息技术、材料科学与化学等诸多领域的前沿技术。3D 打印技术是材料成型和制造技术领域的重大突破,是基于数字化的新型成型技术,可以自动、直接、快速、精确地将设计思想转化为具有一定功能的原型或直接制造零件、模具、产品,从而有效地缩短了产品的研究开发周期。

1. 3D 打印概述

3D 打印是指利用计算机软件设计 3D 模型,通过 3D 打印机逐层增加材料来制造三维产品的技术。这项技术依据"分层制造、逐层叠加"的打印规则,通过特定的 3D 打印机把液体材质、粉末材质或丝状材质的原料打印成各种三维产品。3D 打印机与日常生活中普通打印机工作原理基本相似,只是打印材料有些不同,普通打印机的打印材料是墨水和纸张,可以打印电脑设计的平面物品,而 3D 打印机内装有尼龙玻纤、耐用性尼龙材料、石膏材料、铝材料、钛合金、不锈钢、镀银、镀金、塑料、橡胶类等"打印材料",是实实在在的原材料。3D 打印机与计算机连接后,通过计算机控制可以把"打印材料"一层一层地叠加起来,最终把计算机上的模型变成实物。如图 1-14 所示是 3D 打印的离散堆积成型原理图。

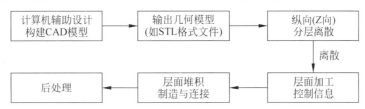

图 1-14 3D 打印的离散堆积成型原理图

3D 打印这种增材制造技术具有快速、方便、灵活、高精度、高质量和设计制造高度一体化等特点。相对于传统制造业的减材制造技术,3D 打印技术的优势在于无须机械加工模具,便可制造出由计算机设计的各种图形,从而扩大生产制造范围,减少产品制造流程,即时生产且能满足客户个性化需求。因此,3D 打印最显著的特点是特别适合单件或小批量的快速制造,这一技术特点决定了 3D 打印在产品创新中具有显著的作用。

2. 3D 打印的发展

3D 打印技术的起源最早可以追溯到 19 世纪,直到 20 世纪 80 年代后期 3D 打印技术才真正开始逐渐发展成熟并被广泛应用于商业。1986 年,美国科学家查尔斯·胡尔(Charles Hull)开发了第一台商业 3D 打印机;1993 年,美国麻省理工学院获 3D 打印技术专利;1995 年,美国 ZCorp 公司从麻省理工学院获得唯一授权开始开发 3D 打印机并于 2005 年开发了首个彩色 3D 打印机;2010 年,世界上第一辆 3D 打印汽车 Urbee 诞生。

我国 3D 打印技术研究起步相对较晚，近年来随着经济技术的快速发展，国内的科研院所及高端制造企业逐渐加入新型 3D 打印技术的开发和研究中。与此同时，国家也出台了一系列鼓励 3D 打印技术发展的政策和措施，带动了我国整体 3D 打印技术的发展和进步。例如，2020 年 5 月 5 日我国长征五号 B 火箭发射的新一代载人飞船试验船搭载了一台我国自主研发的连续纤维增强复合材料 3D 打印机，飞行期间自主完成了连续纤维增强复合材料的样件打印，这是国际上第一次在太空中开展连续纤维增强复合材料的 3D 打印试验。3D 打印技术发展至今，已经有十几种不同的打印方法。目前比较成熟的 3D 打印技术主要有喷墨打印、挤出式打印、光固化打印以及激光熔融/烧结打印。

近年来，随着数字技术的迅猛发展，3D 打印技术发展迅速，如在航空航天、汽车、船舶、文化艺术、生物医学、建筑、食品，以及教育等领域都得到了广泛应用。3D 打印让人们对未来充满了无穷无尽的想象，用户可以将所想的概念融入产品中，大胆假设将成为现实。

1.6.7 人工智能

人工智能是研究开发能够模拟、延伸和扩展人类智能的理论、方法、技术及应用系统的一门新的技术科学，研究目的是促使智能机器会听（语音识别、机器翻译等）、会看（图像识别、文字识别等）、会说（语音合成、人机对话等）、会思考（人机对弈、定理证明等）、会学习（机器学习、知识表示等）、会行动（机器人、自动驾驶汽车等）。

人工智能技术的本质在于模拟人类智能思维和学习的能力。这种技术力求构建计算机系统，使其能够执行类似于人类智能的任务，包括学习、推理、问题解决、语言理解等。核心目标是使计算机系统具备从经验中学习的能力，从而在面对新任务时能够做出智能决策。

1. 人工智能的发展历程

人工智能充满未知的探索道路曲折起伏，其发展历程可划分为以下 6 个阶段。

（1）起步发展期：1956 年—20 世纪 60 年代初。1956 年夏，麦卡锡（McCarthy）、明斯基（Minsky）等科学家在美国达特茅斯学院开会研讨"如何用机器模拟人的智能"，首次提出"人工智能（artificial intelligence，AI）"这一概念，标志着人工智能学科的诞生。人工智能概念提出后，主要采用符号主义进行逻辑推理，相继取得了一批令人瞩目的研究成果，如机器定理证明、跳棋程序等，掀起人工智能发展的第一个高潮。

（2）反思发展期：20 世纪 60 年代—70 年代初。人工智能发展初期的突破性进展极大提升了人们对人工智能的期望，人们大量使用统计学习方法，开始尝试更具挑战性的任务，并提出了一些不切实际的研发目标。然而，接二连三的失败和预期目标的落空，使人工智能的发展走入低谷。

（3）应用发展期：20 世纪 70 年代初—80 年代中。20 世纪 70 年代出现的专家系统模拟人类专家的知识和经验解决特定领域的问题，实现了人工智能从理论研究走向实际应用、从一般推理策略探讨转向运用专门知识的重大突破。专家系统在医疗、化学、地质等领域取得成功，推动人工智能走入应用发展的新高潮。

（4）低迷发展期：20 世纪 80 年代中—90 年代中。随着人工智能的应用规模不断扩大，专家系统存在的应用领域狭窄、缺乏常识性知识、知识获取困难、推理方法单一、缺乏分布式功能、难以与现有数据库兼容等问题逐渐暴露出来。人工智能开始将知识表示为语义网络、框架和本体，使得机器能够更好地理解和处理自然语言。

（5）稳步发展期：20世纪90年代中—2010年。由于网络技术特别是互联网技术的发展，加速了人工智能在神经网络方面的研究，促使人工智能技术进一步走向实用化。1997年，IBM的深蓝超级计算机战胜了国际象棋世界冠军卡斯帕罗夫，2008年，IBM提出"智慧地球"的概念，都是这一时期的标志性事件。

（6）蓬勃发展期：2011年至今。随着大数据、云计算、互联网、物联网等信息技术的发展，泛在感知数据和图形处理器等计算平台推动以深度神经网络为代表的人工智能技术飞速发展，大幅跨越了科学与应用之间的"技术鸿沟"，诸如图像分类、语音识别、知识问答、人机对弈、无人驾驶等人工智能技术实现了从"不能用、不好用"到"可以用"的技术突破，迎来爆发式增长的新高潮。

2. 人工智能技术的分类

（1）弱人工智能：主要处理特定领域的任务，例如语音助手和图像识别系统。智能程度较低，只能完成特定的任务。

（2）强人工智能：具备更高层次的智能，能够处理多领域的任务，并具备类似人类的通用智能。强人工智能目前仍处在研究和发展的阶段。

（3）窄型人工智能：专注于解决特定任务，性能较强。大多数当前应用的人工智能系统属于这一类别。

（4）广义人工智能：拥有更为全面的学习和适应能力，能够处理多样化的任务，这是人工智能发展的终极目标。

3. 人工智能技术的基本原理

人工智能技术的基本原理包括感知和感知处理、学习和训练、推理和决策、自适应和优化、感知和行为的整合。这些原理相互作用，共同构建了一个能够模拟人类智能的系统。人工智能的基本原理不仅是技术的核心，也是引领人工智能领域发展的关键动力。通过理解这些原理不仅有助于揭示人工智能技术的本质，更能够为未来的创新提供指导和灵感。

4. 人工智能主要研究方向

目前人工智能主要的研究方向有7个，这些技术各具特色，在不同领域展现出了卓越的应用潜力。

（1）机器学习。机器学习是人工智能领域的重要支柱，其核心思想是让计算机从数据中学习，并能够不断改进自身性能。监督学习、无监督学习和强化学习是机器学习的主要范式。监督学习通过标记的数据进行训练，无监督学习试图从无标记的数据中发现模式，而强化学习通过与环境的交互不断优化决策。这使得机器学习技术在图像识别、语音处理和自动驾驶等领域取得了显著进展。

（2）自然语言处理（natural language processing，NLP）。NLP是一门让计算机能够理解、分析和生成人类语言的技术。语音识别、文本分析和语言生成是NLP的核心应用领域。通过深度学习算法的发展，NLP在机器翻译、智能客服和情感分析等方面取得了显著成就。这使得人们能够更自然地与计算机进行交流，推动了人机界面的发展。

（3）计算机视觉。计算机视觉旨在让计算机能够"看懂"图像和视频。图像识别、目标检测和人脸识别是计算机视觉的主要应用领域。随着深度学习技术的兴起，计算机视觉在医疗影像诊断、智能安防和自动驾驶等领域实现了重大突破。这为计算机更好地理解和应用图像信息提供了坚实基础。

（4）专家系统。专家系统是一种基于知识库和推理机制的人工智能技术，旨在模拟人类专家的决策过程。它在医学诊断、金融风险评估和技术支持等领域展现了卓越的应用潜力。虽然专家系统在知识获取和推理精确性方面仍有挑战，但其在解决特定问题上的高效性使其成为一种重要的人工智能技术。

（5）推荐系统。推荐系统是一种利用算法分析用户行为，为用户推荐个性化内容的技术。在电商、社交媒体和音乐平台等领域，推荐系统通过分析用户的历史行为和兴趣，提供个性化的产品或服务。这不仅提高了用户体验，还促进了销售和内容传播的精准性。

（6）强化学习。强化学习是一种利用与环境互动，通过试错来学习最佳行为的技术。它在自动驾驶、机器人控制和游戏设计等领域表现出色。强化学习的核心思想是通过奖励和惩罚机制引导系统学习，逐步改善决策策略。

（7）人机交互。人机交互旨在让人类与计算机系统更自然、高效地交流。语音交互、手势识别和虚拟现实是人机交互的关键技术。随着技术的发展，人机交互越来越贴近人类习惯，为用户提供更直观、更便捷的体验，推动了人机协同的进步。

5．常用人工智能应用

（1）ChatGPT：聊天机器人，基本可以解决所有文字需求，采用一问一答的形式与用户进行互动。是知识型百宝箱，各领域问题都可以解决。

（2）JasperAI：Jasper 是目前最热门的人工智能文案工具，支持 25 种文案，为每个人生成的文案都是原创内容，适合内容创作者和学生党。

（3）Canva：这是一款图像设计工具，可以帮助用户创建各种类型的图像，如海报、名片、插图等。它提供了丰富的图像库和设计工具，可以轻松地设计和制作出高质量的图像。

（4）文心一言：百度文心一言是百度全新一代知识增强的大语言模型，能够与人对话互动、回答问题、协助创作，高效便捷地帮助人们获取信息、知识和灵感。

6．ChatGPT 使用方法

ChatGPT 是人工智能技术驱动的自然语言处理工具，它能够基于在预训练阶段所见的模式和统计规律来生成回答，还能根据聊天的上下文进行互动，真正像人类一样聊天交流，甚至能完成撰写邮件、视频脚本、文案、翻译、代码，写论文等任务。下面将简单介绍 ChatGPT 的使用方法。

（1）准备工作。首先，访问 OpenAI 的网站并注册一个账号，注册完成后，便可以使用 ChatGPT。

（2）选择访问方式。OpenAI 提供了两种访问 ChatGPT 的方式：应用程序接口（application program interface，API）方式或 Playground 方式。API 是一种编程接口，允许将 ChatGPT 集成到自己的应用程序中。

如果使用 API 方式，需要查看 OpenAI 的文档，了解如何进行身份验证和 API 调用。

如果使用 Playground 方式，只需在 OpenAI 的网站上单击 Playground 按钮即可开始。

无论选择 API 方式还是 Playground 方式，接下来的步骤都是相似的。

（3）与 ChatGPT 对话。在与 ChatGPT 对话时，可以使用一些技巧来获得更好的结果。例如，可以提供更详细的上下文信息，以便 ChatGPT 更好地理解您的问题。

（4）实验和调整。ChatGPT 是一个强大的模型，但它并不完美。在使用过程中，可以尝试修改输入的方式或提供更明确的指示，以帮助 ChatGPT 更好地理解您的意图。

7. 文心一言使用方法

文心一言是百度研发的一款基于深度学习的智能文本生成系统,用户可以通过输入"指令"与文心一言进行对话互动、提出问题或要求,让文心一言高效地帮助人们获取信息、知识和灵感。这里的"指令"就是文字,可以是向文心一言提的问题,例如,什么是区块链;可以是希望文心一言帮助完成的任务,例如,写一篇期末总结。该系统的应用领域非常广泛,包括小说创作、新闻报道、产品介绍、广告语言等领域。

具体使用方法如下。

(1)获取文心一言。文心一言是百度公司开发的文本生成工具,因此首先需要注册并登录百度账号,然后通过百度搜索文心一言或百度 AI 官网下载文心一言应用程序。

(2)打开文心一言应用程序,界面上有"输入文本"和"选择主题"两个选项。

(3)输入要询问的内容或主题的"指令",按 Enter 键或单击"生成"按钮 ⚲ ,等待几秒钟,文心一言就会根据"指令"自动生成一篇与输入内容或主题相关的文本。

(4)浏览生成内容,如果对生成内容不满意,可以再次输入该"指令",文心一言会重新生成新的内容。如果生成内容符合你的要求,可以直接复制生成的文本内容,或者导出为文本文件或 PDF 格式进行保存和分享。

习 题 1

1. 简述计算机发展的 4 个时代。
2. 简述计算机的各种应用及主要特点。
3. 计算机内部为什么采用二进制表示数据?
4. 分别将十进制数 847、0.875 和 847.875 转换为二进制数。
5. 分别将二进制数 11111111、101011.11 转换为十进制数。
6. 试述汉字各种编码的意义。
7. 简述计算机简单工作原理及 5 个组成部分。
8. 试述 CPU 的构成和功能。
9. 简述存储器的作用、分类及每一类型的特点。
10. 试述存储器的容量单位。
11. 试述软件的分类和若干具体实例。
12. 计算机语言分为哪几类? 每一类各有什么特点?
13. 列举当前组成个人计算机的 13 个基本器件。
14. 什么叫字长? Intel 公司各种主要 CPU 的字长为多少?
15. 试述总线概念和分类。
16. 试述磁盘的数据存储结构和容量计算公式。
17. 试述光盘的特点和分类。
18. 试述显示器的各种分类标准和性能指标。
19. 简述打印机的分类及特点。
20. 如果你要购买一台计算机,你打算安装哪些软件。
21. 什么是计算机病毒? 计算机病毒有哪些传播渠道?

22. 计算机用户需要遵守哪些行为规范？

23. 什么是黑客？普通用户应如何防范黑客的攻击？

24. 什么是大数据？大数据有什么特征？

25. 云计算提供的服务类型有哪些？举例说明你所使用的云计算服务。

26. 请举例说明身边的物联网应用有哪些。

27. 请举例说明虚拟现实在工作、生活中的应用情况。

第 2 章 操作系统基础及 Windows 10 应用

2.1 操作系统基础

2.1.1 操作系统概述

操作系统(operating system,OS)是在人们使用计算机的过程中,为提高资源利用率和增强计算机系统的性能而逐步形成和完善起来的。它是计算机系统中重要的系统软件,用于管理计算机系统中各种软件和硬件资源,使其得以充分利用,并方便用户使用计算机系统的各种资源。从用户的角度来看,在使用计算机时,无须了解计算机硬件和软件的有关细节,使用更加灵活、方便、安全和可靠,提高了工作效率。从计算机的角度来看,计算机系统内的各种软、硬件资源得以发挥最大的作用,从而提高整个系统的使用效率。

操作系统是计算机中最底层的软件。在操作系统的支持下,计算机才能运行其他软件。另外,由于用户不再直接与计算机硬件打交道,操作系统为用户提供若干计算机的操作命令和操作环境,使用户可以通过操作系统来管理和使用计算机。因此,操作系统是其他软件与计算机硬件的接口,也是用户和计算机的接口。

2.1.2 操作系统的功能

通常,操作系统具有处理机管理、存储器管理、文件管理、设备管理和人机交互五大功能。

1. 处理机管理

处理机管理又称 CPU 管理,本质上是对计算机的 CPU 的管理,主要解决当多个程序运行时将 CPU 分配给谁、多长时间、何时收回等问题,以提高 CPU 的利用率,减少空闲时间,从而提高整个系统的效率。

现代操作系统通常采用多道程序技术,为使作业能并发执行,引入了线程、进程等概念。进程是对运行状态程序的动态描述,代表程序在一个数据集合上的执行过程。进程是系统进行资源分配和调度的独立单位,具有动态性、并发性、独立性、异步性等特性。线程则是进程内部的控制流,是进程中负责执行任务的单元。一个进程通常包括多个线程。这些线程共享进程的资源,但拥有各自独立的执行路径和控制流。

操作系统需要协调计算机系统内的一个或多个 CPU,在一定时间内同时执行多个任务、多个进程、多个线程。处理机是完成运算和控制的设备,主要功能包含进程控制、进程同步、进程通信和进程调度,其分配和运行都基于进程这一基本单位。这就意味着,对处理机的管理从根本上说是对进程的管理。

2. 存储器管理

计算机的存储系统是由高速缓存、内存和外存三个层次构成的，每个层次在系统的数据调度过程中发挥不同的作用。存储器管理主要是对内存资源的管理，其目标是提高内存利用率，方便用户使用，并提供足够的存储空间方便进程并发运行。存储管理的主要任务包括内存分配、内存保护、地址映射和内存扩充等。

（1）内存分配。内存分配是为每道程序分配内存空间，提高存储器的利用率，以减少不可用的内存空间，允许正在运行的程序申请附加的内存空间，以满足程序和数据动态增长的需要。内存分配方式采用动态分配和静态分配两种。

（2）内存保护。内存保护确保每道程序在自己的空间里运行，互不干扰，相互保密，如访问合法性检查，甚至要防止从"垃圾"中窃取其他进程的信息。

（3）地址映射。由于内存空间远远小于外存空间，因此，将程序从外存调入内存时，需要将程序中每条指令的逻辑地址转换为内存地址，这一过程称为地址映射，或地址变换。

（4）内存扩充。为实现在小内存中运行大程序，解决分配给进程的内存空间不足的问题，必须对内存进行扩充。内存扩充不是指物理意义上的内存扩充，而是逻辑扩充。即利用大容量的辅存弥补内存的不足，通过虚拟内存技术，将内存和外存结合起来管理，为用户提供一个容量比实际内存大得多的虚拟存储器。

3. 文件管理

系统中的信息资源，如程序和数据，以文件的形式存放在磁盘、光盘等外存储器上，需要时再把它们装入内存。文件管理的主要任务是有效地支持文件的存储，以提高空间利用率和读写性能；解决信息检索问题及文件保护和共享问题，以使用户方便、安全地访问文件。

为完成上述任务，文件在磁盘上采用"按名存取"的方式管理，通过文件系统组织磁盘上的文件。文件系统负责对文件存储器的存储空间进行组织、分配和回收，负责文件的存储、检索、共享和保存。常见的文件系统有 FAT32、NTFS 和 EXT3 等。

从用户角度来看，文件系统主要是通过文件目录实现"按名存取"。文件目录是文件控制块的有序集合，实现文件名与其存放位置的映射。文件系统的用户只要知道所需文件的文件名，就可存取文件中的信息，而无须知道这些文件究竟存放在什么地方。

文件共享就是一个文件被多个文件用户或程序使用。共享有很多优点，如可以节约时间和存储空间，减少了用户工作量，进程间通过共享文件进行通信，可以交互相关信息。

文件保护是为了使文件不会由于文件或用户的错误操作而被破坏；文件保密是指未经授权的用户不得访问文件。

4. 设备管理

操作系统的设备管理主要是分配和回收外部设备及控制外部设备按用户程序的要求进行操作等。设备管理的目的是方便用户使用设备、提高 CPU 与 I/O 设备利用率。要实现上述目的，设备管理必须完成两项任务，一是通过驱动程序和控制程序自动实现对 I/O 设备的管理、调度、数据传输，从而用户不必了解 I/O 设备的具体细节就能完成输入输出操作，实现输入输出操作与设备的无关性；二是通过中断、缓冲、DMA、通道等技术实现 CPU 与外设并行、高效地工作，解决 CPU 与外设速度不匹配的矛盾。

设备管理功能主要包括记录设备状态；进行设备的分配和回收；管理设备缓冲区；进

行 I/O 调度。

5. 人机交互

操作系统是计算机与用户之间的桥梁,通过提供给用户的接口,使用户能够方便地与计算机进行交互。最常见的用户接口包括命令行界面和图形用户界面两种。命令行界面是用户在终端或控制台通过键盘输入命令来与计算机进行交互,这种方式需要用户熟记各种命令及其格式,难度较高。Windows 操作系统主要使用图形用户接口,通过图形化的操作界面,将复杂的控制命令转换为容易识别的各种图标,用户只需要通过简单的鼠标操作就可以方便快捷地实现对应用程序和文件的操作。

随着技术的发展,人机交互的方式也更加多样化。除了键盘、显示器和鼠标等传统设备外,用户和计算机利用语音识别、汉字识别、手势控制等方式进行交互成为可能。

2.1.3　操作系统分类

1. 批处理操作系统

批处理(batch processing)操作系统的工作方式是:用户将作业交给系统操作员,系统操作员把用户提交的作业按顺序组织成批,将整批作业输入计算机中,在系统中形成一个自动转接的连续的作业流,然后启动操作系统,系统自动依次执行每个作业。最后由操作员将作业结果交给用户。

批处理操作系统分为单道批处理系统和多道批处理系统。单道批处理系统内存中仅有一道程序,当程序发出输入输出请求时,CPU 必须等到其输入输出完成后,才能继续运行。这种运行方式不能充分利用系统资源,现在已经较少使用。多道批处理系统的工作方式是用户所提交的作业先排成队列存放在外存上,然后由作业调度程序按一定算法,从队列中选择若干作业调入内存。这种系统中作业之间可以自由调度执行,多个作业共享 CPU 和系统中的各种资源,大大提高了资源利用率和系统吞吐量。

2. 分时操作系统

分时(time-sharing)操作系统是指一台主机上连接了若干终端,每个终端有一个用户在使用,允许多个用户通过终端同时使用计算机并共享系统资源。分时操作系统将 CPU 的时间划分成若干称为时间片的片段,操作系统以时间片为单位,轮流为每个终端用户服务。该操作系统具有以下特点。

(1) 多路性。多个用户同时在终端上机,共享一台计算机资源,宏观上看是多个人同时使用一个 CPU,微观上是多个人在不同时刻轮流使用 CPU。

(2) 交互性。用户根据系统响应结果进一步提出新请求(用户直接干预每一步)。

(3) 独占性。用户感觉不到计算机为其他人服务,就像整个系统被独占。

(4) 及时性。系统对用户提出的请求能够在短时间内得到响应。

常见的通用操作系统是分时系统与批处理系统的结合。其原则是分时优先,批处理在后。"前台"响应需频繁交互的作业,如终端的要求;"后台"处理时间性要求不强的作业。

3. 实时操作系统

实时操作系统(real-time operating system,RTOS)是指使计算机能及时响应外部事件的请求,在规定的严格时间内完成对该事件的处理,并控制所有实时任务协调一致地工作的操作系统。实时操作系统最主要的特征是将时间作为关键参数,追求的目标是对外部请求在严格时间范围内做出"及时"或"实时"反应,有高可靠性和完整性。实时操作系统有一定的专用性,常见的类型有工业控制系统、信息查询系统、嵌入式系统等。

4. 嵌入式操作系统

嵌入式操作系统(embedded operating system)是以应用为中心,软、硬件可裁减,能满足应用系统对功能、可靠性、成本、体积、功耗等综合性要求的专用计算机系统。

嵌入式操作系统是运行在资源受限的嵌入式设备上的操作系统,对整个嵌入式系统及它所控制的各种部件装置等资源进行统一协调、调度、指挥和控制的系统软件,是一个设备、装置或系统(即嵌入式系统)中的核心部分。嵌入式系统在生活中到处可见,如手机、游戏机、智能玩具、数字电视机、全自动洗衣机等。

5. 个人计算机操作系统

现在常用的个人计算机操作系统(personal computer operating system)是一种多用户、多任务的操作系统,以 Windows 系列和 Linux 为主。个人计算机操作系统主要供个人使用,功能强、价格便宜。它的主要特点是计算机在某一时间内为单个用户服务,采用图形界面人机交互的工作方式,具有大容量内存和外存、高速信号处理及高速数据处理等能力。

6. 网络操作系统

网络操作系统(network operating system)是基于计算机网络,将分散的、具有独立功能的多台计算机互联起来,实现相互通信和资源共享的系统。它的主要特点是具有上网功能,支持网络中互联的计算机系统之间的相互操作和协作处理。

7. 分布式操作系统

分布式(distributed operating system)操作系统与网络操作系统相似,是将大量物理上分布的计算机通过网络互联起来,实现极高的运算能力、广泛的信息交换和数据共享。但它在资源管理、通信控制和操作系统的结构等方面都与其他操作系统有明显的区别,分布式操作系统支持多种并行处理模型,能并行处理用户的各种需求,具备强大的计算能力;分布式操作系统的结构也不同于其他操作系统,它分布于各台计算机上,是一个物理上松散耦合、逻辑上紧密耦合的系统,有较强的容错能力;分布式操作系统提供的通信机制和网络操作系统提供的有所不同,计算机网络已经制定了明确的一系列网络通信协议,而分布式系统并没有制定标准的协议。

2.1.4 个人计算机典型操作系统简介

1. MS-DOS 操作系统

DOS 是磁盘操作系统(disk operation system,DOS)的简称,它是一个单用户、单任务的操作系统。在 MS-DOS 环境下用户需要通过输入命令来操作计算机。用户每完成一项任务,都必须记住相应的命令和它的语法,这对初学者来说比较困难。此外,尽管自 1981 年问世以来,DOS 经历了 7 次大的版本升级,但是,DOS 系统的单用户、单任务、字符界面和16 位大格局没有变化。因此,它对于内存的管理也局限在 640 KB 范围内,使得该系统不能有效地满足硬件发展的需求。这是使 MS-DOS 成为历史的主要原因。

2. Windows 操作系统

Microsoft Windows 是微软公司推出的视窗操作系统,广泛应用于个人计算机、智能手机、平板电脑等设备,是全球应用最广泛的操作系统之一。Windows 最早问世于 1985 年,几十年来微软公司制致力于 Windows 的开发和完善,持续更新了多个版本。截至 2023 年 11 月,推出的最新版本是 Windows 11。

Windows 11 正式发布于 2021 年 10 月,并且为 Windows 10 正版用户提供免费升级。与 Windows 10 相比,除了性能和稳定性的差异之外,Windows 11 的界面也发生了很大改变,例如任务栏采用居中式、设置面板采用分栏式布局、多任务布局增加了设备自适应功能等。

本章将介绍目前市面上使用较多的 Windows 10 的使用。

3. UNIX 操作系统

UNIX 操作系统在 1969 年诞生于 AT&T 的贝尔实验室,是一个强大的多用户、多任务操作系统,支持多种处理器架构。按照操作系统的分类,UNIX 属于分时操作系统。虽然目前市场上面临其他操作系统强有力的竞争,但是它仍然是笔记本计算机、个人计算机、个人计算机服务器、中小型机、工作站、大巨型机及群集上全系列通用的操作系统。而且以 UNIX 为基础形成的开放系统标准也是迄今为止唯一的操作系统标准。UNIX 用 C 语言写成,把可移植性当成主要的设计目标。1988 年开放软件基金会成立后,UNIX 经历了一个辉煌的历程,成千上万的应用软件在 UNIX 系统上开发并适用于几乎每个应用领域,UNIX 从此成为世界上用途最广泛的通用的操作系统。UNIX 不仅大大推动了计算机系统及软件技术的发展,从某种意义上讲,UNIX 的发展对推动整个社会的进步也起到了重要的作用。

4. Linux 操作系统

Linux 是一种自由和开放源码的类 UNIX 操作系统,是可以与 UNIX 和 Windows 相媲美的操作系统,具备完备的网络功能。Linux 操作系统是芬兰程序员林纳斯·托瓦兹(Linus Torvalds)于 1991 年开发的,其源程序在网上公布后,引起了全球计算机爱好者的开发热情,许多人下载该源程序并按自己的意愿完善某一方面的功能,再发回到网上,Linux 也因此被雕琢成为一个全球最稳定、最有发展前景的操作系统。

Linux 以它的高效性和灵活性著称。它能够在个人计算机上实现全部的 UNIX 特性,具有多任务、多用户的能力。Linux 不仅为用户提供强大的操作系统功能,而且还提供了丰富的应用软件,包括文本编辑器、高级语言编译器等。用户不但可以在互联网上下载 Linux 及其源代码,而且还可以从互联网上下载许多 Linux 的应用程序。此外,Linux 操作系统还包括带有多个窗口管理器的 X-Windows 图形用户界面,如同我们使用 Windows 一样,允许我们使用窗口、图标和菜单对系统进行操作。

5. 国产操作系统

国产操作系统的发展已历经三十余年,在国家政策的扶持下,近些年来发展迅猛。目前典型的代表有深度 Deepin、统信 UOS、麒麟操作系统、中科方德、华为欧拉 OpenEuler 等。国产操作系统大多是以 Linux 内核为开发基础,自主修改和补充内核代码,并加入图形界面和应用等部分,能够为用户提供良好的使用体验,并可满足用户在日常办公、学习和娱乐生活等多场景的使用需求。

(1) 深度操作系统(Deepin)。深度操作系统是一款源于 Hiweed Linux(Hiwix)的开源操作系统,由武汉深之度科技有限公司开发和维护。该操作系统首次发布于 2004 年 2 月 28 日,可以运行在个人计算机和服务器上,并免费提供给个人用户使用。深度自主研发了 DDE 桌面环境,该环境包含桌面、启动器、任务栏、控制中心等组件。此外,深度操作系统还拥有良好的软件生态，不仅自主研发了一系列基础应用软件，而且兼容大部分的安卓和 Windows 软件。目前 Deepin 系统已支持超过 40 种不同的语言，社区支持超过 60 种语言，参与的社区用户和开发者超过 300 人。

（2）红旗 Linux。红旗 Linux 是我国自主研发的首款操作系统，由中国科学院软件研究所基于 Linux 操作系统研制。自 1999 年 8 月发布以来，该系统已经历经二十多年的发展历程。最初红旗 Linux 主要为关乎国家安全的重要政府部门提供服务。2000 年 6 月，中科红旗成立，红旗 Linux 开始市场化运作模式，逐渐扩大了其应用领域和用户群体。二十年间先后开发了一系列 Linux 发行版，包括桌面版、工作站版、数据中心服务器版、HA 集群版和红旗嵌入式 Linux 等产品。红旗 Linux 具备了相对完善的产品体系和满足用户需求的软件生态，常年入围中央政府采购和中直机关采购名录，广泛应用于政府机关、企事业单位、学校和海内外个人用户。

（3）银河麒麟操作系统。银河麒麟是在"863 计划"和国家核高基科技重大专项支持下，由国防科技大学研发的操作系统，早期集成了 Mach、FreeBSD、Linux、Windows 4 种架构，后来由中国麒麟软件有限公司继续以 Linux 为内核研制。

目前已经发展出银河麒麟服务器操作系统、桌面操作系统等为代表的产品线。银河麒麟桌面操作系统 V10，使用 UKUI 桌面环境，具备强大的跨平台应用部署能力，已适配国产主流软硬件产品，同源支持飞腾、龙芯、申威、兆芯等国产 CPU 和 Intel、AMD 平台。银河麒麟高级服务器操作系统主要针对企业级关键业务，广泛应用于国防、政务、电力、金融、能源、教育等行业。值得强调的是，银河麒麟操作系统参与了天问一号、嫦娥五号、神舟十六号等中国重大科学工程。

（4）统信操作系统。统信操作系统（简称统信 UOS）是统信软件技术有限公司研发的一款国产操作系统。该系统包括统信桌面操作系统和统信服务器操作系统。统信 UOS 基于 Linux 内核构建，具有自主开发的图形环境和独创的控制中心系统管理界面，同时提供了丰富的个性化设置和主题模式。

此外，统信 UOS 拥有丰富的软硬件生态，支持常用的安卓和 Windows 应用，能够满足用户学习、办公和娱乐等各种应用场景的需求。统信桌面操作系统 V20 专业版兼容 x86、ARM、MIPS 等主流处理器架构，支持龙芯、申威、鲲鹏、麒麟等国产 CPU 品牌，在稳定性和安全性方面表现优异，可为党政军及各行业领域提供成熟的信息化解决方案。

（5）中科方德操作系统。作为我国主流国产操作系统厂商之一，自主研发的中科方德操作系统包含桌面操作系统、服务器操作系统和嵌入式操作系统等多个版本。最新版本中科方德桌面操作系统 5.0 于 2022 年发布，该版本进一步加强了对国产 x86 硬件平台的支持，并与多款国产 CPU 实现了良好的适配。这一系列产品在性能、用户界面、安全性、应用支持等方面进行了全面升级，不仅支持自身的生态系统，还具备与 Linux、Windows 和安卓等主流应用生态的兼容性，实现与其他操作系统的无缝切换和融合。

（6）欧拉（OpenEuler）开源操作系统。OpenEuler 是华为自主研发的面向数字基础设施的操作系统，于 2019 年正式开源。该操作系统在 Linux 内核基础上进行了优化，具备广泛的兼容性，可以支持多种处理器架构，如鲲鹏处理器和 ARM 架构。欧拉操作系统在各个领域得到了广泛应用，包括服务器、云计算、边缘计算、嵌入式等。作为开源项目，OpenEuler 积极构建开发者社区，通过开放合作和全球开发者社区的支持，不断推动软件生态系统的多元化发展,吸引了大量的关注和参与,已成为全球开发者最关注的开源项目之一。

2.2 Windows 10 简介

Windows 10 是微软公司推出的一款视窗操作系统,自 2015 年正式发布以来,已经成为全球使用最广泛的操作系统之一。Windows 10 在易用性、安全性和兼容性等方面都有很大的提升,为用户带来了更加稳定、高效的计算体验。Windows 10 不仅支持传统的台式计算机,还支持平板电脑、二合一设备、游戏主机等多种硬件平台。此外,Windows 10 还提供了丰富的应用生态系统,用户可以在 Microsoft Store 中下载各种应用程序,满足工作、学习和娱乐的需求。

2.2.1 Windows 10 的安装、启动与退出

1. Windows 10 对计算机配置的要求

(1) 处理器:1 GHz 或更快的兼容处理器。对于 32 位系统,推荐使用 1 GHz(或更快)的处理器;对于 64 位系统,推荐使用 2 GHz(或更快)的处理器。

(2) 内存:对于 32 位系统,至少需要 1 GB RAM;对于 64 位系统,至少需要 2 GB RAM。为了获得更好的性能,建议使用 4 GB 或更大的 RAM。

(3) 硬盘空间:至少需要 16 GB 的可用硬盘空间(32 位系统)或 20 GB(64 位系统)。为了确保系统运行流畅,建议使用更大容量的硬盘。

(4) 显卡:支持 DirectX 9 或更高版本,以及 WDDM 1.0 驱动程序的显卡。最低分辨率要求为 800×600。

2. Windows 10 的安装

Windows 10 的安装方式有很多种,如光盘安装法、虚拟光驱安装法、硬盘安装法、U 盘安装法等,这里介绍 U 盘安装的安装流程。

(1) 启动安装程序。将制作好的 Windows 10 启动 U 盘插入计算机的 USB 接口,然后重新启动计算机,进入 BIOS 设置,将启动顺序设置为 U 盘优先。保存设置并退出,计算机将从 U 盘启动,进入 Windows 10 安装界面。

(2) 选择"语言和地区设置"命令。在安装界面中,选择"语言、时间和货币格式、键盘或输入法"命令,然后单击"下一步"按钮。

(3) 安装类型。选择"自定义:仅安装 Windows(高级)"命令,这将允许对安装过程进行更多控制。

(4) 驱动器分区和格式化。在驱动器分区界面,可以看到计算机上的所有磁盘分区。如果需要重新分区或格式化分区,请在此步骤操作。如果希望保留现有分区,只需选择一个分区,然后单击"下一步"按钮。注意:格式化分区将删除该分区上的所有数据,确保已备份好重要数据。

(5) 安装 Windows 10。安装程序开始将 Windows 10 文件复制到选择的分区上,这个过程可能需要一些时间,完成后,计算机会自动重启。

(6) 设置初始选项。计算机重启后,需要进行一些初始设置。

① 选择地区和语言：根据所在的地区和使用的语言进行选择。

② 连接网络：连接可用的 WiFi 网络或使用有线网络。

③ 登录方式：选择使用微软账户^①登录，或者创建本地账户。

④ 设置账户安全选项：设置密码、PIN 码或生物识别（如指纹）登录方式。

⑤ 设置隐私选项：根据需求，选择是否允许 Windows 10 收集诊断和使用数据。

⑥ 设置 Cortana：根据需求，选择是否启用微软的语音助手 Cortana。

⑦ 设置设备名称：为计算机设置一个名称，方便在网络中识别。

（7）完成安装。完成以上设置后，系统将进入 Windows 10 桌面。此时，可以检查系统是否正常运行，安装所需的驱动程序和软件，然后开始使用全新的 Windows 10 操作系统。

3. Windows 10 的启动和退出

（1）Windows 10 的启动。打开显示器和主机开关，启动计算机后，系统自检并加载引导程序，进入登录界面，输入安装设置的密码即可登录。

（2）退出 Windows 10。单击"开始"按钮，在"开始"菜单中选择"电源"命令，之后选择"关机"命令即可。

2.2.2　Windows 10 的桌面及设置

打开计算机并登录到 Windows 10 后，便可看到全新的 Windows 10 桌面。Window 10 桌面包括桌面背景、桌面图标、开始菜单和任务栏 4 部分。

1. Windows 10 的桌面背景及设置

桌面背景即桌面的背景图案，Windows 10 提供了多种丰富的背景图片并且可以将计算机中保存的图片文件或个人照片设置为桌面背景，让桌面更具个性。

（1）更换桌面背景图片。Windows 10 更换桌面背景的步骤如下。

① 右击桌面空白处，在弹出的快捷菜单中选择"个性化"命令。

② 在"个性化"设置窗口中，单击左侧的"背景"按钮。

③ 在"背景"选项卡中，可以选择不同的背景类型。单击"浏览"按钮，可以添加喜欢的图片到背景库中，如图 2-1 所示。

④ 选择喜欢的图片作为桌面背景。

（2）设置桌面背景幻灯片放映。如果希望桌面背景能够自动更换，可以使用幻灯片放映功能。设置桌面背景幻灯片放映的步骤如下。

① 在"背景"选项卡中，从"背景"下拉列表框中选择"幻灯片放映"选项。

② 单击"浏览"按钮，选择包含作为桌面背景图片的文件夹。

③ 在"图片切换频率"选项中，设置图片切换的时间间隔。

④ 还可以选择"适应"或"填充"命令，以调整图片在桌面上的显示方式。

【例 2-1】　将 Windows 10 桌面背景设置为 Windows 10 自带的"鲜花"壁纸，以幻灯片放映的方式每分钟自动更换桌面背景。

【操作步骤】

① 右击桌面空白处，在弹出的快捷菜单中选择"个性化"命令。

---

① 计算机界面中多用"帐户"，本书为规范起见，正文均使用"账户"。

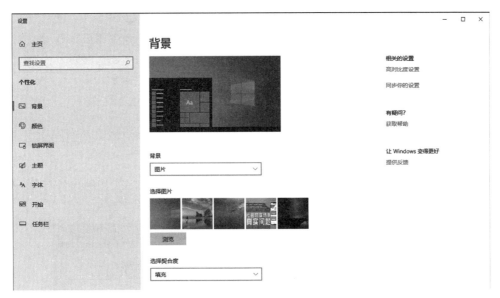

图 2-1　Windows 10 桌面背景设置

② 在"个性化"设置窗口中,单击左侧的"背景"选项。

③ 在"背景"下拉列表框中选择"幻灯片放映"命令。

④ 单击"浏览"按钮,在弹出的"选择文件夹"对话框中为幻灯片选择相册,这里选择文件夹"C:\Windows\Web\Wallpaper\鲜花"。

⑤ 在"图片切换频率"选项中,设置图片切换的时间间隔为"1 分钟"。

⑥ 在"契合度"选项中选择"填充"命令,调整图片在桌面上的显示方式。

2. Windows 10 的图标及设置

桌面图标是 Windows 操作系统的重要组成部分,它们提供了快速访问常用程序和文件的途径。在 Windows 10 中,桌面图标包括系统图标、文件及文件夹图标及快捷方式图标三种。用户可以自定义桌面图标,包括添加、删除图标及调整图标位置、显示方式等。

（1）添加系统图标。系统图标包括"计算机""回收站""控制面板""网络"及"用户的文件"等,用户可以根据需要设置桌面显示哪些系统图标,具体方法如下。

① 右击桌面空白处,选择"个性化"→"主题"→"桌面图标设置"命令,弹出"桌面图标设置"对话框。

② 在对话框中勾选想要添加的图标,然后单击"确定"按钮。

（2）添加应用程序图标。除了系统图标之外,用户还可以把经常使用的应用程序快捷方式图标创建到桌面上,以方便使用。

【例 2-2】　在桌面创建 Excel 2019 的快捷方式图标。

【操作步骤】

① 单击"开始"按钮,选择"所有程序"命令打开程序列表。

② 在列表中找到 Excel 2019 程序。

③ 将 Excel 2019 图标拖动到桌面上,生成程序的桌面快捷方式图标。

（3）删除桌面图标。在桌面上找到想要删除的图标,右击,在弹出的快捷菜单中选择"删除"命令,或者直接将要删除的图标拖动到回收站即可。

（4）图标大小的改变。在桌面的空白处右击，在弹出的快捷菜单中选择"查看"命令，在下级菜单中选择"大图标"、"中等图标"或"小图标"命令，桌面图标发生相应的改变。

（5）图标的排列。在桌面的空白处右击，在弹出的快捷菜单中选择"排列方式"命令，在下一级菜单中选择"排序方式（名称、大小、项目类型或修改日期）"命令。

（6）调整图标位置。在桌面上选中并拖动图标，将其放置到喜欢的位置。

3．Windows 10 的开始菜单及设置

开始菜单是 Windows 10 桌面的一个重要组成部分，它提供了快速访问应用程序和文档，以及系统设置的途径。用户对计算机所进行的各种操作都可以通过开始菜单来进行。单击"开始"按钮，便可以打开开始菜单。开始菜单由最近添加程序列表、所有程序列表、设置按钮、关闭选项按钮和磁贴组成，如图 2-2 所示。

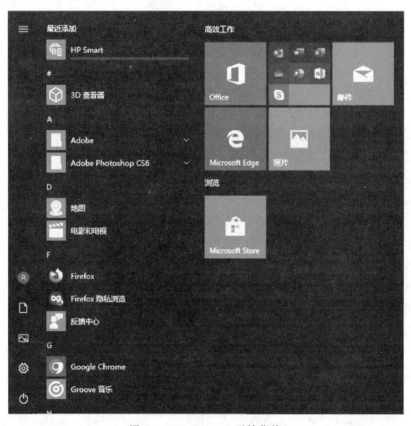

图 2-2　Windows 10 开始菜单

（1）最近添加程序列表。最近添加程序列表中列出了用户最近添加使用的一些程序，用户可以根据自己的习惯对其进行相应的设置。

（2）所有程序列表。所有程序列表显示计算机系统里所有安装的程序，提供对应用程序和软件的访问。

（3）"设置"按钮。单击"设置"按钮，可以打开计算机的"设置界面"，方便进一步对计算机进行设置操作。

（4）"关闭"按钮。"关闭"按钮区包括"关机"按钮、"重启"按钮和"睡眠"按钮。单击"关机"按钮，可以直接关闭计算机。单击"重启"按钮，可以重新启动计算机。

（5）磁贴。磁贴提供了快速、便捷地访问信息、启动应用程序、跨设备同步等功能，对于提高工作效率、出行安排、提高跨设备的连接性、个性化布置等方面具有建设性意义。

在 Windows 10 中，可以对开始菜单进行个性化设置，包括调整磁贴大小、位置和颜色等。

① 添加磁贴。单击开始菜单中的"所有应用"按钮，找到想要添加的应用程序，右击，选择"固定到开始屏幕"命令。

② 移动磁贴。在开始菜单中，单击并拖动磁贴，将其放置到喜欢的位置。

③ 调整磁贴大小。在开始菜单中，右击磁贴，在快捷菜单中单击"调整大小"命令，在级联菜单中选择磁贴的大小"小""中""宽"或"大"。

【例 2-3】 将"画图"程序添加到磁贴中。

【操作步骤】

① 单击"开始"按钮，在弹出的开始菜单中选择"所有程序"命令。

② 在弹出的"所有程序"列表框中选择"Windows 附件"命令。

③ 在弹出的"Windows 附件"列表框中右击"画图"程序。

④ 在弹出的快捷菜单中选择"固定到开始屏幕"命令。返回开始菜单，可以发现，"画图"程序已经成功添加到了磁贴中。

4. Windows 10 的任务栏

任务栏是位于桌面底部的长条，它提供了应用程序切换、快速访问应用程序、系统功能和通知的途径。在 Windows 10 中，可以对任务栏进行个性化设置，包括调整任务栏位置、大小、隐藏任务栏等。右击任务栏空白处，在快捷菜单中单击"任务栏设置"按钮，弹出任务栏设置窗口，如图 2-3 所示。

图 2-3　Windows 10"任务栏设置"窗口

操作系统基础及 *Windows 10 应用*

（1）调整任务栏位置。在图 2-3 的任务栏设置窗口中，单击"任务栏在屏幕上的位置"下拉按钮，可以修改任务栏在屏幕上的位置到桌面的顶部、底部、左侧、右侧。此外，拖动任务栏，也可以将其移动到桌面的顶部、底部、左侧或右侧。如果选择"锁定任务栏"选项，则任务栏被锁定，就不再可以移动位置和修改。

（2）调整任务栏大小。在图 2-3 的任务栏设置窗口中，单击"使用小任务栏按钮"开关，使其处于"开"的状态，则任务栏上的应用程序图标和系统图标将显示为小图标，节省空间。

（3）自动隐藏任务栏。在图 2-3 的任务栏设置窗口中，单击"在桌面模式下自动隐藏任务栏"开关，使其处于"开"的状态，则当鼠标光标放到任务栏所在位置时，任务栏显示，否则任务栏隐藏。如果未选定此项，任务栏一直显示在桌面上。

（4）通知区域图标的设置。通知区域位于任务栏的右侧，显示系统时间、音量、系统状态以及 QQ、杀毒软件等程序的通知图标，可以根据使用需要来调整通知区域中图标的显示和隐藏。

【例 2-4】 将"计算器"程序固定到工具栏中。

【操作步骤】

① 单击"开始"按钮，在"开始"菜单中选择"所有程序"命令，在所有程序列表中找到计算器程序。

② 右击，在弹出的快捷菜单中选择"更多"→"固定到任务栏"命令。

③ 要把计算器从任务栏去掉，只需在计算器的图标上右击，在快捷菜单中选择"从任务栏取消固定"命令即可。

2.2.3 Windows 10 的窗口、菜单和对话框

1. Windows 10 窗口的组成和基本操作

（1）窗口的组成。在 Windows 10 中，窗口可以分为系统窗口和应用程序窗口两种类型。系统窗口的组成包括快速访问工具栏、功能区、地址栏、搜索框、详细信息窗格、文件列表窗格、导航窗格等，将在 2.5.2 节介绍。应用程序窗口根据程序的不同，其组成结构略有不同。本小节以"写字板"应用程序为例，介绍 Windows 10 应用程序窗口的基本组成。

"写字板"窗口的外观如图 2-4 所示，主要由标题栏、功能区、工作区域和状态栏 4 部分构成。

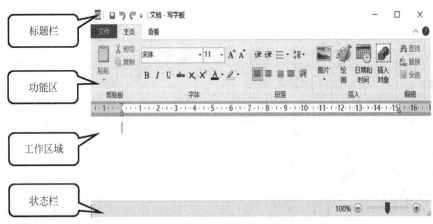

图 2-4 "写字板"窗口

① 标题栏。标题栏用于显示窗口的名字。在标题栏的最左侧是控制菜单按钮;单击将弹出控制菜单。"控制菜单"按钮的后面是快速访问工具栏,它是一个可供用户自定义的工具栏,以实现对常用功能的快速访问。在标题栏的右侧有三个按钮,分别是"最小化"按钮、"最大化"按钮和"关闭"按钮。

② 功能区。功能区位于标题栏的下方,由多个选项卡构成,用以代替旧版本中的菜单和工具栏。应用程序中常用的命令均被以图标的形式分类放置在功能区的各个选项卡中。

③ 工作区域。窗口内部区域为工作区域。不同应用程序的工作区域容纳的内容不一样。当窗口无法显示窗口中的所有内容时,窗口的右侧或下侧将出现垂直滚动条或水平滚动条。通过使用滚动条,可以查看到窗口中未被显示的内容。垂直滚动条用来使窗口内容上下滚动,水平滚动条用来使窗口内容水平滚动。

④ 状态栏。状态栏用于显示系统当前的一些状态信息,一般也是可选的。

(2) 窗口的基本操作。窗口的常用操作包括打开或关闭窗口、最小化或最大化窗口、移动窗口、改变窗口大小等。

① 打开窗口。双击桌面图标即可打开程序窗口。此外,单击"开始"按钮,在弹出的"开始"菜单的程序列表中或磁贴中,直接单击某个程序,也可将其打开。

② 调整窗口大小与移动窗口。当窗口处于非全屏幕显示时,可以调整窗口大小和移动窗口。移动鼠标指针到标题栏内,按下鼠标左键,再移动鼠标,则窗口的位置发生改变。移动鼠标指针到窗口边框或对角,当指针变为双箭头时,向内侧或外侧拖动鼠标,窗口随之变大或变小。

③ 窗口最小化、最大化、还原及关闭。单击标题栏右上角的"最小化"、"最大化""还原"及"关闭"按钮,可以完成相应操作。

2. Windows 10 的菜单

Windows 10 中菜单分为下面几种。

(1) 下拉菜单。Windows 10 中已经弱化了下拉菜单,将原菜单中的命令以图标的方式分类放到功能区的各选项卡中。但是 Windows 10 还保留有部分下拉菜单,例如,图 2-5 给出的是"此电脑"窗口"查看"选项卡中的"排序方式"下拉菜单。单击某个图标,如"排序方式",就会弹出下拉菜单。在下拉菜单中选择相应命令,即可完成相关菜单操作。

(2) 控制菜单。一般在窗口标题栏的最左侧都有一个图标,称为"控制"图标,单击"控制"图标,会弹出控制菜单。控制菜单的项目一般与窗口操作有关,包括还原、移动、大小、最小化、最大化、关闭等。

(3) 快捷菜单。快捷菜单是 Windows 10 提供的一个十分重要的操作方式。快捷菜单总是显示与选定对象有关的菜单命令。如果要弹出一个对象的快捷菜单,可在该对象上右击。

下面以图 2-5 中的"查看"菜单为例,介绍菜单中的一些约定。

"•"标记:表示该菜单命令处于有效状态。

"…"标记:选择带省略号的菜单命令,将会弹出一个对话框。

">"标记:选择右侧带">"的菜单命令,将会弹出级联菜单。

"√"标记:表示该菜单命令处于有效状态。再次选择该菜单命令,将取消命令标记。

颜色是灰色的命令:表示该命令在当前状态下不具备执行的条件,因此不能被选择。

图 2-5　下拉菜单

3. Windows 10 的对话框

对话框也是 Windows 10 图形界面的重要组成部分，主要用于系统设置、信息获取和交换等操作。

如图 2-6 所示为一个典型的对话框，它由 4 个选项卡组成，当前处于"文档网格"选项卡。如果单击其他选项卡的标签，将切换到相应选项卡。对话框中常见部件的功能如下。

（1）按钮。按钮是对话框中最基本的部件，一般对话框均有"确定"和"取消"两个按钮。单击"确定"按钮表示确认在对话框中所有的输入和选择，并提交系统执行；单击"取消"按钮则表示放弃在对话框中所作的输入和选择，并关闭对话框。

（2）文本框。文本框是对话框中用于输入文本（文字或数字）的条形区域。单击文本框后，文本框中会出现闪烁的插入点光标，此时可以在文本框中输入文字或数字。有些输入数值的文本框右侧带有一个具有上、下三角图形的微调按钮，单击上面或下面的小按钮，可使框中的数值增加或减少。

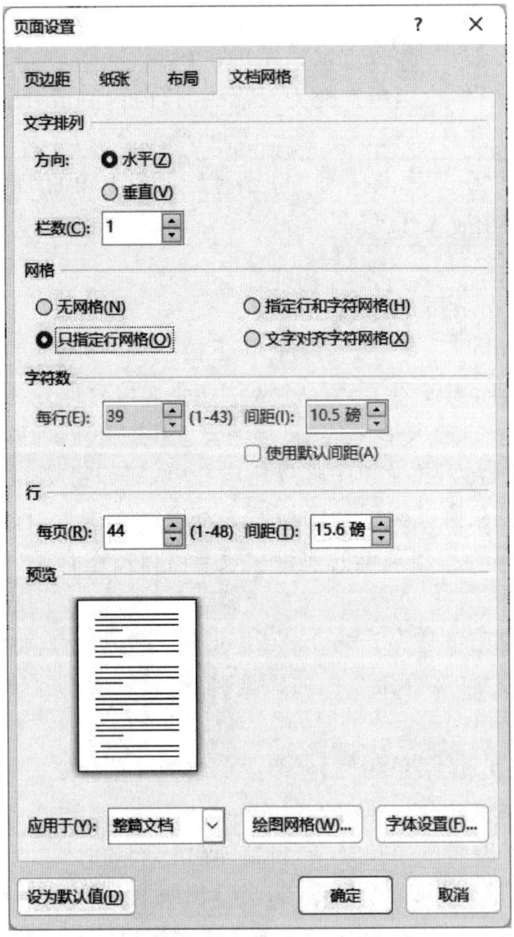

图 2-6　"页面设置"对话框

（3）单选按钮。单选按钮为一组前面带有圆圈的选项，其中有一个圆圈加粗显示，为选定的项目。单击某个项目，则该项目前的圆圈加粗显示，而其他项目前的圆圈恢复原样。在图 2-6 中，"网格"下面为一组单选按钮，当前"只指定行网格"项被选定。

（4）复选框。复选框为前面带有方框的选项。框中的"√"表示该项被选择。单击某项目可选择或取消选择该选项。在一组复选框中，可以选择其中的一个或任意多个选项。图 2-6 中的对话框有一个复选框，当前未被选择。

（5）列表框。列表框用于列举多个选项，供用户选择，用户可以单击选择其中的一个选项。

（6）下拉列表框。下拉列表框用于列举多个选项。与列表框不同，下拉列表框平时收缩为一个右侧带有下拉按钮的条形区域。当单击下拉按钮时，就会打开下拉列表框；当单击选择某选项后，下拉列表框将再次收缩。图 2-6 底部"应用于"右侧的"整篇文档"即为下拉列表框，单击可以打开列表。

2.3　Windows 10 工作环境的设置

2.3.1　Windows 10 的控制面板

控制面板是 Windows 操作系统中的一个重要组件，它为用户提供了一个集中管理计算机设置的界面。在 Windows 10 中，控制面板的功能得到了进一步扩展，涵盖了硬件和软件设置、用户账户管理、系统性能优化等多方面。通过控制面板，可以轻松地调整计算机的配置，以满足用户的使用需求。

1. Windows 10 控制面板的基本操作

（1）打开控制面板。双击 Windows 10 桌面的"控制面板"图标即可打开控制面板窗口，如图 2-7 所示。如果桌面没有"控制面板"图标，也可以单击"开始"按钮，在"开始"菜单中找到"控制面板"，单击即可。

图 2-7　Windows 10 控制面板

71

（2）控制面板的视图模式。Windows 10 的控制面板提供了两种视图模式：类别视图和大（小）图标视图。可以根据个人喜好和使用习惯选择合适的视图模式。

① 类别视图：将控制面板中的项目分为几大类别，如"系统和安全""硬件和声音"等，参见图 2-7。单击某一类别，将显示该类别下的所有设置选项。

② 大（小）图标视图：将控制面板中的所有项目以大（小）图标的形式展示，便于快速找到需要的设置。

要切换两种视图模式，可以在控制面板右上角的"查看方式"处选择"类别"或"大（小）图标"命令。

2. Windows 10 控制面板的主要功能

（1）系统。在"系统"设置中，可以查看和调整计算机的基本配置，如设备名称、处理器、内存、系统类型等。此外，还可以进行高级系统设置，如查看系统保护、远程设置等。例如，在"系统和安全"页面，单击"查看该计算机名称"超链接，可以查看计算机的设备名称、处理器型号、安装的内存以及系统类型（32 位或 64 位）。

（2）设备管理器。设备管理器是用于管理计算机的硬件设备。可以查看已安装的硬件设备、更新驱动程序、禁用或启用设备。此外，还可以通过设备管理器安装新的硬件设备。在"硬件和声音"页面，单击"设备管理器"超链接，可以打开设备管理器窗口。

① 查看硬件设备：在设备管理器中，可以查看计算机上已安装的各种硬件设备，如显示器、键盘、鼠标等。

② 更新驱动程序：如果某个硬件设备的驱动程序出现问题，可以尝试更新驱动程序。在设备管理器中，右击设备，选择"更新驱动程序"命令。

③ 禁用或启用设备：在某些情况下，可能需要临时禁用某个硬件设备。在设备管理器中，右击设备，选择"禁用设备"命令或选择"启用设备"命令。

（3）网络和共享中心。在"网络和共享中心"设置中，可以管理计算机的网络连接，包括无线网络、以太网和拨号连接。此外，还可以查看当前的网络连接状态，连接或断开网络。要设置新的网络连接，单击"设置新的连接或网络"超链接。

（4）Internet 选项。在"Internet 选项"中，可以设置主页、搜索引擎、安全级别等。此外，还可以清除浏览器缓存、历史记录等。

（5）程序和功能。"程序和功能"设置允许管理计算机上安装的应用程序。可以安装、卸载、修复或更改程序。此外，还可以设置默认程序，以及调整程序的自动更新选项。

① 查看与卸载程序：在"程序和功能"中，可以查看已安装的程序列表，卸载不需要的程序。

② 默认程序：在"默认程序"中，可以设置计算机上的默认应用程序，如网页浏览器、音乐播放器等。此外，还可以设置文件关联，让特定类型的文件默认使用某个程序打开。

③ 启用或关闭 Windows 功能：在"启用或关闭 Windows 功能"中，可以打开或关闭 Windows 操作系统的一些功能，如打印服务等。

（6）用户账户。在"用户账户"设置中，可以创建、删除或更改用户账户，以及设置家长控制。

① 添加或删除用户账户：在"用户账户"中，可以创建新的用户账户，或删除不再使用的账户。要更改账户设置，如密码、头像等，单击相应的账户。

② 家长控制：在"家长控制"中，可以为孩子的账户设置使用时间限制、游戏分级等，还

可以查看孩子的活动报告,了解他们在计算机上的行为。

(7) 设备和打印机。在"设备和打印机"设置中,可以查看和管理已安装的硬件设备,如鼠标、键盘、打印机等。要添加新设备,单击"添加设备"按钮。

(8) 声音。在"声音"设置中,可以调整计算机的音量、音频设备等,还可以设置默认播放和录音设备。

(9) 安全和维护。"安全和维护"设置包括系统安全等功能。可以查看防火墙、防病毒软件等安全设置,还可以查看计算机的安全状态,如恶意软件保护、更新等。

(10) 备份和还原。在"备份和还原"中,可以创建系统还原点,以及备份和恢复重要文件,以便在出现问题时恢复计算机。此外,还可以设置文件历史记录,自动备份指定文件夹中的文件。

(11) 日期和时间。在"日期和时间"设置中,可以调整计算机的日期和时间设置,还可以设置计算机的时区、日期和时间。

(12) 区域。在"区域"设置中,可以调整计算机的语言和地区设置。

2.3.2 Windows 10 的设置界面

Windows 10 提供了一个直观且功能丰富的设置界面,使用户能够轻松地管理和调整系统设置,优化工作环境。通过熟悉和掌握设置界面的基本操作和主要功能,用户可以根据自己的需求定制操作系统,提升工作效率和使用体验。

1. Windows 10 设置界面的基本操作

(1) 打开设置界面。在 Windows 10 中,常用如下三种方法打开设置界面,设置界面如图 2-8 所示。

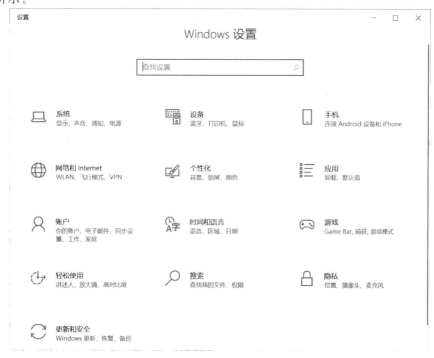

图 2-8　Windows 10 设置界面

操作系统基础及 Windows 10 应用

① 单击屏幕左下角的"开始"按钮，然后单击齿轮图标。

② 在任务栏的搜索框中输入"设置"，然后单击搜索结果中的"设置"按钮。

③ 按下键盘 Win＋I 组合键，可以直接打开设置界面。

（2）浏览和选择设置。在界面中单击相应的类别图标，然后选择想要调整的子选项。例如，单击"个性化"按钮，然后选择"背景"命令来更改桌面背景。

（3）搜索设置。在设置界面的顶部有一个搜索框，可以输入关键词来快速找到特定的设置选项。

（4）调整设置。在每个设置页面中，可以根据提示调整设置选项。例如，在"系统"的"显示"设置中，可以调整屏幕分辨率、亮度和夜间模式。

（5）保存和更改设置。一般情况下设置更改会立即生效，但有些设置可能需要单击"应用"或"保存"按钮确认更改。

（6）返回和导航设置。在设置界面中，可以通过单击左上角的"返回"按钮来返回上一级菜单，或者使用屏幕左侧的导航栏跳转到其他设置类别。

2. Windows 10 设置界面的主要功能

（1）系统。系统设置是 Windows 10 设置界面的核心部分，它包含了关于计算机硬件配置、电源管理、显示和通知等方面的设置。

（2）设备。可以查看和管理连接到计算机的所有设备，包括蓝牙、打印机和鼠标。如果设备出现问题，可以在此进行故障排除，系统会提供工具来帮助诊断和解决设备问题。

（3）手机。可以将 Windows 10 与安卓、苹果等智能手机同步，实现文件共享、通知同步等功能。

（4）网络和 Internet。管理网络连接，包括 WiFi、以太网和 VPN 设置，还可以调整飞行模式和网络状态。

（5）个性化。个性化设置能够定制 Windows 10 的外观、背景、锁屏背景和颜色主题。

（6）应用。应用设置能够管理安装在计算机上的所有应用程序，查看和管理已安装的应用，包括卸载和更新。默认应用可以设置默认的应用程序，如网页浏览器、音乐播放器等。

（7）账户。账户设置可以创建和管理用户账户，更改用户权限；添加和管理电子邮件账户，同步邮件、日历和联系人，查看和管理同步的设备。

（8）时间和语言。时间和语言设置可以调整日期、时间格式及语言选项。设置时区、日期格式和自动同步时间；添加和管理语言包，配置和切换输入法。

（9）游戏。游戏设置提供了增强游戏体验的功能，优化系统性能以便在游戏时获得更好的表现。设置直播和录制游戏的选项，优化游戏性能和图形设置。

（10）轻松使用。轻松使用设置提供了多种工具和选项，帮助有特殊需求的用户更好地使用 Windows 10。"讲述人"设置可以调整讲述人的声音、速度和语言；"放大镜"可以放大屏幕上的特定区域，帮助视力不佳的用户；"高对比度"可以改变系统颜色，使界面更易于阅读。

（11）搜索。搜索设置可以配置 Windows 10 搜索功能，调整搜索索引的设置，包括搜索文件夹和文件类型。

（12）隐私。隐私设置可以控制 Windows 10 收集和使用数据的方式。"位置"可以控制位置服务的使用，包括位置数据的共享；"摄像头"可以管理摄像头的隐私设置，包括查看和管理每个应用的摄像头访问权限。"麦克风"可以控制麦克风的隐私设置,还可以设置访问麦克风的应用程序。

（13）更新和安全。更新和安全设置可以检查和安装系统更新,设置何时下载和安装更新。配置和执行系统备份,以防止数据丢失。在系统出现问题时,可以使用恢复选项来修复或重置系统。

3. Windows 10 控制面板和设置界面的区别与联系

控制面板是 Windows 操作系统中一个历史悠久的组件,自 Windows 95 以来就一直存在。它提供了一个集中的平台,让用户能够访问和调整系统的各种设置,包括硬件、软件、用户账户、网络和安全等。设置界面是 Windows 10 中引入的一个新特性,提供了一个更加现代化和用户友好的设置管理工具。

控制面板提供了丰富的系统设置选项,更适合专业用户和需要进行高级设置的用户,而设置界面则更适合普通用户。控制面板中的高级设置可能对普通用户来说不易理解和操作,而设置界面则尽量简化了这些高级设置,使其更加直观易懂。控制面板保持了 Windows 的传统界面风格,而设置界面则采用了更加现代化的设计,提高了易用性,与 Windows 10 的整体风格保持一致。

Windows 10 的控制面板和设置界面各有其特点和优势。随着 Windows 操作系统的不断发展,两者之间的界限可能会逐渐模糊,但它们仍然是 Windows 10 中两个重要的设置管理工具。用户可以根据自己的需求和使用习惯,选择适合自己的设置管理工具进行系统配置。

2.3.3 Windows 10 外观和个性化设置

与早期版本相比,Windows 10 不仅在性能和安全性方面有所提升,还在个性化设置方面为用户带来了丰富的选择。本节将重点介绍 Windows 10 的外观和个性化设置,包括桌面背景、主题、屏幕保护程序等内容,打造独特的操作环境。

1. 设置 Windows 10 桌面背景

Windows 10 提供了多种丰富的背景图片,并且可以将计算机中保存的图片文件或个人照片设置为桌面背景。如果希望桌面背景能够自动更换,还可以使用幻灯片放映功能。设置桌面背景的具体操作方法请参见 2.2.2 节。

2. 设置 Windows 10 主题

主题是 Windows 10 中一个便捷的个性化设置方式,包括桌面背景、窗口颜色、声音方案和屏幕保护程序。通过设置主题,可以快速打造统一和协调的操作环境。

（1）更换 Windows 10 系统主题。Windows 10 提供了一些预设的主题供选择使用。更换系统主题的步骤如下。

① 右击桌面空白处,在弹出菜单中选择"个性化"命令。

② 在"个性化"设置窗口中,单击左侧的"主题"选项,切换到主题窗口,如图 2-9 所示。

③ 在主题列表中,单击喜欢的主题,即可查看主题效果。

（2）下载更多主题。如果觉得系统预设的主题不够丰富,可以在 Microsoft 商店中下载更多主题。下载主题的步骤如下。

① 单击"开始"按钮,选择"Microsoft 商店"命令。

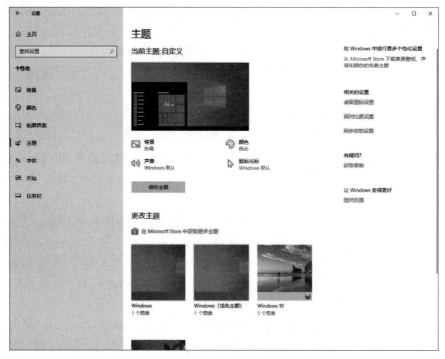

图 2-9　Windows 10 主题设置

② 在 Microsoft 商店中，单击"应用"按钮。

③ 在搜索框中输入"主题"，然后按回车键。

④ 在搜索结果中，选择喜欢的主题，单击"获取"按钮进行下载。

3. 设置 Windows 10 屏幕保护程序

屏幕保护程序是一种在计算机闲置时自动启动的程序，它可以保护屏幕免受长时间静态图像造成的损害，同时增加计算机的安全性。在 Windows 10 中，可以轻松设置屏幕保护程序，具体步骤如下。

① 右击桌面空白处，选择"个性化"命令。

② 在"个性化"设置窗口中，单击左侧的"锁屏界面"选项，切换到"锁屏界面"窗口。

③ 在窗口中单击"屏幕保护程序设置"超链接，弹出"屏幕保护程序设置"对话框，如图 2-10 所示。

④ 在对话框的"屏幕保护程序"位置，选择喜欢的屏幕保护程序。

⑤ 单击窗口中的"设置"按钮，在弹出的设置窗口中，根据需求调整相关选项，如等待时间、显示文字等，然后单击"确定"按钮，完成设置。

⑥ 完成上面设置后，单击窗口中的"预览"按钮，预览屏幕保护程序的效果。效果满意后单击"应用"按钮应用该屏保，或者直接单击"确定"按钮并退出。

2.3.4　Windows 10 系统日期和时间、区域和语言的设置

1. Windows 10 日期和时间设置

在 Windows 10 中，可以轻松地设置和调整系统的日期和时间。

（1）打开日期和时间设置窗口。右击任务栏右下角的日期和时间显示区域，然后选择

图 2-10　Windows 10 屏幕保护程序

"调整日期/时间"命令,或者单击"开始"按钮,在开始菜单中单击"设置"按钮,在打开的设置界面中单击"时间和语言"选项。

（2）设置日期和时间。在"日期和时间"设置窗口中,可以进行以下操作。

① 设置自动同步：打开"自动设置日期和时间"开关,计算机将根据网络时间自动同步日期和时间,可以保持系统时间准确。

② 手动设置日期和时间：关闭"自动设置日期和时间"开关,可以手动设置日期和时间。单击"更改日期和时间"按钮,然后在弹出的窗口中进行设置。

③ 设置时区：在"日期和时间"设置窗口中,单击"更改时区"按钮,选择所在的时区,系统将根据时区自动调整时间。

2. Windows 10 区域设置

区域设置是 Windows 10 中的一个重要功能,它影响着日期、时间、货币、度量衡等格式的显示。

（1）打开区域设置。在开始菜单中单击"设置"按钮,在打开的设置界面中单击"时间和语言"选项,在打开的"日期和时间"设置窗口中单击左侧的"区域"选项,打开"区域"设置窗口。

（2）更改区域格式。在"区域"设置窗口中,单击下方"更改数据格式"超链接,在打开的"更改数据格式"窗口,可以设置以下内容。

① 格式：选择喜欢的日期、时间、货币、度量衡等格式。

② 日历：选择习惯使用的日历类型,如公历、农历等。

操作系统基础及 *Windows 10 应用*

（3）设置首选语言。在 Windows 10 中，可以为系统和应用程序设置首选语言。以下是设置首选语言的步骤。

① 在"区域"设置窗口中，单击左侧的"语言"选项，打开"语言"设置窗口。

② 在窗口中单击"添加首选语言"按钮，选择喜欢的语言。

③ 在语言列表中，可以设置语言的顺序。将需要的语言拖动到列表顶部，以将其设置为首选语言。

④ 如果需要，还可以下载并安装相应的语言包，以便使用完整的语言支持。

（4）输入法设置。Windows 10 支持多种输入法，可以根据自己的需求进行设置。以下是设置输入法的步骤。

① 在"语言"设置窗口中，单击"首选语言"下的"选项"按钮。

② 单击"添加输入法"按钮，选择需要的输入法。

③ 在输入法列表中，可以设置输入法的顺序，以便在不同的输入法之间快速切换。

（5）货币和区域格式。在 Windows 10 中，可以设置货币和区域格式。以下是设置步骤。

① 在"区域"设置窗口中，单击"货币和区域格式"按钮。

② 在弹出的窗口中，选择需要的货币和区域格式。

3. Windows 10 语言包和可选功能

（1）安装语言包。安装语言包后，可以在 Windows 10 中使用其他语言的界面。以下是安装语言包的步骤。

① 单击"开始"按钮，单击"设置"按钮，依次单击"时间和语言""语言"选项。

② 单击"添加语言"按钮，搜索并选择需要的语言。

③ 单击"下一步"按钮，然后单击"安装"按钮。

（2）安装可选功能。Windows 10 提供了许多可选功能，如语音识别、手写识别等。以下是安装可选功能的步骤。

① 单击"开始"按钮，单击"设置"按钮，依次单击"时间和语言""语言"选项。

② 在"首选语言"下，单击"选项"按钮。

③ 单击"添加功能"按钮，选择需要的功能并安装。

2.4　程序管理

Windows 10 操作系统是用户使用计算机的平台，由于不同的用户有着不同的使用需求，因此需要在计算机中安装各类功能的应用程序，也可根据需要删除计算机中不再使用的程序。本节介绍 Windows 10 应用程序的相关操作。

2.4.1　应用程序的运行和关闭

1. 应用程序的运行

Windows 10 为用户提供了多种运行应用程序的方式，下面将分别介绍几种运行程序的方法。

（1）使用桌面快捷图标。通常安装软件后，都会自动在桌面建立一个快捷图标，利用程序快捷图标运行程序是最方便和快捷的方法,只要双击该图标即可运行相应的程序。

(2) 使用"开始"菜单。默认情况下,程序安装后会自动在"开始"菜单中创建该程序的文件夹或直接显示程序图标。单击任务栏左侧的"开始"按钮,在开始菜单的应用列表中找到并单击要运行的程序文件夹,再单击相应的程序图标。

(3) 使用任务栏搜索框。使用任务栏上的搜索框也是运行程序的常用方法之一,用户可以在搜索框中输入要运行的程序,系统会根据内容自动匹配后将最佳匹配结果显示在列表顶部,选择对应的选项即可运行相应程序。

2. 应用程序的关闭

应用程序使用完毕后,需要将其关闭,从而释放程序所占用的内存空间。常用的关闭应用程序的方法有下列几种。

(1) 单击应用程序窗口"标题栏"右侧的"关闭"按钮。

(2) 在应用程序窗口功能区中,单击"文件"按钮,在弹出的页面中选择"关闭/退出"命令。

(3) 单击应用程序窗口左上角的"控制菜单"按钮,在打开的"控制菜单"中选择"关闭"命令。

2.4.2 应用程序的切换

在 Windows 10 中,可以同时打开多个窗口或运行多个程序,但一次只能对一个窗口进行操作,当前可操作的窗口被称为活动窗口。要对其他窗口进行操作,必须先将该窗口切换为活动窗口。切换窗口常用下列几种方法。

(1) 使用窗口可见区域切换。当屏幕上有多个窗口时,单击要显示的窗口的可见区域即可将该窗口切换为活动窗口。

(2) 使用任务栏切换。启动多个应用程序后,在任务栏上会显示这些程序的图标按钮。如果要使某个程序成为活动窗口,只需在任务栏单击该程序的图标按钮即可。若同一应用程序打开多个窗口,则可以将鼠标指向该图标按钮,在弹出的窗口缩略图中单击相应的窗口,即可实现切换。

(3) 使用快捷键切换。可以使用 Alt+Tab、Alt+Esc、Win+Tab 等多个快捷键实现。

① Alt+Tab 快捷键。按住 Alt 键再按 Tab 键,则屏幕中间就会出现当前所有运行程序的图标,且仅有一个带有一个外框。按住 Alt 键不放,每按一次 Tab 键,这个外框会顺序移动一次,松开 Alt 键,此时带有外框的图标所代表的程序窗口便成为活动窗口。

② Alt+Esc 快捷键。按住 Alt 键的同时反复按 Esc 键,则当前运行的所有程序窗口将依次轮流地成为活动窗口。

③ Win+Tab 快捷键。按住 Win 键再按 Tab 键,系统将显示所有打开的窗口的缩略图,单击或通过方向键选择想要切换的窗口即可切换到对应的应用窗口。

2.4.3 任务管理器

通过任务管理器,用户可以查看计算机系统资源的使用情况、当前运行的程序和进程的详细信息,同时可以对正在运行的程序、进程和服务进行管理。任务管理器窗口如图 2-11 所示,其中包含进程、性能、应用历史记录、启动、用户、详细信息和服务 7 个标签页。

Windows 10 默认每隔 2 s 对数据进行一次自动更新，也可以单击"查看/更新速度"按钮重新设置。单击窗口左下角的"简略信息"按钮可将任务管理器从"详细信息"模式切换到"简略信息"模式，只显示当前运行的应用程序。

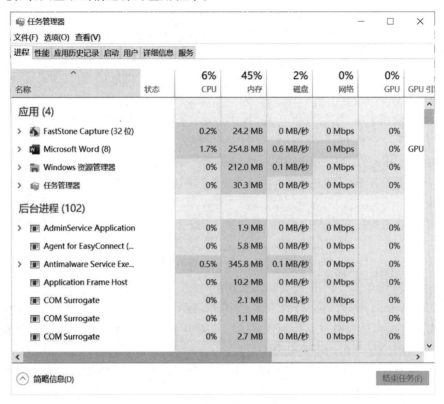

图 2-11　"任务管理器"窗口

1. 打开任务管理器

在 Windows 10 中常用的打开任务管理器方法如下。

（1）在任务栏空白处右击，在弹出的快捷菜单中，选择"任务管理器"命令，打开"任务管理器"窗口。

（2）同时按 Ctrl＋Shift＋Esc 键，可以直接打开任务管理器。

（3）同时按 Ctrl＋Alt＋Del 键，在打开的安全选项界面，单击"任务管理器"选项，也可以打开"任务管理器"窗口。

2. 结束正在运行的任务

在系统运行过程中，某个程序可能会由于系统或程序本身的原因而出现无响应的情况，此时用户可以使用任务管理器来关闭该应用程序。

在"任务管理器"窗口中，单击"进程"选项卡，单击要结束的进程，再单击窗口右下角的"结束任务"按钮即可。

3. 查看资源使用情况

在"Windows 任务管理器"窗口中切换至"性能"选项卡，可以看到 CPU 的使用情况、物理内存的使用记录等各项参数，还以数据的形式显示了句柄数、线程数和进程数等数据，如图 2-12 所示。

图 2-12　"任务管理器-性能"选项卡

2.4.4　应用程序的安装和卸载

1. 安装应用程序

在使用应用程序前,需要将其安装到计算机中,安装应用程序的过程通常并不复杂。由于应用程序获得途径的不同,如购买光盘、网络下载等,安装步骤可能会存在一定的差别,但基本方法相似。

首先找到安装程序并双击运行,一般安装文件名为"Setup. exe"或"Install. exe",然后按照提示逐步安装即可。安装期间,一般会要求用户接受许可协议、选择安装位置、设置安装选项,部分软件还需要输入相应的序列号(密钥)等。

2. 卸载已安装的应用程序

如果不再需要使用某个已安装的应用程序时,可以将相关程序文件及注册表中写入的程序相关信息从系统中删除,即卸载程序。在 Windows 10 中卸载应用程序的方法也有多种,下面将分别进行介绍。

(1)通过软件自带的卸载程序。绝大多数软件都自带了卸载程序,当安装软件后,"开始"菜单中的软件目录会显示卸载程序。或者可以在程序的安装路径中查找到相应的卸载程序,运行卸载程序即可方便地将软件卸载。

(2)通过"控制面板"或"设置界面"的卸载功能。如果应用程序没有自带卸载程序,可以通过"控制面板"或"设置界面"的卸载功能卸载应用程序。

(3)通过"开始"菜单卸载。打开"开始"菜单的所有程序列表,找到要卸载的程序并右击,在弹出的快捷菜单中选择"卸载"命令。

【例 2-5】　卸载"搜狗拼音输入法"。

【操作步骤】

① 按快捷键 Windows＋I 打开"设置"窗口。

操作系统基础及 *Windows 10 应用*

② 在窗口中单击"应用"，打开"应用和功能"窗口，可以在此窗口查看所有应用程序列表。

③ 在列表中找到要卸载的程序"搜狗拼音输入法"，单击程序后，下方出现"卸载"按钮。

④ 在弹出的搜狗拼音输入法卸载向导对话框中单击"卸载"按钮。

⑤ 开始卸载软件，并显示卸载进度，卸载完成后，单击"关闭"按钮，关闭对话框。

2.4.5 设备驱动程序

1. 设备驱动程序

设备驱动程序（简称驱动程序）是操作系统与硬件设备进行彼此通信的桥梁，有了设备驱动程序，Windows 才能够最大化地发挥硬件的功能，给用户带来最佳的使用体验。

驱动程序是一种特殊程序，相当于硬件的接口，操作系统只有通过这个接口，才能控制硬件设备的工作。

不同版本的操作系统对硬件设备的支持不同，一般版本越高的操作系统所支持的硬件设备越多，一些硬件设备的驱动程序可以通过操作系统自动安装，而有些硬件设备的驱动程序需要用户手动安装。Windows 10 用户可以选择让 Windows 自动下载设备驱动程序，也可以选择用驱动下载软件进行安装。

2. 安装驱动程序的方法

【例 2-6】 安装打印机驱动程序。

【操作步骤】

① 单击任务栏左侧的"开始"按钮，在打开的"开始"菜单中选择"设置"命令，在弹出的窗口中单击"设备"选项。

② 在窗口左侧单击"打印机和扫描仪"按钮，在右侧"相关设置"区域选择"打印服务器属性"超链接。

③ 在弹出的"打印机服务属性"对话框中单击"驱动程序"标签，查看打印机，若没有列出，单击下方"添加"按钮，在"欢迎添加打印机驱动程序向导"窗口中单击"下一页"按钮。

④ 选择设备的体系结构，单击"下一页"按钮。

⑤ 进入"打印机驱动程序选项"界面，在左侧选择打印机厂商，右侧选择打印机驱动程序。

⑥ 单击"下一页"按钮，单击"完成"按钮即可。

2.4.6 应用程序的数据交换

通过应用程序之间的数据交换，可以实现应用程序间的数据共享。剪贴板是 Windows 系统中一段连续的、可随时存放信息的、大小可变化的内存空间，可以临时存放交换信息，通过它能够实现 Windows 应用程序之间、文件之间的数据传递。

1. 剪贴板的操作

剪贴板的操作有三种：剪切、复制和粘贴。

剪切操作用于将选定的内容"剪切"到剪贴板，剪切后选定的内容只在剪贴板中存在，在原始位置将不再存在；复制操作用于将选定的内容"复制"到剪贴板，复制后选定的内容在原始位置和剪贴板中均存在；粘贴操作用于将剪贴板中保存的内容"粘贴"到用户指定的目标位置。要使用剪切、复制和粘贴功能,常用如下三种操作方法。

(1) 在快捷菜单中选择剪切、复制或粘贴命令。

(2) 使用功能区选项卡中的剪贴、复制或粘贴命令图标。

(3) 使用快捷键操作:Ctrl+X(剪切)、Ctrl+C(复制)、Ctrl+V(粘贴)。

2. 使用剪贴板实现数据交换

使用剪贴板实现不同应用程序之间数据交换的具体操作步骤如下。

(1) 打开第一个应用程序,使要共享的内容出现在窗口中。

(2) 选定要剪切或复制的内容,然后用前面介绍的方法,例如,按快捷键 Ctrl+X 或 Ctrl+C 将选中的内容剪切或复制到剪贴板。

(3) 启动目标应用程序,定位插入点,然后用前面介绍的方法,例如,按快捷键 Ctrl+V 将剪贴板中内容粘贴到目标位置。

2.4.7 Windows 10 中常用的应用程序

Windows 10 附带了很多实用的应用程序,例如、记事本、写字板、计算器、画图工具、截图工具等,能满足用户日常的各种需求。

1. 截图工具

Windows 10 自带的截图工具是一款非常好用的工具,用户可以使用该工具获取屏幕上任何对象的截图,并且还可以对截取的图片进行保存或编辑。

(1) 启用截图工具。单击"开始"按钮,在"开始"菜单的应用列表中找到"Windows 附件",单击"截图工具"命令,即可启动截图工具。

未截取任何图像之前,截图工具是以工具条的方式显示的,如图 2-13 所示。

图 2-13　截图工具示意图

(2) 选择截取方式。截取方式包括"任意格式截图""矩形截图""窗口截图"及"全屏幕截图"4 种。

① 截取矩形区域。单击截图工具面板中"模式"按钮右侧下三角按钮,在弹出的下拉列表框中选择"矩形截图"命令,此时屏幕会蒙上一层灰色。按住鼠标左键在要截取的屏幕区域进行拖动,即可将选取范围截取为图片并显示在"截图工具"窗口中。

② 截取任意形状的区域。单击截图工具面板中"模式"按钮右侧下三角按钮;在弹出的下拉列表框中选择"任意形状的区域"命令,此时鼠标指针呈剪刀形状。拖动鼠标在屏幕中绘制线条选取要截取的范围。选取范围后释放鼠标,即可将选取范围截取为图片并显示在"截图工具"窗口中。

③ 截取窗口。单击截图工具面板中"模式"按钮右侧的下三角按钮,在弹出的下拉列表框中选择"窗口截图"命令。在屏幕中移动鼠标至要截取的窗口,此时该窗口会以红色框线显示。单击即可将选取的窗口截取为图片并显示在"截图工具"窗口中。

④ 截取全屏幕。单击截图工具面板中"模式"按钮右侧的下三角按钮,在弹出的下拉列

操作系统基础及 *Windows 10* 应用

表框中选择"截取全屏幕"命令,则屏幕内容被截取为图片并显示在"截图工具"窗口中。

（3）编辑截图。截图后可以利用工具面板中的"笔"和"荧光笔"工具对截取的图像进行编辑,如添加文字等信息,同时可以通过"笔"工具右侧的下三角按钮对笔参数进行设置。如果想要对添加的信息进行擦除,可以使用"橡皮擦"工具。

（4）保存截图。图像截取完毕后,可以通过剪贴板将其粘贴到其他程序中,也可以单击工具栏中的"保存截图"按钮,将图片保存到计算机中。如果要继续截取图片,可单击工具栏中"新建"按钮,返回到截图工具面板,重新选择截取方式并截图。

2. 画图工具

画图工具是 Windows 自带的一款简单的图形绘制和编辑软件,用户可以通过它绘制各种简单的图形,或者对计算机中的图片进行简单处理。

（1）启动画图工具。画图工具同样被放置在开始菜单中程序列表的"Windows 附件"中。单击"开始"按钮,选择"Windows 附件"→"画图"命令,即可启动画图工具,如图 2-14 所示。

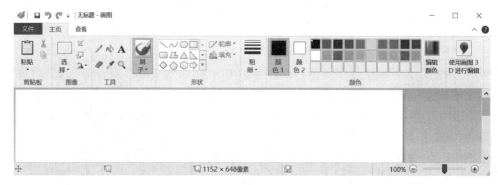

图 2-14　画图工具示意图

（2）绘制图形。启动画图工具后,用户就可以充分发挥自己的创意,结合画图工具提供的各种绘图功能来绘制出自己想要的图形。下面介绍使用画图工具绘制简单图形的方法。

① 选择绘图颜色和绘图形状。在"主页"选项卡"颜色"组中单击"颜色 1";在右侧的颜色列表中单击选择一种颜色;然后在"形状"组中选择一个形状,如"六边形"。

② 拖动鼠标绘制图形。在画布上拖动鼠标即可绘制图形,所绘制形状的大小由鼠标拖动控制。特别是在绘制圆、正方形、正六边形等图形时,可以按住 Shift 键,再拖动。

③ 选择填充颜色和填充工具。在"主页"选项卡"颜色"组中单击"颜色 1";在右侧的颜色列表中单击选择一种颜色,在"工具"组中单击"用颜色填充"工具 。

④ 填充图形。在前面绘制的图形中单击,即可用所选颜色填充图形。

（3）常用绘图工具。常用绘图工具被分为形状组、颜色组、工具组、图像组。

① "形状"组。形状组中的工具用于选择绘图的形状,如矩形、圆、多边形等。

- 直线：选择此工具后,鼠标指针变成十字形。拖动鼠标指针可画直线,按住 Shift 键拖动时,可以绘制出与水平线呈 0°、45°、90°的直线。
- 曲线：用于绘制光滑曲线。选此工具后,先绘制一条直线,再将鼠标指针移动到直线上任意一点单击并拖动,再次单击即可完成曲线的绘制。
- 矩形：选此工具后,沿所需的对角线方向拖动鼠标指针,画出矩形,按住 Shift 键拖动时,将画出正方形。

- 多边形:选此工具后,在任意点单击并拖动,松开鼠标,形成多边形的第一条边;继续单击并拖动,松开鼠标,形成第二条边;以此类推,画完后双击,多边形就自动生成。
- 椭圆:选此工具后,在对角线方向上拖动鼠标指针,画出椭圆。按 Shift 键拖动时,将画出圆。
- 圆角矩形:该工具用于绘制圆角矩形,使用方法与矩形工具类似。

此外,利用该组中的"轮廓"和"填充"命令,还可以对绘制的图形的边框和内部填充设置媒体效果。

② 颜色组。颜色组中的工具用于选择绘图颜色、绘图笔触。"粗细"代表绘图笔触的线型粗细。"颜色 1"代表前景颜色,"颜色 2"代表背景颜色。前景色是绘制图形用的颜色,背景色是利用"橡皮"工具擦除绘图区后留下的颜色。单击"颜色 1"按钮,然后在右侧的颜色列表中选择一种颜色,即可以用该颜色绘图。

③ "工具"组。工具组由铅笔、填充、橡皮、取色、放大、文字和毛刷组成。

- 铅笔:选择此工具后,鼠标指针变成一支铅笔。拖动鼠标指针可画任意线条。
- 填充:选择此工具后,鼠标指针变成一个颜料桶。用颜料桶尖端指向封闭区域,并单击鼠标,将使当前的前景色填充到该区域内。
- 取色:选择此工具后,鼠标指针变成一个吸管。将管口对准绘图区的某个位置,单击鼠标,将把当前位置的颜色设定为当前的前景色。
- 放大:选择此工具后,移动鼠标到某位置,单击鼠标,该位置附近矩形区域的图形将放大,以便做更细致的修改。再次进行上述操作,可使图形恢复到原来的尺寸。
- 毛刷:与铅笔类似,只是鼠标指针变成刷子形状。
- 橡皮:选择此工具后,鼠标指针变成橡皮。在要擦除的区域内拖动鼠标,将擦除经过的区域,擦过的地方呈现背景色。
- 文字:选择此工具后,鼠标指针变成"I"字形。沿对角线拖动鼠标指针,确定文字框的大小,再输入文字。用户还可选择"文本工具"中的工具设置文字的字体、字号、字形和颜色。

④ 图像组。使用图像组中的工具可以对图形进行简单处理,包括裁剪图片、旋转图片重新调整大小等。此外通过"选择"命令,可以拖动鼠标选定一个任意形状的区域,对选定区域的内容可以进行复制、剪切、旋转等操作。

3. 记事本

记事本是 Windows 操作系统附带用来创建和编辑小型文本文件(以 .txt 为扩展名)的应用程序。用记事本编辑的文件只包含 ASCII 字符,不包含特殊格式或控制指令,该文件可以被 Windows 的大部分应用程序调用和处理。因而,记事本可以用来编写文字材料、编辑高级语言的源程序、制作网页 HTML 文档等,具有体积小巧、启动快、占用内存低、容易使用的特点。

要打开记事本的应用程序,可以单击"开始"按钮,在应用列表中找到"Windows 附件",单击其中的"记事本"程序。也可以在桌面或文件夹空白位置右击,选择快捷菜单中的"新建"→"文本文档"命令,直接创建一个空白的记事本文档。

在"记事本"窗口中输入文字时,一般每段内容输入完毕按 Enter 键。当一行宽度超过窗口的宽度,不能完整显示时,可选择"格式"→"自动换行"命令,使窗口内文字换行显示。

在记事本中,可以进行插入、删除、移动、复制等编辑操作,也可以对文件进行保存、打开和另存为操作,还可以对文字的字号、字体和字形进行设置,这些与 Word 程序十分相似。学会了 Word 的使用,自然就会使用记事本,反过来,会使用记事本,也就掌握了 Word 的许多基本操作。

4. 计算器

在使用 Windows 10 的过程中,如果需要进行一些基本的算术运算(如加、减、乘、除)、科学运算(开方和阶乘运算等)及数值单位转换等,可以使用 Windows 系统自带的计算器程序。

(1) 启动计算器。单击"开始"按钮,选择应用列表中的"计算器"程序,即可启动计算器。

(2) 切换计算器模式。计算器程序提供了 5 种计算模式,分别为"标准""科学""绘图""程序员"和"日期计算"。"标准"模式是最常用且默认的一种工作模式,可进行基础的数学计算;"科学"模式对"标准"模式进行了功能扩展,能够进行高级计算;"绘图"模式可以根据输入的函数自动绘制出函数曲线,可以同时绘制几个不同的曲线;"程序员"模式提供了不同进制之间的转换运算,专为程序员使用;"日期计算"模式可以用于日期处理,如计算两个日期间的时间间隔。

如果想切换不同的计算模式,可以单击计算器窗口左侧的"打开导航"按钮 ☰,在弹出的列表中选择相应的模式。

(3) 转换数值单位。单击计算器窗口左侧"打开导航"按钮,在"转换器"中选择一种转换类型,选择初始单位输入相应的数值,然后选择输出单位即可实现度量单位的转换。

2.5　文件管理

文件管理是 Windows 操作系统的重要功能之一。了解计算机中文件和文件夹的组织与管理,掌握计算机中文件和文件夹的操作对于入门者来说至关重要。

2.5.1　文件与文件夹

计算机是以文件的形式组织和存储数据的,文件是计算机系统中信息组成的基本单位,是各种程序与信息的集合。计算机中所有的信息,如数据、程序、文档、图片、音频及视频等都以文件的形式存放,每个文件都有各自的文件名和类型。文件夹以不同名称来管理计算机中各类文件,文件与文件夹的关系与人们日常生活中的文件与文件夹类似。

1. 文件名

在 Windows 操作系统中,每个文件都有各自的文件名,系统依据文件名对文件进行管理。文件名由主文件名和扩展名两部分组成,中间由"."分隔。文件名用于识别文件,扩展名则用于定义不同的文件类型。

Windows 对文件名的要求比较宽松,具体规定如下。

(1) 文件名长度不得超过 255 个字符。

(2) 文件名中可以使用多个间隔符"."。

(3) 文件名中可以包括空格、下画线、汉字字符等,但不能使用如下字符:＊、?、/、\、<、>、|、"、:。

（4）文件名中，英文不区分大小写，但显示时，可保留大小写格式。

2. 文件类型

文件的扩展名表示文件的类型，不同类型文件的处理方式有所不同。计算机中文件类型繁多，用户在学习使用计算机时，首先要对常见的文件类型有所了解，从而在查看文件时，通过扩展名就可以大致判断出文件类型，以及打开该文件需要应用的程序。表 2-1 所示为常见文件类型及其扩展名。

表 2-1　常见文件类型及其扩展名

文件扩展名	含　义
EXE、COM	可执行程序文件
TXT、PDF、DOCX、XLSX、PPTX	文档工具创建的文件
JPG、BMP、GIF、TIF	图像文件
WAV、MP3、MID	声音文件
AVI、WMV、MP4	视频文件
RAR、ZIP	压缩文件
HTM、HTML、ASP、PHP	网页文件

3. 文件的属性

文件除了文件名外，还有文件大小、占用空间、创建时间及属性等信息。其中，文件属性用于标识文件的性质，以限制对它的操作。常见的文件属性有 4 种，分别为只读属性、隐藏属性、系统属性和存档属性，一般用户只可以设置只读属性和隐藏属性。

（1）只读属性：具有该属性的文件只能查看，不允许修改，不允许被程序删除，但可以人为删除。

（2）隐藏属性：在默认情况下，具有该属性的文件被系统隐藏，不可见。

（3）系统属性：是操作系统为保护系统文件而设定的一种属性，表示该文件属于系统文件。具有系统属性的文件拥有最高的保护级别，自动具有隐藏、只读的属性。

（4）存档属性：存档属性是在文件建立和修改后由系统自动添加的，表示该文件应该被存档，软件可以用该属性来确定文件是否应该做备份，对一般用户没有作用。

4. 文件夹

使用计算机时，用户往往面临对大量文件的管理。文件夹实现了对计算机中数量庞大且种类繁多的文件进行有效管理。

在一个磁盘中可以建立若干文件夹，每个文件夹可以包含若干文件，也可以包含若干子文件夹，文件都存放于某个文件夹中。如图 2-15 所示是 Windows 对文件的层次管理方式。文件系统的这种层次结构，看起来好像一棵倒挂的树。磁盘、文件夹和文件分别看成树的根或主干、枝杈和树叶。我们称这种结构为树形结构。

在 Windows 10 中，每个文件夹都有各自的名字，文件夹的命名规则与文件名相同，但是，文件夹一般不使用扩展名，如 Windows、Program Files、ABC_123 等。

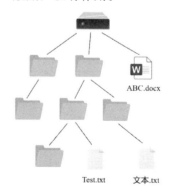

图 2-15　文件及文件夹存储结构示意图

操作系统基础及 *Windows* 10 应用

5. 路径

文件总是存放在磁盘的某个文件夹之中。用户在磁盘上寻找文件时，所历经的文件夹线路称为文件路径。在 Windows 中，文件路径就是找到文件时，地址栏显示的信息。文件的路径分为绝对路径和相对路径两种。绝对路径是指文件在硬盘上真正存在的完整路径，是从磁盘盘符开始的，而相对路径则从当前文件夹下开始标识。

在 Windows 10 中，指定文件路径的一般格式为：

<盘符>:\<文件夹名>\…\<文件夹名>\<文件名>

且有如下的规定。

（1）盘符带有冒号（:）；盘符后面的反斜杠（\）表示根文件夹。

（2）在文件夹名之间用反斜杠（\）分隔。

（3）同样地，在文件夹名和文件名之间也用反斜杠（\）分隔。

例如，C:\Windows\Abc.exe，表明文件 Abc.exe 位于 C 盘的 Windows 文件夹中；D:\Exam\123\学生成绩.docx，表明文件"学生成绩.docx"位于 D 盘"Exam"文件夹下"123"子文件夹中。

2.5.2　Windows 10 中的"此电脑"窗口

"此电脑"是 Windows 10 提供的资源管理工具，我们可以用它直观地查看计算机中的文件、文件夹、磁盘等所有资源，还可以对文件进行各种操作，如打开、复制、移动等。

资源管理器是"此电脑"的另一种表现方式，两者在功能上没有区别。本书以"此电脑"为例介绍文件的管理。

双击桌面"此电脑"图标，打开"此电脑"窗口，如图 2-16 所示。窗口主要由标题栏、快速访问工具栏、功能区、地址栏、前进后退按钮、搜索框、文件列表窗格、导航窗格、状态栏组成。

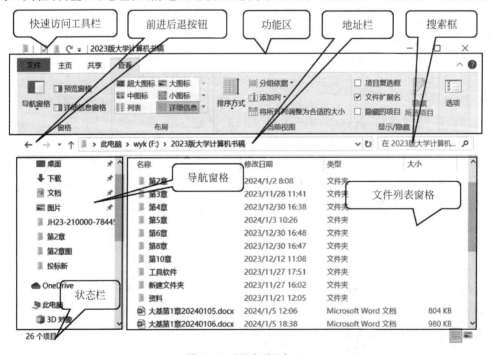

图 2-16　"此电脑"窗口

1. 快速访问工具栏

快速访问工具栏位于标题栏的左侧,通过添加用户常用的命令到快速访问工具栏中,可以方便用户快速执行一些常用操作。要将一个命令添加到快速访问工具栏,只需单击工具栏右侧的下拉按钮(小箭头图标),选择要添加的命令即可。

2. 功能区

功能区由多个选项卡构成,"此电脑"窗口中常用的命令被分类安排到各选项卡中,各选项卡中的命令也按照功能分放到多个组中。用户通过选择命令来执行相应的操作。

3. 地址栏与"后退"和"前进"按钮

使用地址栏可以导航至不同的文件夹,或返回上一文件夹。"后退" ← 和"前进" → 按钮用于导航至已打开的其他文件夹,通常与地址栏一起使用。例如,使用地址栏更改文件夹后,单击"后退"按钮可以返回到上一文件夹,单击"前进"按钮可以重新返回到之前的文件夹。此外,单击"前进"按钮后的三角形下拉按钮,可以打开最近访问地址的列表,单击列表中的地址可直接访问该地址。

4. 搜索框

在搜索框中输入要搜索内容的关键词,可查找当前文件夹中满足条件的项目。只要开始输入内容,搜索就会自动开始。例如,当输入"A"时,所有名称包含"A"的文件或文件夹,都将显示在文件列表中。

5. 文件列表窗格

文件列表窗格显示当前文件夹中的所有文件和文件夹,显示的方式包括图标(超大图标、大图标、中等图标、小图标)、列表(用文件或文件夹名列表方式显示)、详细信息(显示的内容包括文件名、字节大小、类型和修改时间)、平铺(用中等图标的方式显示,并且显示文件名、字节大小、类型)和内容(显示的内容包括文件名、大小、类型、作者、修改时间)。

(1) 改变文件的显示方式。在"查看"选项卡的"布局"组中选择相应的命令可以改变文件的显示方式,如图 2-16 所示。

(2) 改变文件的排序方式。当文件列表窗格中显示的内容较多时,可以将它们排序,以便于查找。

① 在"查看"选项卡的"当前视图"组中单击"排序方式"按钮,在下拉菜单中选择一种排序方式,如按名称、按修改日期、按大小、按类型排序等,文件列表窗格中的文件就会按照选定的规则排序。

② 单击下拉菜单中的"递增""递减"命令还可以设置排序方式为升序或降序。

此外,当按照"详细信息"方式显示时,单击文件列表上方的列标题("名称""修改日期""大小""类型"),就可使列表窗格中的内容按照名称、修改日期、大小或类型排序,再次单击,则可改变排序的升降次序。

(3) 设置文件的显示/隐藏选项。Windows 10 默认在文件列表窗格中显示文件时只显示文件主名,不显示文件的扩展名。隐藏属性的文件也不会在文件列表窗格中显示。若要修改默认设置,方法如下。

① 显示隐藏的文件或文件夹。在"查看"选项卡的"显示/隐藏"组中选定"隐藏的项目"选项,则隐藏文件或文件夹以淡色图标在窗格中显示;取消选定,则再次隐藏。

② 显示文件的扩展名。在"查看"选项卡的"显示/隐藏"组中选定"文件扩展名"选项,

文件的主名和扩展名在窗格中全部显示；取消选定，则只显示文件的主名。

（4）添加"详细信息"窗格与"预览"窗格。

在"查看"选项卡的"窗格"组中单击"详细信息窗格"按钮，可以在文件列表窗格的右侧添加"详细信息"窗格。使用详细信息窗格，可以查看与选定文件、文件夹及驱动器等相关联的详细属性信息，如修改日期、创建日期、文件大小和可用性等。

在"查看"选项卡的"窗格"组中单击"预览窗格"按钮，可以在文件列表窗格的右侧添加"预览"窗格。利用该窗格可以直接快速预览在文件列表窗格选定的文档内容。

6. 导航窗格

导航窗格位于窗口的左边，以树形结构显示系统中所有资源。使用导航窗格可以访问文件夹、保存的搜索结果，甚至可以访问整个硬盘。

单击导航窗格中某个文件夹，该文件夹就成为当前文件夹，同时文件列表窗格中会列出该文件夹中的所有内容。在导航窗格中，有些文件夹的前面带有 〉标记，表示这个文件夹下还有子文件夹，且当前处于折叠的状态，单击 〉按钮，它的子文件夹立即展开，且 〉变为 ⌄；⌄ 也表示这个文件夹下有子文件夹，但当前处于展开的状态。单击 ⌄ 号，则它的子文件夹立即折叠，且 ⌄ 变为 〉。

选择导航窗格中的"快速访问"命令，可以在文件列表窗格中看到最常用的文件夹和最近访问文件的列表，可以快速对这些文件及文件夹进行操作，从而方便日常使用、提高工作效率。

7. 状态栏

状态栏用于显示窗口当前的操作状态。用户可以通过"查看"选项卡中的"文件夹选项"对话框设置状态栏的显示和隐藏。

2.5.3　管理文件和文件夹

几乎所有的信息都是以"文件"的方式存储在计算机中的。对文件进行管理操作时，最常用的操作包括文件或文件夹的选定、新建、移动、复制、重命名和删除等。

1. 选定文件和文件夹

Windows 系统的操作特点是先选择后操作。用户在对文件或文件夹操作前，首先要在"此电脑"窗口中找到要选择的文件或文件夹，将其选择，然后再操作。

（1）选择单个文件和文件夹。鼠标单击要选择的文件或文件夹即可。

（2）选择连续的文件或文件夹。单击并拖动鼠标，拖动范围中的文件和文件夹全部被选择。也可以单击选择第一个文件或文件夹，然后按住 Shift 键不放，再单击最后一个要选择的文件或文件夹，完成选择。

（3）选择不连续的文件或文件夹。选择第一个文件或文件夹，然后按 Ctrl 键不放，再依次单击要选择的其他文件或文件夹，被单击的文件或文件夹将全部被选择。

（4）选择全部文件和文件夹。在"主页"选项卡的"选择"组中，单击"全部选择"按钮，或按快捷键 Ctrl＋A。

如果要取消选择的对象，在窗口的空白位置单击即可。

2. 重命名文件与文件夹

选择要修改名称的文件或文件夹，在"主页"选项卡"组织"组中单击"重命名"按钮，或者右击要修改名称的文件或文件夹,在弹出的快捷菜单中,选择"重命名"命令。此时,所选文件或文件夹名称变为可编辑状态,在名称框中输入要修改的名称,之后按回车键即可。

注意:更改文件夹和文件名称时,新的名称不能与当前窗口中的其他文件夹、文件的名称相同。

3. 打开文件和文件夹

打开文件和打开文件夹的含义有所不同。打开一个应用程序文件,将运行该程序。打开一个与某应用程序建立了关联的文档文件,将启动该应用程序,并将该文档显示在应用程序窗口中。打开一个文件夹,是在文件列表窗格中显示该文件夹中的内容。

虽然打开不同对象的含义不同,但是打开的操作方法是一样的,双击要打开的对象图标,即可将其打开。

说明:文档关联是指操作系统内对某种文档该使用何种程序打开的一种规定。在安装应用软件时,系统会将某些类型的文档与应用软件建立关联。例如,在安装 Word 时,会自动设置".doc"" * .docx"".docm"等类型文档与 Word 进行关联。

如果要打开的文件没有与应用程序建立关联,则执行打开操作后,将出现"打开方式"对话框,如图 2-17 所示。在对话框中,选择一个应用程序,单击"确定"按钮,就能使用选定的应用程序来打开该文件。如果勾选"始终使用选择的程序打开这种文件"复选框,则以后所有具有该扩展名的文件都用该选定的应用程序打开。这也是建立某个扩展名的文件与某个应用程序关联的一种方法。

图 2-17 "打开方式"对话框

4. 移动文件或文件夹

移动文件或文件夹是指将选择的文件或文件夹移动到目标文件夹下,原位置文件或文件夹不再存在。移动文件或文件夹的常用方法如下。

(1)选择要移动的文件或文件夹,在"主页"选项卡的"剪贴板"组中单击"剪切"按钮,打开要移动到的目标磁盘或文件夹窗口,然后在"主页"选项卡的"剪贴板"组中单击"粘贴"按钮。

(2)选择要移动的文件或文件夹,在"主页"选项卡的"组织"组中单击"移动到"按钮,在下拉菜单中选择要移动到的目标文件夹。如果找不到目标文件夹,选择菜单中的"选择位置"命令。

5. 复制文件或文件夹

复制文件或文件夹是指将选择的文件或文件夹复制到目标位置,原位置文件或文件夹依然存在,多用于文件的拷贝或备份。复制文件与文件夹的常用方法如下。

(1)选择要复制的文件或文件夹,在"主页"选项卡的"剪贴板"组中单击"复制"按钮,打开要复制到的目标磁盘或文件夹窗口,然后在"主页"选项卡的"剪贴板"组中单击"粘贴"按钮。

(2)选择要复制的文件或文件夹,在"主页"选项卡的"组织"组中单击"复制到"按钮,在下拉菜单中选择要复制到的目标文件夹。如果找不到目标文件夹，选择菜单中的"选择位置"命令。

6. 删除文件和文件夹

在使用计算机的过程中，用户可以随时将计算机中无用的文件删除，以节省计算机的存储空间。删除文件和文件夹常用如下几种方法。

（1）选择要删除的文件或文件夹，然后按 Del 键。

（2）选择要删除的文件或文件夹，在"主页"选项卡的"组织"组中单击"删除"按钮。

（3）选择要删除的文件或文件夹，右击，在弹出的快捷菜单中选择"删除"命令。

在 Windows 10 中，删除的文件没有从磁盘中真正删除，而是移动到"回收站"中，用户可以从"回收站"中恢复被误删的或需要重新使用的文件。如果希望将文件直接删除，不放到回收站中，可以在"主页"选项卡的"组织"组中单击"删除"按钮下方的下三角按钮，在下拉列表框中选择"永久删除"命令。

7. 回收站

回收站是硬盘的一块区域。Windows 10 默认将用户从硬盘上删除的对象放入回收站中。

（1）恢复删除的文件及文件夹。双击桌面上的"回收站"图标，打开"回收站"窗口，如图 2-18 所示。在窗口中选择要还原的对象，在功能区"回收站工具"选项卡的"还原"组中单击"还原选定的项目"按钮，即可将选择的对象还原到计算机中删除之前的原始位置。如果单击"还原所有项目"按钮，则将回收站中所有项目还原到被删除之前的原始位置。

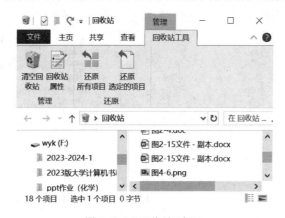

图 2-18　"回收站"窗口

（2）清除回收站中的文件。回收站中的文件会随着计算机的使用时长积累得越来越多，用户需要定期清空回收站，将不用的文件从计算机中彻底删除。清空回收站的方法是，打开"回收站"窗口，在功能区"回收站工具"选项卡的"管理"组中单击"清空回收站"按钮，在弹出"删除多个文件"对话框中单击"是"按钮，则回收站中所有内容全部被删除；如果要想清除部分文件，可以选择待清除的文件，然后，右击选定的文件，在弹出的菜单中选择"删除"命令，即可将选择的文件永久删除。

8. 查看/更改文件或文件夹的属性

每个文件或文件夹除了名称之外，还包含一些其他信息，如文件的类型、打开方式、位置、大小、占用空间、创建时间、修改时间、访问时间等，这些信息称为文件或文件夹的属性。

当使用"详细信息"方式进行浏览时,文件和文件夹的一些属性会显示出来。用户也可以通过打开文件"属性"对话框来查看全部属性,如图 2-19 所示。

图 2-19   文件"属性"对话框

打开"属性"对话框的方法是,右击要查看属性的文件或文件夹,在弹出的快捷菜单中选择"属性"命令,或者选择要查看属性的文件或文件夹,之后在"主页"选项卡的"打开"组中单击"属性"按钮☑。

文件或文件夹除了名称、大小、位置、时间和类型之外,还包括只读、隐藏、存档、系统4 种常规属性,其中只读和隐藏属性允许用户在属性对话框中进行更改,存档、系统属性由系统设定。

9. 发送文件

要将硬盘中的文件或文件夹复制到 U 盘、移动硬盘,除了使用复制文件或文件夹的方法,还可以使用"发送"功能。首先鼠标右击要发送的文件或文件夹,然后在弹出的快捷菜单中选择"发送到"命令,在弹出的子菜单中选择发送到的目标位置。

如果在此选择"桌面快捷方式"命令,则在桌面上为文件或文件夹建立一个快捷方式图标。这是为应用程序在桌面建立快捷方式图标的一种方法。

10. 搜索文件和文件夹

随着计算机中存储的资源不断增加,查找文件所耗费的时间也在不断加长。Windows 10提供了搜索功能,它把搜索文件、文件夹、计算机、网上用户和网上资源的功能集中在同一个对话框中,操作更加方便。

用户使用搜索框搜索文件或文件夹，只需在"此电脑"窗口的"搜索框"中输入关键字，系统将根据关键字筛选文件或文件夹。搜索结果与关键字相匹配的部分会以黄色高亮显示，类似于 Web 搜索结果，能让用户更加容易地找到需要的结果，如图 2-20 所示。

图 2-20　"搜索"文件效果图

如果要进行更全面细致的搜索，例如，对文件的类型、修改日期、大小等进行筛选，可以通过在"搜索"选项卡的"优化"组中单击相应的按钮完成，参见图 2-20。

11. 压缩/解压文件和文件夹

Windows 10 操作系统中内置了 ZIP 压缩和解压缩功能，用户无须第三方压缩软件也能完成文件的压缩和解压缩操作。

（1）压缩文件。

选择待压缩的文件或文件夹，然后右击所选择的对象，在弹出的快捷菜单中选择"发送到"命令，在下一级菜单中选择"压缩（zipped）文件夹"命令。

（2）解压文件。

要使用压缩文件中的文件或文件夹，首先需要将压缩文件进行解压。右击要解压缩的文件，在快捷菜单中选择"全部解压缩"命令，然后按照提示将解压文件提取到某个目录中。如果快捷菜单中没有显示"全部解压缩"命令，可以选择"打开方式"→"Windows 资源管理器"命令，然后单击选项卡中的"全部解压缩"按钮。若要提取单个文件或文件夹，可以双击压缩文件夹将其打开。然后，将要提取的文件或文件夹从压缩文件夹拖动到目标位置。

12. 文件和文件夹的综合练习

【例 2-7】　在"此电脑"窗口完成如下文件及文件夹的操作。

① 在 D 盘下建立以"test"为名的文件夹。

② 在 D 盘根文件夹下建立名为"wenben. txt"的文本文件，输入内容为"个人简介"。

③ 将"wenben. txt"复制到 D 盘下的"test"文件夹中。

④ 将"test"文件夹下的"wenben.txt"改名为"文本.txt"。

⑤ 删除 D 盘下名为"wenben.txt"文件。

【操作步骤】

① 创建文件夹。双击桌面"此电脑"图标,打开"此电脑"窗口,在"此电脑"窗口的导航窗格单击 D 盘,打开 D 盘列表。

② 在功能区"主页"选项卡的"新建"组中单击"文件夹"按钮,在文件列表窗格中新建一个文件夹,在文件夹"名称"文本框中输入 test,按 Enter 键。

③ 创建文本文件。在功能区"主页"选项卡的"新建"组中单击"新建项目"按钮,在下拉菜单中选择"文本文档"命令,在文件列表窗格中新建一个空的文本文件,在文件的名称框中输入"wenben",按回车键。

④ 输入文档内容。双击 wenben.txt 文档图标,打开文档,输入文档内容"个人简介",再保存并关闭文档。

⑤ 复制文件。右击"wenben.txt"文件图标,在弹出的快捷菜单中选择"复制"命令。双击"test"文件夹图标,打开"test"文件夹,在"test"文件夹空白处右击,在弹出的快捷菜单中选择"粘贴"命令。

⑥ 文件改名。右击"wenben.txt"文件图标,在弹出的快捷菜单中选择"重命名"命令,之后在文件名文本框中输入"文本",再按回车键。

⑦ 删除文件。在导航窗格单击 D 盘,打开 D 盘列表。右击列表中的"wenben.txt"文件,在弹出的快捷菜单中选择"删除"命令。

2.6 磁盘管理

2.6.1 磁盘分区与格式化

所谓分区,就是将一个物理硬盘分成几个逻辑硬盘。在用户使用计算机的过程中,这几个逻辑硬盘在形式上就像几个物理硬盘一样,彼此之间的文件互不影响,从而便于分类和管理。Windows 10 系统分区可以使用 Windows 10 自带的分区工具来实现。该工具不仅应用简单,而且可以实现无损数据对磁盘重新分区,比较实用。

1. 创建磁盘分区

(1) 右击桌面"此电脑"图标,在弹出的快捷菜单中选择"管理"命令,打开"计算机管理"窗口,如图 2-21 所示。

(2) 在窗口左边的目录树中,选择"存储"→"磁盘管理"命令,窗口中会显示磁盘的详细信息,如图 2-22 所示。

(3) 压缩已有分区。在需要压缩的分区上右击,在快捷菜单中选择"压缩卷"命令,系统会自动查询压缩空间,并弹出"压缩"对话框,如图 2-23 所示。在对话框中设置磁盘分区空间的大小,之后单击"压缩"按钮。完成后,在磁盘管理界面中出现一个未分配的可用磁盘空间。

(4) 创建新分区。在未分配空间上右击,选择"新建简单卷"命令,跟随向导操作,依次输入简单卷大小(分区容量)、驱动器号、分区格式、是否格式化分区等参数,之后单击"完成"按钮。

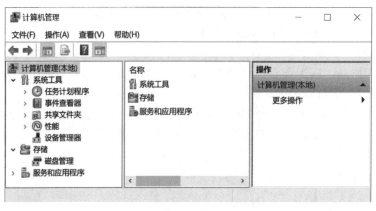

图 2-21 "计算机管理"窗口

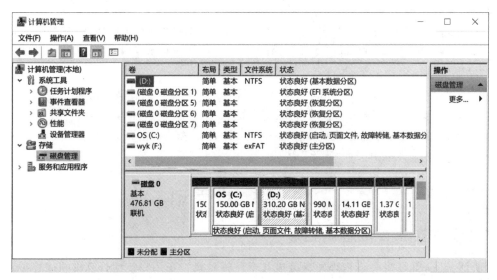

图 2-22 "计算机管理"中磁盘信息窗口

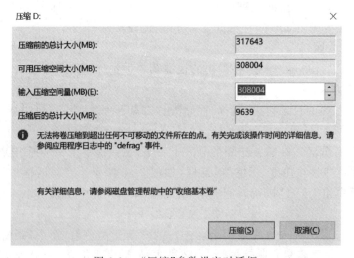

图 2-23 "压缩"参数设定对话框

利用 Windows 10 自带的磁盘管理工具对硬盘进行分区,不会对数据造成丢失、出错等现象,且非常干净不会有垃圾文件产生。

2. 格式化现有分区

用户在初次使用存储设备存储数据前,需要对存储设备进行格式化。此外,用户可以在任何时候选择对已有的磁盘分区进行格式化。格式化操作将会破坏分区上的所有数据。所以要慎重进行操作,确保格式化前,对硬盘中的重要数据进行备份。

格式化磁盘的具体操作步骤如下。

① 在"此电脑"窗口或"磁盘管理"窗口,右击要格式化的磁盘,在弹出的快捷菜单中选择"格式化"命令,打开"格式化"对话框,如图 2-24 所示。

② 在对话框中,设置格式化参数,如更改文件系统、设置"卷标"、是否"快速格式化"等,然后单击"开始"按钮,开始格式化。在对话框的底部会显示格式化的进度。格式化结束后,单击"关闭"按钮,关闭对话框。

3. 删除硬盘分区

删除硬盘分区,需要用户以管理员身份登录才能完成。被删除硬盘分区转换为可用于创建新分区的空白空间。为了保证 Windows 系统正确启动,用户不能删除系统分区、引导分区或任何包含虚拟内存分页文件的分区。如果硬盘当前设置为单个分区,则用户也不能将其删除。

图 2-24 "格式化"对话框

2.6.2 磁盘碎片整理

在计算机的使用过程中,文件会被频繁地创建、删除、移动和修改,磁盘上的文件就会出现碎片化的现象,即一个文件在磁盘上不是连续存储的,而是分散在不同的物理位置上。这样,在访问该文件时,系统就需要到不同的磁盘空间中去寻找该文件的不同部分,从而导致读写速度变慢,甚至出现文件丢失或损坏的情况。同时,由于磁盘中的可用空间也是零散的,创建新文件或文件夹的速度也会降低。使用磁盘碎片整理工具可以把碎片化的文件重新整理成连续的存储空间,从而提高磁盘的读写速度,减少文件的损坏和丢失的风险,提高系统的运行性能。

在决定对磁盘进行清理之前,可以先对磁盘碎片的分布状况进行分析,磁盘碎片整理程序可以检查磁盘上的文件,将它们整理成更有效的布局。如果磁盘内的文件碎片比较少,基本不影响系统性能,可不必进行整理。如果磁盘碎片的数量很多,而且分布也比较集中,就有必要进行碎片整理工作了。

磁盘碎片整理的步骤如下。

(1) 在任务栏的搜索框中搜索"碎片整理",打开"优化驱动器"对话框,如图 2-25 所示。

操作系统基础及 *Windows 10* 应用

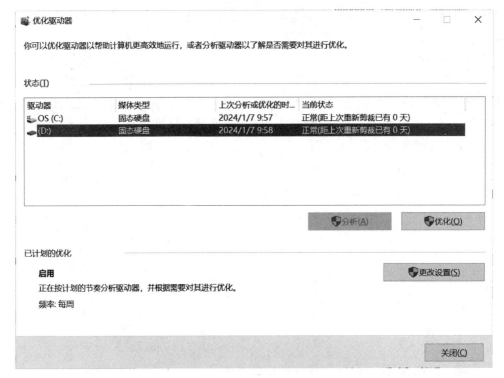

图 2-25　"优化驱动器"对话框

（2）在对话框中，单击要进行碎片整理的磁盘，再单击"分析"按钮进行分析。

（3）分析结束后，如果该盘需要优化就单击"优化"按钮进行磁盘碎片整理，此时，对话框中会显示磁盘碎片整理的进度。

（4）磁盘碎片整理完成后，单击"关闭"按钮。

在整理磁盘碎片时要注意两点。一定要关闭其他所有的应用程序，不要对磁盘进行读写操作；一旦碎片整理程序发现磁盘的文件有改变，它将重新开始整理。不能频繁进行磁盘碎片整理，过于频繁的整理也会缩短磁盘的寿命；磁盘整理的频率要适当，一般经常进行读写的磁盘分区一周整理一次即可。

2.6.3　磁盘清理

计算机在使用过程中，会在系统中保留一些临时文件或者不再使用的 Windows 组件。对磁盘进行清理，可以将这些不使用的文件或组件清除，从而实现磁盘的扩容。

磁盘清理的具体操作步骤如下。

（1）在任务栏的搜索框中搜索"磁盘清理"，打开"磁盘清理"→"驱动器选择"对话框。

（2）在对话框中选择要清理的磁盘，单击"确定"按钮，系统开始对磁盘进行分析。分析结束后，弹出"磁盘清理"对话框，如图 2-26 所示。

（3）在对话框的"要删除的文件"列表框中根据需要选取要删除的文件，还可以单击"清理系统文件"按钮对系统文件进行清理，最后单击"确定"按钮，系统开始对选定的文件进行删除，同时显示删除进度。文件全部删除后，自动关闭对话框。

图 2-26 "磁盘清理"对话框

习　题　2

一、简答题

1. 试述操作系统的主要功能。

2. 什么是进程？什么是线程？进程和线程之间的关系如何？

3. 简述网络操作系统与分布式操作系统的区别。

4. 简要说明个人计算机上的主要操作系统的种类和特点。

5. 试述 Windows 10 的启动和关闭方法。

6. 试述 Windows 10 桌面的组成。

7. 试述 Windows 10 中有关菜单的约定含义。

8. 试述在 Windows 10 中窗口切换有哪几种方法。

9. 试述在 Windows 10 中控制面板的基本功能。

10. 试述启动"任务管理器"的方法。

二、操作题

1. 在桌面上添加"画图"程序的快捷方式图标。

2. 在"画图"程序中绘制一幅图片，再将其设置为桌面墙纸。

3. 鼠标右键单击 Windows 10 的桌面空白处，在弹出菜单中选择"显示设置"命令，在弹出的窗口中找到"显示分辨率"选项，单击下拉箭头选择合适的分辨率，体会"屏幕分辨率"设置的效果。

4. 在"计算机"窗口中完成如下文件管理操作。

(1) 在 D 盘根文件夹下建立以 student 为名的文件夹。

(2) 利用快捷菜单在 D 盘根文件夹下建立名为 test. txt 的文本文件，内容自定。

(3) 将 test. txt 复制到 D 盘 student 盘文件夹中，并改名为 try. txt。

(4) 在 D 盘 student 文件夹下建立文件夹 student1。

(5) 将 try. txt 文件从 student 文件夹移到 student1 文件夹中。

(6) 将 student1 文件夹移到 D 盘根文件夹下。

(7) 将 student1 文件夹改名为 student2。

(8) 删除文件夹 D 盘根目录下的文件 test. txt。

(9) 在 D 盘的根目录下建立一个 word 文档，名为 test1. docx。

(10) 用截图工具的"矩形截图"方式截图，并插入 test1. docx 中。

(11) 在 C 盘搜索所有以 exe 为扩展名的文件，然后复制前 10 个到 D 盘 student 文件夹中。

第 3 章   **Word 2019 的使用**

3.1　字处理软件概述

3.1.1　WPS Office 和 Microsoft Office 简介

随着信息化时代的到来,电子办公、网络办公已经成为常态,办公软件的使用也越来越广泛。目前,在国内办公领域主要应用两款办公软件,分别是 WPS Office 和 Microsoft Office。

WPS Office 是由北京金山办公软件股份有限公司自主研发的一款国产办公软件。该软件可以实现文字、表格、演示、PDF 阅读等多种功能,具有内存占用低、运行速度快、云功能多、强大的插件平台支持、免费提供海量在线存储空间及文档模板的优点。WPS Office 不仅与 Microsoft Office 全面兼容,而且覆盖了 Windows、Linux、Android、iOS 等多个操作系统平台,既支持桌面办公又支持移动办公。

WPS Office 包含个人版、校园版、专业版、租赁版、移动版、公文版、PC 引擎版等多个版本。其中,WPS 个人版对个人用户永久免费,它将办公与互联网结合起来,支持多种界面随心切换,还提供了大量的精美模板、在线图片素材、在线字体等资源,可以帮助用户轻松打造出优秀文档。

Microsoft Office 是微软公司开发的一款办公套装软件,该软件历经了多代技术更迭,一直以更高的办公效率为目标,被认为是开发文档的事实标准,已经成为现代办公不可缺少的组成部分。Microsoft Office 的常用组件包括文字处理软件 Word、电子表格软件 Excel、演示文稿软件 PowerPoint、电子邮件通信软件 Outlook、便笺 OneNote、数据库管理系统 Access、桌面出版应用软件 Publisher、流程图和矢量绘图软件 Visio 等。目前,该软件的最新版本为 Microsoft Office 2021 和 Microsoft 365。

Microsoft Office 2021 采用传统的一次性买断的付费机制,支持完全离线的永久激活。与之前的版本相比,Microsoft Office 2021 主要提升了软件在"创作方式""数据处理""共享协作""无障碍功能"等方面的功能,更偏向传统的办公需求,适用于对云存储依赖度较低、数据存储在本地的敏感行业。Microsoft 365 采用订阅式付费的方式,可确保软件始终处于最新状态。它包含了 Microsoft Office 2021 的全部功能,此外还具备 AI 智能化、日程安排、多设备协同、电脑平板手机跨平台使用等功能,更适用于移动办公商务人士及家庭用户。

本书介绍 Microsoft Office 2021 的前一个版本 Microsoft Office 2019 的使用。

3.1.2　工作窗口

Word 2019 是 Microsoft Office 2019 办公套装软件中一个重要的组成部分,具有强大的文本编辑及文档处理功能,促使无纸化办公与网络办公的进程迈向新的阶段。

在桌面双击 Word 图标,或者选择"开始"→Word 命令,均可以启动 Word 工作窗口,单击"空白文档"图标,即可创建一个空白文档。Word 2019 工作窗口如图 3-1 所示。

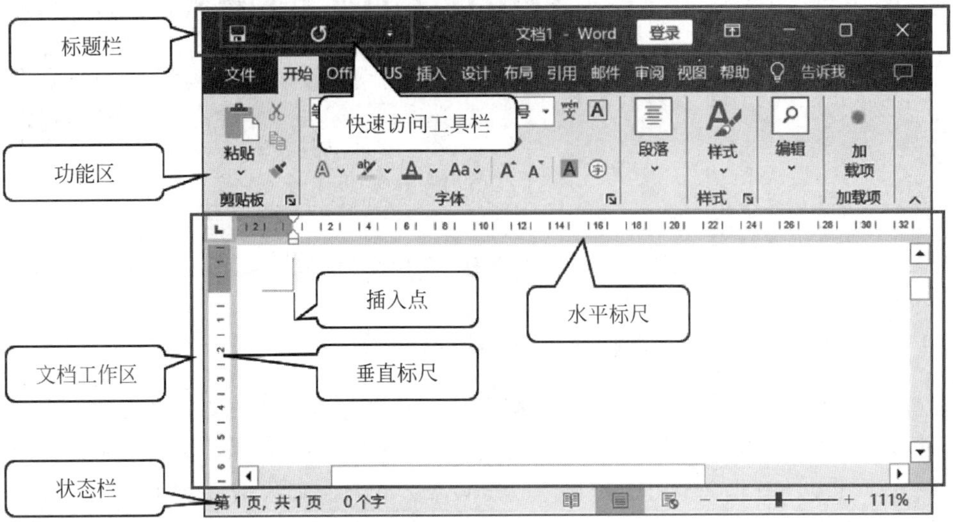

图 3-1　Word 2019 工作窗口

从图 3-1 中可以看出,Word 2019 的工作窗口由标题栏、功能区、文档工作区和状态栏 4 部分组成。下面简单介绍各部分的功能和作用,以方便后续内容的学习。

1. 标题栏

标题栏位于 Word 2019 工作窗口顶端,用于指明当前的工作环境、文档的名称及控制窗口的变化。此外,Microsoft Office 办公套装软件还在标题栏的左侧增加了快速访问工具栏。

图 3-2　自定义快速访问工具栏

2. 快速访问工具栏

快速访问工具栏是一个可供用户自定义的工具栏,以实现对常用功能的快速访问。单击快速访问工具栏中的图标即可完成相应的命令功能。

单击快速访问工具栏右侧的"自定义快速访问工具栏"图标 ▾,弹出"自定义快速访问工具栏"下拉列表,如图 3-2 所示。选择某个命令即可将该命令添加到快速访问工具栏中或从其中删除。如果需要选择的命令没有显示在工具栏中,可以在功能区找到该命令,之后右击该命令的图标,在弹出的快捷菜单中选择"添加到快速访问工具栏"命令即可。

3. 功能区

功能区位于标题栏的下方,由多个选项卡构成,用来替代低版本 Word 中的菜单栏和工具栏。Word 2019 中的常用命令以图标的形式分类放置到功能区的各选项卡中。

当用户需要较大的编辑区域时,可以单击功能区右下角的"折叠功能区"图标 ∧ 将功能区折叠;当再次单击功能区某个选项卡时,功能区会自动展开;若要固定功能区的展开模式,可以单击功能区右下角的"固定功能区"图标 ➡ 。

4．文档工作区

文档工作区又称文档窗口,是 Word 2019 工作窗口中的主要组成部分。它位于 Word 工作窗口的中心位置,由插入点、标尺、滚动条等组成。文档的输入和编辑等操作均在该区域完成。

(1) 标尺:使用标尺可以查看文档的高度和宽度,也可以用来设置段落缩进、左右页边距、制表位等。

(2) 滚动条:使用滚动条可以上、下或左、右翻滚页面,以查看在当前屏幕中无法完全显示的文档内容。

(3) 插入点:即窗口中不断闪烁的竖线"|",用来标识输入或编辑文本的位置。

5．状态栏

状态栏位于窗口的底部,用于表示当前文档的编辑状态。状态栏的左侧显示了当前文档的信息,如插入点所在页码、当前文档的总页数、当前文档的总字数等。紧随其后显示的是状态栏中一些特定命令的工作状态,如修订状态、当前使用的语言等。状态栏的右侧是视图显示区,包含常用视图切换图标、视图显示比例缩放滑块等。

3.1.3　文档视图

文档视图就是文档的显示方式。Word 2019 提供了 5 种文档视图方式供用户选择,包括"页面视图""阅读视图""Web 版式视图""大纲视图"和"草稿视图"。每种视图都有各自不同的特点和功能,选择合适的视图方式,可以更方便地开展工作,提高工作效率。

1．页面视图

页面视图是 Word 默认的视图方式,也是最常用的视图方式。

在该视图方式下,用户不但可以编辑文本、设置文本的格式,还可以编辑图片、表格、文本框、艺术字等对象,设置页眉页脚、页边距等。页面视图是所见即所得的视图,用户看到的文档排版效果就是打印文档时呈现的效果。

2．阅读视图

阅读视图是为了方便阅读和浏览文档而设计的视图方式。在功能区"视图"选项卡中单击"视图"选项组中的"阅读视图"图标 🗐 ,或单击状态栏右侧的"阅读视图"图标 🗐 ,均可以切换到阅读视图。

阅读视图模拟书本阅读的方式显示文档,将相连的两页同时显示在一个版面上,功能区等窗口元素被隐藏起来,使得阅读文档十分方便,如图 3-3 所示。阅读过程中,单击窗口左、右两侧的 ◀ 或 ▶ 图标可以进行前、后翻页,阅读结束后,按 Esc 键可以退出阅读视图模式。

3．Web 版式视图

Web 版式视图以网页的形式显示 Word 文档,适用于创建网页或文档。在功能区"视图"选项卡中单击"视图"选项组中的"Web 版式视图"图标,或单击状态栏右侧的"Web 版式视图"图标 🗐 ,均可以切换到该视图。

在该视图方式下,文档的编辑区得到扩大,可以看到背景和为适应窗口而换行显示的文本,而且图形位置与其在 Web 浏览器中的位置完全一致。日常工作中,如果文档中有超宽的表格或图形对象,且不方便选择调整时,可以考虑切换到此视图进行编辑。

104

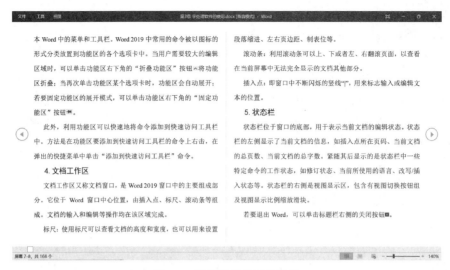

本 Word 中的菜单和工具栏。Word 2019 中常用的命令被以图标的形式分类设置到功能区的各个选项卡中。当用户需要较大的编辑区域时，可以单击功能区右下角的"折叠功能区"按钮将功能区折叠；当再次单击功能区某个选项卡时，功能区会自动展开；若要固定功能区的展开模式，可以单击功能区右下角的"固定功能区"按钮。

此外，利用功能区可以快速地将命令添加到快速访问工具栏中。方法是在功能区要添加到快速访问工具栏的命令上右击，在弹出的快捷菜单中单击"添加到快速访问工具栏"命令。

4. 文档工作区

文档工作区又称文档窗口，是 Word 2019 窗口中的主要组成部分。它位于 Word 窗口中心位置，由插入点、标尺、滚动条等组成。文档的输入和编辑等操作均在该区域完成。

标尺：使用标尺可以查看文档的高度和宽度，也可以用来设置段落缩进、左右页边距、制表位等。

滚动条：利用滚动条可以上、下或者左、右翻滚页面，以查看在当前屏幕中无法完全显示的文档其他部分。

插入点：即窗口中不断闪烁的竖线"|"，用来标志输入或编辑文本的位置。

5. 状态栏

状态栏位于窗口的底部，用于表示当前文档的编辑状态。状态栏的左侧显示了当前文档的信息，如插入点所在页码、当前文档的总页数、当前文档的总字数。紧随其后显示的是状态栏中一些特定命令的工作状态，如修订状态、当前所使用的语言、改写/插入状态等。状态栏的右侧是视图显示区，包含有视图切换按钮组及视图显示比例缩放滑块。

若要退出 Word，可以单击标题栏右侧的关闭按钮。

图 3-3　阅读视图的显示效果

4. 大纲视图

大纲视图适合长文档的编辑。在该视图下对长文档进行查看、结构调整、整体结构的确定等都非常方便。在功能区"视图"选项卡中单击"视图"选项组中的"大纲"图标，可以切换到大纲视图，如图 3-4 所示。

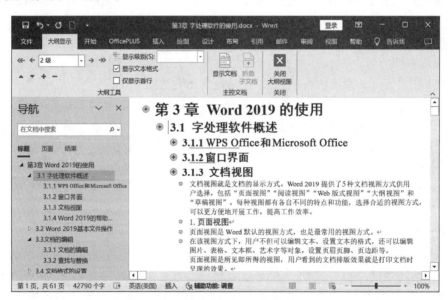

图 3-4　大纲视图的显示效果

在大纲视图中，标题是按照层次结构显示的，标题的缩进代表标题在文档结构中的级别。在功能区"大纲显示"选项卡中单击"大纲工具"选项组的"升级"图标或"降级"图标可以升、降标题的级别，从而改变标题在文档中的相对位置。双击标题前的"加号"图标，可以隐藏该标题下的正文，从而突出文档的层次结构。拖动标题前的图标可以快速将该标题及标题下的正文整体移动到指定位置，通过这种方法也可以快速选择或删除较大范围的内容。

5．草稿视图

草稿视图简化了页面的布局，仅显示标题和正文，取消了页面边距、分栏、页眉页脚和图片等元素，是最节省计算机系统硬件资源的视图方式。在功能区"视图"选项卡中单击"视图"选项组中的"草稿"图标，可以切换到草稿视图。

6．视图显示比例的调整

在使用 Word 进行编辑排版时，经常需要调整视图显示的比例，以便放大尺寸看清楚较小的文字，或缩小比例了解整个页面的显示效果。调整视图显示比例最简单的方式是拖动状态栏右侧的缩放滑块。随着滑块的拖动，显示比例自动调整。也可以单击缩放滑块右侧的"显示比例"图标，弹出"缩放"对话框，如图 3-5 所示，在对话框中可以选择一个预设的显示比例，或自定义显示比例。

图 3-5　"缩放"对话框

3.1.4　帮助功能

Word 2019 提供了强大的帮助功能，用户可以方便地获得所需的帮助。此外，Microsoft 365 云办公软件官方网站上还提供了丰富的模板和培训，供用户下载和学习。

在 Word 工作窗口中按 F1 键，或者在功能区"帮助"选项卡中单击"帮助"图标，均可弹出"帮助"窗格，如图 3-6(a)所示。其中分类列出了 Word 主要功能的帮助链接，单击需要获得帮助的问题分类，在展开的分类中单击需要查看的问题对应的超链接，查看相应的帮助文档。若要快速定位搜索内容，也可以在窗格上部的搜索框中直接输入搜索内容的关键字，然后按 Enter 键或单击"搜索"图标 🔍。

在功能区"帮助"选项卡中单击"显示培训内容"图标，弹出如图 3-6(b)所示的"帮助"窗格。窗格中按主题分类显示了 Microsoft 365 网站上的培训内容。单击某个主题，直接获得联机培训帮助。

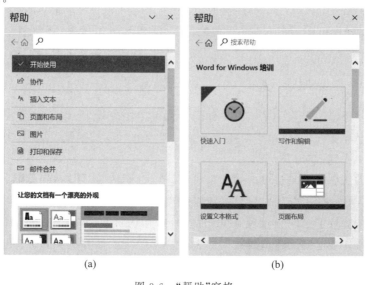

(a) (b)

图 3-6　"帮助"窗格

Word 2019 的使用

3.2 基本文件操作

3.2.1 创建新文档

Word 文档可以从空白文档开始创建，也可以利用模板来创建。

在桌面双击 Word 图标，或者选择"开始"→Word 命令，系统自动弹出 Word 开始画面窗口，如图 3-7 所示。单击窗口中的"空白文档"图标，系统自动创建一个名称为"文档 1"的新文档，用户可以直接在窗口中进行文档的输入和编辑。

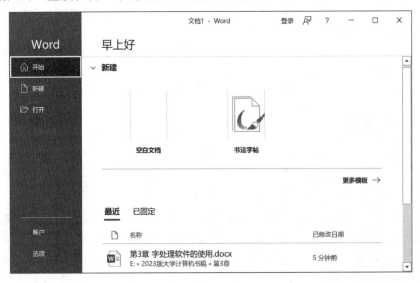

图 3-7　Word 开始画面窗口

在 Word 2019 工作窗口打开状态下，用户可以随时创建新文档，系统自动为其命名为"文档 2""文档 3""文档 4"……，创建方法如下。

在功能区单击"文件"菜单，在弹出的窗口中单击"空白文档"图标，即可创建一个空白文档；或者在弹出的窗口中单击右侧的**更多模板 →** 超链接，可以搜索 Microsoft 365 网站上的联机模板，创建业务、传单、信函、教育、简历与求职信等丰富多彩的模板文档。

3.2.2 保存与关闭文档

保存文档就是将编辑好的文档以文件的形式保存在硬盘上，以便在需要时将其调出继续使用。若要保存文档，可以单击快速访问工具栏中的"保存"图标，或者在功能区"文件"菜单中选择"保存"或"另存为"命令。

关闭文档最简单的方法是单击文档窗口标题栏右侧的"关闭"按钮 ✖。如果文档尚未保存，系统会自动弹出"另存为"对话框，可以保存文档后再关闭文档。

Word 2019 提供了定时自动保存文档的功能，默认每间隔 10 min 自动保存文档一次，以避免由于误操作或电脑故障造成数据的丢失。通过修改保存选项，用户可以修改自动保存文档的时间间隔、设定默认保存文档的位置等。具体方法是在功能区"文件"菜单中选择"更多"→"选项"命令，在弹出的"Word 选项"对话框中选择"保存"命令，在"自定义文档保存方式"区域进行设置,如图 3-8 所示。

图 3-8 "Word 选项"对话框

【例 3-1】 利用 Word 模板创建如图 3-9 所示的活动传单,保存到 D 盘"word 文档"文件夹,命名为"活动传单制作.docx"。

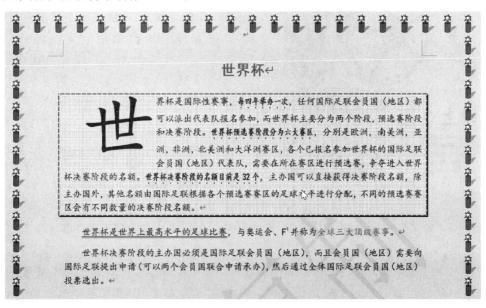

图 3-9 活动传单制作

【操作步骤】

（1）双击桌面 Word 图标，在弹出的 Word 开始画面窗口中单击窗口右侧的 **更多模板 →** 超链接，弹出"新建"选项卡，如图 3-10 所示。

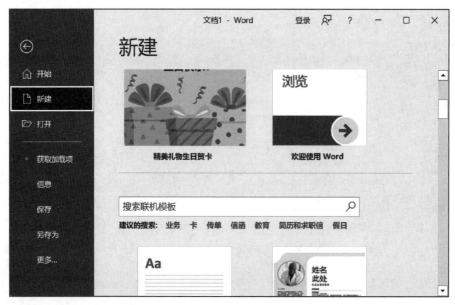

图 3-10 "新建"选项卡

图 3-11 模板文档

（2）在"新建"选项卡的"搜索联机模板"区域单击"建议的搜索"中的"假日"图标，应用程序会自动搜索 Microsoft 365 网站上与假日相关的联机模板，并将搜索到的模板显示在窗口中。

（3）拖动滚动条，在模板中找到"运动日活动传单"图标并双击，系统自动下载该模板到本机，并按照该模板自动创建文档，如图 3-11 所示。

（4）参照图 3-9 所示修改文档内容，然后在功能区"文件"菜单中选择"保存"命令，在"另存为"选项卡中选择"浏览"命令，弹出"另存为"对话框，如图 3-12 所示。

提示：若文档已经保存过，文档将按照原有的名字和位置直接保存，不会弹出"另存为"对话框。

（5）在"另存为"对话框的保存位置下拉列表中选择文件的存放位置"本地磁盘（D:）> word 文档"文件夹，在"文件名"文本框中输入文件的名称"活动传单制作"。

提示：Word 文件默认的保存类型为"Word 文档（*.docx）"。若希望将文档保存为其他类型，如早期的 Word 2003 或 PDF 格式，可以在"保存类型"下拉列表中选择"Word 97-2003 文档（*.doc）"或"PDF（*.pdf）"。

图 3-12 "另存为"对话框

（6）单击"保存"按钮保存文档,然后单击文档窗口右上角的"关闭"按钮 ☒ 关闭文档。

提示：在关闭文档时,如果文档尚未保存,Word 会自动提示用户存盘。

3.2.3 打开文档

双击某个现存的 Word 文档,可以直接将该文档在 Word 工作窗口中打开。

启动 Word 之后,在功能区"文件"菜单中选择"打开"命令,在"打开"选项卡中选择"浏览"命令,弹出如图 3-13 所示的"打开"对话框。在"打开"对话框中找到文档所在的文件夹,选定需打开的文档,然后单击"打开"按钮,打开文档。

图 3-13 "打开"对话框

此外,对于最近访问过的文档,Word 提供了一种快速打开的方法。在功能区单击"文件"菜单,在窗口下部的"最近"区域列出了最近访问过的文档列表。单击文档的名称,可以直接将文档打开。

3.2.4 保护文档

如果担心自己编辑的 Word 文档不小心被自己或他人改动，或在传递文档时被他人查看或恶意修改，可以给文档设置保护模式，使其不能或不容易编辑。Word 2019 提供了 5 种级别的文档保护模式，包括始终以只读方式打开、用密码进行加密、限制编辑、添加数字签名、标记为最终。每种保护模式的作用如下。

1. 始终以只读方式打开

在打开文档时询问是否以只读方式打开文档，允许用户选择是否加入编辑，防止意外的更改。

2. 用密码进行加密

该模式通过阻止未经授权的访问来对文档进行保护。设置密码后，在打开文档时要求输入密码，密码正确才能打开文档。

3. 限制编辑

限制编辑用来控制可以对文档进行哪些类型的更改，包括格式设置限制（用于减少格式设置选项，同时保持统一的外观）、编辑限制（控制编辑文档的方式，或者禁用编辑）、启动强制保护（可以选择密码保护或用户身份验证）。此外，还可以通过"例外项"或"其他用户"控制谁能够进行编辑，通过"限制权限"添加或删除具有受限权限的编辑人员。

4. 添加数字签名

为文档添加可见或不可见的数字签名。数字签名通过使用计算机加密对文档、电子邮件等数字信息进行身份验证。添加数字签名时需要输入签名或使用签名图像，以便建立签名的真实性、完整性和不可否认性。

图 3-14 "保护文档"下拉列表

5. 标记为最终

将文档标记为最终状态后，将禁用输入、编辑命令和校对标记，并且文档将变为只读。将文档标记为最终状态有助于让其他人了解到正在共享的是已完成的文档版本，还可防止审阅者或读者无意中更改文档。

在 Word 2019 中，设置文档保护的最简单方法是打开文档，在功能区"文件"菜单中选择"信息"命令，在"信息"选项卡中单击"保护文档"图标，在下拉列表中选择一种保护文档模式，如图 3-14 所示。

【例 3-2】 对例 3-1 中在 D 盘"word 文档"文件夹创建的文档"活动传单制作.docx"，完成如下保护文档操作。

（1）设置打开文档的密码为"1234"，并测试密码。

（2）设置禁止对该文档进行编辑，并添加修改文档密码为"5678"。

【操作步骤】

（1）打开文档。

① 启动 Word 2019，在功能区"文件"菜单中选择"打开"命令，在"打开"选项卡中选择"浏览"命令，弹出"打开"对话框，如图 3-13 所示。

② 在"打开"对话框的查找范围下拉列表中选择文档所在位置 D 盘"word 文档"文件夹，并在文件列表框中单击需打开的文档"活动传单制作.docx"，再单击"打开"图标，打开文档。

提示：如果最近刚刚访问过该文档，在功能区单击"文件"菜单，在窗口下部的"最近"区域可以看到最近访问文档列表，在列表中单击该文档的名称可以直接打开文档。

（2）设置并测试打开文档的密码。

① 在功能区"文件"菜单中选择"信息"命令，在"信息"选项卡中单击"保护文档"图标，在下拉列表中选择"用密码进行加密"命令，弹出"加密文档"对话框。

② 在"加密文档"对话框中输入密码"1234"，然后单击"确定"按钮，弹出"确认密码"对话框。

③ 在"确认密码"对话框中再次输入密码"1234"，然后再次单击"确定"按钮，返回文档编辑窗口。

提示：如果丢失或忘记了密码，Word 将无法恢复文档中的数据。因此，务必将密码和相应文件名的列表存放在安全的位置。

④ 单击快速访问工具栏中的"保存"图标保存文档，然后单击文档窗口右上角的"关闭"按钮，关闭文档。

提示：设置密码后需要保存文档，密码才能起作用。

⑤ 再次打开该文档，此时会弹出"密码"对话框，在对话框中输入正确的密码"1234"，再单击"确定"按钮，打开文档。

提示：若要删除密码，只需重复上述创建密码的过程，在弹出的"加密文档"对话框中清空密码即可。

（3）设置并测试修改文档密码。

① 在功能区"文件"菜单中选择"信息"命令，在"信息"选项卡中单击"保护文档"图标，在下拉列表中选择"限制编辑"命令，在窗口右侧弹出"限制编辑"窗格，如图 3-15 所示。

② 在窗格的"格式化限制"区域勾选"限制对选定的样式设置格式"复选框，在"编辑限制"区域勾选"仅允许在文档中进行此类型的编辑"复选框，编辑限制的选项设定为"不允许任何更改（只读）"，最后单击"是，启动强制保护"按钮，弹出"启动强制保护"对话框，如图 3-16 所示。

图 3-15 "限制编辑"窗格

图 3-16 "启动强制保护"对话框

③ 在对话框的"新密码（可选）"和"确认新密码"文本框中分别输入密码"5678"，再单击"确定"按钮，完成修改密码的设置。

提示：这里也可以不设置密码，直接单击"确定"按钮，则只限制编辑，无密码。

④ 观察文档，并测试是否可以进行编辑操作。此时，文档变为只读，无法进行任何编辑操作。

⑤ 结束对文档的编辑限制，恢复编辑。在"限制编辑"窗格底部单击"停止保护"按钮，在弹出的"取消保护文档"对话框中输入之前设置的密码"5678"，再单击"确定"按钮，则文档恢复到可编辑状态。

⑥ 单击快速访问工具栏中的"保存"图标，保存文档，然后单击文档窗口右上角的"关闭"按钮 ✖，关闭文档。

3.3　文档的编辑

3.3.1　文档的基本编辑

1. 输入文档内容

输入文档内容时，首先要确定文字的输入位置，即插入点的位置。

在要输入文字的位置单击，可以直接将插入点定位在该位置。此外，在编辑过程中也可以随时使用键盘上的按键来移动插入点。常用编辑键的功能见表 3-1。

表 3-1　常用编辑键的功能

编　辑　键	功　　能
←（→）	左（右）移一个字符或汉字
↑（↓）	上（下）移一行
PgUp（PgDn）	上（下）移一屏
Home（End）	移至当前行的行首（尾）
Ctrl＋←（Ctrl＋→）	左（右）移一个单词
Ctrl＋↑（Ctrl＋↓）	移至当前（下一）段的段首
Ctrl＋Home（Ctrl＋End）	移至文档的开头（结尾）

在输入文档内容时，应注意如下几个问题。

（1）启动汉字输入方式后，键盘上部分按键的含义将发生变化，见表 3-2。

表 3-2　中文标点符号的键位

键　　位	对 应 符 号	键　　位	对 应 符 号
.	。	<	《
\	、	>	》
"	""	$	￥
'	''	^	……

（2）Word 具有自动换行的功能。当用户输入的文字达到默认的行宽时，Word 会自动换行。因此，用户只需在每个段落输入结束时按 Enter 键。此时，屏幕上会显示出一个表示段落结束的回车符号 ↵，称为"段落结束标记"，简称"段落标记"。

（3）在输入文档内容时，有"插入"和"改写"两种状态供用户选择，Word 默认为插入状态。在插入状态下,用户输入的字符插入插入点之前,插入点后面的原有字符依次向后移动。在改写状态下,用户输入的每个字符将依次代替插入点处已有的字符。要实现两种方式的切换,可以单击状态栏的"插入(或改写)"图标(若状态栏没有"插入"或"改写",可以右击状态栏,在快捷菜单中选择该命令即可),或按键盘上的 Insert 键。

2. 修改错误

常见的错误修改方法如下。

(1) 删除多余的文字。移动插入点到要删除文字的右侧,再按 Backspace 键;或者移动插入点到要删除文字的左侧,再按 Del 键。

(2) 修改输入的错误。在错误的文字上拖动,将其选定,然后输入正确内容,则新输入的内容自动覆盖选定的内容。

(3) 插入遗漏的文字。在插入状态下,移动插入点到要插入文字处,然后输入文字。

(4) 段落的合并与拆分。若要将两个段落合并为一段,只需删除前一段落结尾处的回车符号 ↵ 即可。若要将某个段落拆分为两段,可以在要分段的位置按回车键。

3. 选定文本块

在对文本块进行移动、复制、删除等操作时,首先必须选定文本块。选定文本块的常用方法如下。

(1) 任意一段连续文本块的选定。对于任意一段连续的文本块,特别是较小的文本块,最常用的选定方法是拖动法:将插入点定位到文本块的左端,拖动鼠标到文本块的右侧。如果要选定的文本块较大,拖动不方便,可以将插入点定位到要选定文本块的开始处,然后按住 Shift 键,拖动垂直滚动条,找到文本块的结尾位置,再单击文本块的结尾处。

(2) 特定文本块的选定。要选定有规律的文本块,如一个词组、一行、一段、全文等,除了使用拖动的方法之外,Word 还提供了如下一些特殊的选定方法。

① 选定词组或单词:双击该词组或单词。

② 选定一句(由句号、冒号、惊叹号结束):按住 Ctrl 键,再单击该句的任意位置。

③ 选定一行:将鼠标指针移动到该行左边的选定区,此时鼠标指针变为向右的箭头 ↗,单击即可。

④ 选定一个段落:在段落左侧的选定区中双击,或者在段落内任意位置快速地单击三次。

⑤ 选定整篇文档:在文档左侧的选定区中快速地单击三次,或使用快捷键 Ctrl+A。

(3) 多个不连续文本块的选定。首先选定第一个文本块,然后按住 Ctrl 键,再依次选定其他的文本块。

4. 文本块的移动与复制

文本块的移动与复制是文档编辑时最常用的操作之一。

(1) 移动文本块。移动文本块常用两种方法:拖动法和使用剪贴板的方法。

如果文本块要移动的距离较短,可以在选定文本块后,直接将其拖动到新的位置。

如果文本块要移动的距离较长,拖动不方便,可以使用剪贴板的方法,具体操作步骤如下。

① 选定要移动的文本块,然后在功能区"开始"选项卡左侧的"剪贴板"选项组中单击"剪切"图标 ✂(快捷键 Ctrl+X)。

② 移动插入点到目标位置。

③ 单击"剪贴板"选项组中的"粘贴"图标 （快捷键 Ctrl＋V）。此时，文本块被移动到目标位置处，并保持原有格式不变。同时，在目标文本后，会出现"粘贴选项"图标 。

④ 单击该图标，展开"粘贴选项"下拉列表，如图 3-17 所示。根据需要选择粘贴的文字格式："保留源格式""合并格式"（合并粘贴处周围文字的格式）"图片""只保留文本"。

图 3-17 "粘贴选项"下拉列表

（2）复制文本块。复制文本块的操作与移动文本块相似，也分为拖动和使用剪贴板两种方法。不同之处在于，拖动文本块时，要同时按住 Ctrl 键。使用剪贴板复制文本块时，要将移动文本块步骤①中的"剪切"图标 换为"复制"图标 （快捷键 Ctrl＋C）。

5. 撤销与恢复

如果在编辑时不小心执行了错误的操作，可以利用 Word 提供的"撤销"功能进行恢复。

单击快速访问工具栏上的"撤销"图标 ，可以撤销最近一次的编辑操作。单击"撤销"图标右侧的向下箭头，可以在撤销操作下拉列表中选择要撤销的操作。

"恢复"命令用于还原用"撤销"命令撤销过的操作。单击快速访问工具栏上的"恢复"图标 可完成恢复操作。

6. 插入符号

Word 允许用户输入键盘上没有的符号，包括常用的希腊语字符（α、β、γ 等）、国际音标扩充、广义标点（·、‰、※等）、货币符号（€）、类似字母的符号（℃、℉、№ 等）、带括号的字母数字（①、②、③等）、制表符、方块元素、几何图形符（▲、▼、○、◎等）、其他符号（★、☆、♀、♂ 等）、平假名、片假名等。

要在文档中插入最近使用过的符号，只需在功能区"插入"选项卡的"符号"选项组中，单击"符号"图标，在展开的下拉列表中选择符号即可，如图 3-18 所示。如果要插入其他符号，选择下拉列表中的"其他符号"命令，在弹出的"符号"对话框中选择符号，如图 3-19 所示。需要注意的是，不同的字体集通常具有不同的符号，很多字体集还会显示"子集"列表。可以使用"字体"选择器来选择要浏览的字体，利用"子集"列表选择该字体对应的符号。

图 3-18 "符号"列表

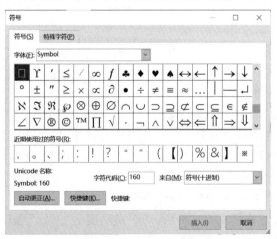

图 3-19 "符号"对话框

若要输入商标、注册、段落等特殊符号，可以在"符号"对话框中单击"特殊字符"标签，在其中选择需要的符号，再单击"插入"按钮。

【例 3-3】 在 D 盘"Word 文档"文件夹中创建文档"世界杯.docx"，文档内容如图 3-20 所示，并对其完成如下编辑操作。

世界杯是世界上最高水平的足球比赛，与奥运会、F1 并称为全球三大顶级赛事。世界杯是国际性赛事，每四年举办一次，任何国际足联会员国（地区）都可以派出代表队报名参加，而世界杯主要分为两个阶段，预选赛阶段和决赛阶段。世界杯预选赛阶段分为六大赛区，分别是欧洲、南美洲、亚洲、非洲、北美洲和大洋洲赛区，各个已报名参加世界杯的国际足联会员国（地区）代表队，需要在所在赛区进行预选赛，争夺进入世界杯决赛阶段的名额。世界杯决赛阶段的名额目前是 32 个，主办国可以直接获得决赛阶段名额，除主办国外，其他名额由国际足联根据各个预选赛赛区的足球水平进行分配，不同的预选赛赛区会有不同数量的决赛阶段名额。世界杯决赛阶段的主办国必须是国际足联会员国（地区），而且会员国（地区）需要向国际足联提出申请（可以两个会员国联合申请承办），然后通过全体国际足联会员国（地区）投票选出。

图 3-20 例 3-3 输入的文档内容

(1) 将文档分为三个段落，第一句为第一段，最后一句为第三段(句号结束为一句)。

(2) 交换第一段与第二段的位置。

(3) 在第一段前插入一行空行作为标题行，并将"世界杯"三个字复制为标题。

(4) 保存文档，然后在文档的末尾练习插入符号：☜✌♫☺☏♣◆♥♠，最后关闭文档不保存。

【操作步骤】

(1) 启动 Word 2019，输入如图 3-20 所示的文档内容。输入过程中注意整个内容为一个段落，不要按回车键。

(2) 移动鼠标指针到第一句"……三大顶级赛事。"之后并单击，定位插入点，然后按Enter 键，则从该位置开始分为一个新的段落。用同样的方法将最后一句话分为一个新段落。

(3) 移动鼠标指针到第一段左侧的选定区，当鼠标指针变为 ⟋ 时，双击选定该段。移动鼠标指针到选定的段落上，将该段落拖动到第三段之前，然后释放鼠标。

(4) 按快捷键 Ctrl+Home，将鼠标指针定位到文档开头；然后按回车键，在文档开头插入一行空行。

(5) 在文档中的任意一个"世界杯"文字上双击，将该文字选定，然后按住 Ctrl 键的同时，拖动选定的文字到文档开头插入的空行中。

(6) 单击快速访问工具栏中的"保存"图标，在"另存为"选项卡选择"浏览"命令，在弹出的"另存为"对话框的保存位置下拉列表中选择文件的存放位置"本地磁盘(D:)> Word 文档"文件夹，在"文件名"文本框中输入文件的名称"世界杯"，选择文件类型为".docx"，最后单击"确定"按钮保存文档。

(7) 按快捷键 Ctrl+End，将插入点定位到文档的末尾，然后在功能区"插入"选项卡的"符号"选项组中单击"符号"图标，在展开的下拉列表中选择"其他符号"命令，弹出"符号"对话框，如图 3-19 所示。

(8) 在"符号"对话框中"符号"选项卡的"字体"下拉列表中选择 Wingdings，在列表框中依次双击符号☜、✌、♫、☺、☏，将其插入文档中。

(9) 在"符号"对话框中"符号"选项卡的"字体"下拉列表中选择 Symbol，在列表框中依次双击符号♣、♦、♥、♠,将其插入文档中。

(10)单击文档窗口右上角的"关闭"按钮✖,由于插入符号后尚未保存,系统自动询问是否保存。在弹出的对话框中单击"不保存"按钮,不保存修改并关闭文档。编辑后的文档内容如图 3-21 所示。

世界杯
世界杯是国际性赛事,每四年举办一次,任何国际足联会员国(地区)都可以派出代表队报名参加,而世界杯主要分为两个阶段,预选赛阶段和决赛阶段。世界杯预选赛阶段分为六大赛区,分别是欧洲、南美洲、亚洲、非洲、北美洲和大洋洲赛区,各个已报名参加世界杯的国际足联会员国(地区)代表队,需要在所在赛区进行预选赛,争夺进入世界杯决赛阶段的名额。世界杯决赛阶段的名额目前是 32 个,主办国可以直接获得决赛阶段名额,除主办国外,其他名额由国际足联根据各个预选赛赛区的足球水平进行分配,不同的预选赛赛区会有不同数量的决赛阶段名额。
世界杯是世界上最高水平的足球比赛,与奥运会、F1 并称为全球三大顶级赛事。↵
世界杯决赛阶段的主办国必须是国际足联会员国(地区),而且会员国(地区)需要向国际足联提出申请(可以两个会员国联合申请承办),然后通过全体国际足联会员国(地区)投票选出。

图 3-21　编辑后的文档内容

3.3.2　查找和替换

查找和替换是文档编辑过程中常用的操作。如果希望在文档中快速定位某个词语,可以使用查找操作;如果希望将文档中某个使用不当的词语统一换为另一个合适的词语,可以使用替换操作。查找或替换操作通常会在整个 Word 文档中进行,如果希望在文档的某个范围内进行查找或替换,在进行查找或替换之前,可以先选定该范围。

【例 3-4】　在文档"世界杯.docx"中查找字符串"世界杯",将找到的第一个"世界杯"修改为"World Cup",然后将第二段中所有的"世界杯"替换为"World Cup",最后直接关闭文档,不保存修改。

【操作步骤】

(1)打开文档"世界杯.docx",在功能区"开始"选项卡的"编辑"选项组中单击"查找"图标,弹出"导航"窗格,如图 3-22 所示。

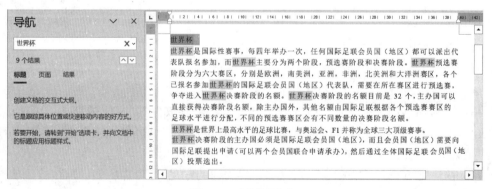

图 3-22　"导航"窗格

(2)在"导航"窗格的搜索框中输入要查找的文字"世界杯",系统自动开始搜索,搜索结果显示在"导航"窗格中。同时,文档中所有找到的内容突出显示,如图 3-21 所示。单击"导航"窗格中"下一搜索结果"按钮☑和"上一搜索结果"按钮☒,可以浏览所有结果。

提示:如果文档较长,可以在"导航"窗格中选择"结果"命令,窗格中会列出搜索到的所有内容,单击其中某一项可以在文档中快速定位到该搜索结果。

(3) 在文档中第一个突出显示的"世界杯"处双击,将其选定,然后输入"World Cup",完成修改。

(4) 在第二段文字左侧选定区双击,选定该段,然后在功能区"开始"选项卡的"编辑"选项组中单击"替换"图标,弹出"查找和替换"对话框,如图 3-23 所示。

图 3-23 "查找和替换"对话框

(5) 在"查找内容"文本框中输入要查找的文字"世界杯",在"替换为"文本框中输入替换后的内容"World Cup",然后单击"全部替换"按钮,该段所有的"世界杯"文字自动全部替换为"World Cup"。同时,系统弹出如图 3-24 所示的对话框,提示已完成对所选内容的替换,是否搜索文档的其余部分,单击"否"按钮返回"查找和替换"对话框,单击对话框中"关闭"按钮结束替换操作。

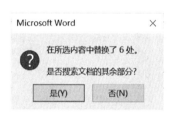

图 3-24 提示对话框

(6) 单击 Word 工作窗口右上角的"关闭"按钮 ✖,在弹出的对话框中单击"不保存"按钮,结束文档的编辑。

3.4 文档格式设置

文档格式设置是 Word 编辑中的重要内容,不同的文档格式可以使文档具有不同的风格,显得更有层次,避免千篇一律。

3.4.1 字符格式设置

字符是指出现在文档中的一切汉字、字母、数字、标点符号及各种特殊符号等。字符格式设置指的是对文档中的字符设置字体、字号、颜色,以及边框、底纹、阴影、上下标等各种修饰的操作,以使字符更加美观。Word 2019 默认正文字符的格式是宋体、5 号字。

若要对字符进行常用的格式设置,首先要选定这些字符,然后在功能区"开始"选项卡的"字体"选项组中单击相应的图标。"开始"选项卡部分信息如图 3-25 所示。

若要设置稍微复杂一些的字符格式,如着重号、空心字、字符间距等,可以在选定字符之后,在"字体"选项组中单击右下角的图标 ↘,在弹出的"字体"对话框中完成设置,如图 3-26 所示。

118

图 3-25 "开始"选项卡部分信息

图 3-26 "字体"对话框

【例 3-5】 对文档"世界杯.docx"完成如下的字符格式设置,设置后的效果如图 3-27所示。

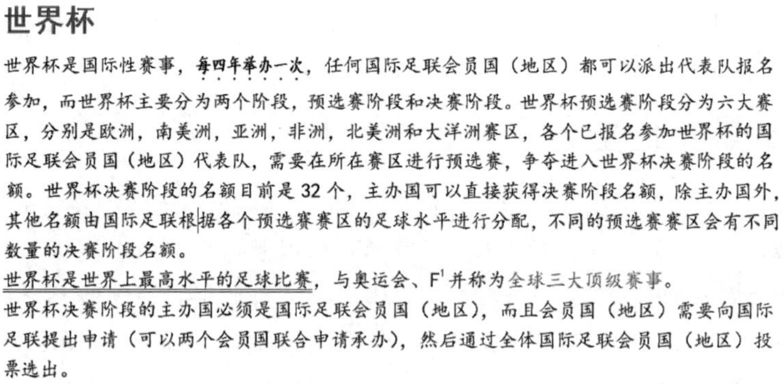

世界杯

世界杯是国际性赛事, 每四年举办一次, 任何国际足联会员国（地区）都可以派出代表队报名参加, 而世界杯主要分为两个阶段, 预选赛阶段和决赛阶段。世界杯预选赛阶段分为六大赛区, 分别是欧洲, 南美洲, 亚洲, 非洲, 北美洲和大洋洲赛区, 各个已报名参加世界杯的国际足联会员国（地区）代表队, 需要在所在赛区进行预选赛, 争夺进入世界杯决赛阶段的名额。世界杯决赛阶段的名额目前是 32 个, 主办国可以直接获得决赛阶段名额, 除主办国外, 其他名额由国际足联根据各个预选赛赛区的足球水平进行分配, 不同的预选赛赛区会有不同数量的决赛阶段名额。
世界杯是世界上最高水平的足球比赛, 与奥运会、F¹并称为全球三大顶级赛事。
世界杯决赛阶段的主办国必须是国际足联会员国（地区）, 而且会员国（地区）需要向国际足联提出申请（可以两个会员国联合申请承办）, 然后通过全体国际足联会员国（地区）投票选出。

图 3-27 设置字符格式后的文字效果

（1）将文档中第一段内容设置为标准色红色、黑体、加粗、三号字,其余段落内容设置为楷体。

（2）将第二段中文字"每四年举办一次"设置为加粗效果，添加着重符，并设置字符缩放为 80％。

（3）将第三段中文字中的"世界杯是世界上最高水平的足球比赛"添加双下画线，将"F1"中的数字"1"设置为上标，为"全球三大顶级赛事"设置渐变的字体颜色"中等渐变 - 个性色 2"。

【操作步骤】

（1）打开文档，在文档中第一段左侧的选定区单击，将其选定。

（2）在功能区"开始"选项卡的"字体"选项组中，单击"字体"图标的下拉箭头，选择字体为"黑体"；单击"字号"图标的下拉箭头，选择字号为"三号"；单击加粗图标 **B**，使文字变为粗体；单击"字体颜色"图标 **A** ˅ 的下拉箭头，选择标准色中的红色。

（3）拖动选定文档中第一段之外的所有段落，用步骤（2）中同样的方法将字体设置为"楷体"。

（4）拖动选定第二段中的"每四年举办一次"，在"字体"选项组中单击"加粗"图标 **B**，然后单击右下角的图标 ⤢，在弹出的"字体"对话框中单击"着重号"下拉按钮，在下拉列表中选择着重号命令。

（5）在"字体"对话框中单击"高级"标签，在"字符间距"选项区域的"缩放"框中输入80％，然后单击"确定"按钮。

（6）拖动选定第三段中的"世界杯是世界上最高水平的足球比赛"，在"字体"选项组中，单击"下画线"图标的下拉箭头，在下拉列表中选择"双下画线"命令。

（7）拖动选定第三段"F1"中的数字"1"，在"字体"选项组中单击"上标"图标 x^2，将其设置为上标。

（8）拖动选定第三段中的"全球三大顶级赛事"，在"字体"选项组中，单击"字体颜色"图标 **A** ˅ 的下拉箭头，在下拉列表中选择"渐变"→"其他渐变"命令，在窗口右侧弹出"设置文本效果格式"窗格。

（9）在窗格的"文本填充"区域选择"渐变填充"后，在"预设渐变"下拉列表中选择"中等渐变 - 个性色 2"，然后单击窗格右上角的"关闭"按钮 ⌧，关闭窗格。

（10）在快速访问工具栏中单击"保存"图标，保存文档，然后关闭文档。

3.4.2 段落格式设置

段落是指以回车符结束的一段内容，可以是文字、图形甚至一个独立的回车符。每个段落的结尾都有一个回车符，称为"段落结束标记"，简称"段落标记"。段落标记标志着一个段落的结束，同时也记录着段落的格式信息。因而，选定一个段落，指的是段落内容和段落标记一起选定。

在 Word 中，段落格式包括段落的对齐方式、段落的缩进方式、段间距、行距等。此外，还可以通过插入"首字下沉"实现段落的首字下沉或悬挂显示。

1. 设置段落的对齐方式

段落的对齐方式有 5 种：两端对齐、居中对齐、左对齐、右对齐和分散对齐。Word 默认的对齐方式是两端对齐。图 3-28 展示了各种对齐方式的效果（请注意每个段落最后一行的效果）。

意志薄弱的人，为了摆脱孤独，便去寻找安慰和刺激；意志坚强的人，为了摆脱孤独，便去追求充实和超脱。他们的出发点一样，结局却有天壤之别，前者因为孤独而沉沦，后者因为孤独而升华。（左对齐）

意志薄弱的人，为了摆脱孤独，便去寻找安慰和刺激；意志坚强的人，为了摆脱孤独，便去追求充实和超脱。他们的出发点一样，结局却有天壤之别，前者因为孤独而沉沦，后者因为孤独而升华。（右对齐）

意志薄弱的人，为了摆脱孤独，便去寻找安慰和刺激；意志坚强的人，为了摆脱孤独，便去追求充实和超脱。他们的出发点一样，结局却有天壤之别，前者因为孤独而沉沦，后者因为孤独而升华。（居中对齐）

意志薄弱的人，为了摆脱孤独，便去寻找安慰和刺激；意志坚强的人，为了摆脱孤独，便去追求充实和超脱。他们的出发点一样，结局却有天壤之别，前者因为孤独而沉沦，后者因为孤独而升华。（两端对齐）

意志薄弱的人，为了摆脱孤独，便去寻找安慰和刺激；意志坚强的人，为了摆脱孤独，便去追求充实和超脱。他们的出发点一样，结局却有天壤之别，前者因为孤独而沉沦，后者因为孤　独　而　升　华　。　（　分　散　对　齐　）

图 3-28　各种对齐方式的效果

设置段落对齐方式最简单的方法是，选定段落，然后在功能区"开始"选项卡的"段落"选项组中单击相应的"对齐方式"图标，如图 3-24 所示。深色显示的图标代表当前起作用的对齐方式。

2. 设置段落的缩进

段落的缩进用于控制文档正文与页边距之间的距离，包括左缩进、右缩进、悬挂缩进及首行缩进 4 种。其中，左、右缩进指的是段落的左、右边界相对于左、右页边距的缩进；首行缩进指的是段落的第一行相对于段落左边界的缩进；悬挂缩进指的是段落首行没有缩进，其他各行相对于首行缩进。常用的设置方法如下。

（1）用标尺快速设置段落缩进。拖动水平标尺上的缩进标志，如图 3-29 所示，可以快速、方便地设置段落的缩进方式。在默认情况下，标尺上的数字刻度以字符为单位，拖动的距离可参考标尺上的刻度。此外，拖动左缩进标志时，首行缩进标志将一起移动。

左缩进　　悬挂缩进　　　首行缩进　　　　　　　　　　　　　　　　　　　右缩进

图 3-29　水平标尺上的缩进标志

（2）精确设置段落缩进。若要精确地设置段落的缩进距离，首先选定要设置缩进的段落，然后在功能区"开始"选项卡的"段落"选项组中单击右下角的图标 ⌐，弹出"段落"对话框，如图 3-30 所示。

在"段落"对话框的"缩进和间距"选项卡中，在"缩进"选项区域的"左侧"或"右侧"文本框中分别输入左、右缩进的缩进值；如果要设置首行缩进或悬挂缩进，在"特殊"下拉列表中选择缩进的类型，在"缩进值"文本框中输入具体的缩进值。缩进的单位可以是字符、厘米或磅，若要改变单位，可以将缩进值与单位一起输入。

此外，对于常用的左缩进，还可以在功能区"开始"选项卡的"段落"选项组中单击"减少缩进量"图标 ≣ 或"增加缩进量"图标 ≣。每单击一次，选定的段落将向指定方向移动一个字符。

3. 设置段落的段间距和行距

段间距指的是段落与段落之间的距离，行距指的是段落内部行与行之间的距离，即行高。设置简单的段间距或行距，可以首先选定段落，然后在功能区"开始"选项卡的"段落"选项组中单击"行和段落间距"图标 ，在下拉列表中选择相应选项即可，如图 3-31 所示。若要设置复杂的行距或段间距，例如，将行距设置为固定值或最小值，可以在图 3-31 所示的下拉列表中选择"行距选项"命令，在弹出的"段落"对话框中进行设置。

图 3-30 "段落"对话框   图 3-31 "行和段落间距"选项

在设置行距时，需要注意最小值与固定值的区别。这两种行距都要求用户输入设置值。当行距设置为最小值时，如果用户设置的值比较小，不能容纳该段中最大字体或图形，则用户设置的值不起作用，Word 会自动将行距调整为能容纳该段中最大字体或图形的最小行高。当行距设置为固定值时，用户设置的值在任何时候都起作用。如果该值小于该段中最大字体或图形的高度，超出部分将不再显示。

【例 3-6】 对文档"世界杯.docx"进行如下的段落格式设置，设置后的效果如图 3-32 所示。

（1）设置文档的第一段内容居中显示。

（2）设置文档中第一段之外的所有段落首行缩进 2 个字符，行距为最小值 15 磅。

（3）设置所有段落的段后距离为 0.5 行。

（4）为第二段设置首字下沉，下沉行数为 4 行。

【操作步骤】

（1）打开文档，在文档的第一段右侧的选定区单击，将其选定。

（2）在功能区"开始"选项卡的"段落"选项组中单击"居中"图标 ≡，使段落居中。

（3）拖动选定文档中第一段之外的所有段落。

（4）在功能区"开始"选项卡的"段落"选项组中单击右下角的图标 ▣，弹出"段落"对话

世界杯

世界杯是国际性赛事，每四年举办一次，任何国际足联会员国（地区）都可以派出代表队报名参加，而世界杯主要分为两个阶段，预选赛阶段和决赛阶段。世界杯预选赛阶段分为六大赛区，分别是欧洲，南美洲，亚洲，非洲，北美洲和大洋洲赛区，各个已报名参加世界杯的国际足联会员国（地区）代表队，需要在所在赛区进行预选赛，争夺进入世界杯决赛阶段的名额。世界杯决赛阶段的名额目前是 32 个，主办国可以直接获得决赛阶段名额，除主办国外，其他名额由国际足联根据各个预选赛区的足球水平进行分配，不同的预选赛赛区会有不同数量的决赛阶段名额。

世界杯是世界上最高水平的足球比赛，与奥运会、F¹并称为全球三大顶级赛事。

世界杯决赛阶段的主办国必须是国际足联会员国（地区），而且会员国（地区）需要向国际足联提出申请（可以两个会员国联合申请承办），然后通过全体国际足联会员国（地区）投票选出。

图 3-32　设置段落格式后的文字效果

框，如图 3-30 所示。

（5）在对话框的"特殊"下拉列表中选择缩进类型为"首行"，在"缩进值"文本框中输入"2 字符"。

（6）在"段落"对话框的"行距"下拉列表中选择行距类型为"最小值"，在"设置值"文本框中输入"15 磅"，然后单击"确定"按钮，关闭对话框。

（7）按快捷键 Ctrl＋A 选定全部内容，然后在"段落"选项组中单击右下角的图标 ，弹出"段落"对话框，在对话框"间距"选项区域设置"段后"的值为"0.5 行"，再单击"确定"按钮，关闭对话框。

（8）将插入点定位到文档第二段的任意位置，然后在功能区"插入"选项卡的"文本"选项组中单击"首字下沉"图标，在下拉列表中选择"首字下沉选项"命令，弹出"首字下沉"对话框。

（9）在对话框中设置"下沉行数"为 4，单击"确定"按钮，结束设置。

（10）在快速访问工具栏中单击"保存"图标，保存文档，然后关闭文档。

3.4.3　边框和底纹设置

在 Word 2019 中，既可以为字符添加边框和底纹，也可以为段落添加边框和底纹，还可以为整个页面添加边框。

为字符添加简单的边框或底纹时，通常只需选定要设置边框或底纹的字符，然后在功能区"开始"选项卡的"字体"选项组中单击"字符边框"图标 Ⓐ、"字符底纹"图标 Ⓐ 或在"段落"选项组中单击"底纹"图标 。

为段落添加简单的边框时，首先需要选定要设置边框的段落，然后在功能区"开始"选项卡的"段落"选项组中单击"边框"图标 后的下拉按钮，在下拉列表中选择一种合适的边框。

要对字符或段落设置复杂的边框或底纹，或添加页面边框，可以在功能区"开始"选项卡的"段落"选项组中单击"边框"图标 后的下拉按钮，在下拉列表中选择"边框和底纹"命令，弹出"边框和底纹"对话框，如图 3-33 所示。在对话框的"边框"选项卡、"页面边框"选项卡、"底纹"选项卡中可以完成相应设置。图 3-34 给出了字符的边框和底纹、段落的边框和底纹及页面边框的效果,请注意几种边框、底纹的区别。

图 3-33 "边框和底纹"对话框

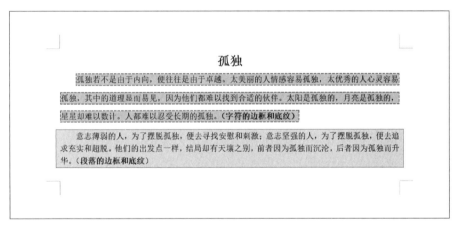

图 3-34 字符的边框和底纹与段落的边框和底纹的比较

【**例 3-7**】 对文档"世界杯.docx"的第二段添加边框和底纹。要求边框为标准色红色、虚线线型的阴影边框,线型宽度为 1.5 磅。底纹填充色为"蓝色,个性色 1,淡色 80%",图案为浅色网格,图案颜色为标准色黄色。设置后的效果如图 3-34 所示。

【**操作步骤**】

(1)打开文档,在文档第二段左侧选定区双击,将其选定。

(2)在功能区"开始"选项卡的"段落"选项组中,单击"边框"图标的下拉箭头,在下拉列表中选择"边框和底纹"命令,弹出"边框和底纹"对话框,如图 3-35 所示。

(3)在"边框"选项卡的"设置"选项区域选择边框类型为"阴影";在"样式"选项区域选择一种虚线线型;在"颜色"下拉列表中选择边框的颜色为标准色"红色";在"宽度"下拉列

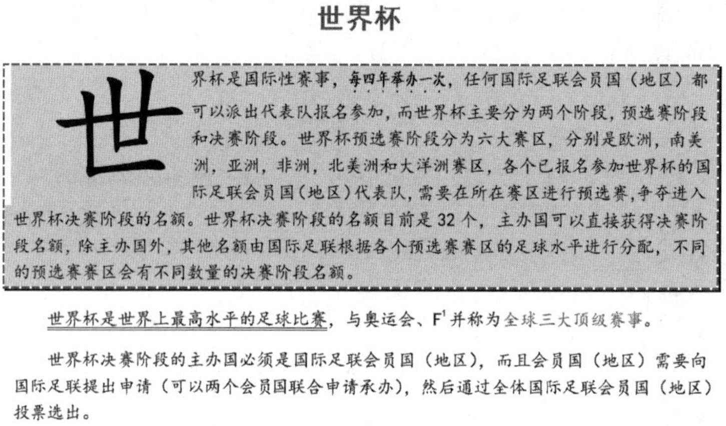

世界杯

界杯是国际性赛事，每四年举办一次，任何国际足联会员国（地区）都可以派出代表队报名参加，而世界杯主要分为两个阶段，预选赛阶段和决赛阶段。世界杯预选赛阶段分为六大赛区，分别是欧洲、南美洲、亚洲、非洲、北美洲和大洋洲赛区，各个已报名参加世界杯的国际足联会员国（地区）代表队，需要在所在赛区进行预选赛，争夺进入世界杯决赛阶段的名额。世界杯决赛阶段的名额目前是 32 个，主办国可以直接获得决赛阶段名额，除主办国外，其他名额由国际足联根据各个预选赛赛区的足球水平进行分配，不同的预选赛赛区会有不同数量的决赛阶段名额。

世界杯是世界上最高水平的足球比赛，与奥运会、F¹并称为全球三大顶级赛事。

世界杯决赛阶段的主办国必须是国际足联会员国（地区），而且会员国（地区）需要向国际足联提出申请（可以两个会员国联合申请承办），然后通过全体国际足联会员国（地区）投票选出。

图 3-35 设置边框和底纹后的文字效果

表中选择边框宽度为"1.5 磅"；在右侧"应用于"下拉列表中选择"段落"，表示将边框应用于段落。

提示：如果希望将边框应用于字符，则"应用于"下拉列表选择"文字"。

（4）单击对话框的"底纹"标签，在"填充"下拉列表中选择主题颜色"蓝色，个性色 1，淡色 80％"，在"图案"选项区域选择"样式"为"浅色网格"，"颜色"为标准色"黄色"，最后单击"确定"按钮，结束边框和底纹的设置。

（5）在快速访问工具栏中单击"保存"图标，保存文档，然后关闭文档。

3.4.4 格式的复制与清除

在设置字符或段落格式时，可以将某些已经设置好的格式复制到其他位置，从而简化操作。此外，还可以将设置好的格式全部清除。

复制格式时，首先选定已经设置好格式的字符或段落，然后在功能区"开始"选项卡的"剪贴板"选项组中单击（复制一次）或双击（复制多次）"格式刷"图标 ，再分别在每个需要复制格式的文本或段落上拖动即可。要结束格式的多次复制，再次单击"格式刷"图标或按 Esc 键。

要清除文档中设置的样式、文本效果和段落格式，可以在选定要清除格式的文本后，在"开始"选项卡的"字体"选项组中单击"清除所有格式"图标 。

【例 3-8】 将文档"世界杯.docx"第一段中文字"每四年举办一次"的格式分别复制到第一段中文字"世界杯预选赛阶段分为六大赛区"及"世界杯决赛阶段的名额目前是 32 个"，设置后的效果如图 3-36 所示。

【操作步骤】

（1）打开文档，在第一段文字"每四年举办一次"上拖动鼠标，将其选定。

（2）在功能区"开始"选项卡左侧的"剪贴板"选项组中双击"格式刷"图标 ，此时，鼠标指针变为格式刷。

（3）分别在文字"世界杯预选赛阶段分为六大赛区""世界杯决赛阶段的名额目前是 32 个"上拖动鼠标，复制格式。

（4）再次单击"格式刷"图标或按 Esc 键，结束格式的复制。

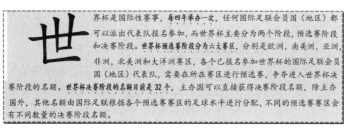

世界杯

世界杯是世界上最高水平的足球比赛，与奥运会、F¹并称为全球三大顶级赛事。

世界杯决赛阶段的主办国必须是国际足联会员国（地区），而且会员国（地区）需要向国际足联提出申请（可以两个会员国联合申请承办），然后通过全体国际足联会员国（地区）投票选出。

图 3-36　格式复制后的文字效果

（5）单击快速访问工具栏中的"保存"图标，保存文档，然后关闭文档。

3.4.5　项目符号和编号

在文档中适当地添加项目符号和编号，可以使文档内容的层次更加分明。在 Word 2019 中，既可以为现有文本快速添加项目符号或编号，又可以在输入文字时自动创建项目符号和编号。添加了项目符号和编号的文档效果，如图 3-37 所示。

图 3-37　添加了项目符号和编号的文档效果

1. 自动创建项目符号或编号

（1）将插入点定位到要创建项目符号或编号的位置，通常为一个段落的开始。

（2）在功能区"开始"选项卡的"段落"选项组中单击"项目符号"图标 ≔ 或"编号"图标 ≔ 后的箭头，在下拉列表中选择项目符号或编号，如图 3-38 或图 3-39 所示，插入点处自动插入一个项目符号或编号。

图 3-38　"项目符号"选项

图 3-39　"编号"选项

（3）输入项目内容，然后按 Enter 键，在下一个段落的开始处自动产生下一个项目符号或编号。选择下拉列表中的"定义新项目符号"或"定义新编号格式"选项，还可以定义新的项目符号或编号。

2. 为已有内容创建项目符号和编号

若要为已有的内容创建项目符号和编号，首先应该选定这些内容，然后在功能区"开始"选项卡的"段落"选项组中单击"项目符号"或"编号"图标后的箭头，在下拉列表中选择项目符号或编号。

3. 更换项目符号和编号

若要更换已有的项目符号和编号，首先选定要更换项目符号或编号的段落，然后在功能区"开始"选项卡的"段落"选项组中单击"项目符号"图标 ⅲ 或"编号"图标 ⅲ 后的箭头，在下拉列表中选择新的项目符号或编号。

4. 删除项目符号和编号

若要删除已有的项目符号和编号，首先选定要删除其项目符号或编号的段落，然后在功能区"开始"选项卡的"段落"选项组中单击"项目符号"图标 ⅲ 或"编号"图标 ⅲ 。若要删除单个项目符号或编号，也可以将插入点定位到项目符号或编号右边，然后按 Backspace 键。

3.5　页面设置与打印操作

3.5.1　设置页面格式与页面背景

在打印文档之前，首先需要确定打印纸张大小、纸张方向、页边距、版式等打印参数，这些工作统称为页面格式设置。设置页面格式的方法是在功能区"布局"选项卡的"页面设置"选项组中，分别单击"纸张大小""纸张方向""页边距""文字方向"图标，在下拉列表中根据需要进行选择。

Word 2019 不仅可以设置页面的格式，还可以设置页面的背景，包括页面颜色、水印、页面边框等。设置时只需在功能区"设计"选项卡的"页面背景"选项组依次单击相应图标即可。

【例 3-9】 对文档"世界杯.docx"完成如下页面设置，设置后的效果如图 3-40 所示。

（1）设置纸张大小为 A4、纵向打印、页边距为"常规"。

（2）设置页面颜色为"橙色，个性色 6，淡色 80%"，并为页面添加"严禁复制"水印及艺术型边框。

【操作步骤】

（1）打开文档，然后在功能区"布局"选项卡的"页面设置"选项组中完成下列操作。

① 单击"纸张大小"图标，在下拉列表中选择纸张大小为"A4"。

② 单击"纸张方向"图标，在下拉列表中选择纸张方向为"纵向"。

③ 单击"页边距"图标，在下拉列表中选择页边距为"常规"。

（2）在功能区"设计"选项卡的"页面背景"选项组中完成下列操作。

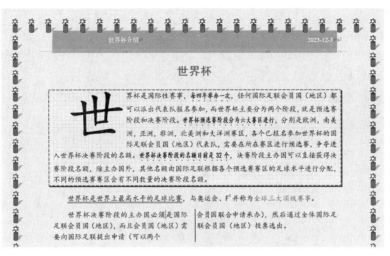

图 3-40 设置多种页面格式之后的文档效果

① 单击"页面颜色"图标,在下拉列表中选择"橙色,个性色6,淡色80%"。

② 单击"水印"图标,在下拉列表中选择"严禁复制1"。

③ 单击"页面边框"图标,在弹出的"边框和底纹"对话框的"页面边框"选项卡中选择一种"艺术型"边框,然后单击"确定"按钮。

(3)在快速访问工具栏中单击"保存"图标,保存文档,然后关闭文档。

3.5.2 设置页码

Word 文档默认没有页码,在需要时可以插入页码。方法是在功能区"插入"选项卡的"页眉和页脚"选项组中单击"页码"图标,在下拉列表中选择页码的位置和格式,如图 3-41 所示。如果要改变页码的编号格式、起始页码,可以在下拉列表中选择"设置页码格式"命令,在弹出的"页码格式"对话框中进行设置,如图 3-42 所示。

图 3-41 "页码"下拉列表

图 3-42 "页码格式"对话框

3.5.3 设置分栏

在报纸、杂志的编排过程中,经常采用分栏排版格式。Word 文档默认不分栏。若要实现分栏排版，首先选定要分栏的文本。若未选定文本，Word默认对当前节的所有内容进行分栏。若文档未分节，则默认对整个文档进行分栏。

在功能区"布局"选项卡的"页面设置"选项组中单击"栏"图标，在下拉列表中选择分栏数。若要自定义每栏的栏宽、栏间距、分隔线等选项，或分栏数超过三栏，可以在"栏"图标的下拉列表中选择"更多栏"命令，在弹出的"栏"对话框中进行详细的设置，如图3-43所示。

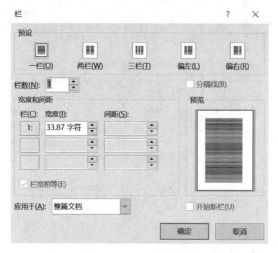

图3-43 "栏"对话框

若对分栏的效果不满意，还可以对分栏的结果进行人工修改。具体操作方法是，移动插入点到需要重新分栏的位置，在功能区"布局"选项卡的"页面设置"选项组中单击"分隔符"图标，在下拉列表中选择"分栏符"命令。

【例3-10】 将文档"世界杯.docx"最后一段设置为分两栏显示，栏中间添加分隔线，设置后的效果如图3-40所示。

【操作步骤】

（1）打开文档，在最后一段的选定区双击，选定该段。

（2）在功能区"布局"选项卡的"页面设置"选项组中单击"栏"图标，在下拉列表中选择"更多栏"命令，弹出"栏"对话框，如图3-42所示。

（3）在对话框中设置分栏数为两栏，并勾选"分隔线"复选框，单击"确定"按钮。可以看到该段文字全部分到左边一栏中。

（4）移动插入点到段落中间需要重新分栏的位置，在"布局"选项卡的"页面设置"选项组中单击"分隔符"图标，在下拉列表中选择"分栏符"命令。

（5）在快速访问工具栏中单击"保存"图标，保存文档。

3.5.4 设置页眉和页脚

页眉是指在每一页纸的上边距区域中插入的内容，一般用于描述书刊、杂志的名称或章节等；页脚是指在每一页纸的下边距区域中插入的内容，如页码、日期、作者姓名等。

Word默认的文档格式没有页眉和页脚，可以按需要添加统一的页眉和页脚、首页不同的页眉和页脚、奇偶页不同的页眉和页脚。设置方法是在功能区"插入"选项卡的"页眉和页脚"选项组中单击"页眉"或"页脚"图标，在下拉列表中选择一种页眉或页脚的样式，进入页眉或页脚的编辑状态，利用如图3-44所示的"页眉和页脚"选项卡进行编辑。

图 3-44　"页眉和页脚"选项卡

【例 3-11】　为文档"世界杯.docx"添加页眉和页脚。页眉样式为"怀旧",内容为"世界杯介绍"和当前日期;页脚内容为页码,页码格式为"加粗显示的数字 2"。设置后的效果如图 3-39 所示。

【操作步骤】

(1) 打开文档,在功能区"插入"选项卡的"页眉和页脚"选项组中单击"页眉"图标,在下拉列表中选择"怀旧"命令,进入页眉编辑状态。

(2) 在页眉左侧"文档标题"处输入页眉内容"世界杯介绍",在右侧"日期"处单击,然后单击右侧下拉按钮,选择日期为"今日"。

(3) 在功能区"页眉和页脚"选项卡的"导航"选项组中单击"转至页脚"图标,切换到页脚的编辑状态。

(4) 在"页眉和页脚"选项卡的"页眉页脚"选项组中单击"页码"图标,在下拉列表中选择"页面底端"→"加粗显示的数字 2"命令。

(5) 单击"页眉和页脚"选项卡中的"关闭页眉和页脚"图标,结束页眉和页脚的编辑。

(6) 在快速访问工具栏中单击"保存"图标,保存文档,然后关闭文档。

3.5.5　打印文档

对文档设置好打印格式后,便可以打印文档了。打印文档的具体步骤如下。

(1) 在功能区"文件"菜单中选择"打印"命令。

(2) 在如图 3-45 所示的"打印"窗口中按需要设置打印参数,如打印的纸张大小、打印的方向(横向、纵向)、打印份数、打印的范围(整个文档、当前页、特定页面等)等。

(3) 单击"打印"按钮开始打印。

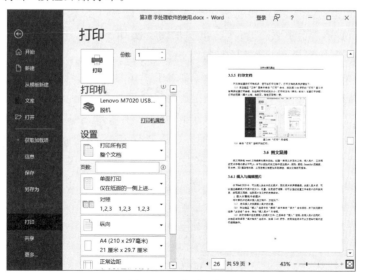

图 3-45　"打印"窗口

3.6　图　文　混　排

图文混排是 Word 文档编辑的基本技能。创建一篇图文并茂的文档，插入图片、文本框或艺术字等内容必不可少。本节介绍如何在文档中添加图片、图形、图标、SmartArt 流程图、艺术字、3D 模型等内容，从而使文档更加生动活泼，增强文档的可读性。

3.6.1　插入与编辑图片

在 Word 2019 中，可以插入来自本机的图片、联机图片和屏幕截图。在插入图片后，可以通过编辑图片对图片的大小、位置、效果进行调整，还可以通过设置文字与图片的环绕关系，实现图文混排，达到图片与文字的完美结合。

1. 插入计算机中的图片

将计算机中的图片插入文档中，方法如下。

（1）将插入点定位到要插入图片的位置。

（2）在功能区"插入"选项卡的"插图"选项组中单击"图片"图标，在下拉列表中选择"此设备"命令，弹出"插入图片"对话框。

（3）在对话框中选定要插入的图片文件，然后单击"插入"按钮。在插入图片的同时，功能区自动显示"图片格式"选项卡，如图 3-46 所示。使用该选项卡可以方便地对图片进行编辑。

图 3-46　"图片格式"选项卡

2. 插入联机图片

联机图片是通过搜索网络资源获得的图片。这些图片不仅内容丰富，而且涵盖了用户日常工作的各个领域，非常实用。插入联机图片的方法如下。

（1）将插入点定位到要插入联机图片的位置。

（2）在功能区"插入"选项卡的"插图"选项组中单击"图片"图标，在下拉列表中选择"联机图片"命令，弹出"联机 图片"对话框，其中显示出众多的图片分类，如图 3-47 所示。

（3）在图片分类中找到要插入图片的分类，如"苹果"，单击它，对话框中显示出各种各样的苹果图片。如果无法找到所需图片分类，可以在对话框的搜索文本框中输入要搜索的关键字，如"葡萄"，然后按回车键。稍等片刻之后，显示出搜索的结果。

（4）在搜索结果中选定要插入的图片，然后单击"插入"按钮，将其插入。

3. 插入屏幕截图

Word 2019 允许用户将系统中打开的窗口屏幕或屏幕的一部分插入文档中，具体方法如下。

（1）将插入点定位到要插入屏幕截图的位置。

（2）在功能区"插入"选项卡的"插图"选项组中单击"屏幕截图"图标，如图 3-48 所示。

图 3-47 "联机 图片"对话框

当前打开的所有程序窗口都以缩略图的形式显示在"可用的视窗"中,当鼠标指针悬停在缩略图上时,Word 将提示该窗口的程序名称或文档标题。

图 3-48 "屏幕截图"图标

（3）若要插入某个窗口,单击"可用的视窗"中该窗口的缩略图即可。

（4）若要添加某窗口的一部分,选择"可用的视窗"下方的"屏幕剪辑"命令,当前窗口显示在屏幕上。当鼠标指针变成十字时,拖动选定要捕获的屏幕区域。如果有多个窗口打开,操作前需要先单击要剪辑的窗口,然后再选择"屏幕剪辑"命令。

4. 选定图片

在编辑图片之前,首先要选定图片。单击图片即可将图片选定。图片被选定后,图片四周会出现尺寸控点,同时,功能区自动显示"图片格式"选项卡,如图 3-46 所示。

5. 调整图片大小

（1）拖动法。首先单击要改变大小的图片,将其选定,然后移动鼠标指针到某个尺寸控点,当鼠标指针变为双向箭头时,拖动鼠标。此时,图片大小以一个虚线框表示,在获得满意大小后释放鼠标。该方法只能粗略地改变图片的大小。

（2）精确设置法。若要精确设置图片的尺寸,可以在选定图片后,在功能区"图片格式"选项卡的"大小"选项组中单击"高度"图标 和"宽度"图标 右侧的箭头,或在箭头左侧文本框中直接输入图片的高度、宽度值。

6. 调整图片位置

若要调整图片在文档中的位置,首先选定图片,然后移动鼠标指针到图片的非尺寸控点处,再将图片拖动到目标位置。

7. 裁剪图片

若要对图片进行裁剪，首先选定图片，然后在功能区"图片格式"选项卡的"大小"选项组中单击"裁剪"图标。此时，图片的边缘和四角处会显示黑色裁剪控制柄，拖动裁剪控制柄即可对图片进行裁剪。

此外，Word 2019 还提供了按纵横比裁剪图片、将图片裁剪为任意的形状等功能，让图片效果更加多样化。实现的方法是选定图片之后，在功能区"图片格式"选项卡的"大小"选项组中单击"裁剪"图标的下拉按钮，在下拉列表中选择相应命令。例如，选择"裁剪为形状"命令，在弹出的级联菜单中选择需要裁剪成的形状样式（如"椭圆"）后，对图片进行裁剪。然后还可以使用下拉列表中的"填充"和"适合"命令对图片进行调整。

8. 图文混排

在插入图片之后，文档中就具备了文字和图片两种对象，这两种对象之间是具有层次关系的。图片可以浮于文字之上，也可以衬于文字之下，还可以与文字同处一层。通常，在文档中插入图片后，图片周围的文字会被"挤走"，这是因为 Word 默认将图片嵌入文字所在层。通过设置文字与图片的环绕关系，可以实现图文混排，达到图片与文字的完美结合。

图文混排时，图片的布局方式有 7 种，分别是嵌入型、四周型、紧密型环绕、穿越型环绕、上下型环绕、衬于文字下方、浮于文字上方。各种布局方式的图文混排效果如图 3-49 所示。

图 3-49 各种图文混排的效果

图 3-50 "布局选项"窗格

设置图文混排最简单的方法是，单击图片将其选定，此时图片右侧会出现"布局选项"图标，单击该图标，在弹出的"布局选项"窗格中选择一种环绕方式，如图 3-50 所示。

9. 设置图片效果

插入图片后，可以使用功能区"图片格式"选项卡中"调整"选项组的命令调整图片的亮度、对比度，锐化（柔化）图片，为图片重新着色、设置图片的艺术效果、删除图片背景等；还可以使用"图片样式"选项组的命令为图片添加边框或设置阴影、映像、发光、棱台、三维旋转等效果。图 3-51 给出了几个设置不同效果的图片示例。

【例 3-12】 对文档"世界杯.docx"按如下要求进行图文混排，设置后的效果如图 3-52 所示。

原图片

删除背景的图片

冲蚀效果图片

调制亮度与对比度的图片

添加"影印"效果的图片

设置棱台样式的图片

柔化边缘的图片

自定义边框的图片

图 3-51　设置不同效果的图片示例

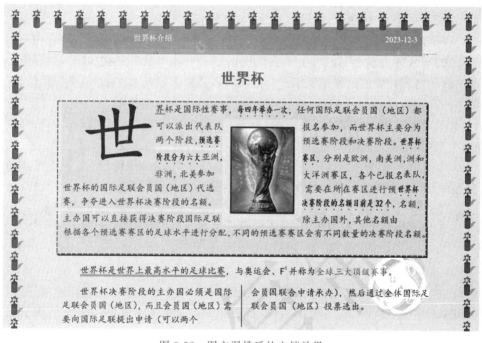

图 3-52　图文混排后的文档效果

（1）在文档第二段的中间插入准备好的图片文件"世界杯.jpg"，调整其大小、位置，设置"四周型"环绕方式、"塑封"艺术效果，并添加主题颜色"黑色，文字 1"、1.5 磅宽的边框。

（2）在文档末尾位置插入任意一个联机图片"足球"，裁剪图片中的足球部分，设置为冲蚀效果，衬于文字下方。

【操作步骤】

（1）打开文档，将插入点定位在文档第二段的中间位置。

（2）在功能区"插入"选项卡的"插图"选项组中单击"图片"图标，在下拉列表中选择"此设备"命令，弹出"插入图片"对话框。

（3）在对话框中选择要插入的图片文件"世界杯.jpg"，单击"插入"按钮，将其插入。插入的图片自动处于选定状态。

（4）移动鼠标指针到图片的尺寸控点，当鼠标指针变为双向箭头时，拖动鼠标，将图片调整为适当大小。再移动鼠标指针到图片的非尺寸控点处，拖动图片到合适的位置。

（5）单击图片右侧的"布局选项"图标，在弹出的"布局选项"窗格中单击"文字环绕"中的"四周型"图标，设置图片为"四周型"环绕。

（6）在"图片格式"选项卡的"调整"选项组中单击"艺术效果"图标，在下拉列表中选择"塑封"艺术效果（倒数第二行最后一个）。

（7）在"图片样式"选项组中单击"图片边框"图标，在下拉列表中"主题颜色"区域选择"黑色，文字1"，为图片添加黑色边框。再次在"图片样式"选项组中单击"图片边框"图标，在下拉列表中选择"粗细"为"1.5磅"。

（8）移动插入点到文档的末尾，在"插入"选项卡的"插图"选项组中单击"图片"图标，在下拉列表中选择"联机图片"命令，弹出"联机图片"对话框。

（9）在对话框的搜索框中输入关键字"足球"，然后按回车键。稍等片刻之后，显示出搜索结果。在其中选定一幅图片，然后单击"插入"按钮，将其插入。

（10）在功能区"图片格式"选项卡的"大小"选项组中单击"裁剪"图标的下拉按钮，在下拉列表中选择"裁剪为形状"命令，在级联菜单中选择"基本形状"中的"椭圆"，然后拖动裁剪框上的控制柄将图片中的足球裁剪出来。期间可以选择下拉列表中的"填充"和"适合"命令进行调整。

（11）在功能区"图片格式"选项卡的"调整"选项组中单击"颜色"图标，在下拉列表的"重新着色"区域选择"冲蚀"命令。

（12）单击图片右侧的"布局选项"图标，在"布局选项"窗格中选择"文字环绕"中的"衬于文字下方"命令，将图片设置为底图。然后移动鼠标指针到图片的非尺寸控点处，拖动图片到合适的位置。

（13）在快速访问工具栏中单击"保存"图标，保存文档，然后关闭文档。

3.6.2　应用图标与3D模型

Word 2019新增了图标与3D模型，不仅可以在文档中插入图标和3D模型，还可以对其进行编辑和美化，使插入的图标和3D模型更能满足文档的需要，Word文档演示也从二维提升至三维。

1. 插入图标

Word 2019的图标库中分类包含了多种丰富、实用的图标，基本可以满足日常需求。插入图标的方法是，将插入点定位到需要插入图标的位置，在功能区"插入"选项卡的"插图"选项组中单击"图标"图标，弹出"插入图标"对话框，如图3-53所示。根据需要在对话框左侧的分类图标列表中选择一个分类，如"动物"，然后在右侧的图标窗格内选择所需图标，再单击"插入"按钮。

插入图标后，可以调整图标的大小、位置及图文混排等，方法与图片的设置方法相同。此外，使用功能区"图形格式"选项卡中的命令可以对图标进行编辑和格式设置，设置方法与图片、图形的设置方法相似，不再赘述。

2. 插入3D模型

微软提供的3D模型库中包含大量高质量的3D模型。通过Word 2019中新增的插入

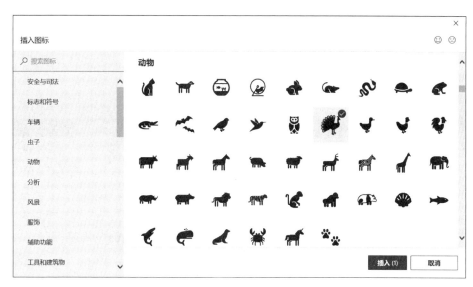

图 3-53 "插入图标"对话框

3D 模型功能,可以在文档中插入来自"此设备"的 3D 模型和"库存 3D 模型"。插入 3D 模型的方法如下。

(1) 将插入点定位到需要插入 3D 模型的位置,在功能区"插入"选项卡的"插图"选项组中单击"3D 模型"图标后的下拉按钮,在下拉列表中选择"此设备"或"库存 3D 模型"命令。

(2) 如果选择"此设备",则弹出"插入 3D 模型"对话框,在对话框中找到本机中要插入的 3D 模型文件,再单击"插入"按钮即可。

(3) 如果选择"库存 3D 模型",则弹出"联机 3D 模型"对话框,如图 3-54 所示。根据需要在对话框的 3D 模型分类列表中选择一个分类,如 Animated Animals,然后单击要插入的3D 模型,再单击"插入"按钮。

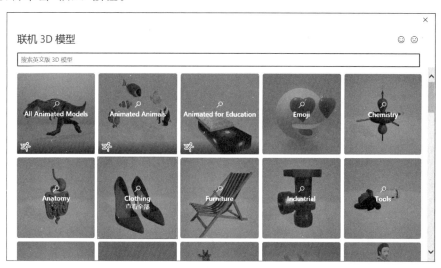

图 3-54 "联机 3D 模型"对话框

插入 3D 模型后,可以调整模型的大小、位置及图文混排等,方法与图片的设置方法相同。此外,使用功能区"3D 模型"选项卡可以对 3D 模型进行编辑。

3. 修改 3D 模型视图

Word 2019 为每个 3D 模型都提供了多种不同的视图方式，将视图应用到 3D 模型上，可以使文档中的 3D 模型快速变成需要的效果。具体操作方法是，选定要修改视图的 3D 模型，在功能区"3D 模型"选项卡的"3D 模型视图"选项组中单击需要的视图方式，如图 3-55 所示。

图 3-55　"3D 模型"选项卡

此外，拖动 3D 模型中间的旋转图标，可以调整 3D 模型的旋转角度，更加灵活地调整 3D 模型的视图角度。

4. 平移或缩放 3D 模型

Word 2019 为 3D 模型提供了非常实用的平移与缩放功能，通过该功能可以聚焦 3D 模型的局部区域。具体操作方法如下。

（1）选定 3D 模型，在功能区"3D 模型"选项卡的"大小"选项组中单击"平移与缩放"图标，如图 3-55 所示，此时模型边框右侧会出现放大镜图标。

（2）移动鼠标指针到"放大镜"图标上，向上拖动可以放大模型，向下拖动可以缩小模型。

（3）单击 3D 模型任意位置（不包括旋转图标），此时鼠标指针变为，拖动模型调整其在模型框内的位置。

【例 3-13】　对文档"世界杯.docx"按如下要求进行图文混排，设置后的效果如图 3-56 所示。

图 3-56　图文混排后的文档效果

（1）在第一段标题文字"世界杯"两侧插入"体育"类中的"足球"图标，调整其大小，并设置图标的图形样式为"彩色填充-强调颜色5、无轮廓"。

（2）在文档第三段开始的位置插入一个联机3D模型，Sports分类中的"动画3D足球"。修改3D模型的视图方式为"底视图"，调整3D模型的大小和位置，然后适当缩放足球的大小。

【操作步骤】

（1）打开文档，按快捷键Ctrl＋Home，将插入点定位在文档起始位置。

（2）在功能区"插入"选项卡的"插图"选项组中单击"图标"图标，弹出"插入图标"对话框。

（3）在对话框左侧的分类图标列表中选择"体育"分类，在右侧的图标窗格中单击"足球"图标，再单击"插入"按钮，插入图标。

（4）移动鼠标指针到图标边框的尺寸控点，当鼠标指针变为双向箭头时，向内拖动，将图标大小调整为与文字大小相似。

（5）在功能区"图形格式"选项卡的"图形样式"选项组中选择预设图形样式"彩色填充-强调颜色5、无轮廓"，然后将图标复制到标题文字"世界杯"之后。

（6）在第三段文字开始的地方单击，然后在功能区"插入"选项卡的"插图"选项组中单击"3D模型"图标后的下拉按钮，在下拉列表中选择"库存3D模型"命令，弹出"联机3D模型"对话框。

（7）在对话框的3D模型类型列表中单击Sports分类，找到并单击要插入的动画3D足球，再单击"插入"按钮。

（8）在功能区"3D模型"选项卡的"3D模型视图"选项组中单击"底视图"图标，修改模型的视图方式为"底视图"。

（9）移动鼠标指针到模型边框的尺寸控点，当鼠标指针变为双向箭头时，拖动并适当调整模型的大小。然后移动鼠标指针到模型非尺寸控点的位置，当鼠标指针变为✛时，拖动并适当调整模型的位置。

（10）在功能区"3D模型"选项卡的"大小"选项组中单击"平移与缩放"图标，此时模型边框右侧出现放大镜图标。移动鼠标指针到放大镜图标上，上下拖动调整足球的大小。

（11）在快速访问工具栏中单击"保存"图标，保存文档，然后关闭文档。

3.6.3 绘制图形

除了插入图片等对象之外，Word 2019还允许在文档中绘制图形，包括形状和SmartArt图形。图形可以直接绘制在文档中，也可以绘制在绘图画布上。

1. 在文档中插入图形

（1）在功能区"插入"选项卡的"插图"选项组中单击"形状"图标，在下拉列表中选择一种形状，如图3-57所示。

（2）移动鼠标指针到文档中要绘制图形的位置并拖动，当获得满意大小的图形时释放鼠标，绘制出选定的图形。绘制出图形后，Word在功能区自动打开"形状格式"选项卡，如图3-58所示。

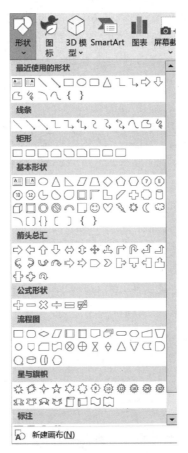

图 3-57　"形状"选项

图 3-58　"形状格式"选项卡

2. 编辑图形

利用功能区"形状格式"选项卡可以对插入的图形进行编辑、设置效果。常用操作如下。

（1）插入形状。在"插入形状"选项组中单击要插入的形状，然后在文档中要插入形状的位置单击或拖动。

（2）更改形状。单击文档中要更改的形状，在"插入形状"选项组中单击"编辑形状"图标 ⬡▾，在下拉列表中选择"更改形状"命令，在级联菜单中选择要更换为的其他形状；或者在下拉列表中选择"编辑顶点"命令，此时待编辑图形边框处于红色待编辑状态，将鼠标指针移至待编辑图形任意顶点附近，鼠标指针变为 ✥，拖动并调整形状。

（3）调整形状的大小。单击要调整大小的形状，然后移动插入点到形状的某个尺寸控点，当鼠标指针变为双向箭头时，拖动鼠标；或者在"大小"选项组中的"高度"或"宽度"文本框中输入新尺寸。

（4）在形状中添加文字。右击要添加文字的形状，在弹出的菜单中选择"编辑文字"命令,然后输入文字。

（5）对形状应用样式和效果。在"形状样式"选项组中,将鼠标指针停留在某一样式上可以查看应用该样式时形状的外观,单击样式即可应用;也可以单击"形状填充""形状轮廓""形状效果"图标自定义形状的样式和效果。

（6）删除形状。选定要删除的形状,按 Delete 键。

3. 图形对象的组合与取消组合

当绘制的图形对象包括几个形状时,如果能将每个独立的形状组合成一个整体,对图形对象的操作会更加方便,特别是在移动或复制图形对象时。在画布上绘制的图形,Word 自动将其整合在一起,在画布之外绘制的图形,可以根据需要对图形进行组合或取消组合。具体步骤如下。

（1）选定要组合的形状。方法是首先单击选定第一个形状,然后按住 Ctrl 键,再单击每一个要选定的形状。

（2）在"形状格式"选项卡的"排列"选项组中单击"组合"图标 ⊞⌄,在下拉列表中选择"组合"命令。

（3）若要取消已有的组合,可以在选定组合对象后,在"形状格式"选项卡的"排列"选项组中单击"组合"图标,在下拉列表中选择"取消组合"命令。

4. 在画布上绘图

画布是一个区域,可以在该区域绘制多个形状。因为形状包含在画布内,所以调整画布大小时这些形状的大小会自动调整;移动画布时,画布内的形状也会自动移动。当图形对象包括几个形状时,这个功能非常方便,无须用户再进行对象的组合操作。

在画布上绘图与在文档中绘图的区别是,绘图之前要打开画布,之后的操作完全相同。

打开画布的方法是,在功能区"插入"选项卡的"插图"选项组中单击"形状"图标,在下拉列表中选择"新建画布"命令。

画布默认没有背景或边框,但如同处理图形对象一样,也可以对画布应用格式。图 3-59 展示了在画布上绘制的图形,并对绘图画布应用了边框和底纹格式。

5. SmartArt 图形

SmartArt 图形可以快速、轻松、有效地传达信息,是信息和观点的视觉表示形式。使用 SmartArt 图形可以快速创建具有设计师水准的插图。

创建 SmartArt 图形时,系统将提示用户选择一种 SmartArt 图形类型,如"流程""层次结构""循环"或

图 3-59 "画布"的应用

"关系"等。表 3-3 给出了一些常用 SmartArt 图形的作用,可供用户使用时参考。

表 3-3 常用 SmartArt 图形的作用

SmartArt 图形类型	图形的作用
列表	显示无序信息
流程	在流程或日程表中显示步骤

续表

SmartArt 图形类型	图形的作用
循环	显示连续的流程
层次结构	显示决策树、创建组织结构图
关系	图示连接
矩阵	显示各部分如何与整体关联
棱锥图	显示与顶部或底部最大部分的比例关系
图片	绘制带图片的族谱

（1）创建 SmartArt 图形。在功能区"插入"选项卡的"插图"选项组中单击"SmartArt"图标，弹出"选择 SmartArt 图形"对话框，如图 3-60 所示。在对话框中选择所需的 SmartArt 图形类型和布局，插入选定的 SmartArt 图形，然后单击图形中的"文本"，输入文本内容。

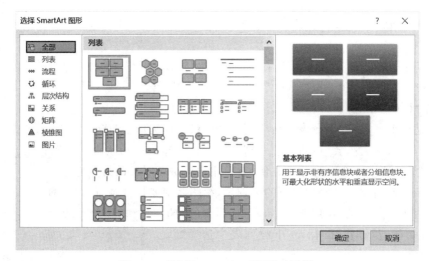

图 3-60　"选择 SmartArt 图形"对话框

（2）在 SmartArt 图形中添加或删除形状。单击要向其中添加形状的 SmartArt 图形，打开功能区的"SmartArt 设计"选项卡，如图 3-61 所示。在要添加新形状的位置单击某个形状，在功能区"SmartArt 设计"选项卡的"创建图形"选项组中单击"添加形状"图标后的下拉按钮，根据需要选择"在后面添加形状"或"在前面添加形状"等。

图 3-61　"SmartArt 设计"选项卡

若要从 SmartArt 图形中删除某个形状，可以单击要删除的形状，然后按 Delete 键。若要删除整个 SmartArt 图形，单击 SmartArt 图形的边框，然后按 Delete 键。

（3）更改整个 SmartArt 图形的颜色。Word 允许将来自"主题颜色"的颜色变体应用于 SmartArt 图形，方法是单击 SmartArt 图形，将其选定，然后在功能区"SmartArt 设计"选项卡的"SmartArt 样式"选项组中单击"更改颜色"图标，在下拉列表中选择所需的颜色变体。

（4）应用 SmartArt 样式。SmartArt 样式是各种效果（如线型、棱台或三维）的组合，可应用于 SmartArt 图形中的形状以创建独特且具专业设计效果的外观。应用 SmartArt 样式的方法是，单击 SmartArt 图形，将其选定，然后在功能区"SmartArt 设计"选项卡的"SmartArt 样式"选项组中单击所需的 SmartArt 样式。

（5）调整 SmartArt 图形的大小。若要调整 SmartArt 图形的大小，单击 SmartArt 图形的边框，然后向里或向外拖动尺寸控点，直至 SmartArt 图形达到所需的大小。

（6）SmartArt 图形格式设置。若要对 SmartArt 图形进行深入加工，例如，在图形中使用各种艺术字效果，设置形状效果、排列方式等，可以在选定 SmartArt 图形后，单击功能区"SmartArt 工具"中的"格式"选项卡，如图 3-62 所示。在该选项卡中根据需要选择合适的命令进行设置。图 3-63 给出了几个简单的 SmartArt 图形应用示例。

图 3-62　"SmartArt 工具"中的"格式"选项卡

图 3-63　SmartArt 图形应用示例

3.6.4　使用文本框

文本框是 Word 提供的一种可以在页面上任意位置放置文本的工具。在 Word 中，不仅可以在文本框中输入文本，还可以插入图片。因而，使用文本框可以创建更好的图文效果。

1. 建立文本框

在功能区"插入"选项卡的"文本"选项组中单击"文本框"图标，在下拉列表的"内置"样式中选择一个文本框，该文本框自动插入文档中，同时在功能区自动打开"形状格式"选项卡。利用该选项卡可以设置文本框格式、图文混排方式等，方法与"绘制图形"的操作相似。若要向文本框中添加文本，在文本框内单击，然后输入或粘贴文本即可。

若内置文本框不能满足需求，还可以自己绘制文本框，方法如下。

（1）在功能区"插入"选项卡的"文本"选项组中单击"文本框"图标，在下拉列表中选择"绘制横排文本框"或"绘制竖排文本框"命令。

（2）在文档中适当位置拖动，绘制所需大小的文本框。

（3）在文本框内输入文本。

图 3-64 给出了几个文本框应用示例。

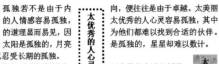

图 3-64　文本框应用示例

2. 文本框的常用操作

（1）选定文本框。在改变文本框的大小或移动其位置时，首先要选定文本框。方法是移动鼠标指针到文本框内，然后单击。

（2）移动文本框。首先选定文本框，然后移动鼠标指针到文本框的边框，当鼠标指针变为 ↔ 时，拖动文本框到指定位置。

（3）改变文本框的大小。选定文本框，然后移动鼠标指针到文本框的尺寸控点，当鼠标指针变为双向箭头（↘、↗、↕、↔）时，拖动鼠标。值得注意的是，文本框大小的改变不影响文本框内文字的大小，文本框变小时，其中的部分内容将不可见。

（4）编辑文字。在文本框内部单击。此时，文本框内显示出不断闪烁的插入点，此时可以进行文字的编辑。

（5）设置文本框格式。既可以对文本框本身设置格式，也可以对其内部的文字设置格式。

若要设置文本框中文本的格式，可以先选定文本，然后使用功能区"开始"选项卡中"字体"选项组的命令进行设置。

若要设置文本框的格式，可以先选定文本框，然后使用功能区"形状格式"选项卡中"形状样式"选项组的命令设置文本框的边框、填充效果、外观效果（阴影、三维）；使用其中"排列"选项组中的命令设置文本框的图文混排方式；使用其中"文本"选项组中的命令设置文本框中文字的方向、文字的对齐方式及创建文本框的链接，如图 3-58 所示。

（6）创建文本框的链接。Word 允许将创建的多个相同类型的文本框链接到一起，以便文本能够从一个文本框延续到另一个文本框。链接文本框的方法是，单击其中一个文本框，然后在功能区"形状格式"选项卡的"文本"选项组中单击"创建链接"图标，此时，鼠标指针变成 🍵。移动鼠标指针到要链接到的文本框（注意：该文本框必须为空白文本框，不能有任何内容），然后单击。

（7）删除文本框。单击要删除的文本框的边框，然后按 Delete 键。

3.6.5　制作艺术字

艺术字是可以添加到文档中的装饰性文本。与文本框一样，艺术字也是一种图形对象。通过使用艺术字，可以使文字达到特殊的效果，从而美化文档。

1. 插入艺术字

插入艺术字的方法如下。

（1）在文档中要插入艺术字的位置单击，定位插入点。

（2）在功能区"插入"选项卡的"文本"选项组中单击"艺术字"图标，弹出艺术字样式下拉列表，如图 3-65 所示。

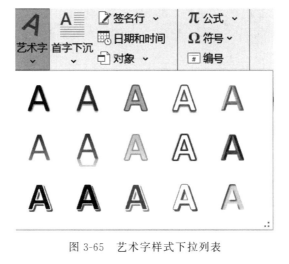

图 3-65　艺术字样式下拉列表

（3）在艺术字样式下拉列表中单击选定的艺术字样式图标，则插入点处插入选定样式的艺术字，内容为"请在此放置您的文字"。

（4）输入要设置为艺术字的文字，如"艺术字应用举例"，效果如图 3-66 所示。

2．编辑艺术字

在插入艺术字后，使用功能区"形状格式"选项卡可以对艺术字进行编辑，如图 3-58 所示。最常用的编辑是使用"艺术字样式"选项组中的命令修改艺术字的外观效果，包括更换其他的预设艺术字样式，修改艺术字的填充颜色及轮廓颜色，设置艺术字的阴影效果、映像效果、发光效果、三维旋转效果，以及转换艺术字形状等。图 3-66 中的艺术字就是设置了填充颜色及轮廓颜色，并应用了发光效果和转换为"拱形"后的效果。

此外，使用"形状样式"选项组中的命令可以设置艺术字的边框、填充效果、阴影、三维外观效果；使用"排列"选项组中的命令可以设置艺术字的图文混排方式；使用"文本"选项组中的命令可以设置艺术字的文字方向。

【例 3-14】　综合使用图形、艺术字、文本框制作图 3-67 所示的"电子公章样例"。

图 3-66　"艺术字"效果举例　　　　图 3-67　电子公章样例

【操作步骤】

（1）新建一个文档，在功能区"插入"选项卡的"插图"选项组中单击"形状"图标，在下拉列表中选择"椭圆"形状，按住 Shift 键，然后拖动鼠标，创建一个合适大小的正圆。

（2）在功能区"形状格式"选项卡的"形状样式"选项组中单击"形状填充"图标，在下拉列表中选择"无填充"命令；单击"形状轮廓"图标，在下拉列表中选择标准色"红色"，选择"粗细"为"6磅"。

（3）在功能区"插入"选项卡的"文本"选项组中单击"艺术字"图标，在下拉列表中选择一种艺术字样式，如第三行第二列的艺术字。

（4）在文档中"请在此放置您的文字"部分输入文字"Ｗｏｒｄ专用公章"。注意：在文字之间插入空格，使其间距加宽。

（5）选定艺术字，在功能区"形状格式"选项卡的"艺术字样式"选项组中单击"文本填充"图标，在下拉列表中选择标准色"红色"；单击"文本轮廓"图标，在下拉列表中选择标准色"红色"；单击"文本效果"图标，在下拉列表中选择"转换"→"跟随路径"→"拱形"命令。

（6）拖动艺术字到圆的内部，然后拖动艺术字四周的尺寸控点，调整艺术字的形状，使其弧度与前面创建的圆的弧度一致，如图3-67所示。

（7）在功能区"插入"选项卡的"插图"选项组中单击"形状"图标，在下拉列表的"星与旗帜"区域选择"星形：五角"，按住Shift键，拖动鼠标，在艺术字下方创建一个合适大小的正五角星。

（8）选定正五角星，在功能区"形状格式"选项卡的"形状样式"选项组中单击"形状填充"图标，在下拉列表中选择标准色"红色"；单击"形状轮廓"图标，在下拉列表中选择标准色"红色"。

（9）在功能区"插入"选项卡的"文本"选项组中单击"文本框"图标，在下拉列表中选择"绘制横排文本框"命令，在圆内绘制一个横排文本框，并输入文字"练习专用"。

（10）选定文本框，在功能区"开始"选项卡的"字体"选项组中，设置文本框中文字的"字号"为"二号"，"字体颜色"为"红色"。

（11）在功能区"形状格式"选项卡的"形状样式"选项组中单击"形状填充"图标，在下拉列表中选择"无填充"命令；单击"形状轮廓"图标，在下拉列表中选择"无轮廓"命令。

（12）在快速访问工具栏中单击"保存"图标，保存文档，然后关闭文档。

3.7　制作表格

表格是文档的一个重要组成部分，具有直观、简明、信息量大的特点。在Word中使用表格，可以使文档的内容更加丰富，表达一些文本不能充分表达的信息，使庞杂的数据清晰明了。

3.7.1　创建表格

Word 2019提供了多种创建表格的方法，这里介绍最常用的三种方法。

1. 使用"插入表格"样表创建表格

该功能特别适合创建简单的小表格，Word中预设的"插入表格"样表最大为8行10列。

【例3-15】　新建一个Word文档"表格.docx"，在其中创建表3-4所示的"学生成绩表"。

表 3-4　学生成绩表

学号	姓名	语文	数学	计算机
1	王晓鹏	96	82	86
2	于爱玲	84	90	93
3	付　琦	67	72	82
4	王雪莹	67	52	63
5	崔丽颖	86	48	63

【操作步骤】

（1）新建一个 Word 文档，然后在功能区"插入"选项卡的"表格"选项组中单击"表格"图标，弹出如图 3-68 所示的下拉列表。

（2）在下拉列表的"插入表格"样表中拖动，选定指定大小的表格。本例中选定一个 6 行 5 列的表格。释放鼠标，在插入点处插入一个空白表格。

（3）向表格中输入表 3-4 所示的数据。

（4）保存文档，将文档命名为"表格.docx"。

提示：在向表格中输入数据时，可以按 Tab 键切换单元格。当插入点位于表格中最后一个单元格时，按 Tab 键可以在表格的末尾增加一行。用该方法可以无限扩展表格。

2. 使用"插入表格"命令创建表格

如果要创建的表格比较大（超过 8 行 10 列），无法用"插入表格"样表创建，可以在图 3-68 所示的下拉列表中选择"插入表格"命令，弹出"插入表格"对话框，如图 3-69 所示。在对话框中输入表格的"列数"和"行数"，再单击"确定"按钮，可以在插入点处插入一个空白表格。

图 3-68　"插入表格"下拉列表

图 3-69　"插入表格"对话框

此外，还可以通过选择图 3-68 所示的下拉列表中的"快速表格"命令，创建 Word 已经设置好样式的"内置"表格，不再赘述。

3. 绘制表格

对于行列数不一致的不规则表格，使用创建表格的方法无法直接创建。这时，最方便的方法就是绘制表格。

【例 3-16】 打开例 3-15 创建的文档"表格.docx"，在文档末尾用绘制表格的方法绘制表 3-5 所示的"比赛得分记录表"。

表 3-5 比赛得分记录表

比赛得分记录表		乙 组			备注
		A	B	C	
甲组	A	2 : 1	2 : 2	2 : 1	
	B	3 : 1	1 : 4	3 : 1	
	C	1 : 3	0 : 1	1 : 3	

【操作步骤】

（1）双击文档"表格.docx"将其打开。

（2）在功能区"插入"选项卡的"表格"选项组中单击"表格"图标，在下拉列表中选择"绘制表格"命令。此时，鼠标指针变为一支铅笔。

（3）移动鼠标指针到要绘制表格的位置并拖动，画出表格的外框。在拖动过程中，表格的外框会以一个虚线框的形式表示出来，达到满意大小时释放鼠标。

（4）在表格内指定位置反复拖动，依次画出每条表格内线。表格内线可以是横线、竖线或斜线。例如，可以按照图 3-70 所示的步骤画出表格内线。

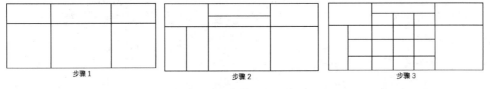

图 3-70 绘制表格的步骤

（5）对于画错的表线，可以随时擦除。方法是在表格工具"布局"选项卡的"绘图"选项组中单击"橡皮擦"图标，如图 3-71 所示。然后移动鼠标指针到要擦除的表线上，再单击。若要再次画线，只需在"绘图"选项组中单击"绘制表格"图标即可。

图 3-71 表格工具"布局"选项卡

（6）按照表 3-5 向表格中输入数据，然后保存文档。

3.7.2 表格与文字之间的相互转换

在 Word 2019 中，可以将表格中的数据直接转换为文本，也可以将已经输入的文本转换为表格。

1. 将表格转换为文本

Word 2019 可以将整个表格转换为文本，也可以将表格的一部分转换为文本。

【例 3-17】 将文档"表格.docx"中的"学生成绩表"转换为文本。

【操作步骤】

（1）双击文档"表格.docx"将其打开，在"学生成绩表"中单击，将插入点定位在表格中。

（2）在功能区"表格工具"中的"布局"选项卡的"数据"选项组中单击"转换为文本"图标，如图 3-70 所示，弹出"表格转换成文本"对话框，如图 3-72 所示。

（3）在对话框中选择一种文字分隔符，如制表符，然后单击"确定"按钮，完成转换。转换后的文字被 Word 自动放到图文框中。

2. 将文本转换为表格

若要将文本转换为表格，文本的各数据项之间必须使用相同的分隔符，且分隔符只能是段落标记、空格、制表符、逗号或其他特殊字符。

【例 3-18】 将例 3-17 转换的文本转换为表格。

【操作步骤】

（1）拖动选定例 3-17 转换的文本。

（2）在功能区"插入"选项卡的"表格"选项组中单击"表格"图标，在下拉列表中选择"文本转换成表格"命令，弹出"将文字转换成表格"对话框，如图 3-73 所示。

图 3-72 "表格转换成文本"对话框

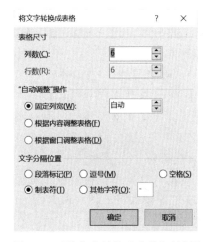

图 3-73 "将文字转换成表格"对话框

（3）若 Word 给出的表格尺寸及分隔符符合用户要求，直接单击"确定"按钮；否则，修改相应选项后，再单击"确定"按钮，完成转换。

（4）保存文档，关闭 Word 工作窗口。

3.7.3 编辑表格

创建表格后，可以根据需要对表格进行编辑。如改变表格的大小及位置，插入单元格、行或列，删除单元格、行或列，调整行高或列宽，合并或拆分单元格等。

1. 改变表格的大小和位置

在 Word 2019 中，可以直接拖动表格调整其大小和位置。具体方法如下。

（1）移动鼠标指针到要改变位置或大小的表格上。此时，表格的左上方会出现一个位置控点⊞，表格的右下方会出现一个尺寸控点▢。

（2）移动鼠标指针到表格的尺寸控点上，当鼠标指针变为 ↖ 时拖动，当表格的边框拖动到所需尺寸时释放鼠标。

（3）移动鼠标指针到位置控点，当鼠标指针变为 ✛ 时向目标位置拖动。随着位置控点的移动，表格以一个虚框的形式一起移动。到达目标位置之后，释放鼠标，则表格移动到该位置。

2. 调整表格的列宽和行高

在创建表格时，表格一般采用默认的列宽和行高。若要调整列宽或行高，常用如下三种方法。

（1）拖动表格竖线（横线）。移动鼠标指针到要更改宽度的列的右边线（或更改高度的行的下边线）上，当鼠标指针变为水平（垂直）的分裂箭头时，拖动边线，直到得到所需的列宽（行高）为止。如果在拖动的同时按住 Alt 键，在标尺上还会显示出列宽（行高）的具体数值。

该方法可以在相邻两列的总宽度保持不变的前提下调整这两列的列宽。

（2）拖动标尺上的行、列标记。移动鼠标指针到水平标尺上要更改宽度的列的右侧列标记（或垂直标尺上要更改高度的行的下侧行标记）上，当鼠标指针变为水平（垂直）方向箭头时，拖动列（行）标记，直到得到所需的列宽（行高）为止。若要了解列宽（行高）的具体数值，可以在拖动的同时按住 Alt 键。

与拖动表格竖线（横线）方法不同，拖动标尺上的列（行）标记只影响当前列（行），对相邻列（行）没有影响。

（3）用命令自动调整。选定表格，在功能区"表格工具"中的"布局"选项卡的"单元格大小"选项组中单击"自动调整"图标，如图 3-71 所示。在下拉列表中选择"根据内容自动调整表格""根据窗口自动调整表格"或"固定列宽"命令。或者在"单元格大小"选项组中单击"分布行"（"分布列"）图标，在所选行（列）之间平均分布高度（宽度）。

3. 插入行和列

最常用的插入行操作是在表格的末尾插入一行。只要将插入点定位到表格的最后一个单元格，再按 Tab 键即可。使用该方法可以随时向表格的末尾加入新行。

若要在任意行（列）之前或之后插入若干行（列）。插入前，首先要选定指定的行（列），插入的行（列）数与选定的行（列）数相关，然后在功能区"表格工具"中的"布局"选项卡的"行和列"选项组中选择一种插入方式，例如，单击"在上方插入"图标。

4. 删除表格或表格中的内容

（1）删除表格内容。首先选定要删除内容的行、列或单元格，然后按 Del 键。

（2）删除行或列。选定要删除的行或列，然后在功能区"表格工具"中的"布局"选项卡的"行和列"选项组中单击"删除"图标，在下拉列表中选择"删除行"或"删除列"命令，也可以按快捷键 Shift＋Del。

（3）删除整个表格。选定表格，然后在功能区"表格工具"中的"布局"选项卡的"行和列"选项组中单击"删除"图标，在下拉列表中选择"删除表格"命令，或直接按快捷键 Shift＋Del。

5. 合并与拆分单元格

对于不规则表格，除了使用绘制表格的方法创建外，还可以用合并与拆分单元格的方法来创建。方法是先创建一个与不规则表格相似的标准表，然后使用单元格的合并与拆分命令将标准表改为不规则表。

（1）合并单元格。选定要合并的两个或多个单元格,然后在功能区"表格工具"中的"布局"选项卡的"合并"选项组中单击"合并单元格"图标。

（2）拆分单元格。选定要拆分的单元格,然后在功能区"表格工具"中的"布局"选项卡的"合并"选项组中单击"拆分单元格"图标,弹出"拆分单元格"对话框,如图 3-74 所示。输入要拆分的行、列数,再单击"确定"按钮。

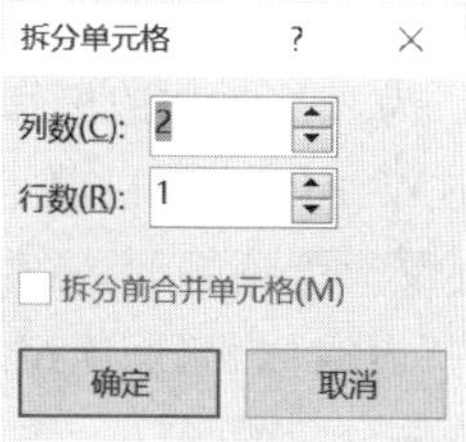

6. 拆分表格

在 Word 2019 中,允许将一个表格拆分成两个或多个子表格。方法是移动插入点到表格中要拆分为子表格的行

图 3-74　"拆分单元格"对话框

中任意一个单元格内,然后在功能区"表格工具"中的"布局"选项卡的"合并"选项组中单击"拆分表格"图标。

【例 3-19】　对文档"表格.docx"中的"学生成绩表"完成如下操作,编辑后的表格效果见表 3-6。

表 3-6　学生成绩表

学号	姓名	语文	数学	计算机	总分
1	王晓鹏	96	82	86	
2	于爱玲	84	90	93	
3	付 琦	67	72	82	
4	王雪莹	67	52	63	

（1）在表格的右侧添加"总分"列。

（2）将学号为 5 的学生从表格中删除。

（3）调整表格的列宽为"根据内容自动调整表格"。

（4）移动表格到文档合适的位置。

【操作步骤】

（1）双击文档"表格.docx"将其打开,然后移动鼠标指针到"学生成绩表"最右侧"计算机"列的顶部,当鼠标指针变为↓时,单击选定该列。

（2）在功能区"表格工具"中的"布局"选项卡的"行和列"选项组中单击"在右侧插入"图标,则表格右侧插入一列空白列,在其中输入标题"总分"。

（3）在表格最后一行的左外侧单击,选定该行,然后在功能区"表格工具"中的"布局"选项卡的"行和列"选项组中单击"删除"图标,在下拉列表中选择"删除行"命令,将该行删除。

（4）单击表格左上角的位置控点⊞,将表格选定,然后在功能区"表格工具"中的"布局"选项卡的"单元格大小"选项组中单击"自动调整"图标,在下拉列表中选择"根据内容自动调整表格"命令,自动调整表格的列宽。

（5）移动鼠标指针到表格左上角的位置控点,当鼠标指针变为⊞时,拖动位置控点,调整表格位置。

（6）单击快速访问工具栏中的"保存"图标,保存文档,然后关闭文档。

3.7.4　美化表格

适当地给表格添加边框,用颜色、图案或底纹填充单元格,可以美化表格,增强表格的表现效果,也可以使用"表格自动套用格式"命令快速地美化表格。

1. 为表格中的数据设置格式

为表格中的数据设置格式与为普通文字设置格式完全相同,不再赘述。

2. 为表格添加边框和底纹

在 Word 2019 中,既可以为整个表格添加边框和底纹,也可以为表格的一部分添加边框和底纹。无论哪种,首先都要选定相应的表格或表格的一部分,然后在功能区"表设计"选项卡的"表格样式"选项组中单击"底纹"图标添加底纹,或在"表设计"选项卡的"边框"选项组中单击对应的图标设置边框,如图 3-75 所示。

图 3-75 "表设计"选项卡

3. 改变单元格中文字的对齐方式

表格中的文字默认与单元格的左上角对齐。若要更改单元格中文字的垂直或水平方向对齐方式,可以选定要设置对齐方式的单元格,然后在功能区"表格工具"中的"布局"选项卡的"对齐方式"选项组中单击相应的对齐方式图标,如图 3-70 所示。

4. 更改文字的方向

表格中的文字默认为水平显示,若要更改文字为垂直显示,首先选定要更改文字方向的单元格,然后在功能区"表格工具"中的"布局"选项卡的"对齐方式"选项组中单击"文字方向"图标,如图 3-71 所示。

5. 表格自动套用格式

除了用前面介绍的方法个性化地修饰表格之外,还可以自动套用 Word 设置好的具有修饰功能的表格,即自动套用格式。方法是选定表格,然后在功能区"表设计"选项卡的"表格样式"选项组中单击"表格样式"右侧的下拉按钮,在打开的下拉列表中选择所需样式。

6. 为续表添加表头

若表格比较长,需要多页打印,则续表也应该有表头。实现方法是选定标题行,然后在功能区"表格工具"中的"布局"选项卡的"数据"选项组中单击"重复标题行"图标。

【例 3-20】 在文档"表格.docx"末尾,用合并单元格的方法再次制作例 3-16 中的"比赛得分记录表",然后按如下要求对表格进行编辑与美化,最终效果见表 3-7。

表 3-7 比赛得分记录表

比赛得分记录表		乙 组			备注
		A	B	C	
甲组	A	2∶1	2∶2	2∶1	
	B	3∶1	1∶4	3∶1	
	C	1∶3	0∶1	1∶3	

(1)参照表 3-7,调整"甲组"及"比赛得分记录表"所在列的列宽。

(2)将表格所有单元格中文字的对齐方式设置为"水平居中",并将单元格"甲组"的文字方向设置为"竖排"。

（3）为表格添加标准色红色、1.5 磅宽的双线外边框，以及标准色蓝色、0.75 磅宽的任意一种虚线内线。

（4）为表格中单元格设置不同颜色的底色。

【操作步骤】

（1）双击文档"表格.docx"将其打开。

（2）插入表格。在功能区"插入"选项卡的"表格"选项组中单击"表格"图标，在下拉列表的"插入表格"样表中拖动，选定 5 行 6 列，则插入点处插入一个 5 行 6 列的规则表格。

（3）调整表格的位置。移动鼠标指针到表格左上角的位置控点，当鼠标指针变为 ✛时，拖动位置控点，调整表格位置到文档末尾，与文档中"学生成绩表"间隔一段距离。

（4）修改表格为不规则表格。拖动并选定表格左上角的 4 个单元格，然后在功能区"表格工具"中的"布局"选项卡的"合并"选项组中单击"合并单元格"图标，将这 4 个单元格合并为 1 个单元格。参照表 3-7，用同样的方法合并表格中其他需要合并的单元格，然后输入表格中的数据。

（5）调整列宽。移动鼠标指针到水平标尺"甲组"列右侧的列标记上，当鼠标指针变为水平方向箭头时，向左拖动列标记，使"甲组"列的列宽变窄。用同样的方法调整"比赛得分记录表"所在列的列宽，使其变窄。

（6）设置表格文字对齐方式。单击表格的位置控点将表格选定，然后在功能区"表格工具"中的"布局"选项卡的"对齐方式"选项组中单击"水平居中"图标，使表格中文字在单元格中水平和垂直方向均居中。

（7）设置表格文字的方向。单击"甲组"所在单元格，然后在功能区"表格工具"中的"布局"选项卡的"对齐方式"选项组中单击"文字方向"图标，将"甲组"文字变为竖排。

（8）为表格添加外边框。单击表格的位置控点将表格选定，然后在功能区"表设计"选项卡的"边框"选项组中选择边框线形为双线、边框宽度为"1.5 磅"、"笔颜色"为标准色"红色"，然后单击"边框"图标的下拉按钮，在下拉列表中选择"外侧框线"命令。

（9）为表格添加内边线。在功能区"表设计"选项卡的"边框"选项组中选择边框线形为任意一种虚线线形、边框宽度为"0.75 磅"、"笔颜色"为标准色"蓝色"，然后单击"边框"图标的下拉按钮，在下拉列表中选择"内部框线"命令。

（10）单击"比赛得分记录表"单元格，然后在功能区"表设计"选项卡的"表格样式"选项组中单击"底纹"图标，在下拉列表中选择一种底纹颜色。用同样的方法为其他单元格添加底色。

（11）单击快速访问工具栏中的"保存"图标，保存文档，然后关闭文档。

3.7.5 表格的排序与计算

1. 表格的排序

在 Word 2019 中，可以对表格中的数据按照升序或降序排列，从而使表格中数据的排列更有规律。

【例 3-21】 对文档"表格.docx"中的"学生成绩表"进行排序，要求表格中数据依次按照语文、数学成绩的升序排列。

【操作步骤】

（1）双击文档"表格.docx"将其打开，然后在"学生成绩表"中任意位置单击，将插入点定位到表格中。

（2）在功能区表格工具"布局"选项卡的"数据"选项组中单击"排序"图标，弹出"排序"对话框，如图 3-76 所示。

图 3-76　"排序"对话框

（3）在对话框中，选定"有标题行"单选框，然后将"主要关键字"设置为"语文"，排序方式设置为"升序"；将"次要关键字"设置为"数学"，排序方式设置为"升序"；最后单击"确定"按钮。排序后的数据见表 3-8。

（4）单击快速访问工具栏中的"保存"图标，保存文档，然后关闭文档。

2. 表格的计算

Word 2019 表格中的数据可以经由公式进行简单的计算。如求和、求平均值、求最大值、求最小值，或者自定义公式等。但是 Word 支持的公式非常有限，而且无法实现公式的复制和粘贴。因此，如果表格中具有大量、复杂的计算，还是需要使用 Excel 来处理。

【例 3-22】　打开文档"表格.docx"，计算"学生成绩表"中每名学生的总分，计算结果见表 3-8。

表 3-8　排序后的学生成绩表

学号	姓名	语文	数学	计算机	总分
4	王雪莹	67	52	63	182
3	付　琦	67	72	82	221
2	于爱玲	84	90	93	267
1	王晓鹏	96	82	86	264

【操作步骤】

（1）双击文档"表格.docx"将其打开，然后移动插入点到"学生成绩表"中要进行求和计算的单元格中，本例中是第一名同学的总分所在单元格。

（2）在功能区表格工具"布局"选项卡的"数据"选项组中单击"公式"图标,弹出"公式"对话框,如图 3-77 所示。

图 3-77 "公式"对话框

（3）在对话框中,公式自动显示为"＝SUM(LEFT)",表示对当前单元格左侧的单元格求和,符合本题要求,因此,直接单击"确定"按钮,得到表 3-8 所示的结果。

提示：在表格计算时,Word 默认对公式上方的单元格(ABOVE)进行计算,公式上方无数值时,才对公式左面的单元格(LEFT)进行计算。

（4）用同样的方法,计算出其他同学的总分。在出现图 3-76 所示的对话框时,修改公式"＝SUM(ABOVE)"为"＝SUM(LEFT)"。

（5）单击快速访问工具栏中的"保存"图标,保存文档,然后关闭文档。

如果要进行求平均值、最大值、最小值等运算,可以在图 3-76 所示的"公式"对话框的"公式"文本框中删除已有的求和公式 SUM(ABOVE),注意"＝"要保留,然后再单击对话框中"粘贴函数"的下拉按钮,选择要使用的公式,如"AVERAGE()",最后在公式的括号中输入要计算的单元格范围参数。例如,输入"＝AVERAGE(LEFT)"表示对当前位置左侧的各单元格中数据求平均值。此外,在"公式"对话框的"公式"文本框中还可以使用单元格名称自定义公式。如"＝C2＋D2＋E2"等。

需要注意的是,在表格中插入公式后,如果修改了表格中的数据,公式不会自动更新。要更新公式的结果,可以右击公式,在弹出的菜单中选择"更新域"命令或直接按快捷键 F9。要更新表格中的所有公式结果,可以先选定表格,然后再按快捷键 F9。

3.8　长文档的编辑

在使用 Word 进行日常办公时,经常会遇到长文档的编辑工作,如营销报告、毕业论文、宣传手册、活动计划等。由于长文档的目录结构比较复杂,内容也较多,因此如果制作方法不正确,整个工作过程将费时费力。而一旦掌握了长文档制作的方法和技巧,工作起来会倍感轻松,达到事半功倍的效果。本节介绍利用 Word 2019 制作长文档时常用的一些方法和工具。

3.8.1　样式的定义及使用

在对长文档设置格式时经常会遇到许多相同的格式需要设置,如书稿每一章的章标题、每一节的节标题等。如果每次都重新设置,不仅麻烦而且容易出错,这时可以使用 Word 提供的样式功能进行设定。使用样式后，如果要调整排版格式，只需修改相关样式的格式，文档中应用该样式的所有内容会自动修改。因此，样式可以极大地提高格式修改效率。而且，使用样式后，Word 可以使用样式自动生成目录和索引。

1. 样式

在 Word 中，样式实质上是被命名保存的格式的集合。Word 内置样式库，其中包含大量的样式供用户直接使用。此外，用户还可以在现有的样式基础上定义自己的样式。

"正文"样式是文档的默认样式，很多其他的样式都是在"正文"样式的基础上设置出来的，因此轻易不要修改"正文"样式。一旦它被改变，会影响所有基于该样式的其他样式的格式。

图 3-78　样式下拉列表

标题样式用于各级标题段落。标题样式具有级别，从"标题 1"到"标题 9"分别对应级别 1～9。通常，文章中每一部分或章节的大标题，采用"标题 1"样式；章节中的小标题，按层次分别采用"标题 2""标题 3""标题 4"等样式。文章的正文采用"正文（首行缩进 2）"的样式。

2. 应用已有的样式

首先选定需要设置样式的段落或文字，然后在功能区"开始"选项卡的"样式"选项组中单击快速样式列表旁的下拉按钮 ，弹出样式下拉列表，如图 3-78 所示。在下拉列表中选择要应用的样式。

3. 定义新样式

通常，在撰写长篇学术论文或学位论文时，相应的杂志社或学位授予机构都会对论文的格式提出具体要求。因而，长篇文档的撰写者在撰写文档之前需要按照给定的格式设置自己的样式，以方便文档的编写。

【例 3-23】　对要撰写的论文的每一部分标题定义自己的样式。样式名称为"章标题"，样式的格式是"标题 1＋黑体＋居中对齐"。

【操作步骤】

（1）在功能区"开始"选项卡的"样式"选项组中单击右下角的图标 ，弹出"样式"窗格。

（2）在"样式"窗格中，单击底部的"新建样式"图标 ，弹出"根据格式化创建新样式"对话框，如图 3-79 所示。

（3）在对话框的"属性"选项区域设置：在"名称"文本框中输入样式的名称"章标题"；在"样式基准"下拉列表中选择"标题 1"；在"后续段落样式"下拉列表中选择"正文"。

提示：如果每一个章标题后要输入下一级标题，可以将下一级标题的样式选择为后续段落样式。

（4）在对话框的"格式"选项区域设置：字体为"黑体"，对齐方式为"居中对齐"。在预览框中可以看到设置后的效果。

提示：如果格式选项区域没有要设置格式的图标，可以单击对话框底部的"格式"按钮，在弹出的菜单中进行格式设置。

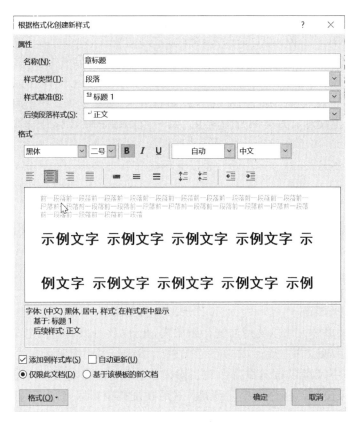

图 3-79　"根据格式设置创建新样式"对话框

（5）单击"确定"按钮，该样式被添加到当前文档的样式库中。如果希望该样式应用于所有文档，先在对话框中选定"基于该模板的新文档"单选框，再单击"确定"按钮。

4. 修改与删除样式

（1）修改样式。若要修改某个样式的格式，在功能区"开始"选项卡的"样式"选项组中右击要修改的样式，在弹出的菜单中选择"修改"命令，弹出与图 3-78 相似的"修改样式"对话框，在对话框中进行样式的格式更改。如果在对话框中勾选底部的"自动更新"复选框，样式修改后，文档中应用该样式的所有内容会自动修改为该样式修改后的格式。

（2）删除样式。若要删除某个无用的样式，在功能区"开始"选项卡的"样式"选项组中单击右下角的图标 ⬚ ，弹出"样式"窗格。在窗格中，右击要删除的样式，在弹出的菜单中选择"从样式库中删除"命令，可以将样式从样式库中删除。单击窗格底部的管理样式图标 ⬚ ，在弹出的"管理样式"对话框中，选定要删除的样式，再单击"删除"按钮，可以将该样式彻底删除。

3.8.2　设置分节

节的作用是设置页面的有效范围。Word 默认整个文档为一节，若希望文档的不同部分具有不同的页面设置，则必须对文档分节。文档分节后，页面设置的有效范围是插入点所在的节。例如，若用 Word 编辑毕业论文，由于论文的前言、目录和正文需要设置不同的页眉和页脚，因此必须将前言、目录和正文设置为不同的节。

1. 设置分节

（1）移动插入点到要分节的位置。

（2）在功能区"布局"选项卡的"页面设置"选项组中单击"分隔符"图标，弹出下拉列表。

（3）在下拉列表中选择一种分节符，可以是"下一页"（在下一页开始新节）、"连续"（在同一页开始新节）、"偶数页"（在下一偶数页开始新节）、"奇数页"（在下一奇数页开始新节）。

此时，从插入点所在位置开始分为新节。前一节的结束处显示出一条带有"分节符"字样的线条（若看不到，可以在功能区"开始"选项卡的"段落"选项组中单击"显示/隐藏编辑标记"图标 ↵）。

2. 取消分节

若要取消分节，首先将插入点移到分节符上，然后按 Del 键。

删除分节符后，该节与其后面一节合并为一节，具有下一节的页面设置格式，该节原有的页面格式设置全部被删除。

3.8.3 自动创建目录

目录是文档中标题的列表，可以通过目录来浏览文档的主要内容。

创建目录最简单的方法是使用内置标题样式，此外，还可以创建自定义样式的目录。

1. 自动创建目录

Word 2019 具有自动目录样式库。只要对文本应用 Word 内置的标题样式，如标题 1、标题 2、标题 3 等，Word 就会搜索这些标题，然后在文档中插入目录。例如，要使用内置样式在文档开始处添加一个目录，操作方法如下。

（1）打开文档，选定要将其样式设置为第一个主标题的文本，在功能区"开始"选项卡的"样式"选项组中单击快速样式库中的"标题 1"样式图标。

（2）选定第一个主标题下要设置为第一个次标题的文本，在功能区"开始"选项卡的"样式"选项组中单击快速样式库中的"标题 2"样式图标。用同样的方法，为第一个主标题下所有要设置为次标题的文本设置"标题 2"样式。

（3）重复上面两步操作，对希望包含在目录中的所有文本设置相应的样式。如果还有第三级标题，也用同样的方法为其设置样式。

（4）按快捷键 Ctrl＋Home，将插入点定位到文档的开始位置。

（5）在功能区"引用"选项卡的"目录"选项组中单击"目录"图标，在下拉列表中选择"自动目录 1"或"自动目录 2"命令。

提示：用"自动目录 1"或"自动目录 2"创建的中文目录完全相同，英文目录略有差别。

2. 创建自定义目录

自定义目录可以根据自己创建的样式建立目录，并可以设置目录的显示级别、页码及前导符格式等选项。

【例 3-24】 在毕业论文文档开始处添加一个自定义目录。

【操作步骤】

如果毕业论文已经按要求设置好排版格式，可直接从第（3）步开始。

（1）创建样式。打开毕业论文文档，按照 3.8.1 节介绍的方法设置论文排版需要的主标题样式、次标题样式、第三级标题样式等。

（2）应用样式。

① 选定要设置为第一个主标题的文本，在功能区"开始"选项卡"样式"选项组的快速样式列表中选择自己设置的主标题样式。

② 选定第一个主标题下要设置为第一个次标题的文本，在功能区"开始"选项卡"样式"选项组中单击快速样式列表中选择自己设置的次标题样式。用同样的方法，为第一个主标题下所有要设置为次标题的文本设置次标题样式。

③ 重复前面两步操作，对希望包含在目录中的所有文本应用相应的样式。如果还有第三级标题，也用同样的方法为其应用样式。

（3）按快捷键 Ctrl＋Home，将插入点定位到文档的开始位置。

（4）在功能区"引用"选项卡的"目录"选项组中单击"目录"图标，在下拉列表中选择"自定义目录"命令，弹出"目录"对话框，如图 3-80 所示。

图 3-80 "目录"对话框

（5）在对话框中根据需要设置目录。例如，若要更改目录中显示的标题级别的数目，在"常规"选项区域的"显示级别"文本框中输入要显示的级别数目。然后单击"选项"按钮，弹出"目录选项"对话框，如图 3-81 所示。

（6）在对话框中删除目录级别的默认值，分别将自己设定的主标题样式、次标题样式、第三级标题样式设置为 1、2、3 级别的目录，单击"确定"按钮，返回"目录"对话框。

（7）在"目录"对话框中单击"确定"按钮，插入目录。

3．更新目录

如果添加或删除了文档中的标题或其他目录项，可以快速更新目录。方法是，在功能区"引用"选项卡的"目录"选项组中单击"更新目录"图标，在弹出的"更新目录"对话框中根据

Word 2019 的使用

图 3-81　"目录选项"对话框

需要选择"只更新页码"或"更新整个目录"命令。

4. 删除目录

在功能区"引用"选项卡的"目录"选项组中单击"目录"图标，在下拉列表中选择"删除目录"命令。

3.8.4　导航窗格和书签

在进行长文档的编辑时，文档导航是一个非常棘手的问题。要定位某一个特定的章节或返回某个特定的位置，往往需要花费较长时间。使用 Word 提供的导航窗格和书签功能，可以轻松完成上述工作。

1. 导航窗格

Word 2019 的"导航窗格"具有标题导航、页面导航、搜索导航三种导航功能，可以轻松查找、定位想查阅的段落或特定的对象。本节介绍最常用的标题导航功能，搜索导航功能参见 3.3.2 节。

标题导航具有层次分明、操控灵活自如的特点，特别适合论文等要求条理清晰的长文档。

在功能区"视图"选项卡的"显示"选项组中勾选"导航窗格"复选框，弹出"导航"窗格，如图 3-82 所示。对于包含分级标题的长文档，Word 会对文档进行智能分析，并将所有的文档标题在"导航"窗格中按层级列出。

在"导航"窗格中，单击标题前的黑色小三角图标▲可以折叠该标题下的所有子标题，同时▲变为▷；单击标题前的白色小三角图标▷可以展开该标题下的所有子标题，同时▷再次变为▲。单击某个标题，插入点会自动定位到文档中该标题所在的位置。上下拖动文档标题，可以将标题及其下属的所有内容一起移动到新的位置，从而实现快速重排文档结构。此外，右击标题，还可以使用快捷菜单实现标题的升级、降级、在指定位置插入新标题、删除标题、全部展开、全部折叠、指定显示标题级别等操作。

2. 书签

与导航窗格不同，书签用于快速定位到文档中用户设定的某一个特定位置。

（1）在文档中插入书签。将插入点定位到文档中要添加书签的位置，在功能区"插入"选项卡的"链接"选项组中单击"书签"图标，弹出"书签"对话框，如图 3-83 所示。在对话框的"书签名"文本框中输入书签的名称，然后单击"添加"按钮。需要注意的是，书签的名称只能以字母或汉字开头，并且不能包含空格。

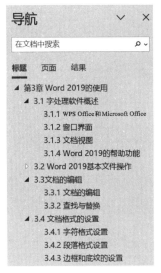
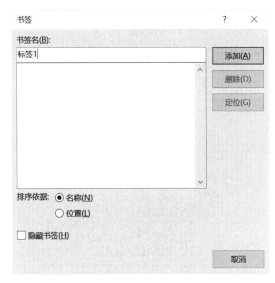

图 3-82 "导航"窗格　　　　　　　　　图 3-83 "书签"对话框

（2）使用书签进行定位。要重新定位到某个书签位置，只需在功能区"插入"选项卡的"链接"选项组中单击"书签"图标，在弹出的"书签"对话框中双击该书签名，或者单击该书签名，然后单击"定位"按钮。

3.9　其他常用功能

3.9.1　公式编辑

在撰写论文时经常需要输入一些数学公式。Word 2019 提供了插入和编辑公式的功能，可以轻松完成公式的编辑。

1. 插入常用公式

（1）在文档中要插入公式的位置单击，定位插入点。

（2）在功能区"插入"选项卡的"符号"选项组中单击"公式"图标旁的下拉按钮，弹出公式的下拉列表，其中包含预先设置好的常用公式，如图 3-84 所示。

（3）在列表中单击所需公式，则公式插入文档中。

2. 构造自己的公式

如果未能在列表中找到所需公式，则需要自己构造公式，方法如下。

（1）在文档中要插入公式的位置单击，定位插入点。

（2）在功能区"插入"选项卡的"符号"选项组中单击"公式"图标，则插入点处插入一个空白公式，其中占位符提示"在此处键入公式。"。同时，功能区会打开"公式"选项卡，如图 3-85 所示。

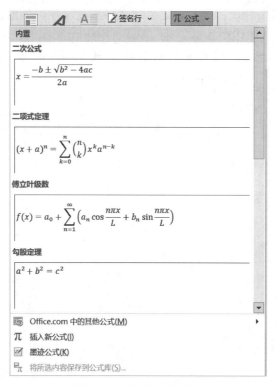

图 3-84　"公式"下拉列表

图 3-85　"公式"选项卡

（3）在"公式"选项卡的"结构"选项组中选择公式中需要的结构类型（如分式、根式或积分等）。如果结构中包含占位符，在占位符处单击，然后输入所需的数字或符号。此外，还可以在"符号"选项组中选择公式中需要的常用数学符号。图 3-86 给出了一个构造公式示例，以及公式的下拉列表。

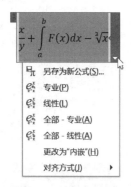

图 3-86　构造公式示例

3. 将自己构造的公式添加到常用公式列表

对于经常使用的公式，创建好之后，可以将其添加到"公式"命令的常用公式列表中，以方便后续使用。设置方法如下。

（1）在公式内单击，进入公式的编辑状态，此时公式右侧会出现下拉按钮 ▼，单击 ▼ 可以展开下拉列表，如图 3-86 所示。

（2）在下拉列表中选择"另存为新公式"命令，弹出"新建构建基块"对话框，如图 3-87 所示。

（3）在对话框中输入公式的名称，再单击"确定"按钮。

3.9.2 邮件合并

在日常办公中,人们会保存许多数据表,同时又需要使用这些表中的数据制作大量的信函、信封、工资条、成绩单等。使用 Word 提供的邮件合并功能,可以轻松、准确、快速地完成这些任务。

使用邮件合并功能首先需要创建两个文档,一个是包含所有文件共有内容的主文档,如未填写的信封、成绩单等,另一个是包括变化信息的数据源,如收件人、发件人、邮编、学生成绩

图 3-87　"新建构建基块"对话框

等。主文档是 Word 文档,数据源可以是 Word 表格、Excel 数据表、Access 数据库等。邮件合并功能在主文档中插入数据源中变化的信息,合成后的文件可以保存为 Word 文档,也可以直接打印出来。

【例 3-25】　使用邮件合并功能创建如图 3-88 所示的成绩单,成绩单的数据源来自图 3-89 所示的文档"学生成绩.docx"。

2022—2023-1 学期学生成绩单

王鹏家长您好!

2022—2023 学期即将结束,现将王鹏同学本学期的学习成绩通知如下。

学号	姓名	班级	大学语文	高等数学	计算机基础
250101104	王鹏	05 中文 1	96	82	95

图 3-88　使用邮件合并功能制作的成绩单

学号	姓名	班级	大学语文	高等数学	计算机基础
250101104	王鹏	05 中文 1	96	82	95
250101108	于爱萍	05 中文 1	94	80	93
250101110	付雅琦	05 中文 1	86	72	82
250101116	王敏莹	05 中文 1	67	52	63
250101123	雎玥颖	05 中文 1	67	48	63
250101136	陈昕炜	05 中文 1	92	85	91
250101208	杨婧汶	05 中文 2	88	84	90
250101218	陈美汁	05 中文 2	93	91	93
250101236	庄苑茵	05 中文 2	89	88	90
250101302	美丽	05 中文 3	70	55	63
250101311	张馨予	05 中文 3	90	75	87
250101313	韩蕾	05 中文 3	68	48	61
250101327	吴佳丹	05 中文 3	96	87	95
250101334	周慧	05 中文 3	85	79	82
250101336	龚名扬	05 中文 3	62	55	62
250103208	刘欣	05 新闻 2	77	66	74
250103209	尹淑媛	05 新闻 2	77	65	73
250103305	许世新	05 新闻 3	92	89	91
250103311	魏晨博	05 新闻 3	97	88	96
250103317	王策	05 新闻 3	74	65	69

图 3-89　数据源文档"学生成绩.docx"

【操作步骤】

（1）打开 Word 2019 工作窗口，制作邮件主文档，如图 3-90 所示。

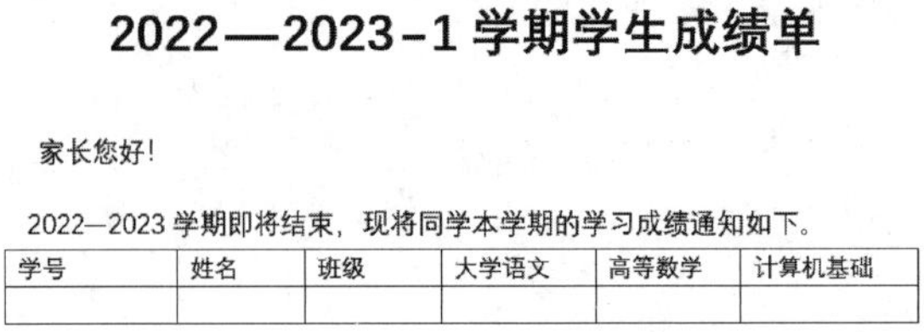

2022—2023-1 学期学生成绩单

家长您好！

2022—2023 学期即将结束，现将同学本学期的学习成绩通知如下。

学号	姓名	班级	大学语文	高等数学	计算机基础

图 3-90 "邮件合并"主文档

（2）在图 3-91 所示的功能区"邮件"选项卡中的"开始邮件合并"选项组中单击"开始邮件合并"图标，在下拉列表中选择"信函"命令。

图 3-91 "邮件"选项卡

（3）在功能区"邮件"选项卡的"开始邮件合并"选项组中单击"选择收件人"图标，在下拉列表中选择"使用现有列表"命令，弹出"选择数据源"对话框，如图 3-92 所示。在对话框中选定事先准备好的数据源文件"学生成绩.docx"，然后单击"打开"按钮。

图 3-92 "选择数据源"对话框

（4）在功能区"邮件"选项卡的"开始邮件合并"选项组中单击"编辑收件人列表"图标，弹出"邮件合并收件人"对话框，如图 3-93 所示。在对话框中，根据需要选定联系人。如果需要合并所有收件人，直接单击"确定"按钮。

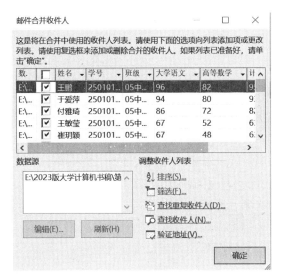

图 3-93　"邮件合并收件人"对话框

（5）将插入点定位到主文档中"家长"之前，在功能区"邮件"选项卡的"编写和插入域"选项组中单击"插入合并域"图标后的下拉按钮，在下拉列表中列出了数据源文档中的所有列标题，单击要插入的标题"姓名"，则该标题以域的形式插入。用同样的方法在主文档中依次插入数据源中的各标题，效果如图 3-94 所示。

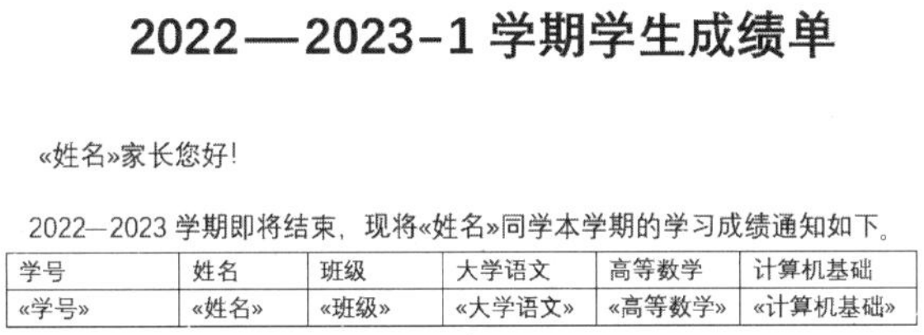

2022—2023-1 学期学生成绩单

«姓名»家长您好！

2022—2023 学期即将结束，现将«姓名»同学本学期的学习成绩通知如下。

学号	姓名	班级	大学语文	高等数学	计算机基础
«学号»	«姓名»	«班级»	«大学语文»	«高等数学»	«计算机基础»

图 3-94　插入域之后的主文档

（6）在功能区"邮件"选项卡的"预览结果"选项组中单击"预览结果"图标，主文档中显示出第一名学生的成绩单，效果如图 3-87 所示。在选项组中单击首记录图标 ◀|、上一记录图标 ◀、下一记录图标 ▶、尾记录图标 ▶|，预览其他同学的成绩单。

（7）在功能区"邮件"选项卡的"完成"选项组中单击"完成并合并"图标，在下拉列表中选择"编辑单个文档"命令，弹出"合并到新文档"对话框，如图 3-95 所示。

图 3-95　"合并到新文档"对话框

（8）在对话框中选定要合并的记录，如"全部"，然后单击"确定"按钮，Word 自动新建一个文档，将选定的全部记录合并到该文档中。或者在下拉列表中选择"打印文档"命令，弹出"合并到打印机"对话框，在对话框中选定要合并的记录，然后单击"确定"按钮，打印生成的成绩单。

习 题 3

一、简答题

1. 如何创建文档、关闭文档、打开一个已有的文档？

2. Word 2019 在编辑状态下，如何移动、复制文本？如何分段？

3. 什么是"文档视图"？Word 2019 中主要有哪些文档视图方式？

4. 如何实现字符串的查找与替换？

5. 什么是"对齐方式"？Word 2019 中主要有哪几种对齐方式？

6. 段落排版主要是指哪些方面？

7. 在文档中插入表格常用哪几种方法？如何调整行高和列宽？

8. 如何在文档中插入一幅图片？如何设置图文混排？

二、操作题

1. 创建 Word 文档"荷塘月色.docx"，输入文档内容，然后按照如下要求对文档进行排版，排版效果如图 3-96 所示。

图 3-96　"荷塘月色"排版样例

（1）将第一段设置为黑体、三号、加粗、居中对齐、段前和段后间距均为自动；设置其余段落为楷体、小四号、首行缩进 2 个字符、行间距为最小值 16 磅、段后间距为自动。

（2）在第二段第二句话"叶子出水很高，像亭亭的舞女的裙"下面添加着重号；为第二段第三句话填充主题颜色为"金色，个性色 4，淡色 60％"的底色；为第二段内容添加蓝色、1.5 磅宽的阴影边框。

（3）为第二段内容设置首字下沉 4 行。

（4）为文档添加"样本 1"水印、主题颜色为"绿色，个性色 6，淡色 60％"的页面背景，以及任意一种艺术型页面边框。

（5）为文档设置"空白（三栏）"样式的页眉，从左到右三栏内容分别为"朱自清""荷塘月色"及"节选"。并设置一种页码形式的页脚。

（6）将第四段分为两栏，栏间加分隔线。

（7）在文档的第三段中间插入一幅图片"荷塘月色"，适当调整其高度与宽度，设置图文混排方式为"四周型环绕"。

（8）插入"库存 3D 模型"中 Animated Animals 分类的"蜜蜂"3D 模型，调整其大小、位置、视图，设置蜜蜂在荷花上采蜜的效果。

（9）在文档右下角插入"风景"类"风景"组中的第三个图标，调整图标大小和位置，然后设置图标的图文混排方式为"紧密型环绕"，修改图标样式为"彩色填充，强调颜色 6，深色 1 轮廓"。

（10）在文档左下角插入艺术字"荷塘月色"，设置其文字显示效果为"V 形：正"，环绕方式为"四周型环绕"，并添加主题颜色为"蓝-灰，文字 2，淡色 80％"的背景。

2. 使用 Word 2019 创建如下数学公式。

（1）$\sin \alpha \pm \sin \beta = 2\sin \dfrac{1}{2}(\alpha \pm \beta)\cos \dfrac{1}{2}(\alpha \pm \beta)$

（2）$\begin{pmatrix} 1 & 2 \\ 3 & 4 \end{pmatrix} + \begin{pmatrix} 3 & 4 \\ 5 & 6 \end{pmatrix}$

3. 模仿例 3-25，根据自己本学期的学习课程，使用邮件合并功能为班级所有学生创建成绩单。

4. 分别用绘制表格和合并单元格的方法创建"会议记录表"表格，见表 3-9，并对其加以修饰。

表 3-9　会议记录表

会议时间		会议地点	
主持人		记录人	
出席人员			
会议内容			

第4章 | Excel 2019 的使用

4.1 电子表格软件基础

微软公司的 Excel 2019 提供了丰富的数据统计、分析、处理功能,强大的图表绘制及多种自动化操作,有效地满足了中小企业及个人数据管理需求,广泛应用于生产管理、工程设计、财务分析、教学科研等诸多领域,深受广大用户喜爱。本节介绍 Excel 2019 的基本术语、工作窗口、工作表的管理、单元格的选取等基础内容。

4.1.1 基本术语

1. 工作簿

一个 Excel 文档就是一个工作簿,工作簿是 Excel 存储数据的文件,其默认扩展名为".xlsx"。Excel 2019 启动后,系统自动创建一个名为"工作簿 1"的空白文档,在关闭"工作簿 1"之前,如果再创建新的工作簿,系统会自动命名为"工作簿 2""工作簿 3"等。工作簿的创建、打开、保存方法与 Word 文档的操作完全相同,本章不再赘述。

2. 工作表

在 Excel 中,每个工作簿都是由若干工作表组成的。工作表是存储和管理数据的表格。工作簿与工作表的关系如同账簿与账页的关系。

3. 单元格

在 Excel 中,每张工作表都是由若干单元格组成的。单元格是表格的最小单位,每个单元格可存放多达 3200 个字符的信息。

4. 活动单元格

活动单元格是指表格中当前正在操作的单元格,在活动单元格外围有黑色的文本框。要向某个单元格中输入数据,必须先单击该单元格将其设定为活动单元格。

4.1.2 工作窗口

Excel 2019 工作窗口主要由标题栏、快速访问工具栏、功能区、名称栏、编辑栏、工作表编辑区、工作表标签、状态栏等部分组成,如图 4-1 所示。其中,标题栏、功能区、快速访问工具栏、状态栏的作用与 3.1.2 节介绍的相似,不再赘述。

1. 编辑栏

编辑栏用于输入、编辑当前单元格中的数据或公式。用户在单元格中输入数据、公式或

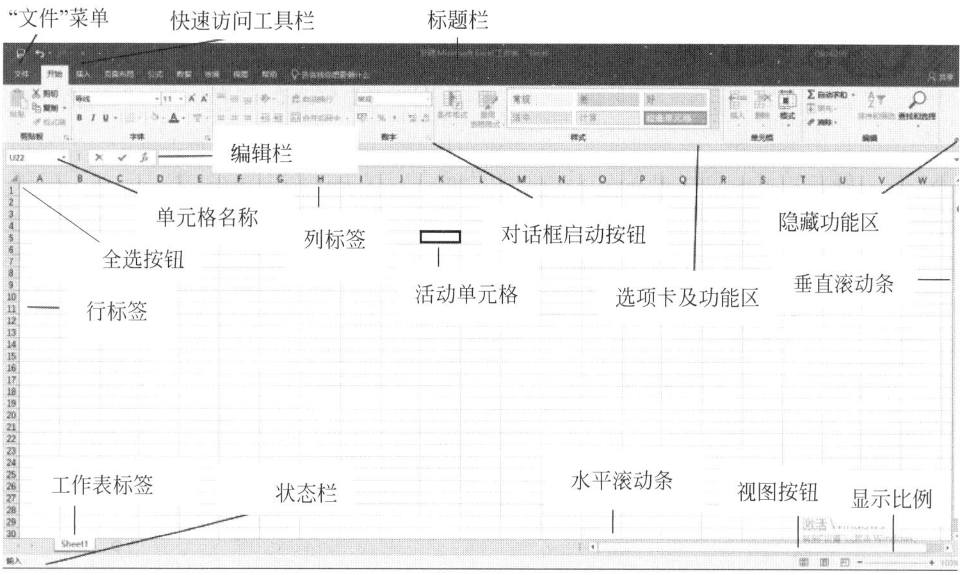

图 4-1　Excel 2019 工作窗口

函数,在编辑栏中同步显示相关信息。单击左侧函数图标 fx ,编辑栏变为函数输入栏,可以进行函数的编辑。

2. 名称框

名称框位于编辑栏左边,用来显示活动单元格的名称,如图 4-1 所示,当前活动单元格名称为"U22"。

3. 行标签与列标签

行标签与列标签用于确定工作表中单元格的位置。单元格的名称由列标签和行标签组成,行标签与列标签相交所在的单元格为该单元格名称。列标签为 A,B,C,…,Z,AA,AB,…,XFD,共 16 384 列。行标签为 1～1 048 576,共 1 048 576 行。

4. 工作表标签

工作表标签表示每张工作表的名称,用于对工作表进行管理。Excel 2019 的默认工作表名称为 Sheet1。

4.1.3　工作表的管理

1. 新建工作表

每个新建的工作簿默认包含一张工作表 Sheet1,可根据需要增加工作表的数量,每个工作簿最多可创建 255 个工作表。

方法 1:右击工作表标签 Sheet1,在弹出的快捷菜单中选择"插入"命令,在弹出的"插入"对话框中单击"插入工作表"图标,再单击"确定"按钮。新建的工作表名称依次为 Sheet2,Sheet3,…,SheetN。

方法 2:单击工作表标签 Sheet1 右侧的"新工作表"图标 ⊕ ,同样可以添加新的工作表。

2. 删除工作表

右击要删除的工作表标签,在弹出的快捷菜单中选择"删除"命令。

167

第 4 章

Excel 2019 的使用

3. 移动或复制工作表

（1）移动工作表。右击要移动的工作表标签，在弹出的快捷菜单中选择"移动或复制"命令，在弹出的"移动或复制工作表"对话框中根据需要选定要移动的位置，再单击"确定"按钮。

（2）复制工作表。操作方法与移动工作表相似，区别是在"移动或复制工作表"对话框中需要勾选"建立副本"复选框。系统自动建立与当前工作表内容相同但名字不同的工作表。

此外，如果要在一个工作簿内移动或复制工作表，还可以采用拖动工作表标签的方法。直接拖动工作表标签到目标工作表标签上，可以将工作表移动到目标工作表之前，如果按住Ctrl键再拖动，则可以实现工作表的复制。

4. 重命名工作表

右击要移动的工作表，在弹出的快捷菜单中选择"重命名"命令，输入新的工作表名称即可。

4.1.4 单元格的选取

1. 选取单元格

单击某个单元格即可将其选定，也可以按上、下、左、右方向键，选定相邻的单元格。

若要选定连续的多个单元格，可单击选定第一个单元格，然后拖动鼠标，则鼠标覆盖范围内的单元格全部被选定。

若要选定不连续的多个单元格，可单击选定其中一个单元格，然后按住Ctrl键，再单击选定其他单元格即可。

2. 选取行或列

单击某一行标签，可选定一行单元格。单击某一列标签，可选定一列单元格。

若要选定连续多行单元格，单击起始行的行标签，如12，则第12行被选定，按住Shift键，再单击结束行的行标签，如23，则12～23连续的多行被选定。用同样的方法可以选定连续多列单元格，只需将行标签换成列标签即可。

如果想选定不连续多行单元格，首先单击某一行标签，使该行被选定，然后按住Ctrl键，再选定其他要选的行标签。用同样的方法可以选定不连续的多列单元格，只需将行标签换成列标签即可。

3. 选取所有单元格

按快捷键Ctrl＋A或单击第1行与A列交叉处的"全选"图标，可选定当前工作表中所有单元格。

4.2 数据的输入与编辑

4.2.1 数据的输入

在英文输入法状态可以向Excel单元格输入多种类型数据，不同类型数据输入方法及显示状态有显著差异。

1. 数值型数据的输入

数字一般由0～9、＋、－、E、e、.、、、()等符号组成，可以是整数、小数、分数或用科学计数法表示的数字，系统默认数值型数据右对齐显示。

输入小于 1 的小数,可以省略数字"0",直接输入.123,则同样显示数字 0.123。

输入负数,既可以直接在单元格输入负号,也可以在输入数据外围加一对圆括号"()",不需要输入负号,如输入(45)等同于输入−45。

输入分数 1/3,不能直接输入 1/3,否则会显示日期"1 月 3 日",应该在单元格中先输入 0,再按空格键,最后再输入 1/3。

输入以 0 开头的数据,如 0123,或用数字表示的文本,如电话号码 021-85678944,需要在英文输入法状态输入单引号',再输入对应数字,按 Enter 键后自动变为左对齐,同时在对应数字左上角出现三角形符号▼。

若输入的数字大于或等于 12 位,系统使用科学计数法显示该数据,如输入 12345678978945,则系统显示 1.23457E+13。

2. 字符型数据的输入

字符型数据包括汉字、大小写英文字母、数字、各种控制符、标点符号等多种字符的任意组合,系统默认字符型数据左对齐显示。

用户输入的字符型数据超出单元格宽度,如果右侧单元格无数据,则字符型数据会跨单元格显示,如果右侧单元格有数据,则只显示未超出单元格宽度的数据内容。

若在一个单元格输入多行文字,可在一行输入结束后按快捷键 Alt+Enter 实现换行,继续输入后续文字。

3. 日期型数据的输入

系统规定"-"和"/"符号用于表示日期型数据年、月、日的分隔符,如"2024-9-10"或"2024/9/10"表示 2024 年 9 月 10 日。系统还规定":"(冒号)用于表示时间的分隔符,如"8:34:21 AM"。

系统默认日期、时间型数据右对齐显示。按快捷键 Ctrl+;(分号)可以显示系统当前日期,按快捷键 Ctrl+Shift+;(分号)可以显示系统当前时间。

如果输入日期型数据后单元格显示"♯♯♯♯♯",说明该单元格列宽太窄,用户需要调整列宽才能正常显示数据内容。

4. 利用填充句柄快速填充数据

【例 4-1】 在工作表中输入如图 4-2 所示的数据。

	A	B	C	D	E	F
1	序号	学号	姓名	专业	班级	入学日期
2	1	00123	张晨光	软件	软件1班	2024/9/8
3	2	00124	胡放	软件	软件1班	2024/9/8
4	3	00125	王小光	软件	软件1班	2024/9/8
5	4	00126	李云	软件	软件1班	2024/9/8
6	5	00127	要香含	软件	软件1班	2024/9/8
7	6	00128	李朵朵	软件	软件1班	2024/9/8
8	7	00129	贾婷	软件	软件2班	2024/9/8
9	8	00130	刘兰	软件	软件2班	2024/9/8
10	9	00131	孙晓东	软件	软件2班	2024/9/8
11	10	00132	陈东	软件	软件2班	2024/9/8
12	11	00133	赵加	软件	软件2班	2024/9/8
13	12	00134	刘齐生	软件	软件2班	2024/9/8
14	13	00135	王帅	软件	软件2班	2024/9/8
15	14	00136	张珠海	软件	软件2班	2024/9/8

图 4-2 工作表中快速填充数据

仔细观察,发现序号与学号所在列的数据步长为 1,专业、入学日期所在列的数据相同,班级所在列的数据由 1 班变为 2 班。由于每列数据都有一定规律,可以利用系统提供的填充句柄快速完成上述数据填充。

【操作步骤】

（1）输入序号。

① 在 A2 单元格输入 1，然后移动鼠标指针到该单元格右下角的填充句柄位置，此时鼠标指针变成黑色十字形状。

② 向下拖动到 A15 单元格，此时 A2 单元格中数据被原样复制到这些单元格中。

提示：Excel 默认数值型数据原样复制；日期型数据自动增加一天；文本与数值混合型数据（如软件 1 班）的文本内容不变、数值增 1。

图 4-3 "自动填充选项"菜单

③ 单击 A15 单元格右下角的"自动填充选项"图标 ，在弹出的菜单中选中"填充序列"单选按钮，如图 4-3 所示，完成该列数据的快速填充。

（2）输入学号、专业、班级和入学日期列数据。

① 在 B2 单元格中单击，定位该单元格为活动单元格。

② 在英文输入法状态输入单引号'，再输入学号 00123。

③ 移动鼠标指针到 B2 单元格右下角的填充句柄位置，当鼠标指针变成黑色十字形状时向下拖动到 B15 单元格，完成学号的输入。

④ 用同样的方法输入专业、班级和入学日期列数据。

提示：输入班级列数据时，首先在 E2 单元格中输入"软件 1 班"，拖动填充句柄到 E7 单元格，单击 E7 单元格右下角的"自动填充选项"图标 ，在弹出的菜单中选中"复制单元格"单选按钮，如图 4-3 所示。选定 E7 单元格，拖动填充句柄到 E8 单元格，此时 E8 单元格的内容为"软件 2 班"。再按照上述操作把 E8～E15 单元格内容设置为"软件 2 班"。

（3）输入姓名。姓名所在列的数据无规律可言，如果日后该列数据经常被引用，多次填写同一信息就显得非常浪费时间。出于一次创建永久受益的目的，用户可以将姓名定义为新数列。用户只要输入其中一个数据项，拖动填充句柄就可以显示所有同学的姓名信息，起到事半功倍的作用。定义新序列方法如下。

① 在"文件"菜单中选择"选项"命令，在弹出的"Excel 选项"对话框中选择"高级"命令，然后拖动右侧的滚动条，在底部"常规"区域的"创建用于排序和填充序列的列表"项选择"编辑自定义列表"命令，打开"自定义序列"对话框。

② 在对话框右侧"输入序列"文本框中依次输入每一名学生的姓名，以回车键为分隔符。

③ 输入结束后，单击右侧"添加"按钮，则系统将上述姓名信息定义为新序列，添加到左侧"自定义序列"列表中。最后单击"确定"按钮，结束操作。

提示：若要修改该序列，只需在左侧的"自定义序列"列表中单击该序列，则该序列显示在右侧的"输入序列"文本框中，修改后再次单击"添加"按钮，即可完成序列的修改。若要删除该序列，只需在左侧的"自定义序列"列表中单击该序列，然后单击右侧"删除"按钮即可。

④ 在 C2 单元格中输入学生姓名"张晨光"，然后拖动 C2 单元格的填充句柄到 C15 单元格，完成姓名列数据的输入。

5. 等差或等比数列的输入

若需在单元格中快速输入等差或等比数列，首先在某一单元格中输入数列首项，然后在

功能区"开始"选项卡的"编辑"组中单击"填充"图
标 ⬇ ，在下拉列表中选择"序列"命令，打开如
图 4-4 所示的"序列"对话框。用户根据需要选择
数列类型（等差或等比）、序列产生在行或列、"步
长值"及"终止值"等信息后单击"确定"按钮，系统
自动完成相关单元格数据的快速填充。

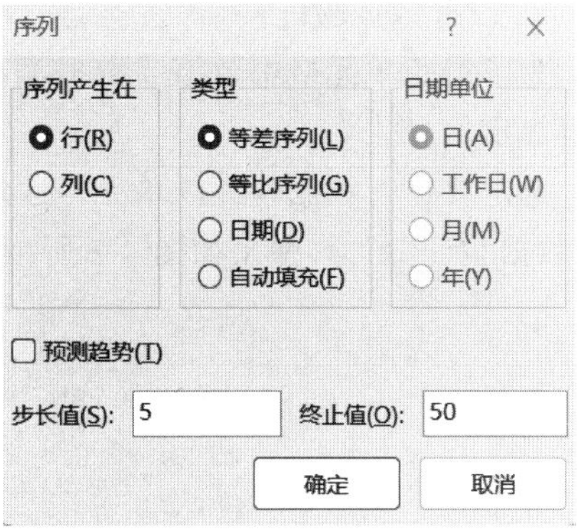

6. 其他有规律数据的输入

Excel 内置的序列中包含众多常用的规律性
数据，如"一月、二月、……、十二月""甲、乙、
丙、……、癸""星期一、星期二、……、星期日"等，
可以利用填充句柄快速输入这些序列。方法是在

图 4-4 "序列"对话框

单元格中输入序列中的一个数据，然后拖动填充句柄到指定的单元格。此外，Excel 还支持
将用户常用的序列定义为新序列，方法见例 4-1 中"姓名"序列的定义。

4.2.2 数据的编辑

在单元格中输入数据后，可根据需要对单元格的内容进行修改、删除、移动、复制等操
作。许多操作与 Word 相同，这里不再赘述，下面介绍一些 Excel 特有的操作。

1. 插入/删除整行（列）数据

右击待处理单元格，在弹出的快捷菜单中选择"插入"或"删除"命令，在弹出的"插入"或
"删除"对话框中根据需要选择插入或删除整行（列）数据。

也可以选定单元格或行（列）后，在功能区"开始"选项卡的"单元格"选项组中单击"插
入"或"删除"图标，在下拉列表中根据需要选择插入（删除）当前单元格或单元格所在
行（列）。

2. 单元格格式的清除

单元格输入日期、时间型数据或单元格插入批注信息后，按 Delete 键可以删除该单元
格内容，但格式仍然保留。

解决方法是选定待处理的单元格，在功能区"开始"选项卡的"编辑"选项组中单击"清
除"图标，在下拉列表中根据需要选择清除该单元格的格式、内容、批注、超链接或全部清除。
单元格对应的格式清除后，用户再输入新数据，系统会自动显示新数据的值。

3. 调整列宽（行高）

若输入的数据太长，或者想在一个单元格显示多行，可以调整该单元格的列宽或行高以
确保数据完整显示。方法是移动鼠标指针到该单元格所在列的列标签右边线（所在行的行
标签下边线），当鼠标指针变为双向分裂的箭头时拖动调整列宽（行高）。

4. 隐藏与显示行（列）

右击要隐藏行（列）的行号（标签），在弹出的快捷菜单中选择"隐藏"命令即可完成隐藏
操作。

显示被隐藏的行，如第 5 行，则需选定第 4 行到第 6 行或包括第 4 行到第 6 行的更大范
围后右击，在弹出的快捷菜单中选择"取消隐藏"命令，即可将第 5 行信息显示出来。

5．设置数据验证

为了避免单元格中数值或数据类型输入错误,可以使用数据验证设置验证条件、出错警告等提示信息。

选定要进行数据验证的单元格区域,在功能区"数据"选项卡的"数据工具"选项组中单击"数据验证"图标,弹出如图 4-5 所示对话框。

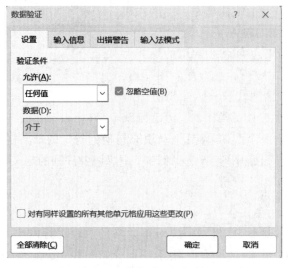

图 4-5 "数据验证"对话框

"设置"选项卡用于设置数据验证条件,如数值在 0～100 范围内。

"输入信息"选项卡用于设置选定单元格时的提示信息。

"出错警告"选项卡用于设置输入无效或错误数据时的警告信息。

6．添加批注信息

批注是帮助用户理解的批语或注解,通常可用简短的提示性文字描述。

若想为某个单元格加注释,在功能区"审阅"选项卡的"批注"选项组中单击"新建批注"图标。也可以右击该单元格,在弹出的快捷菜单中选择"插入批注"命令,在弹出的文本框中输入相关信息。

图 4-6 设置批注的单元格

添加批注信息的单元格右上角会出现红色三角形,鼠标指针移至添加批注的单元格会显示批注信息,如图 4-6 所示,用户可根据需要删除或编辑批注信息,也可以对批注文本进行调整字体大小等简单的格式设置。

4.3 公式与函数

Excel 2019 拥有强大的数据处理能力,公式与函数的方便快捷使用功不可没。

4.3.1 公式

使用公式需要遵循特定的语法及输入顺序。公式最前面是等号,后面是参与计算的数据对象或运算符。数据对象可以是常数、单元格地址或引用的单元格区域,运算符用来连接参与运算的数据对象。若想利用公式完成数据快速填充,掌握运算符的功能极其重要。Excel 2019 应用程序中的常见运算符见表 4-1。

表 4-1　公式中的运算符及优先级

类　　别	运　算　符	优　先　级
比较运算符	"<"">"">="""<="""="""<>"	高 ↑
字符运算符	"&"	
算术运算符	"+""−""*""/""%""^"	
引用运算符	":"","""␣"	低

算术运算符及比较运算符与数学中相关运算符功能相近,此处不再赘述。需要说明的是,如果某个公式含有多个算术运算符,乘方运算符优先级最高,其次是乘法和除法,最后是加法和减法。下面重点介绍引用运算符及字符运算符功能。

1. 引用运算符

引用运算符是 Excel 特有的运算符,通过引用可以在公式中使用某些单元格数据。各运算符的使用方法见表 4-2。

表 4-2　引用运算符

运算符	应用举例	说　　明
冒号	C3:F3	表示引用 C3、D3、E3、F3
逗号	A1,B3,F4	表示引用 A1、B3、F4
空格	B2:E4 C3:D5	表示引用 C3、C4、D3、D4,即两个区域交集所在单元格

2. 字符运算符

字符运算符"&"在公式中用于连接两个文本字符串。如果 B2 和 C2 单元格输入的数据是字符型,分别对应的内容是"我爱"和"家乡",则 B2&C2 运算后结果为"我爱家乡"。

3. 单元格的引用

在使用公式和函数计算时,往往需要引用单元格,以指明公式或函数使用数据的具体位置。

常见的单元格引用有相对引用、绝对引用和混合引用,它们分别适用于不同场合。

(1) 相对引用。它是 Excel 默认的单元格引用方式。相对引用是指公式所在的单元格与公式中引用的单元格之间的相对位置,其由单元格的行号和列标签组成,如 A3、B7 等。在相对引用中,当复制或移动公式时,Excel 会根据移动的位置自动调整公式中引用的单元格地址。例如,E4 单元格的公式为"=A4*B4",当其被复制到 E5 单元格时会自动变为"=A5*B5",从而使 E5 单元格也能得到正确的计算结果。

(2) 绝对引用。绝对引用是指被引用的单元格在当前工作表中是绝对位置,构成形式是在行号和列标签前面各加一个符号"$",如 $A$1、$B$2。它的特点是,当把一个含有绝对引用单元格的公式移动或复制到一个新的位置时,公式中的单元格地址不会发生变化。例如,E4 单元格的公式为"=$A$4*$B$4",当其被复制到 E5 单元格时,其公式仍为"=$A$4*$B$4"。

在进行分数运算时,有时需要使分母的值固定不变,可以将该分母所在的单元格引用设为绝对引用。

（3）混合引用。在公式中同时使用相对引用和绝对引用，称为混合引用。

【**例 4-2**】 利用公式填充如图 4-7 所示工资表中应发工资、公积金扣除数、实发工资三列数据的值。其中，应发工资为基本工资、津贴、餐补三项数据的和，公积金扣除数是每个人的应发工资乘以扣除比例，实发工资为应发工资减去公积金扣除数。

	A	B	C	D	E	F	G
1			光华公司三月份职工工资表				
2	姓名	基本工资	津贴	餐补	应发工资	公积金扣除数	实发工资
3	张强	7840	2560	260			
4	李力	6984	2253	220			
5	孙勇强	5890	2130	240			
6	彭军	9800	4500	280			
7	宋思明	4598	1900	200			
8	李国民	8750	2460	260			
9	刘钢	7620	2465	270			
10							
11							
12	公积金扣除比例		0.12				

图 4-7　工资表

【操作步骤】

① 选定张强应发工资所在单元格 E3，输入公式"＝B3＋C3＋D3"（注意：单击选取单元格的数值）后按回车键或单击编辑栏左侧的对号 ✔，则系统自动算出张强应发工资。

② 移动鼠标指针到 E3 单元格的填充句柄处，向下拖动到 E9 单元格，系统自动算出其他员工应发工资。

③ 选定张强公积金扣除数所在单元格 F3，输入公式"＝E3＊＄C＄12"（注意：此处 C12 单元格为绝对引用）后按回车键或单击编辑栏左侧的对号 ✔，则系统自动算出张强公积金扣除数。之后拖动填充句柄算出其他人的公积金扣除数。

④ 以此类推，在 G3 单元格中输入公式"＝E3－F3"算出张强实发工资，之后拖动填充句柄算出其他人的实发工资。

4.3.2　函数

Excel 2019 应用程序提供了数百个函数，涵盖了数学、统计、逻辑、文本处理、日期、时间等 13 大类。

1. 函数概述

函数是系统预先定义的、可被程序调动的相对独立的一个程序模块。用户无须了解每个函数背后的代码，只需学会调用函数完成相关操作即可。

每个函数都有相同的结构：函数名（参数 1，参数 2，……）。其中，函数名、参数和圆括号称为函数的三要素。不同函数的参数个数并不相同，但函数名和一对圆括号()必不可少。参数种类丰富，可以是数字、文本、逻辑值（TRUE 或 FALSE）、数组或单元格引用。

2. 常用函数介绍

（1）SUM（范围）和 AVERAGE（范围）函数。在指定范围内针对数值型数据进行求和或求平均值，其参数范围为 1～255。

（2）MAX（范围）和 MIN（范围）函数。在指定范围内针对某一种类数据进行比较，显示最大值或最小值，其参数范围为 1～255。

（3）IF（参数1，参数2，参数3）函数。该函数用于逻辑判断。

参数1：列出逻辑判断的表达式，如"数学成绩>=60""部门=技术科"等。

参数2：如果参数1判断条件值为True，则函数返回该信息，如"优秀""OK！"等。

参数3：如果参数1判断条件值为False，则函数返回该信息，如"继续加油！"等。

（4）COUNT（范围）和COUNTIF（参数1，参数2）函数。

COUNT函数用于统计指定范围内包含数字单元格的个数，其参数范围为1~255。在计数时，该函数把数字、空值、逻辑值、日期及以文字表示的数据都统计在内，但不包含错误值或无法转换成数字的文字。

COUNTIF函数用于统计指定范围内满足条件的单元格个数。

参数1：指定范围区域。

参数2：设置统计条件，如"英语成绩>=90"。

（5）VLOOKUP（参数1，参数2，参数3，参数4）函数。该函数用于纵向查询数据，即按列查找对应的信息，可用于核对数据，最终返回该列所需查询条件对应的值。HLOOKUP的功能与其相似，是按行进行数据查找。

参数1：指出根据什么去找数据，通常是具体的单元格内容，比如某个人叫"张权"。

参数2：指出要找的数据在哪个区域，尽可能将可能出现数据的区域全部选出来。

参数3：在上述选择的数据区域内，被查找的数据在第几列。

参数4：可选项。如果查找数据的返回值是近似匹配，可以指定True；如果是精确匹配，可以指定False。如果没有指定该参数，系统默认为近似匹配。

3. 插入函数方法

方法1：在"开始"选项卡的"编辑"选项组中单击"自动求和"图标 ∑ ˅ 的下拉按钮。

方法2：在"公式"选项卡的"函数库"选项组中单击"自动求和"图标 ∑ ˅ 的下拉按钮。

【例4-3】 用函数功能完成如图4-8所示成绩表中总分、平均分、最高分、最低分、参加考试人数、90分以上人数等信息的填充。如果平均分在90分及以上，判断该同学为优秀学生，显示"优秀"，否则显示"继续加油！"。

	A	B	C	D	E	F	G	H
1				高三年级期中成绩表				
2	班级	姓名	语文	数学	英语	总分	平均分	优秀学生否
3	一班	王晓春	94	89	96			
4	一班	李博文	68	77	82			
5	三班	张权	93	90	92			
6	二班	李双	88	95	91			
7	二班	赵克	76	82	85			
8	三班	孙留	59	65	82			
9	二班	高博	91	97	90			
10	一班	张诗文	84	79	86			
11	二班	孙小萌	69	72	81			
12	最高分							
13	最低分							
14	参加考试人数							
15	90分以上人数							

图 4-8 成绩表

【操作步骤】

（1）求总分。单击单元格F3，然后在功能区"开始"选项卡的"编辑"选项组中单击"自动求和"图标的下拉按钮,在下拉列表中选择"求和"命令,则在 F3 单元格和编辑栏中显示"＝SUM(C3:E3)",公式正确,直接按回车键,系统自动求出王晓春总分 279。向下拖动填充句柄完成其他同学总分数据的填充。

（2）求平均分。单击单元格 G3,然后在功能区"开始"选项卡的"编辑"选项组中单击"自动求和"图标的下拉按钮,在下拉列表中选择"平均值"命令,则在 G3 单元格和编辑栏中显示"＝AVERAGE(C3:F3)",拖动选定数据区域 C3:E3,则公式修订为"＝AVERAGE(C3:E3)",按回车键,系统自动求出王晓春平均分 93。向下拖动填充句柄完成其他同学平均分数据的填充。

（3）求最高分、最低分。单击单元格 C12,然后在功能区"开始"选项卡的"编辑"选项组中单击"自动求和"图标的下拉按钮,在下拉列表中选择"最大值"命令,则在 C12 单元格和编辑栏中显示"＝MAX(C3:C11)",按回车键,系统自动求出语文最高分 94。向右拖动填充句柄完成数学及英语最高分的计算。用相似的方法计算出各门课程的最低分。

（4）求参加考试的人数。单击单元格 C14,然后在功能区"开始"选项卡的"编辑"选项组中单击"自动求和"图标的下拉按钮,在下拉列表中选择"其他函数"命令,弹出"插入函数"对话框。在对话框的函数类别处选择"常用函数"中的 COUNT 函数,单击"确定"按钮后打开"函数参数"对话框。在对话框中修改参数范围为 C3:C11,或者拖动选择数据区域 C3:C11,再单击"确定"按钮,则 C14 单元格和编辑栏中的公式修订为"＝COUNT(C3:C11)",按回车键,系统自动求出参加语文考试的人数 9。向右拖动填充句柄完成数学及英语考试人数统计。

（5）求 90 分以上人数,单击单元格 C15,然后在功能区"开始"选项卡的"编辑"选项组中单击"自动求和"图标的下拉按钮,在下拉列表中选择"其他函数"命令,弹出"插入函数"对话框。在函数类别处选择"统计函数"中的 COUNTIF 函数,单击"确定"按钮后弹出如图 4-9 所示"函数参数"对话框,按照对话框所示设置函数参数,然后单击"确定"按钮,系统自动求出语文考试 90 分以上的人数 3。向右拖动填充句柄完成数学及英语 90 分以上人数统计。

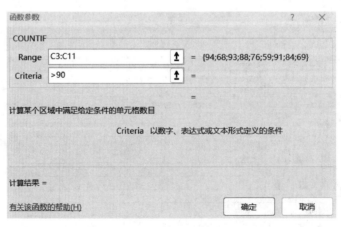

图 4-9　COUNTIF"函数参数"对话框

（6）判断是否为优秀学生。单击单元格 H3,然后在功能区"开始"选项卡的"编辑"选项组中单击"自动求和"图标的下拉按钮,在下拉列表中选择"其他函数"命令,弹出"插入函数"

对话框。在对话框的函数类别处选择"常用函数"中的 IF 函数,单击"确定"按钮后弹出如图 4-10 所示"函数参数"对话框,按照对话框所示设置函数参数,然后单击"确定"按钮,系统自动判断王晓春同学是否为优秀学生。向下拖动填充句柄完成其他同学是否为优秀学生的判断。

图 4-10　IF"函数参数"对话框

在例 4-3 成绩表数据填充的基础上,若想查找某几名同学的某科成绩,如图 4-11 所示,该如何操作?

(1) 单击"赵克"同学对应语文成绩的单元格 K4,在功能区"开始"选项卡的"编辑"选项组中单击"自动求和"图标的下拉按钮,在下拉列表中选择"其他函数"命令,弹出"插入函数"对话框。

(2) 在对话框的函数类别处选择"查找与引用"类中的 VLOOKUP 函数,单击"确定"按钮后弹出如图 4-12 所示的 VLOOKUP"函数参数"对话框。

查找一个数据	
姓名	语文
赵克	
孙小萌	
孙留	

图 4-11　查找语文数据

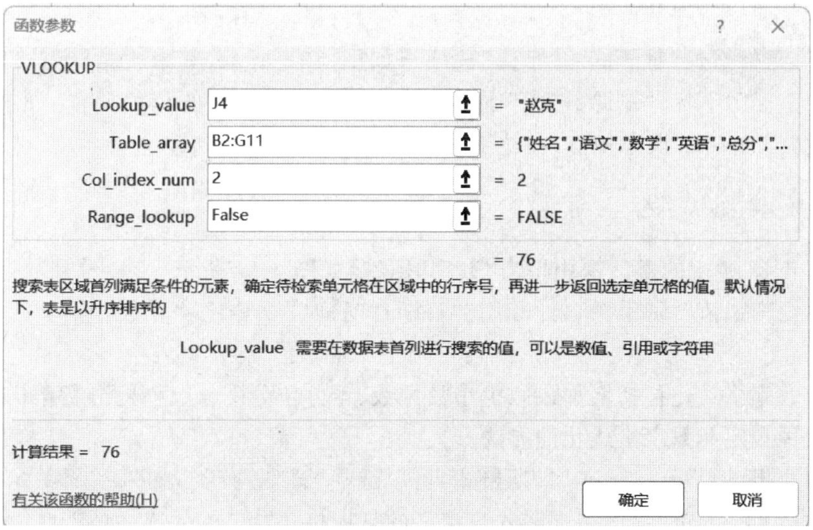

图 4-12　VLOOKUP"函数参数"对话框

（3）依次设置 4 个参数的值，最后单击"确定"按钮，系统自动显示赵克的语文成绩 76。

（4）向下拖动填充句柄查询其他同学的语文成绩。

4.3.3 公式或函数中常见错误提示

如果用户在函数使用中操作不当，会出现各种错误信息，现将常见错误信息及出错原因进行总结，见表 4-3。

表 4-3 常见错误信息及出错原因

错 误 信 息	出 错 原 因
＃＃＃＃＃＃	信息太长，单元格容不下，增加列宽即可
＃VALUE!	参数或运算数据类型不正确
＃DIV/0!	除数为 0
＃NAME?	拼写错误或使用了不存在的名称
＃N/A	在函数或公式中没有可用的数值
＃REF!	在公式中引了无效的单元格
＃NUM!	函数或公式中某个参数有问题，或者运算结果太大或太小
＃NULL!	使用了不正确的运算区域或引用了不正确的单元格

4.4 数据的格式化

对于简单的单元格格式设置，可直接通过功能区"开始"选项卡中不同选项组实现，如设置字体、对齐方式、数字格式等。对于比较复杂的操作，选定一个单元格或单元格区域后，在功能区"开始"选项卡的"字体"选项组中单击右下角的折叠图标，弹出含有多个选项卡的"设置单元格格式"对话框，用户可根据需要在相应对话框中进行设置。下面依次介绍该对话框中各选项卡的功能及其相关操作。

4.4.1 字符格式化

"设置单元格格式"对话框的"字体"选项卡如图 4-13 所示，其中包括"字体""字形""字号""颜色""上标""下标""删除线""下画线"等有关字符格式化的相关设置。Excel 字符格式的相关设置与 Word 操作相似，在此不再赘述。

4.4.2 数字格式化

在如图 4-13 所示的对话框中单击"数字"标签，如图 4-14 所示，可以看到数字有多种分类，包括"常规""数值""货币""会计专用""日期""时间""百分比""分数""科学计数""文本""特殊"等。

常见的数字格式化包括增加或减少小数位数、千分位分隔符、百分比、货币样式等操作。下面介绍几种自定义数字格式化的方法。

如果用户想设置"yyyy-mm"日期格式，可以选择"日期"分类，如果系统无此格式，可进一步选择"自定义"分类，在类型中输入自定义的日期格式"yyyy-mm"，如图 4-14 所示，即可完成某个日期自定义格式的设置。

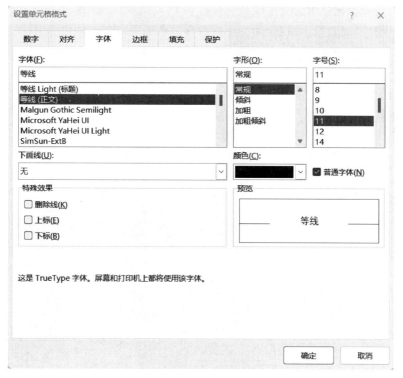

图 4-13 "字体"选项卡

图 4-14 "数字"选项卡

如果想将某一单元格中的数字"2024"设置为"二千〇二十四"格式，可以选择"特殊"分类项，在右侧"类型"列表框中选择"中文小写数字"，再单击"确定"按钮即可。

4.4.3　对齐方式

Excel 默认字符型数据左对齐显示、数值型数据右对齐显示。用户可通过"对齐"选项卡设置更为丰富的对齐方式，如图 4-15 所示。

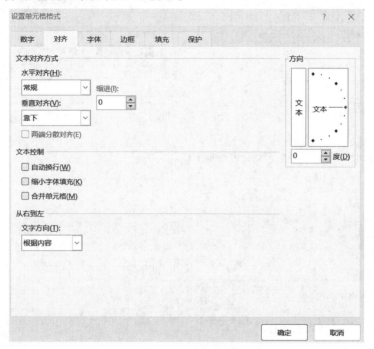

图 4-15　"对齐"选项卡

"水平对齐"和"垂直对齐"分别用来设置文本在水平方向和垂直方向的对齐方式。在选项卡右侧"方向"区域可以控制单元格中文本的显示角度。"文本控制"区域包括常用的"自动换行""缩小字体填充""合并单元格"复选框，设置效果如图 4-16 所示。

自动换行 显示效果	合并单元格显示效果	
缩小字体填充显示效果		

图 4-16　"文本控制"设置效果

如果表格内容需要设置跨列居中，可以在"文本控制"区域勾选"合并单元格"复选框，也可以直接单击功能区"开始"选项卡中"对齐方式"选项组的"合并后居中"图标。

4.4.4　表格的边框及填充效果设置

在默认情况下，Excel 中所有单元格以网格线显示，为了让工作表具有清晰度和条理性,通常需要给单元格设置边框。

单击"边框"标签,如图 4-17 所示,从左至右进行设置,即先设置边框的相关属性,如"样式""颜色",再设置上述属性应用的范围是"内部""外边框""左线""右线"等区域。

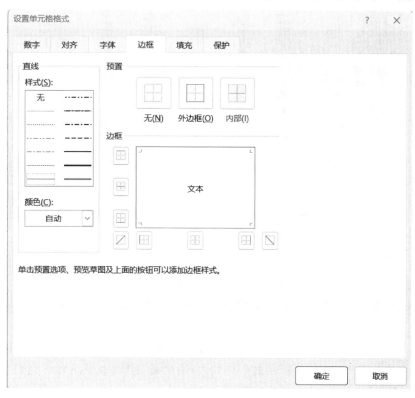

图 4-17 "边框"选项卡

若想为工作表添加背景,可以打开"填充"选项卡,如图 4-18 所示,利用"背景色""图案颜色""图案样式"中的选项进行设置,为单元格区域加上各种底纹及颜色。

4.4.5 套用表格格式

套用表格格式是将 Excel 中内置表格格式直接应用到所需工作表中,其不仅美化工作表,而且节约表格设计时间。具体操作步骤如下。

(1)在功能区"开始"选项卡的"样式"选项组中单击"套用表格格式"图标。

(2)在打开的工作表样式列表中选择需要的内置表格样式,在弹出的"创建表"对话框中设置表数据的来源,单击"确定"按钮。

设置完成后,在功能区会增加"表格工具"中的"表设计"选项卡,用户可根据其中的选项完成相应的表格设计。

4.4.6 条件格式

条件格式是指根据指定的公式或数值确定搜索条件,如果满足指定条件,可将 Excel 预置格式应用于单元格区域,这些格式可以是字体、图案、边框和颜色等。

条件格式设置方法如下。选定需要设置条件格式的单元格区域,在功能区"开始"选项

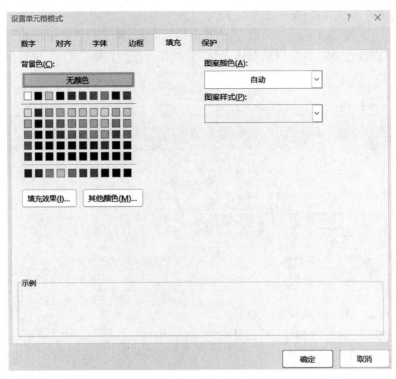

图 4-18 "填充"选项卡

图 4-19 条件格式下拉列表

卡的"样式"选项组中单击"条件格式"图标，打开如图 4-19 所示的下拉列表，根据需要选择格式即可。列表中各条件格式设定规则含义如下。

"突出显示单元格规则"：突出显示符合某种条件的单元格，如大于 90、小于 60 等。

"最前/最后规则"：按一定规则选取一些单元格。如选取数值最大(小)的前 10 项、前(后)10％的数据项、高于(低于)平均值的数据项等。

"数据条"：用数据条表示某个单元格相对于其他单元格的值。

"色阶"：用色阶显示数据的分布和数据的变化。

"图标集"：根据用户确定的阈值，用不同的图标表示不同类别的数据。

【例 4-4】 有一张名为"随机表"的数据表，如图 4-20 所示。对表中 B2:G15 数据区域进行条件格式设置。对于数据大于 0.5 的单元格使用红、绿、蓝颜色显示，并设置成 248、156、89 的背景色进行填充；对于数值小于或等于 0.3 的数据使用紫色、加粗倾斜的效果进行填充。

【操作步骤】

(1) 选定 B2:G15 数据区域，在功能区"开始"选项卡的"样式"选项组中单击"条件格式"图标，在下拉列表中选择"突出显示单元格规则""大于"命令，在打开的"大于"对话框左侧的文本框中输入 0.5，在"设置为"下拉列表中选择"自定义格式"，系统自动弹出"设置单元格格式"对话框。

（2）单击"字体"标签，在"颜色"下拉列表中选择"其他颜色"命令，弹出"颜色"对话框，如图 4-21 所示。单击"自定义"标签，选择"颜色模式"为 RGB，在"红色""绿色""蓝色"文本框中分别输入数据"248""156""89"，最后单击"确定"按钮，完成相关条件格式的设定。

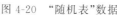

图 4-20 "随机表"数据

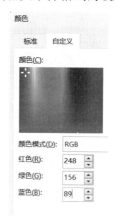

图 4-21 "颜色"对话框

（3）以此类推，重复前面两步操作，即可完成数据表中数值小于 0.3 单元格条件格式的设置。

如果用户想清除所选区域条件格式的设置，可以在如图 4-19 所示的条件格式下拉列表中选择"清除规则"命令，然后在下级菜单中选择"清除整个工作表（或所选单元格）的规则"命令，即可清空所有已经设置的条件格式。

4.5　页面设置与打印输出

若要打印工作表，需要进行页面设置，然后预览打印效果，如果对打印效果满意再进行打印输出。

在功能区"页面布局"选项卡的"页面设置"选项组可以进行简单的页面设置，包括页边距、纸张方向、纸张大小、打印区域、分隔符、背景、打印标题等操作；如果想进行更复杂的操作，单击"页面设置"组右下角的折叠图标 ，弹出"页面设置"对话框，其中有 4 个选项卡，如图 4-22 所示，下面分别介绍这 4 个选项卡的功能。

4.5.1　打印页面设置

单击"页面设置"对话框中的"页面"标签，在此选项卡中可以设置打印方向（横向或纵向）、缩放比例、纸张大小和起始页码。在"调整为"区域，可缩减打印输出至一个页面宽或一个页面高，通常超出正常大小一点即可。

4.5.2　页边距设置

单击"页面设置"对话框中的"页边距"标签。如图 4-23 所示，在此选项卡中可以设置上、下、左、右边距及页眉、页脚边距。勾选"水平"或"垂直"复选框，可以设置表格水平居中或垂直居中。

图 4-22　"页面设置"对话框

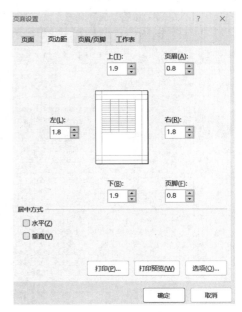

图 4-23　"页边距"选项卡

4.5.3　页眉/页脚设置

单击"页面设置"对话框中的"页眉/页脚"标签。如图 4-24 所示，在此选项卡中可以添加、删除、更改和编辑页眉/页脚。单击"页眉"/"页脚"的下拉按钮，在下拉列表中可以选择内置的页眉/页脚格式，单击"自定义页眉"和"自定义页脚"按钮，可以输入自定义的页眉/页脚。

4.5.4　打印区域设置

单击"页面设置"对话框中的"工作表"标签。如图 4-25 所示，可以在此选项卡的"打印区域"框中选定需要打印的区域。设置好打印区域后，页面有时会出现两条或多条竖向或横向的虚线，这说明打印区域被分开打印在几张纸上。解决办法是在"页面"选项卡的"缩放比例"框中调整缩放比例，以使打印区域集中在一张纸上。

在 Excel 中，系统默认打印出来的工作表不会显示网格线，用户可根据需要在"工作表"选项卡中指定是否打印"网格线""行和列标签题""注释"等信息，最后单击"确定"按钮完成所需操作。

4.5.5　打印标题设置

Excel 默认只在表格第一页打印表格标题，如果表格比较长、跨越多页，则在表格每一页都打印标题非常必要，可使表格数据更加清晰。具体操作步骤如下。

（1）选定要打印的工作表。

（2）若想在每个页面上打印某工作表的前三行，则在"工作表"选项卡"打印标题"区域中的"顶端标题行"文本框中输入对包含列标签的行的引用，即 $1：$3，如图 4-25 所示；或单击文本框，然后在 1～3 行的行号处拖动，选定"顶端标题行"。

图 4-24　"页眉/页脚"选项卡　　　　　　　图 4-25　"工作表"选项卡

（3）若想在每个打印页面的左端打印工作表的前两列，则在"从左端重复的列数"文本框中输入对包含行标签的列的引用，即 $A:$B；或单击文本框，然后在 A～B 列的列标签处拖动，选定"左端标题列"。

（4）单击"打印预览"按钮预览设置效果，确认无误后单击"确定"按钮结束操作。

4.5.6　工作表的打印

选择"文件"→"打印"命令，打开"打印"窗口，如图 4-26 所示。右侧区域是打印效果预览，中间区域可以设置打印机型号、打印份数、打印的页码范围、打印方式、纸张大小、页眉页脚边距及列宽的控制线等。如果上述效果符合要求，连接好打印机，单击"打印"按钮即可完成工作表的打印。

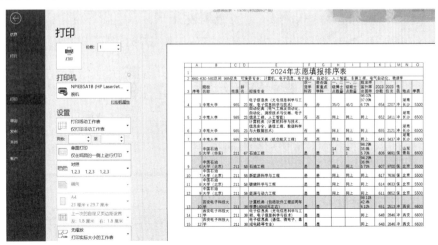

图 4-26　打印预览

Excel 2019 的使用

4.6 图 表

图表是工作表数据的图形表示形式。创建图表有助于直观表示数据间的关系或趋势，满足用户查看、对比和分析数据的需求，有利于用户理解和交流信息。

4.6.1 常用图表类型

Excel 2019 图表的类型大致分为 17 种，不同的图表类型解决不同场景的数据展示需求。常见的图表类型有柱形图、条形图、折线图、饼形图、散点图等。

柱形图常用于比较不同类别或系列之间数值的大小、规模等情况，主要强调数据随时间变化的趋势，易于用户阅读和理解。

条形图类似于柱形图，只是它的水平轴和垂直轴进行了互换，图形水平方向显示。它适用于具有长标签名称的数据系列，主要用于突出显示数值间的比较关系，而非时间变化。

折线图是一条弯折或平滑的线条，它通过连接数据点的线条来显示数据随时间或其他连续变量发生变化的趋势。

饼形图类似于一块圆饼，常用于表示部分与整体的关系或占比情况。它一般只显示一个数据系列，在需要突出某个重要项时十分有用。

散点图（X、Y）多用于科学数据。它既可以用来比较几个数据系列中的数值，也可以将两组数值显示为 XY 坐标系中的一个数据系列。

4.6.2 图表的组成

图表主要由图表区、绘图区、图表标题、数据系列、坐标轴、图例等部分组成，如图 4-27 所示。

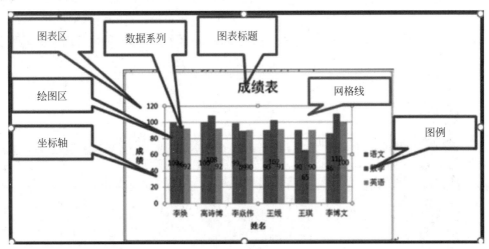

图 4-27 图表的组成

图表区是指整个图表对象所在区域，它承载了所有图表元素及添加到图表中的其他对象，比如在图表中增加一个文本框，则增加后的文本框也属于图表的一部分。

图表标题显示在绘图区上方，其作用是对图表主要内容进行说明，使图表更易于理解。

每个图表都可以设置一个标题。有时新建的图表没有标题,用户可以手动添加标题。

数据系列是指一组相同类型的值,常用于表示不同的数据集,在图 4-27 中有三个数据系列,分别是语文系列、数学系列、英语系列。

绘图区是指描绘图形的区域,所有的数据系列都呈现在绘图区中。

图例是指数据系列图形的标签,可视为数据系列的标题。图例通常包括一个图形标签和一个文本标签。图例在图表中的位置可以为顶部、底部、左侧、右侧及右上方,也可以设置为无图例显示。

网格线作为一种线条元素,主要用于标注或比较数据系列的值的位置。网格线包括水平和垂直两种线条,按照主次关系,又分为主要网格线和次要网络线。

坐标轴标题包括横坐标轴(X 轴)和纵坐标轴(Y 轴)标题。在图 4-27 中,"姓名"与"成绩"分别对应横坐标轴标题与纵坐标轴标题。

4.6.3 创建图表

Excel 可以创建嵌入式图表和图表工作表两种形式的图表。系统默认创建的图表是嵌入式图表,即图表出现在当前工作表页面。图表工作表是指图表放在一个新的独立工作表中。

【例 4-5】 有一张名为"期中成绩表"的数据表,如图 4-28 所示。要求使用表中后四位学生的"操作系统"和"数据库原理"这两门课的成绩绘制一个簇状柱形图,图表样式为 8,图表布局为 9,在数据点的上方显示数据标签,图表标题为"期中成绩表",横坐标轴标题为"姓名",纵坐标轴标题为"分数",纵坐标轴最小刻度为 0、最大刻度为 100,单位刻度为 10,图表样例如图 4-29 所示。

	A	B	C	D	E	F	G
1	软件工程专业学生期中成绩表						
2	序号	姓名	班级	性别	操作系统	数据结构	数据库原理
3	1	王浑河	三班	男	96	93	93
4	2	李辉	一班	男	55	70	73
5	3	张文新	三班	女	87	91	95
6	4	王力	二班	男	89	50	75
7	5	孙英	二班	女	59	53	68
8	6	金东	一班	男	64	71	76
9	7	黄立新	三班	女	84	80	90
10	8	王豆豆	二班	女	75	69	88
11	9	张磊	一班	男	92	91	90
12	10	刘海	二班	男	64	67	84

图 4-28　期中成绩表

分析:由于图表中只需要显示姓名、操作系统和数据库原理这两门课的成绩信息,因此其他列数据,如"序号""性别"等列的信息不需要选定。另外,表中虽然有 10 名学生,但图表只要求显示后 4 位学生的相关信息,因此其他同学的信息也不需要选定。

【操作步骤】

(1) 数据源的选取。首先单击"姓名"列的列标题所在单元格 B2,然后按住 Ctrl 键,用鼠标依次选定 B9:B12、E2、E9:E12、G2、G9:G12 单元格。

(2) 插入图表。在功能区"插入"选项卡的"图表"选项组中单击"插入柱形图或条形图"图标,在打开的列表中单击"二维柱形图"中的"簇状柱形图"图标,则在工作表中插入如图 4-30 所示的图表初步形状。

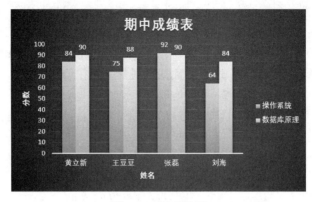

图 4-29　图表样例

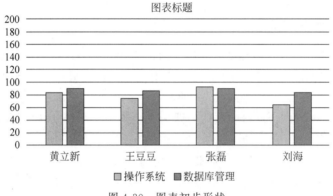

图 4-30　图表初步形状

（3）更改刻度值。右击图表中纵坐标轴的刻度区域，在弹出的快捷菜单中选择"设置坐标轴格式"命令，在窗口右侧打开"设置坐标轴格式"窗格。在窗格中将"边界"区域的"最大值"设为 100，"最小值"设为 0，将"单位"区域的"大"设为 10，"小"设为 2，按回车键即可完成刻度值的更改。

（4）设置图表布局及样式。选定已经生成的图表，在功能区"图表设计"选项卡的"图表样式"选项组中选择"图表样式 8"，在"图表布局"选项组中单击"快速布局"图标的下拉按钮，在列表中选择"布局 9"。

（5）设置图表标题、横坐标轴及纵坐标轴标题。单击各部分标题区域，按要求输入相关文字。

（6）添加数据标签。在功能区"图表设计"选项卡的"图表布局"选项组中单击"添加图表元素"图标的下拉按钮，在下拉列表中选择"数据标签"→"数据标签外"命令。

数据标签种类丰富，可以是百分比形式，也可以是小数形式。数据标签的位置也很多样，甚至可以设置数据标签是否需要添加引导线。用户可以根据题目具体要求逐一设置。

4.6.4　图表的编辑与格式化

图表建立后，用户可以根据需要对图表进行编辑和格式化。

1. 图表的编辑

（1）选定图表。如果是嵌入式图表，单击图表就可以选定该图表；如果是图表工作表，需要单击工作表标签选定图表。

（2）移动图表或改变图表大小。选定图表后，图表四周会出现尺寸控点，拖动图表非控点处可以移动图表的位置，拖动图表控点处可以改变图表的大小。

（3）删除图表。选定图表后，按 Delete 键可以删除图表。

（4）改变坐标轴位置。有时生成的图表横坐标轴与纵坐标轴数据颠倒，在"图表设计"选项卡的"数据"选项组中单击"切换行/列"图标，可以切换图表的横坐标轴与纵坐标轴数据。

2. 图表格式化

单击图表任意位置或单击要更改的图表元素，功能区会增加"图表设计"和"格式"两个选项卡。用户可以利用其中的命令来美化图表或强调某些信息。

（1）"图表设计"选项卡。Excel 提供了多种预定义的图表布局及样式，用户可快速将其应用于图表中，修改图表外观。单击"图表布局"选项组的"添加图表元素"图标的下拉按钮，可以根据需要设置图例的位置、数据标签、图表标题及坐标轴标题、网格线等。

（2）"格式"选项卡。利用该选项卡可以对图表或图表的任何部分设置格式，前提是选定要设置格式的图表或图表局部。例如，若要对图表标题进一步格式化，可单击该区域，在"格式"选项卡的"当前所选内容"选项组中单击"设置所选内容格式"图标，屏幕右侧弹出如图 4-31 所示的窗格。用户根据需要，在"填充""边框""颜色"区域进行相关设置即可。

图 4-31 "设置图表标题格式"窗格

4.6.5 迷你图

迷你图是插入单元格中的微型图表，没有图表标题、图例、网格线等图表元素，具有图形简洁、类型简单的特点。使用迷你图可以更方便地从视觉上分析数据的变化趋势，从而快速得出分析结果。

在 Excel 2019 中，迷你图有三种类型。

（1）折线迷你图：主要用于展示数据的总体趋势变化。

（2）柱形迷你图：主要用于表示数据的柱状变化。

（3）盈亏迷你图：主要用于突出显示数据的正负差异。

【例 4-6】 在如图 4-28 所示的"期中成绩表"最右侧增加一列，名为"迷你图"，根据每位同学的三门课程成绩制作一张柱形迷你图。

【操作步骤】

（1）单击单元格 H3，在功能区"插入"选项卡的"迷你图"选项组中单击"柱形"图标，弹出如图 4-32 所示的对话框。

（2）在"数据范围"文本框中选取序号 1 同学三门课成绩所在单元格"E3:G3"，"位置范

图 4-32　"创建迷你图"对话框

围"按默认即可,单击"确定"按钮,则在单元格 H3 中出现该同学的迷你柱形图。

（3）向下拖动单元格 H3 右下角的填充句柄,生成其他同学的迷你柱形图。

（4）单击任意一个迷你图所在的单元格,功能区会出现"迷你图工具"选项卡,如图 4-33 所示,用户可根据需要对现有迷你图进行编辑和设计工作。

图 4-33　"迷你图工具"中的"设计"选项卡

4.7　数　据　管　理

Excel 中的数据管理不仅可以对数据进行排序、筛选、分类汇总等基本操作,还可以创建数据透视表和数据透视图对大量数据进行快速整理和分析,帮助用户更好地理解和利用数据,以便进行科学决策和深层次应用。

4.7.1　数据清单

数据清单是指由若干行和列构成的一个二维关系表格,类似于数据库文件,每一行代表一条记录,每一列代表一个字段,每一列的标题称为字段名。在 Excel 中,通过创建数据清单来进行数据管理。

在一个工作表中,数据清单是指包含字段名在内的所有数据,以如图 4-28 所示的"期中成绩表"为例,A2:G12 区域称为数据清单。

用户在选择数据清单时,选定数据清单区域的任何一个单元格表示选取了整个数据清单,也可以将所有数据清单区域均选定,但相对而言操作起来更麻烦。

4.7.2　数据排序

在 Excel 实际操作中,经常需要对数据清单中的某一列或某几列数据进行排序,以便日后分析决策时使用。

Excel 对数据排序的规则是,如果字段是数值型或日期型数据,则按数值大小进行排序;如果字段是字符型数据,则英文字符按 ASCII 码排序,汉字按字母或笔画排序。

1. 单列数据排序

选定需要排序的任意一个单元格,在功能区"数据"选项卡的"排序和筛选"选项组中单击升序 ⬆↓ 或降序 ⬇↓ 图标,即可完成数据排序工作。

2. 多列数据排序

Excel 2019 最多可依据 64 列(或行)进行排序,即有 64 个关键字。系统先对"主关键字"进行排序,当"主关键字"的值相同时,依据第一个"次要关键字"排序,若第一个"次要关键字"的值也相同,则依据第二个"次要关键字"排序,以此类推。

【例 4-7】 将如图 4-28 所示的"期中成绩表"先按"班级"字段升序排序,再按"数据结构"字段降序排序。最终排序效果为一班、二班、三班的顺序。

【操作步骤】

(1)选定数据清单中的任意一个单元格,在功能区"数据"选项卡的"排序和筛选"选项组中单击"排序"图标,弹出如图 4-34(a)所示的对话框。

(2)在对话框的"主要关键字"下拉列表中选择"班级"字段,"次序"下拉列表中选择"升序"。

(3)单击"添加条件"按钮,则系统自动添加一个"次要关键字",通过下拉列表选择"数据结构"字段,在"次序"下拉列表中选择"降序",再单击"确定"按钮。

(4)观察数据清单中的数据,会发现班级的排序顺序为二班、三班、一班,这是因为汉字默认按字母排序。

(5)再次打开"排序"对话框,单击"选项"按钮,弹出如图 4-34(b)所示的"排序选项"对话框。

(6)在"排序选项"对话框的"方法"区域选中"笔画排序"单选按钮,再单击"确定"按钮,则班级的排序顺序变成一班、二班、三班。

若想对其他字段进行排序,在如图 4-34(a)所示的"排序"对话框中,单击"删除条件"按钮,系统将删除当前排序字段名称及次序,用户根据需要重新选择要排序的字段作为"主关键字段",重复上述步骤即可完成其他字段的排序。

图 4-34 "排序"和"排序选项"对话框

4.7.3 数据筛选

数据筛选的含义是只显示符合条件的记录,隐藏不符合条件的记录。数据筛选分为自动筛选和高级筛选两种。

1. 自动筛选

自动筛选为用户提供快速查找符合某种条件记录的功能。

【例 4-8】 在如图 4-28 所示的"期中成绩表"中，进行如下筛选操作。

（1）显示所有女生记录。

（2）显示男生且所在班级为"三班"的学生记录。

（3）显示"操作系统"课成绩在 60～80 分的记录。

（4）显示姓"王"和姓"黄"的学生记录。

【操作步骤】

（1）选定数据清单中任意一个单元格，在功能区"数据"选项卡的"排序和筛选"选项组中单击"筛选"图标，则数据清单中所有字段名右侧增加一个筛选按钮。

（2）单击"性别"字段的筛选按钮，在下拉列表中取消勾选"全选"复选框，再勾选"女"复选框，最后单击"确定"按钮，则系统只显示 4 条女生记录。

（3）再次在功能区"数据"选项卡的"排序和筛选"选项组中单击"筛选"图标，取消自动筛选，则系统恢复所有记录。

（4）重复步骤（1），在步骤（2）中勾选"男"复选框，再单击"班级"字段的筛选按钮，与步骤（2）相似，勾选"三班"复选框，则系统只显示一条符合条件记录。

（5）取消自动筛选，重复步骤（1）。然后单击"操作系统"字段的筛选按钮，在下拉列表中选择"数字筛选"→"介于"命令，弹出如图 4-35 所示的对话框。按照图中所示设置筛选条件，再单击"确定"按钮，系统显示筛选出的三条记录。

图 4-35 "自定义自动筛选方式"对话框

提示：设置具有多个筛选条件的复合条件时，"与"表示两个或多个条件同时满足；"或"表示只要满足两个或多个条件中的一个即可。

（6）取消自动筛选，重复步骤（1）。单击"姓名"字段的筛选按钮，在下拉列表中选择"文本筛选"→"开头是"命令，在文本框中输入汉字"王"并选中"或"单选按钮，在第二行左侧下拉列表中选择"开头是"命令，在第二行右侧文本框中输入汉字"黄"，再单击"确定"按钮。系统自动显示符合条件的 4 条记录。

2. 高级筛选

自动筛选虽然简单易用，但是无法实现多字段之间或关系的筛选条件设置。例如，在例 4-8 中，如果要筛选出"操作系统"课成绩在 90 分以上或"数据结构"课成绩在 90 分以上的学生,自动筛选就无法实现。相比之下,高级筛选可以针对多个字段自定义筛选条件,进行复合条件的筛选,使用更加灵活、功能更加强大。

高级筛选分为三个区域,原数据区域,筛选条件区域和筛选结果区域。筛选条件区域用来指定筛选数据必须满足的条件,与原数据区域至少要间隔一个空行或空列。常见的筛选条件如图 4-36 所示。

筛选条件设置			含义
条件示例1	数学	英语	筛选出数学和英语都
	>90	>90	超过 90 分的学生
条件示例2	数学	英语	筛选出数学超过 90 分或者
	>90		英语超过 90 分的学生
		>90	
条件示例3	数学	英语	筛选出数学超过 120 分或者
	>120		数学少于 90 分的学生
	<90		
条件示例3	数学	数学	筛选出数学成绩为90～120
	>90	<120	分的学生

图 4-36　筛选条件设置及含义

【例 4-9】　在如图 4-28 所示的"期中成绩表"中,要求在单元格 J4 位置设置筛选条件,筛选出三门课程均在 90 分及以上,或者只要有一门功课在 90 分及以上的女生记录,并将筛选出结果放在 A16 开始的单元格。

【操作步骤】

(1)设置筛选条件。在以单元格 J4 为起始位置的单元格区域设置如图 4-37 所示的筛选条件。

(2)选定数据清单中任意一个单元格,在功能区"数据"选项卡的"排序与筛选"选项组中单击"高级"图标,弹出如图 4-38 所示的对话框。

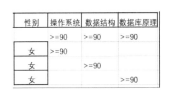

性别	操作系统	数据结构	数据库原理
	>=90	>=90	>=90
女	>=90		
女		>=90	
女			>=90

图 4-37　例 4-9 的筛选条件

图 4-38　"高级筛选"对话框

(3)在对话框"方式"区域,选中"将筛选结果复制到其他位置"单选按钮;单击"列表区域"和"条件区域"右侧的折叠按钮选定适当的数据区域,如图 4-38 所示。

(4)单击"复制到"右侧的折叠按钮,选定筛选结果放置的起始单元格 A16,再单击"确定"按钮。筛选结果如图 4-39 所示。

4.7.4　分类汇总

分类汇总是对数据清单进行统计分析的一种常用方法。分类汇总通常分两步操作,首

16	序号	姓名	班级	性别	操作系统	数据结构	数据库原理
17	1	王浑河	三班	男	96	93	93
18	3	张文新	三班	女	87	91	95
19	7	黄立新	三班	女	84	80	90
20	9	张磊	一班	男	92	91	90

图 4-39　例 4-9 的筛选结果

先对数据清单中指定的字段进行分类即排序，然后对同一类记录的有关信息进行汇总、分析。汇总方式由用户指定，可以统计同一类记录的个数，也可以对某些字段求和、求平均值、求最大（最小）值等。

1. 创建分类汇总

【**例 4-10**】　在如图 4-28 所示的"期中成绩表"中创建一个分类汇总，要求按性别统计各科成绩的平均值（女生在前，男生在后）。

【**操作步骤**】

（1）按照性别字段排序。单击性别所在列的任意一个单元格，在功能区"数据"选项卡的"排序与筛选"选项组中单击降序 $Z\downarrow$ 图标，系统按女生在前男生在后的顺序显示。

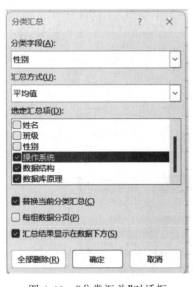

（2）在功能区"数据"选项卡的"分级显示"选项组中单击"分类汇总"图标，弹出"分类汇总"对话框，如图 4-40 所示。

（3）在对话框的"分类字段"下拉列表中选择"性别"字段，注意"分类字段"一定要与之前排序字段一致，在"汇总方式"下拉列表中选择"平均值"字段，在"选定汇总项"区域勾选三门课程的复选框，最后单击"确定"按钮。系统创建如图 4-41 所示的分类汇总结果。

2. 分类汇总分级显示

在如图 4-41 所示的分类汇总结果中，左上角有"1""2""3"三个数字按钮，称为"分级显示级别"按钮，单击上述按钮可以分级显示汇总结果。表格左侧的"＋"按钮是"显示明细数据"按钮，单击此按钮可以显示该按钮包含的明细数据，并切换到"－"按钮。"－"

图 4-40　"分类汇总"对话框

按钮是"隐藏明细数据"按钮，单击此按钮可以隐藏该按钮上方的中括号包含的明细数据。

3. 删除分类汇总

在含有分类汇总结果的数据区域中选定任意单元格，在功能区"数据"选项卡的"分级显示"选项组中单击"分类汇总"图标，在弹出的"分类汇总"对话框中单击左下角"全部删除"按钮，如图 4-40 所示，即可删除创建的分类汇总。

4.7.5　数据透视表与数据透视图

数据透视表是一种对大量数据快速汇总和建立交叉列表的交互式动态表格。使用数据透视表可以通过组合、计数、分类汇总、排序及筛选等方式从工作表数据中提取总结性的信息，灵活多样地展示数据的特征，从而帮助用户分析、组织数据，制作各种分析报表和统计报

	A	B	C	D	E	F	G
1		软件工程专业学生期中成绩表					
2	序号	姓名	班级	性别	操作系统	数据结构	数据库原理
3	3	张文新	三班	女	87	91	95
4	5	孙英	二班	女	59	53	68
5	7	黄立新	三班	女	84	80	90
6	8	王豆豆	二班	女	75	69	88
7				女 平均值	76.25	73.25	85.25
8	1	王浑河	三班	男	96	93	93
9	2	李辉	一班	男	55	70	73
10	4	王力	二班	男	89	50	75
11	6	金东	一班	男	64	71	76
12	9	张磊	一班	男	92	91	90
13	10	刘海	二班	男	64	67	84
14				男 平均值	76.6666667	73.666667	81.83333333
15				总计平均值	76.5	73.5	83.2

图 4-41　例 4-10 的分类汇总结果

表。数据透视图在数据透视表的基础上建立,以图形方式展示数据,使数据透视表更加生动。

1. 数据透视表组成

从结构上看,数据透视表主要由 4 部分组成,如图 4-42 所示,分别是行标签区、列标签区、数值区和报表筛选区。在这些区域里,通过拖动字段及修改字段的显示方式,能够创建不同类型的报表。其中,行标签区由数据透视表左边的标题组成,通常是用来分组或分类的字段;列标签区由数据透视表顶部各列的标题组成;数值区是进行计算的字段区域,如求和、求平均、计数等;报表筛选区位于数据透视表顶部,是可选的一个或多个下拉列表框,将作为数据透视表的页字段。

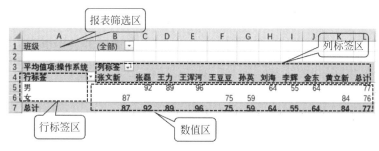

图 4-42　数据透视表的组成

2. 创建数据透视表

【例 4-11】　在如图 4-28 所示的"期中成绩表"中创建如图 4-42 所示的数据透视表,实现按班级汇总男、女同学操作系统课程的平均分,并保留到整数位。

【操作步骤】

(1) 在功能区"插入"选项卡的"表格"选项组中单击"数据透视表"图标,弹出如图 4-43 所示的"创建数据透视表"对话框。

(2) 在对话框内选择要创建数据透视表的数据源及放置数据透视表的位置,如图 4-43 所示,然后单击"确定"按钮,即可在新工作表中创建一张空的数据透视表,同时在窗口右侧弹出"数据透视表字段"窗格,如图 4-44 所示。

图 4-43 "创建数据透视表"对话框

图 4-44 空数据透视表及"数据透视表字段"窗格

（3）在"数据透视表字段"窗格中分别向"行标签区""列标签区""数值区"和"报表筛选区"添加字段。将"班级"字段拖动到"筛选"区域中，"性别"字段拖动到"行"区域中，"姓名"字段拖动到"列"区域中，"操作系统"字段拖动到"值"区域中，最终效果如图 4-44 所示。

（4）在"数据透视表字段"窗格的"值"区域中单击"求和项：操作系统"下拉按钮，在弹出的快捷菜单中选择"值字段设置"命令,弹出"值字段设置"对话框,如图4-45所示。

图4-45 "值字段设置"对话框

(5) 在对话框的"值汇总方式"选项卡中的"计算类型"列表中选择"平均值"字段,然后单击"数字格式"按钮,在弹出的"设置单元格格式"对话框中设置数字的格式为"数值","小数位数"为"0",最后单击"确定"按钮,则数据透视表"数值区"汇总方式更改为求平均值,并保留到整数。

需要说明的是,在默认状态下,数据透视表对数值区的数值字段使用求和方式汇总,对非数值字段则使用计数方式汇总。此外,数据透视表还提供了求最大值、最小值、平均值、乘积和标准方差等多种形式的汇总。

(6) 设置完成后,显示如图4-42所示的数据透视表,任意单击表中"报表筛选区""行标签"和"列标签"的下拉按钮,可以选择隐藏或显示满足指定条件的字段值。

3. 编辑数据透视表

【例4-12】 对创建如图4-42所示的数据透视表进行编辑操作,修改数据透视表的布局如图4-46所示,实现按班级统计每门课程的最高分,并自动套用数据透视表样式美化数据透视表。

【操作步骤】

(1) 在"数据透视表字段"窗格中拖动字段或删除字段,就可以重新安排数据透视表的布局。单击如图4-42所示的数据透视表中任意一个单元格,在"数据透视表字段"窗格的"列"区域中单击"姓名"下拉按钮,在弹出的快捷菜单中选择"删除字段"命令,将"姓名"字段从列标签中删除。用同样的方法把"行"区域中的"性别"字段删除。

(2) 把"班级"字段从"筛选"区域拖动到"行"区域,然后依次将"数据结构"字段和"数据库原理"字段拖动到"值"区域中。

(3) 在"数据透视表字段"窗格的"值"区域中单击"平均值项:操作系统"下拉按钮,在弹出的快捷菜单中选择"值字段设置"命令,弹出"值字段设置"对话框,如图4-45所示。

(4) 在对话框中选择"计算类型"为"最大值",将"自定义名称"文本框中的内容更改为"最高分:操作系统"。

198

（5）重复步骤（2）、步骤（3）操作，依次设置"值"区域中"数据结构"字段、"数据库原理"字段的汇总方式为求最大值，并修改值字段名称为"最高分:数据结构""最高分:数据库原理"。修改布局后的"数据透视表字段"窗格如图 4-47 所示。设置完成后，显示如图 4-48 所示的数据透视表。

图 4-46　修改布局的数据透视表

图 4-47　修改布局的"数据透视表字段"窗格

图 4-48　修改布局的"数据透视表"

（6）在如图 4-47 所示的"数字透视表字段"窗格中将"列"区域中的"Σ数值"拖动到"行"区域中"班级"字段下面，设置后的数据透视表如图 4-46 所示。

（7）在数据透视表任意位置单击，然后在功能区"数据透视表工具"中的"设计"选项卡的"数据透视表样式"选项组中选择一种数据透视表样式，应用该样式美化数据透视表。

通常，数据透视表的编辑操作不仅包括改变数据透视表的布局、重命名和删除字段、更改数值区的汇总方式等操作，还可以与普通 Excel 数据表具有相似的排序功能，即按某个字段的升序或降序排序。例如，若如图 4-46 所示中数据要按照"班级"的降序排列则操作方法如下：单击数据透视表中"行标签"下拉按钮，在打开的下拉列表中设置排序为"降序"。此外，还可以对行、列标签设置"标签筛选""值筛选"等操作。

需要说明的是，无论数据透视表的数据源与数据透视表是否位于同一工作簿内，如果数据源内容发生了变化,都可以手动刷新数据透视表,使数据透视表中的数据及时更新。具体方法为:在数据透视表的任意一个区域中右击,在弹出的快捷菜单中选择"刷新"命令。此外,单击功能区"数据透视表分析"选项卡中"数据"选项组的"刷新"图标也可以实现对数据透视表的刷新。

4. 创建数据透视图

数据透视图在数据透视表的基础上建立,以图形方式展示数据,使数据透视表更加生动。数据透视图和数据透视表是相互联系的,即改变数据透视表,数据透视图将发生相应的变化;若改变数据透视图,数据透视表也发生相应变化。

【例 4-13】 以图 4-46 所示的数据透视表为数据源创建数据透视图。

【操作步骤】

(1) 单击数据透视表中任意单元格,在功能区"数据透视表分析"选项卡的"工具"选项组中单击"数据透视图"图标,则弹出"插入图表"对话框。

(2) 在对话框中选择图表类型为"簇状条形图",然后单击"确定"按钮,即可生成一张数据透视图,如图 4-49 所示。

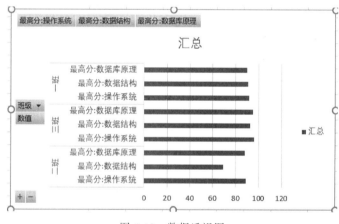

图 4-49　数据透视图

数据透视图与 Excel 图表的主要区别表现:数据透视图是一张动态的图表,一张数据透视图实际上是一系列图表,覆盖了很多张图表。用户可以像处理 Excel 图表一样处理数据透视图,包括改变图表类型、设置图表格式等。在默认情况下,Excel 将数据透视图与数据透视表创建在同一张工作表中,也可以将数据透视图创建在新建的图表工作表 Chart1 中。

习　题　4

一、简答题

1. 在 Excel 2019 中,工作簿、工作表及单元格之间有什么关系?

2. 请说明公式与函数在使用上的区别。

3. 请说明汉字的排序方式。系统默认什么排序方式?

4. 单元格的引用方式有几种?每种引用方式有什么特点?

5. 什么是数据透视表?它和工作表有什么区别?

二、操作题

1．创建一个名为"课后习题.xlsx"的工作簿，在 Sheet1 中输入如图 4-50 所示的数据，并将数据表重新命名为"学生成绩表"。

	A	B	C	D	E	F	G	H	I	J	K	L
1	高一三班学生成绩表											
2	序号	学号	性别	语文	数学	英语	物理	化学	生物	总分	平均分	达标否
3	1	02101	男	105	114	121	82	82	84			
4	2	02102	女	110	125	119	88	78	82			
5	3	02103	女	95	101	132	85	84	75			
6	4	02104	女	97	99	108	78	68	68			
7	5	02105	男	102	118	127	89	69	73			
8	6	02106	男	115	134	139	92	94	90			
9	7	02107	男	94	125	120	65	84	81			
10	8	02108	男	101	100	119	87	71	76			
11	9	02109	女	109	126	136	94	89	79			
12	10	02111	男	106	130	129	91	93	89			
13	11	02111	男	98	99	118	77	78	90			
14	12	02112	男	99	104	105	75	79	78			
15	13	02113	女	117	100	114	69	75	81			
16	14	02114	男	121	135	132	93	80	83			
17	15	02115	女	90	101	102	72	66	69			

图 4-50　学生成绩表

2．将数据表的标题区域 A1:L1 合并居中对齐，字体为华文仿宋，字号为 24。

3．在英语和物理两列中间增加一列，字段名为"三科总分"。利用公式计算每名学生的三科总分，利用函数计算每名学生的"总分""平均分"，所有计算结果均保留 1 位小数。

4．如果该同学总分所在列的值超过 600 分，在"达标否"字段填入汉字"达标"，否则什么也不显示。

5．设置所有行的行高为 20。

6．为 A2:L2 区域设置填充，填充颜色为"绿色，个性色 1，淡色 80％"，并设置对齐方式为"分散对齐"。

7．为表格加边框线，外框为"双线"，颜色为"红色"，内框为"细单线"，颜色为"蓝色"。

8．将"学生成绩表"信息复制到新的工作表中，新工作表命名为"排序"，在"排序"表中按"总分"字段降序排序。

9．将排序后学生成绩前两名及后两名的"总分"及"学号"两列数据作为数据源，生成一个二维簇状条形图，为图表应用样式 7，设置图表标题为"三班成绩对比图"，水平轴标题为"总分"，垂直轴标题为"学号"，并要求在图表上显示学生的总分信息，图例在最右侧，图表样例如图 4-51 所示。

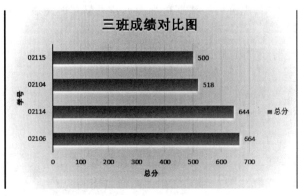

图 4-51　图表样例

10. 将"学生成绩表"信息复制到新的工作表中,新工作表命名为"汇总表",在"汇总表"中要求按性别统计参加考试的男生和女生人数的分类汇总信息。

11. 将"学生成绩表"信息复制到新的工作表中,新工作表命名为"数据透视表",在"数据透视表"中,以性别为行统计语文、数学、外语三科的平均数(小数点后面保留 1 位小数),并将统计结果放在该工作表单元格 C20 开始的位置,设置数据透视表的样式为"浅橙色,数据透视表样式 7"。

第5章 PowerPoint 2019 的使用

5.1 演示文稿软件概述

Microsoft Office PowerPoint 是微软公司研发的演示文稿软件。用其制作的演示文稿可以通过动态的方式图文并茂地展示信息,使演示更加生动、有趣。演示文稿的每一页称为幻灯片。PowerPoint 在教育培训、工作汇报、项目展示、产品推广、会务管理、艺术设计等领域都有广泛的应用。

5.1.1 工作窗口

PowerPoint 2019 的工作窗口由标题栏、功能区、工作区和状态栏组成,如图 5-1 所示。

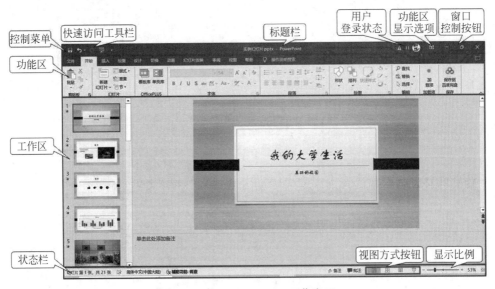

图 5-1　PowerPoint 2019 工作窗口

1. 标题栏

单击标题栏最左侧可以打开控制菜单。控制菜单右侧为快速访问工具栏,快速访问工具栏默认包含"保存""撤销键入""恢复键入"和"从头开始"图标。快速访问工具栏的具体操作见 3.1.2 节的介绍。标题栏中间显示了当前文档的名称和软件名称,标题栏的右侧依次为用户登录状态、功能区显示选项和窗口控制按钮。

2．功能区

功能区包含了 PowerPoint 几乎所有的命令。这些命令包含在"文件"菜单和若干选项卡中。功能区主要包含"开始""插入""设计""切换""动画""幻灯片放映""审阅""视图""帮助"等选项卡。

3．工作区

工作区的界面与演示文稿的视图方式有关，不同的视图方式显示的工作区界面不相同。

4．状态栏

状态栏的左侧显示了当前幻灯片的编号及幻灯片的总数。状态栏的右侧分别为视图方式按钮和显示比例调节控件。

5.1.2 演示文稿的视图

PowerPoint 提供了普通视图、大纲视图、幻灯片浏览视图、备注页视图和阅读视图共 5 种视图方式。用户可以在"视图"选项卡的"演示文稿视图"选项组中切换这 5 种视图方式，也可以通过状态栏右侧的视图方式按钮对普通视图、幻灯片浏览视图和阅读视图三种常见视图方式进行切换。

1．普通视图

PowerPoint 的默认视图为普通视图。在普通视图中，默认工作区界面包含幻灯片缩略图窗格和幻灯片编辑窗格。单击状态栏中的"备注"按钮显示或隐藏备注窗格，单击状态栏中的"批注"按钮显示或隐藏批注窗格，如图 5-2 所示。备注窗格用于记录当前幻灯片的备注信息，批注窗格用于记录当前幻灯片的批注信息。在幻灯片缩略图窗格中幻灯片以缩略图的形式显示，选定的缩略图会呈现在幻灯片编辑窗格中。用户通过幻灯片编辑窗格进行幻灯片制作。

图 5-2　普通视图

2．大纲视图

在大纲视图的左侧幻灯片大纲窗格中，按照幻灯片的先后顺序和内容层次关系显示演示文稿的内容，如图 5-3 所示。

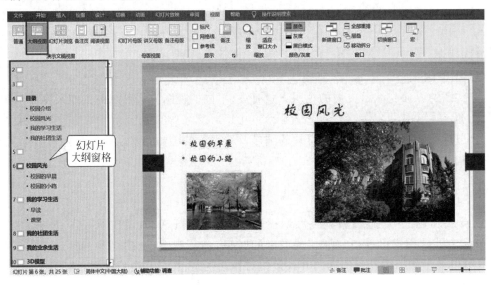

图 5-3　大纲视图

3. 幻灯片浏览视图

在幻灯片浏览视图中，所有幻灯片以缩略图形式依次排列显示在工作区中，便于用户查看和查找幻灯片。每个缩略图的左下角为该幻灯片的编号，如果设置了排练计时，在缩略图的右下角会显示该幻灯片的停留时间，如图 5-4 所示。

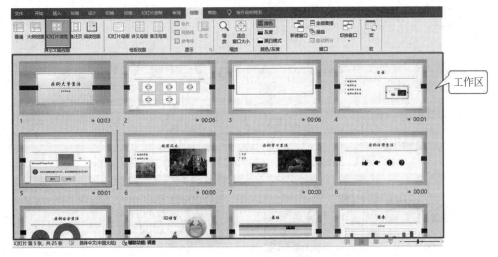

图 5-4　幻灯片浏览视图

4. 备注页视图

在备注页视图中，每个页面分为两部分。页面的上方为幻灯片，下方为该幻灯片的备注信息，如图 5-5 所示。

5. 阅读视图

在阅读视图中，工作窗口中仅包含标题栏、当前幻灯片和状态栏，如图 5-6 所示。状态栏中出现可以控制翻页的"上一张""下一张"按钮。该视图便于查看演示文稿中的幻灯片。

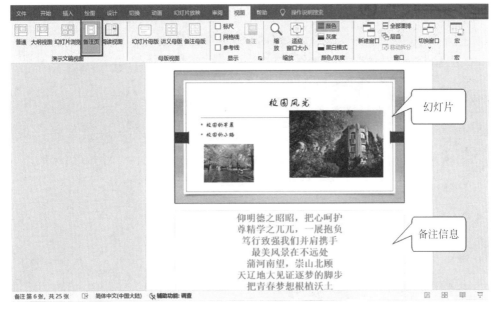

图 5-5　备注页视图

图 5-6　阅读视图

5.1.3　幻灯片的版式

幻灯片版式是 PowerPoint 中的常规排版格式,幻灯片版式的应用可以更加合理、简洁地完成幻灯片内容的布局。幻灯片版式由占位符组成。占位符是版式中的容器,可容纳文本、联机图片、图片、图标、SmartArt 图形、3D 模型、视频、表格或图表,图 5-7 所示为"标题和内容"版式下的占位符。

不同的主题包含的版式也不同,例如"Office 主题"包含了 11 种内置幻灯片版式,如图 5-8 所示。"环保主题"包含了 17 种内置幻灯片版式。

图 5-7　"标题和内容"版式下的占位符

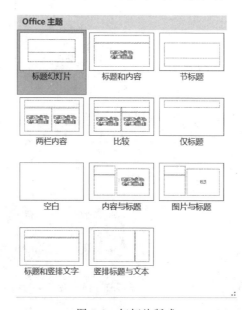

图 5-8　幻灯片版式

可以为演示文稿中每一张幻灯片应用不同的版式。设置版式时首先选定要设置版式的幻灯片，然后在功能区"开始"选项卡的"幻灯片"选项组中单击"版式"图标，在打开的窗口中选择一种版式。

5.2　演示文稿的基本操作

5.2.1　创建演示文稿

1. 创建空白演示文稿

空白演示文稿是一种最简单的演示文稿，其不包含应用设计模板和配色方案，用户可以自由设计。创建空白演示文稿的常用方法有以下几种。

（1）自动创建空白演示文稿。通过"开始"菜单或桌面图标打开 PowerPoint 时会自动创建一个空白演示文稿。使用 Windows 资源管理器的快捷菜单，选择"新建"→"Microsoft

PowerPoint演示文稿"命令,也会自动创建一个空白的演示文稿文件。

（2）使用"文件"菜单创建空白演示文稿。在功能区"文件"菜单中选择"新建"命令,如图5-9所示,在界面中选择"空白演示文稿"选项,即可创建一个空白演示文稿。

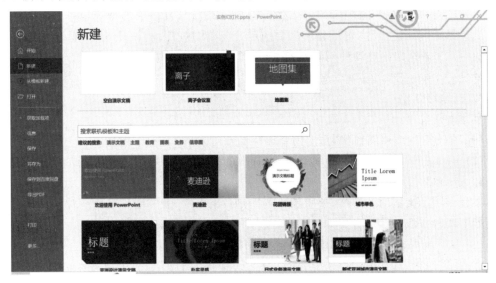

图5-9　利用"文件"菜单创建演示文稿

2. 根据模板创建演示文稿

PowerPoint提供了一些内置模板,这些模板定制了配色方案、幻灯片母版、标题母版和幻灯片版式等内容。使用模板可以方便、快捷地设计出具有统一外观、符合特定场景的演示文稿。

如图5-9所示,在界面下方可以查看到PowerPoint提供的模板缩略图,选择其中一个模板,并在弹出的窗口中单击"创建"按钮,即可创建具有该模板样式的演示文稿。

5.2.2　保存演示文稿

演示文稿制作完成后应采用Office系列软件常规保存方法及时保存,以免文稿意外丢失。默认保存为"PowerPoint演示文稿(* .pptx)",也可以通过选择保存类型将其保存为"PowerPoint 97-2003演示文稿"(* .ppt)、"PowerPoint放映"(* .ppsx)、"PowerPoint模板"(* .potx)、PDF(* .pdf)、"JPEG文件交换格式"(* .jpg)、"MPEG-4视频"(* .mp4)等格式。

5.2.3　幻灯片的基本操作

演示文稿由一张张的幻灯片组成。在制作演示文稿的过程中经常要对幻灯片进行插入、删除、移动、复制、隐藏等操作。本节基于普通视图介绍幻灯片的基本操作。

1. 插入新幻灯片

在制作演示文稿的过程中,若要插入一张新的幻灯片,可以采用如下几种方法。

（1）在功能区"开始"选项卡的"幻灯片"选项组中单击"新建幻灯片"图标。

（2）在幻灯片缩略图窗格中定位插入点,按Enter键。

（3）在幻灯片缩略图窗格中定位插入点，右击选择"新建幻灯片"命令。

（4）使用快捷键 Ctrl＋M。

2. 选定幻灯片

选定幻灯片的操作可以在幻灯片缩略图窗格中进行，直接单击可选定单张幻灯片。若要选定连续的多张幻灯片，可以先单击要选定的起始幻灯片，再按住 Shift 键单击要选定的结束幻灯片；若选定不连续的幻灯片，可以先单击其中一张幻灯片，再按住 Ctrl 键单击其余幻灯片。

3. 删除幻灯片

删除幻灯片常用方法有如下两种。

（1）在幻灯片缩略图窗格，选定需要删除的幻灯片，按 Delete 键。

（2）右击需要删除的幻灯片缩略图，在弹出的快捷菜单中选择"删除幻灯片"命令。

4. 移动幻灯片

在制作演示文稿时，如果需要重新排列幻灯片的顺序，就需要移动幻灯片。移动幻灯片常用如下两种方法。

（1）使用剪贴板移动。在幻灯片缩略图窗格，选定需要移动的幻灯片，在功能区"开始"选项卡的"剪贴板"选项组中单击"剪切"图标（快捷键 Ctrl＋X）。再单击目标位置，在功能区"开始"选项卡的"剪贴板"选项组中单击"粘贴"图标（快捷键 Ctrl＋V）。

（2）直接拖动。在幻灯片缩略图窗格，选定需要移动的幻灯片，将其拖动到目标幻灯片之后，该方法只适合移动同一个演示文稿内的幻灯片位置。

5. 复制幻灯片

右击幻灯片缩略图，弹出快捷菜单，其中有"复制"和"复制幻灯片"两个相似功能的命令。具体应用如下。

（1）"复制"命令。"复制"命令通常与"粘贴"命令结合使用。可以复制一张或多张幻灯片到当前演示文稿的其他位置，也可以将幻灯片复制到其他演示文稿中。

（2）"复制幻灯片"命令。"复制幻灯片"命令不需要粘贴即可在后续相邻位置上复制出一张相同的幻灯片。在制作演示文稿时，有时需要制作若干张内容和格式相似的幻灯片，此时可先使用"复制幻灯片"命令复制出一张或多张相同的幻灯片，再进行修改。

6. 为幻灯片添加备注

备注不仅可以为幻灯片添加注释，还可以作为提示，以防演示者忘记要讲的内容。用户可以在普通视图的备注窗格或备注页视图的备注占位符中输入备注内容，将插入点定位到备注区域直接输入备注文本即可。

7. 幻灯片分节

当演示文稿中幻灯片的张数较多时，为便于幻灯片的管理，可以把其中内容相近的幻灯片组成一组，这个组就是演示文稿的"节"。就像每本书按照讲述内容不同分成不同的章节一样，演示文稿也可以按照幻灯片内容的不同将幻灯片分成不同的"节"。分节后，当查看或调整演示文稿结构时，就没有必要逐一拖动每张幻灯片了，可以节为单位，直接拖动整节的幻灯片。"节"的常用操作如下。

（1）新增节。在幻灯片缩略图窗格中，单击要分节的幻灯片，在功能区"开始"选项卡的"幻灯片"选项组中单击"节"图标，在下拉列表中选择"新增节"命令，则从该幻灯片开始新增一个"无标题节",该幻灯片之前的幻灯片被自动放到"默认节"中。同时打开"重命名节"对话框,在对话框的"节名称"文本框中输入新增节的名称,单击"重命名"按钮,完成新增节的命名。

(2) 重命名节。在幻灯片缩略图窗格选定要重命名的节,在功能区"开始"选项卡的"幻灯片"选项组中单击"节"图标,在下拉列表中选择"重命名节"命令,弹出"重命名节"对话框,在对话框中的"节名称"文本框中输入新的名称,单击"重命名"按钮,完成重命名。

(3) 删除节。在幻灯片缩略图窗格选定要删除的节,在功能区"开始"选项卡的"幻灯片"选项组中单击"节"图标,在下拉列表中选择"删除节"命令,则将选定的节删除,若在"节"图标的下拉列表中选择"删除所有节"命令,则将所有节删除。

5.3 多媒体演示文稿的制作

幻灯片中可以插入文本、图片、表格、图表、SmartArt 图形、图标、3D 模型、音频、视频、屏幕录制等多种媒体,从而制作多媒体演示文稿。这些内容的添加多数是通过功能区"插入"选项卡中的命令完成的,如图 5-10 所示。"插入"选项卡中图片、表格、SmartArt 图形、图标、3D 模型等媒体的插入与设置方法与 Word 2019 中完全相同,这里不再讲述。

图 5-10 "插入"选项卡

5.3.1 输入文本

在幻灯片中可以通过占位符、文本框、艺术字、形状等形式输入文本。

1. 文本输入方式

(1) 通过占位符输入文本。大多数的占位符中都可以输入文本,用户可以借助占位符快速地添加标题和文字内容。在幻灯片中单击占位符内部区域,即可输入文本。

(2) 通过文本框输入文本。文本框是一种常用的输入文本的方法。文本框分为两种:横排文本框和竖排文本框,分别用来存放水平方向的文字和垂直方向的文字。使用文本框的具体步骤如下。

① 在功能区"插入"选项卡的"文本"选项组中单击"文本框"图标,在下拉列表中选择"绘制横排文本框"或"竖排文本框"命令。

② 若要添加单行文本,可以移动鼠标指针到幻灯片中要添加文本框的位置后单击,在出现的文本框中输入或粘贴文本。此时,随着文本的增多,文本框自动加长。

③ 若要添加换行文本,可以移动鼠标指针到幻灯片中要添加文本框的位置后拖动,画出指定大小的文本框,在出现的文本框中输入或者粘贴文本。此时,随着文本的增多,文本框长度不变,自动换行。

(3) 通过艺术字输入文本。艺术字是一个文字样式库,可以将艺术字添加到演示文稿中制作出带有装饰性效果的文本,还可以将现有文本转换为艺术字。

① 添加艺术字。在功能区"插入"选项卡的"文本"选项组中单击"艺术字"图标，在下拉列表中选择所需艺术字样式，然后在幻灯片对应的艺术字框中输入文本即可。

② 利用现有文本生成艺术字。选定要生成艺术字的文本，在功能区"插入"选项卡的"文本"组中单击"艺术字"图标，在下拉列表中选择所需艺术字样式，即可生成与所选文本内容相同的艺术字。

（4）通过形状输入文本。形状中也可以输入文字，具体操作步骤如下。

① 在功能区"插入"选项卡的"插图"选项组中单击"形状"图标，在下拉列表中选择需要的形状。

② 在幻灯片中拖动绘制出对应的形状，双击该形状即可在形状中输入文本。

2. 格式设置

无论采用以上哪种文本输入形式，均可采用如下方式对文本及其相关对象进行格式设置。

（1）"开始"选项卡中的"字体"选项组和"段落"选项组。该方式是设置文本的字符格式和段落格式最常用的方法，可以设置文本的字体、字形、字号、颜色、段间距、对齐方式、缩进、项目符号等内容。

（2）"设置形状格式"窗格。该方式可以设置文本选项和形状选项。在功能区"开始"选项卡的"绘图"选项组中单击右下角的图标 ⌐，在窗口右侧出现的"设置形状格式"窗格中设置"形状选项"（包括"填充与线条""效果"和"大小与属性"三类设置）和"文本选项"（包括"文本填充与轮廓""文字效果"和"文本框"三类设置）。也可以通过功能区"开始"选项卡的"绘图"选项组中的"形状填充""形状轮廓""形状效果"命令，在占位符中快速设置背景图片或背景色、占位符边框的颜色和形状、占位符的效果等。

（3）"绘图工具"中的"形状格式"选项卡。选定或编辑占位符、文本框、艺术字或形状时，功能区会出现"绘图工具"中的"形状格式"选项卡，在该选项卡中可以进行"形状样式""艺术字样式""排列"等相关内容的设置。

5.3.2 插入图表

在幻灯片中使用图表可以使数据的呈现更直观。用户可以向幻灯片中插入柱形图、折线图、饼图、直方图、组合图等多种图表。

1. 图表插入方法

（1）选定需要插入图表的幻灯片，在功能区"插入"选项卡的"插图"选项组中单击"图表"图标，打开"插入图表"对话框，如图 5-11 所示。

（2）在"插入图表"对话框的左侧选择一种图表类型，在右侧上方选择该类型下的一个具体的图表样式，单击"确定"按钮，即可插入图表。

2. 图表的编辑

在幻灯片中插入图表后，会弹出一个名为"Microsoft PowerPoint 中的图表"的 Excel 工作表，工作表中有默认数据。插入一个簇状柱形图后，幻灯片中的图表及打开的 Excel 工作表如图 5-12 所示。用户可以根据需要对工作表中的数据进行添加、删除等操作，对应的图表也会随着工作表中数据的变化而变化。

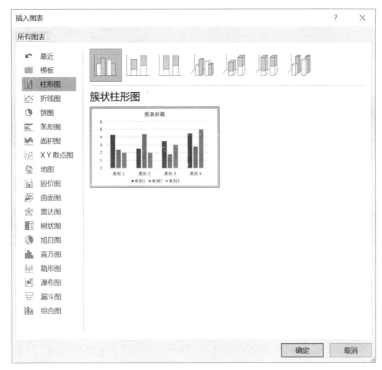

图 5-11　"插入图表"对话框

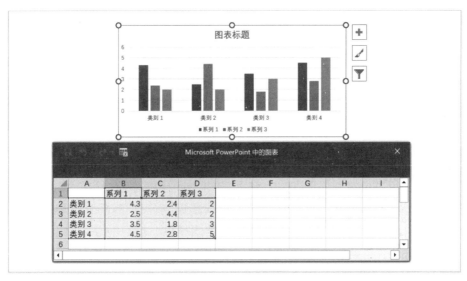

图 5-12　在幻灯片中插入的图表及其对应的 Excel 工作表

3. 图表的设置

（1）选定插入的图表，功能区会出现"图表工具"中的"图表设计"和"格式"两个选项卡，如图 5-13 所示。其中包括"图表布局""图表样式""数据""形状样式""艺术字样式"等选项组命令，这些命令的功能与 Excel 2019 软件中的图表操作命令基本相同。

（2）选定插入的图表后，在图表选区右上角会出现 ⊞、✎ 和 ▼ 三个快捷操作图标，用户可以利用这三个图标对图表进行快捷设置。这三个图标的具体名称和功能如下。

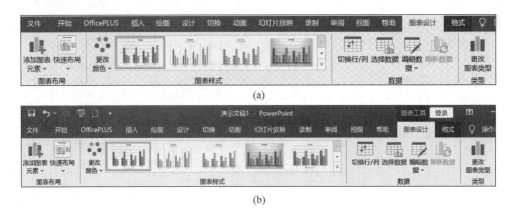

图 5-13 "图表工具"中的"图表设计"和"格式"选项卡

① "图表元素" +：添加、删除或更改图表元素。如标题、图例、网格线和数据标签。

② "图表样式" ✎：设置图表的样式和配色方案。

③ "图表筛选器" ▼：筛选图表中的系列和类别。

5.3.3 插入音频

制作演示文稿时，可以向幻灯片中添加一些音频文件，作为演示文稿的背景音乐或演示解说。插入的音频文件可以是来自本计算机的文件，也可以是自己录制的音频文件。在 PowerPoint 2019 中可以插入的音频文件格式有 mp3、midi、wav、wma、au、aiff、flac、m4a 等。

1. 音频插入方法

音频插入分为插入"PC 上的音频"和"录制音频"两种。

（1）插入"PC 上的音频"。选定要添加音频的幻灯片，在功能区"插入"选项卡的"媒体"选项组中单击"音频"图标，在下拉列表中选择"PC 上的音频"命令，弹出"插入音频"对话框。在对话框中找到所需音频文件的位置，然后选定该文件，单击"插入"按钮，即可插入该音频。

图 5-14 "录制声音"对话框

（2）插入"录制音频"。选定要添加音频的幻灯片，在功能区"插入"选项卡的"媒体"选项组中单击"音频"图标，在下拉列表中选择"录制音频"命令，弹出"录制声音"对话框，如图 5-14 所示。在对话框中单击"录制"按钮 ●，开始录制。录制完成后单击"停止"按钮 ■，结束录制。单击"播放"按钮 ▶ 进行试听，如果满意录制的声音，就单击"确定"按钮插入录制的音频；若不满意录制的声音，可以重新录制。

2. 音频的常用操作

在幻灯片中单击音频图标 🔊，图标下方会出现控制声音播放、暂停、音量等的音频播放控件 ▶ ━━━ ◀ ▶ 00:00.00 ◀ ，同时在功能区会出现"音频工具"中的"音频格式"和"播放"选项卡。"音频工具"中的"音频格式"选项卡中的命令主要用于设置音频在幻灯片中的外观，"音频工具"中的"播放"选项卡中的命令用于编辑音频、设置音频选项等，如图 5-15 所示。

下面介绍"音频工具"中的"播放"选项卡中的常用操作。

（1）预览音频。单击幻灯片中的音频图标后，在"播放"选项卡的"预览"选项组中单击

图 5-15 "音频工具"中的"播放"选项卡

"播放"图标,可以试听播放效果。也可以在单击音频图标时,使用音频图标下出现的音频播放控件控制声音的播放。

（2）添加/删除书签。书签可以指示音频剪辑中的兴趣点,帮助用户在放映幻灯片时快速查找到音频中的特定位置。单击幻灯片中的音频图标,在"播放"选项卡的"预览"选项组单击"播放"按钮,播放到特定位置时,单击"暂停"按钮,然后在"书签"选项组中单击"添加书签"图标即可添加书签。选中音频图标下方的结点,在"播放"选项卡的"书签"组中单击"删除书签"图标即可删除不需要的书签。

（3）剪裁音频。在"播放"选项卡的"编辑"选项组中单击"剪裁音频"图标,打开"剪裁音频"对话框,如图 5-16 所示。使用控制按钮 ◀ ▶ ▶ 可控制音频的上一帧、播放、下一帧。移动左侧绿色的开始滑块 ▌ 和右侧红色的结束滑块 ▌ ,可以对音频的开始和结束部分进行粗略剪裁。若要精确剪裁,可以在"剪裁音频"对话框的"开始时间"微调框和"结束时间"文本框中输入精确的时间进行剪裁。剪裁时间设定后,单击"确定"按钮,完成剪裁。

图 5-16 "剪裁音频"对话框

（4）设置音频播放选项。单击幻灯片中的音频图标后,在"播放"选项卡的"音频选项"选项组中可以设置音频播放选项。

① 手动/自动播放。在放映幻灯片时,如果需要手动播放音频,在"播放"选项卡的"音频选项"选项组中的"开始"下拉列表中选择"单击时"命令;如果需要自动播放,在"音频选项"选项组中的"开始"下拉列表中选择"自动"命令。"开始"声音的形式默认为"按照单击顺序"。

② 跨幻灯片播放。如果需要将音频作为演示文稿的背景音乐,即需要跨幻灯片播放音频,应将音频文件插入第一张幻灯片,然后在"播放"选项卡的"音频选项"选项组中勾选"跨幻灯片播放"复选框。

③ 放映时隐藏。如果播放幻灯片时不需要显示音频图标,则需在"播放"选项卡的"音频选项"选项组中勾选"放映时隐藏"复选框。

④ 循环播放,直到停止。在"播放"选项卡的"音频选项"选项组中勾选"循环播放、直到停止"复选框则可循环播放音频直到本张幻灯片放映结束;若同时还勾选"跨幻灯片播放"复选框,则循环播放直到演示文稿放映结束。

5.3.4 插入视频

在幻灯片中可以插入视频文件，PowerPoint 支持多种格式的视频文件，包括 mp4，avi，wmv，swf，flv 等。

1. 视频插入方法

插入视频的方法如下。

（1）选定要添加视频的幻灯片，在功能区"插入"选项卡的"媒体"选项组中单击"视频"图标，在下拉列表中选择"PC 上的视频"命令。

（2）在弹出的"插入视频文件"对话框中找到所需视频文件的位置，然后选定该文件，单击"插入"按钮，即可插入该视频。

2. 视频的常用操作

（1）常规操作。选定幻灯片中插入的视频，视频下方会出现视频播放控件▶ ◀ ▶ 00:00.00 ，用于控制视频的播放、暂停、音量等，同时在功能区会出现"视频工具"中的"视频格式"和"播放"选项卡。"视频工具"中的"视频格式"选项卡中的命令主要用于设置视频在幻灯片中的外观；"视频工具"中的"播放"选项卡中的命令用于编辑视频、设置视频选项等操作，如图 5-17 所示。

图 5-17 "视频工具"中的"播放"选项卡

在"播放"选项卡中可以预览视频、设置书签、编辑视频、设置视频选项等。具体操作可参考"播放"选项卡中命令的使用方法。

（2）设置视频海报。视频插入幻灯片后，视频区域会显示默认的图像。用户可以根据需要设置视频显示图像，即视频海报。

① 将当前帧作为视频海报。选定幻灯片中插入的视频，在功能区"视频工具"中的"播放"选项卡的"预览"选项组中单击"播放"图标，当视频播放到某个画面时，暂停播放，然后在功能区"视频工具-视频格式"选项卡的"调整"选项组中单击"海报框架"图标，在下拉列表中选择"当前帧"命令，即可将当前视频图像作为视频海报。

② 将文件中的图像作为视频海报。选定幻灯片中插入的视频，在功能区"视频工具"中的"视频格式"选项卡的"调整"选项组中单击"海报框架"图标，在下拉列表中选择"文件中的图像"命令，打开"插入图片"对话框，对话框中显示"来自文件""图像集""联机图片"和"自图标"4 个选项，根据需要进行选择，即可将选定的图片作为视频海报。

5.3.5 插入屏幕录制

1. 屏幕录制插入方法

PowerPoint 可以录制屏幕内容，并以视频的形式插入幻灯片中。具体操作如下。

（1）在功能区"插入"选项卡的"媒体"选项组中单击"屏幕录制"图标，打开屏幕录制控制窗格，如图 5-18 所示。该窗格为条形，默认放在屏幕上方中间位置。

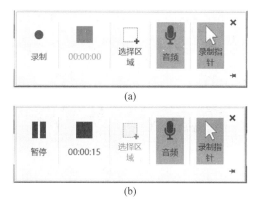

图 5-18　屏幕录制控制窗格的两个状态

（2）单击屏幕录制控制窗格中的"选择区域"按钮，鼠标指针变成十字，在屏幕上拖动选出要录制的屏幕区域。

（3）单击"录制"按钮，屏幕录制开始倒计时，同时屏幕录制控制窗格在屏幕上方隐藏。

（4）在录制区中演示要录制的内容。

（5）鼠标指针移至屏幕上方中间位置，出现屏幕录制控制窗格。单击"暂停"按钮暂停录制，或单击右上角"关闭"按钮结束录制。

2. 屏幕录制的常用操作

插入的屏幕录制是以视频的形式展现的，因此屏幕录制的常用操作与 5.3.4 节中视频的常用操作相同，这里不再赘述。

5.4　演示文稿外观的设计

根据不同的演示文稿内容和不同的观众，可以设置不同的演示文稿外观，使演示文稿更吸引观众。PowerPoint 提供了模板、主题、背景、母版等，供用户对演示文稿的外观进行设定。

5.4.1　模板及其应用

幻灯片模板是已定义的幻灯片格式，包含一张或一组幻灯片。模板可以包含版式、主题颜色、主题字体、主题效果、背景样式，还可以包含内容。用户可以使用 PowerPoint 提供的内置模板、网上下载的模板，也可以自定义模板。使用模板创建演示文稿见 5.2.1 节，自定义模板见 5.4.5 节。

5.4.2　幻灯片大小的设定

PowerPoint 2019 默认幻灯片大小比例是 16∶9。在功能区"设计"选项卡的"自定义"选项组中单击"幻灯片大小"图标，在打开的下拉列表中选择"标准（4∶3）"或"宽屏（16∶9）"命令，也可以选择"自定义幻灯片大小"命令。如果选择"自定义幻灯片大小"命令，则会弹出"幻灯片大小"对话框，在"幻灯片大小"对话框中可以自定义"幻灯片大小"，也可以调整"方向"，如图 5-19 所示。

图 5-19 "幻灯片大小"对话框

5.4.3 主题的选择与修改

PowerPoint 提供了多种内置的主题，对这些主题设置了颜色、字体、效果、背景等，用户也可以根据需要进行自定义设置。相关设置操作主要集中在功能区"设计"选项卡中，如图 5-20 所示。

图 5-20 "设计"选项卡

1. 应用内置主题

（1）查看主题缩略图。在功能区"设计"选项卡的"主题"选项组中单击右侧的下拉按钮▼，展开所有内置主题。

（2）主题效果预览。当鼠标指针停留在某一主题上时，可以查看该主题的名字，以及预览其应用在幻灯片上的效果。

（3）应用于所有幻灯片。单击所需主题可将该主题应用到所有幻灯片。

（4）应用于选定幻灯片。选定需要应用相同主题的幻灯片，右击所需主题，在快捷菜单中选择"应用于选定幻灯片"命令，即可将该主题应用在选定的幻灯片中。

2. 主题颜色的选择与修改

在功能区"设计"选项卡的"变体"选项组中单击右侧的下拉按钮▼，在下拉列表中将鼠标指针移至"颜色"命令，右侧展开的子列表中展示了内置的颜色方案和"自定义颜色"命令。

（1）应用内置主题颜色。将鼠标指针移至相应颜色方案选项时可预览其应用在幻灯片中的效果。单击所需颜色方案，即可将该颜色应用到幻灯片中。

（2）自定义颜色。选择"自定义颜色"命令，打开"新建主题颜色"对话框，如图 5-21 所示。在该对话框中可以设置"文字/背景""着色""超链接""已访问的超链接"等的主题颜色。在"名称"文本框中为自定义的主题颜色命名，单击"保存"按钮，保存已设置的主题颜色信息。

3. 主题字体的选择与修改

在功能区"设计"选项卡的"变体"选项组中单击右侧的下拉按钮▼，在下拉列表中将鼠

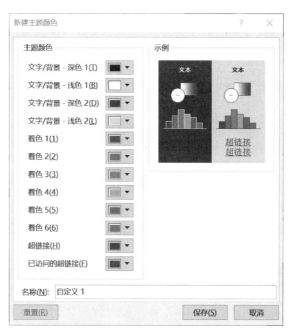

图 5-21　"新建主题颜色"对话框

标指针移至"字体"命令,右侧展开的子列表中展示了内置的字体方案和"自定义字体"命令。

（1）应用内置字体。将鼠标指针移至相应字体方案选项时可预览其应用在幻灯片中的效果。单击所需字体方案,即可将该字体应用到幻灯片中。

（2）自定义字体。选择"自定义字体"命令,打开"新建主题字体"对话框,如图 5-22 所示。在该对话框中可以设置中英文的"标题字体"和"正文字体",单击"保存"按钮,保存已设置的主题字体信息。

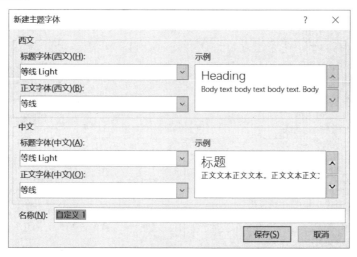

图 5-22　"新建主题字体"对话框

4. 主题效果的选择与修改

在功能区"设计"选项卡的"变体"选项组中单击右侧的下拉按钮 ▼,在下拉列表中将鼠标指针移至"效果"命令,右侧展开的子列表中展示了内置的效果方案。

图 5-23　"设置背景格式"窗格

将鼠标指针移至相应效果方案选项时可预览其应用在幻灯片中的效果。单击所需效果方案，即可将该主题应用到幻灯片中。

5. 背景样式的选择与修改

在功能区"设计"选项卡的"变体"选项组中单击右侧的下拉按钮，在下拉列表中将鼠标指针移至"背景样式"命令，右侧展开的子列表中展示了内置的背景样式和"设置背景格式"命令。

（1）应用内置背景样式。将鼠标指针移至相应背景样式时可预览其应用在幻灯片中的效果。单击所需背景样式方案，即可将该背景样式应用到幻灯片中。

（2）设置背景格式。选择"设置背景格式"命令，打开"设置背景格式"窗格，如图 5-23 所示。在该窗格中可以设置背景填充、艺术效果、图片校正和图片颜色，设置的背景格式会应用到当前幻灯片中。单击"应用到全部"按钮，可以将设置的背景格式应用到全部幻灯片中。

5.4.4　页眉和页脚的设置

演示文稿中也可以添加页眉和页脚。在功能区"插入"选项卡的"文本"选项组中单击"页眉和页脚"图标，打开"页眉和页脚"对话框，如图 5-24 所示。页眉和页脚可以添加到"幻灯片"中，也可以添加到"备注和讲义"中。

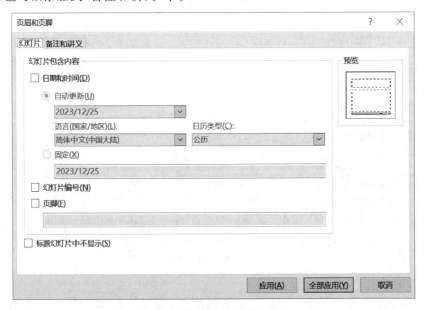

图 5-24　"页眉和页脚"对话框

1. 在幻灯片中设置页眉和页脚

可以在幻灯片的底部添加页脚,页脚的内容可以自己输入,也可以插入日期时间、幻灯片的编号等。具体设置的方法如下。

(1) 日期和时间的设置。勾选"日期和时间"复选框。如果选中"自动更新"单选按钮,则在幻灯片中添加的日期和时间可以实时变化。如果选中"固定"单选按钮,则在幻灯片中添加的日期和时间不会发生变化。

(2) 幻灯片编号的设置。勾选"幻灯片编号"复选框,可以在幻灯片中添加幻灯片编号。

(3) 页脚的设置。勾选"页脚"复选框,并在文本框中输入页脚中要添加的文字,可以在幻灯片中添加页脚。

(4) 标题幻灯片中不显示。勾选"标题幻灯片中不显示"复选框,上述设置不会应用在标题幻灯片中。

(5) 应用于全部应用。单击"应用"按钮,上述设置应用到当前幻灯片。单击"全部应用"按钮,上述设置应用到全部幻灯片。

2. 在备注和讲义中设置页眉和页脚

可以在"备注和讲义"中添加页眉和页脚,也可以插入日期时间、幻灯片的编号等。具体设置方法与在幻灯片中设置的方法相同,这里不再赘述。

5.4.5　母版及其应用

幻灯片母版相当于一种模板,用于存储演示文稿主题和幻灯片版式的信息,包括背景、颜色、字体、效果,以及占位符的大小和位置。每个演示文稿至少包含一个幻灯片母版。利用幻灯片母版,可以使演示文稿中的幻灯片具有统一的外观,一旦修改了幻灯片母版,则所有采用这一母版建立的幻灯片格式也随之改变。

母版视图分为幻灯片母版、讲义母版、备注母版三种,常用的是幻灯片母版。下面介绍幻灯片母版视图下的一些常用操作。

1. 幻灯片母版视图的切换

编辑幻灯片一般在演示文稿视图下,若要编辑幻灯片母版,需要从演示文稿视图切换到母版视图。

(1) 进入幻灯片母版视图。在功能区"视图"选项卡的"母版视图"选项组中单击"幻灯片母版"图标,即可切换到幻灯片母版视图,如图5-25所示。幻灯片母版视图左侧为缩略图窗格,窗格中的缩略图按幻灯片主题分组,其中某一主题的第一张较大的缩略图代表该主题下的所有幻灯片母版,其他较小的缩略图代表该主题下不同幻灯片版式对应的幻灯片母版。

(2) 关闭幻灯片母版视图。进入幻灯片母版视图后,在功能区会出现"幻灯片母版"选项卡,在该选项卡的"关闭"选项组中单击"关闭母版视图"图标,即可返回演示文稿视图。

2. 编辑占位符

通过设计幻灯片母版中的占位符,可以让演示文稿在字体格式和段落格式等方面达到统一。具体操作如下。

(1) 选定幻灯片母版。如果要对某个主题下的所有幻灯片设置格式,则选定左侧窗格中第一张较大的缩略图;如果要对某个主题下某一版式的幻灯片设置格式,则选定该版式的缩略图。

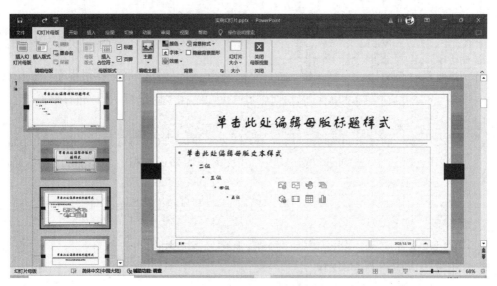

图 5-25　幻灯片母版视图

（2）单击幻灯片右侧的"单击此处编辑母版标题样式"占位符，选定内部文字并设置所需格式。例如，使用功能区"开始"选项卡中"字体"选项组的命令设置字体格式，使用"段落"选项组中的命令设置段落格式。

（3）参照上述方法可以针对不同版式中的"单击此处编辑母版文本样式""单击此处编辑母版标题样式""单击此处编辑母版副标题样式"等占位符设置所需格式。

3. 插入图片

（1）选定幻灯片母版视图左侧窗格中的缩略图。如果要对某个主题下的所有幻灯片插入相同的图片，则选定第一张较大的缩略图；如果要对某个主题下某一版式的幻灯片插入图片，则选定该版式的缩略图。

（2）使用功能区"插入"选项卡中"图像"选项组的"图片"命令插入需要的图片。

（3）选定插入的图片，在功能区会出现"图片工具"中的"图片格式"选项卡，可根据需要在此选项卡中进行图片格式设置。

4. 插入其他元素

与图片的插入类似，在幻灯片母版中还可以插入文本框、艺术字、形状、图标、3D 模型、SmartArt 图形、图表、表格、公式、音频、视频等。同样也可以在幻灯片母版中插入页脚、链接、动作，以及设置切换和动画效果。

5.5　演示文稿的播放与播放效果的设置

5.5.1　演示文稿的播放

1. 设置放映方式

为了满足用户在不同场合使用幻灯片，PowerPoint 提供了三种放映幻灯片的方式。在功能区"幻灯片放映"选项卡的"设置"选项组中单击"设置幻灯片放映"图标，打开"设置放映方式"对话框，如图 5-26 所示。

图 5-26 "设置放映方式"对话框

（1）演讲者放映（全屏幕）。该方式是默认的放映方式，也是最常用的放映方式。演讲者可以采用自动或人工方式进行放映。放映时全屏幕显示幻灯片，通过屏幕左下角的按钮或右击屏幕弹出的快捷菜单可以使用笔、激光笔、荧光笔等指针命令，还可以执行翻页、放大、结束放映等操作。投影或线上会议时都可以使用该方式。

（2）观众自行浏览（窗口）。以该方式放映时，幻灯片会在窗口内放映。通过单击状态栏右下角的"上一张"按钮 ⊙、"下一张"按钮 ⊙ 切换幻灯片。此外，该方式还提供了在放映时通过右击在弹出的快捷菜单中进行编辑、复制和打印幻灯片的功能。该方式适合阅读或小规模的演示。

（3）在展台浏览（全屏幕）。以该方式放映时，通常将演示文稿设置为自动放映，并结合排练计时使用，排练计时设置参见 5.5.2 节。放映时大多数命令都不可用，因此用户不能修改演示文稿。此外，该方式会循环放映，即在每轮放映完毕后自动重新放映，直到用户按下Esc 键。该方式适合在展台提供循环演示。

2. 播放幻灯片

播放幻灯片常用的方法如下。

（1）单击演示文稿右下角的"幻灯片放映"图标 ☐，从当前幻灯片开始播放。

（2）在功能区"幻灯片放映"选项卡的"开始放映幻灯片"选项组中单击"从头开始"图标，则从第一张幻灯片开始播放；单击该选项组中的"从当前幻灯片开始"图标，则从当前幻灯片开始播放。

（3）按 F5 键从第一张幻灯片开始播放；按快捷键 Shift＋F5 从当前幻灯片开始播放。

（4）按快捷键 Alt＋F5 可以在演讲者视图下放映幻灯片。

3. 隐藏幻灯片

如果希望在播放演示文稿时其中的某些幻灯片暂时不放映，但后期会用到，不想删除，这时可以将这些幻灯片设置为播放时隐藏。设置方法如下。

221

选定要隐藏的幻灯片，在功能区"幻灯片放映"选项卡的"设置"选项组中单击"隐藏幻灯片"图标；或者右击幻灯片缩略图，在弹出的快捷菜单中选择"隐藏幻灯片"命令。

后期需要播放这些幻灯片时，只需选定隐藏的幻灯片，在功能区"幻灯片放映"选项卡的"设置"选项组中再次单击"隐藏幻灯片"图标即可。

5.5.2 排练计时与录制幻灯片

1. 排练计时

用户可以通过"排练计时"自定义每张幻灯片的播放时间，从而实现幻灯片的自动播放。

（1）设置排练计时。在功能区"幻灯片放映"选项卡的"设置"选项组中单击"排练计时"图标，此时软件会自动切换到放映模式，并打开"录制"对话框，如图 5-27 所示。

"录制"对话框中，"下一项"按钮 ➡ 用于切换到下一张幻灯片，"暂停录制"按钮▐▌用于暂停排练计时，"重复"按钮 ↰ 用于重新为当前幻灯片计时，"幻灯片放映时间"文本框中记录了当前幻灯片的放映时间，最右侧时间记录了演示文稿的总放映时间。

放映幻灯片结束，会弹出信息提示框，如图 5-28 所示。信息提示框中显示当前演示文稿完成放映所需要的时间，并询问是否保留新的幻灯片计时。单击"是"按钮保留排练计时时间，同时完成排练计时。单击"否"按钮则不保留本次排练计时。

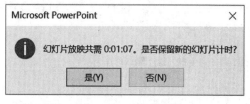

图 5-27　幻灯片排练计时的"录制"对话框　　　　图 5-28　排练计时信息提示框

（2）查看排练计时。在功能区"视图"选项卡的"演示文稿视图"选项组中单击"幻灯片浏览"图标，切换到幻灯片浏览视图，在该视图下，每张幻灯片的右下角显示的是该幻灯片自动换片时间。

（3）修改排练计时。在功能区"切换"的选项卡的"计时"选项组中单击"设置自动换片时间"微调按钮可以调整当前幻灯片的自动换片时间。

（4）自动放映。利用排练计时可实现幻灯片自动放映。在功能区"幻灯片放映"选项卡的"设置"选项组中勾选"使用计时"复选框，然后放映幻灯片，即会按照排练计时确定的时间自动放映。

2. 录制幻灯片

录制幻灯片时可以录制演示文稿并捕获旁白、设置幻灯片排练计时和记录墨迹注释。

（1）录制幻灯片的方法。在功能区"幻灯片放映"选项卡的"设置"选项组中单击"录制"图标，在下拉列表中选择"从头开始"或"从当前幻灯片开始"命令，打开幻灯片录制界面，如图 5-29 所示。界面左上角为录制的开始、停止和重播控制图标 ◯ ■ ▶，单击录制界面左上角的"录制"图标，开始录制。演示完最后一张幻灯片后，屏幕提示"放映结束，单击鼠标退出"，即完成录制。录制过程中，PowerPoint 会自动记录每张幻灯片的播放时间、播放的动画效果、墨迹注释轨迹等，以及在每张幻灯片上使用的所有触发器。通过界面右下角的"关闭/打开麦克风""关闭/启用照相机""关闭/打开照相机预览"三个图标 🎤📹👤，可以设置录制过程中的录制音频和视频旁白。

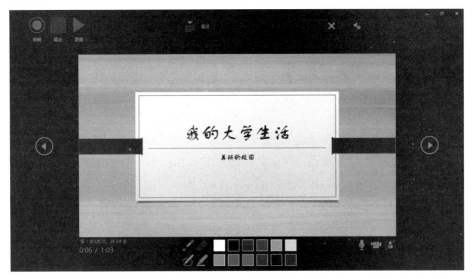

图 5-29　幻灯片录制界面

（2）清除排练计时或旁白。如果要清除已经录制的排练计时或旁白，可以在功能区"幻灯片放映"选项卡的"设置"选项组中单击"录制"图标，在下拉列表中选择"清除"命令，右侧展开的子列表中有"清除当前幻灯片中的计时""清除所有幻灯片中的计时""清除当前幻灯片中的旁白"和"清除所有幻灯片中的旁白"4 个选项，可依据需要进行选择。

5.5.3　设置幻灯片中对象的动画效果

为了丰富演示文稿的播放效果，用户可以为幻灯片的某些对象设置一些动画效果，这些对象包括文本、形状、艺术字、图片、表格、图表、图标、3D 模型、SmartArt 图形等。有关动画效果的命令主要集中在功能区"动画"选项卡中，如图 5-30 所示。

图 5-30　"动画"选项卡

1. 动画窗格

动画窗格能够方便动画的浏览、设置和管理。在功能区"动画"选项卡的"高级动画"选项组中单击"动画窗格"图标，在工作区的右侧打开"动画窗格"，如图 5-31所示。

2. 动画效果的编辑

（1）添加动画效果。添加动画效果包括添加对象的进入效果、强调效果、退出效果和动作路径。特别地，

图 5-31　动画窗格

PowerPoint 2019 的使用

3D模型对象还具有三维动画效果。在幻灯片放映过程中，添加不同的动画效果可以查看不同的动画方式。进入效果是指对象进入放映界面时的动画效果，退出效果是指对象退出放映界面时的动画效果，强调效果用于突出强调放映界面上的对象，动作路径用于设定对象在放映界面上的移动轨迹。

添加动画效果的操作步骤如下。

① 在幻灯片中选定要添加动画效果的对象。

② 为对象添加单一动画效果。在功能区"动画"选项卡中单击"动画"选项组中的一种动画效果，如"进入"选项组中的"飞入"效果，此时为对象设置了相应的动画效果，同时看到动画的预览效果。

③ 为对象添加多个动画效果。步骤②中的添加方法会覆盖原有的动画效果，如果需要为一个对象添加多个动画效果，可以在功能区"动画"选项卡的"高级动画"选项组中单击"添加动画"图标，在下拉列表中选择一种动画效果，即为对象在原有动画的基础上增加一个新的动画效果。

（2）更改动画效果。在"动画窗格"中选定要更改的动画效果，在功能区"动画"选项卡的"动画"选项组中重新选定一个动画效果，从而更改原动画效果。

（3）复制动画效果。可以使用"动画刷"命令复制某一对象的动画效果，并将复制的动画效果应用到其他对象上。具体操作如下。

① 选定要复制动画效果的对象，在功能区"动画"选项卡的"高级动画"选项组中单击"动画刷"图标，此时鼠标指针变成 ⬚。

② 单击需要设置相同动画效果的对象，即可将复制的动画效果应用在该对象上。在使用动画刷时，若要将一个对象上的动画效果应用到多个对象上，需要双击"动画刷"图标，然后再分别单击需要设置动画效果的对象。

（4）删除动画效果。可以选用下列方法删除动画效果。

① 选定要删除动画效果的对象，在功能区"动画"选项卡的"动画"选项组中单击"无"图标，即可删除应用在该对象上的动画效果。

② 选定要删除动画效果的对象，此时"动画窗格"中与该对象有关的动画效果均被选定。右击"动画窗格"中被选定的动画效果，在弹出的快捷菜单中选择"删除"命令，即可删除该对象上的所有动画效果。

3. 动画效果的设计

（1）使用"效果选项"命令。部分动画效果可以设置效果选项，在功能区"动画"选项卡的"动画"选项组中单击"效果选项"图标，不同的动画效果具有不同的效果选项。例如，"飞入"的效果选项包括"自底部""自左下部""自左侧""自左上部""自顶部""自右上部""自右侧"和"自右下部"等。

（2）在"动画窗格"中设计。单击"动画窗格"中每个对象右侧的下拉按钮 ▾，在下拉列表中可以设置动画的开始方式，包括"单击开始""从上一项开始""从上一项之后开始"等，同时，还可以设置效果选项、计时、隐藏/显示高级日程表和删除效果。不同的动画、不同类型的对象都会使其"效果选项"对话框不相同。例如，图 5-32 所示为文字对象"波浪形"动画效果的效果选项对话框，其中包括了"效果""计时"和"文本动画"三个选项卡。

图 5-32　"波浪形"效果选项对话框

5.5.4　设置幻灯片间切换效果

PowerPoint 允许为幻灯片添加切换效果,使幻灯片的放映更加生动。既可以为所有幻灯片添加相同的切换效果,也可以添加不同的切换效果。切换效果的设置命令主要集中在功能区"切换"选项卡中,如图 5-33 所示。

图 5-33　"切换"选项卡

1. 切换效果的常用操作

（1）单张幻灯片切换效果的设定。选定要设置切换效果的幻灯片,在功能区"切换"选项卡的"切换到此幻灯片"选项组的效果列表中单击需要的切换效果,即为该幻灯片设置选定的切换效果。然后单击该组右侧的"效果选项"图标,在打开的下拉列表中可以进一步设置切换效果。

（2）全部幻灯片相同切换效果的设定。若要为所有幻灯片应用相同的切换效果,选择一种切换效果之后,在功能区"切换"选项卡的"计时"选项组中单击"应用到全部"图标。

（3）切换效果持续时间的设定。若要设置上一张幻灯片与当前幻灯片之间切换效果的持续时间,可以在功能区"切换"选项卡"计时"选项组的"持续时间"文本框中输入或通过微调按钮选择所需的时间。

（4）切换声音效果的设定。若要在幻灯片切换过程中添加声音,在功能区"切换"选项卡的"计时"选项组中单击"声音"后的下拉按钮。若要添加列表中的声音,直接选择即可。若要添加列表中没有的声音,选择"其他声音"命令,在弹出的"添加音频"对话框中选择要添加的声音文件,然后单击"确定"按钮,即可完成声音的添加。

2. 平滑切换

PowerPoint 2019 新增了"平滑"切换功能,使用"平滑"切换功能可以在各种对象（如文本、形状、图片、SmartArt 图形、艺术字等）之间创建移动效果,可以实现幻灯片之间的无缝切换,有助于在幻灯片上制作流畅的动画,但不需要进行路径移动的设置。

想要有效地使用"平滑"切换,两张幻灯片至少需要一个共同的对象,最简单的方法就是复制幻灯片,然后将第二张幻灯片上的对象移到其他位置,再对第二张幻灯片应用"平滑"切换。

5.5.5 制作具有交互功能的幻灯片

在 PowerPoint 中,演示文稿是按照幻灯片的先后顺序播放的,通过超链接、动作或缩放定位可以改变放映的顺序,实现幻灯片的交互功能。设置超链接或动作的对象可以是文本、图片、图形、形状、艺术字、图标、图表、SmartArt 图形、3D 模型等。缩放定位则是以图片的形式链接到演示文稿中的其他幻灯片。

1. 超链接

超链接是从一张幻灯片跳转到另一张幻灯片、现有文件、网页等的链接。当鼠标指针指向超链接时,指针变成🖑,表示此处有交互功能。设置超链接的文本用下画线格式显示,其他对象的超链接没有附加格式。插入超链接的步骤如下。

(1) 选定要设置超链接的对象。

(2) 在功能区"插入"选项卡的"链接"选项组中单击"链接"图标,打开"插入超链接"对话框,如图 5-34 所示。

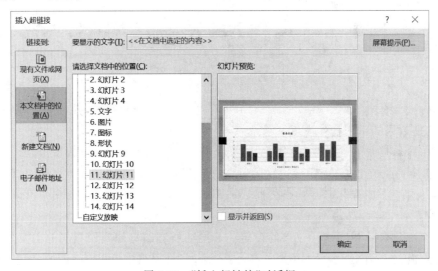

图 5-34 "插入超链接"对话框

(3) 根据需要选择链接到的位置,可以链接到"现有文件或网页""本文档中的位置""新建文档"或"电子邮件地址"。

2. 动作

动作是指单击某个对象可以触发其他对象。实际上,动作可以看成另一种形式的超链接。

(1) 插入动作。插入动作的操作如下。

① 选定要设置动作的对象。

② 在功能区"插入"选项卡的"链接"选项组中单击"动作"图标,打开"操作设置"对话框,如图 5-35 所示。

③ 在对话框的"单击鼠标"或"鼠标悬停"选项卡中设置该对象在单击鼠标或鼠标指针悬停时发生的动作和声音,然后单击"确定"按钮。

图 5-35　"操作设置"对话框

（2）动作按钮。动作按钮是已经设定好，具有一定交互功能的图形按钮。操作如下。

① 选定需要添加动作按钮的幻灯片，在功能区"插入"选项卡的"插图"选项组中单击"形状"图标，在打开的下拉列表最下端有多个动作按钮，如图 5-36 所示。

图 5-36　动作按钮

② 单击一个动作按钮，当鼠标变成十字形时，在幻灯片合适区域拖动绘制动作按钮，绘制结束时弹出"操作设置"对话框，如图 5-35 所示。

③ 在对话框的"单击鼠标"或"鼠标悬停"选项卡中设置该动作按钮在单击鼠标或鼠标指针悬停时发生的动作和声音，然后单击"确定"按钮。

3. 缩放定位

缩放定位是指将某张幻灯片在另一张幻灯片中以缩略图的形式出现，演示时通过单击该缩略图能直接跳转到对应的幻灯片中。缩放定位功能包含"摘要缩放定位""节缩放定位"和"幻灯片缩放定位"三种。

（1）添加摘要缩放定位。摘要缩放定位类似于导航页面，演示时可以进行幻灯片的自由跳转。通常，在添加摘要缩放定位之前可以先设置幻灯片分节，这样添加摘要缩放定位时系统会自动选择每节的首页幻灯片，用于创建一张摘要缩放定位幻灯片，所选的幻灯片都以缩略图的形式出现在新生成的摘要缩放定位幻灯片中。演示时，单击摘要缩略定位幻灯片中的缩略图，可以快速切换到该节幻灯片，播放到该节末尾时，默认自动返回摘要缩放定位幻灯片。具体添加步骤如下。

① 在功能区"插入"选项卡的"链接"选项组中单击"缩放定位"图标，在下拉列表中选择"摘要缩放定位"命令，打开"插入摘要缩放定位"对话框，如图 5-37 所示。

② 若已经设置好幻灯片分节，系统会自动选定每节的首张幻灯片，在"插入摘要缩放定位"对话框中单击"插入"按钮，就会在默认节之后创建一张"摘要部分"幻灯片。若之前没有

227

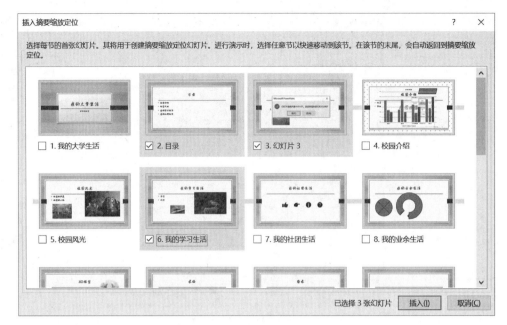

图 5-37 "插入摘要缩放定位"对话框

设置分节，可以在"插入摘要缩放定位"对话框中设置分节，即人为选定要作为每节首页的幻灯片，再单击"插入"按钮，此时，幻灯片缩略图窗格中将出现"默认节""摘要部分""第 1 节""第 2 节"……"第 *n* 节"等分节。

（2）添加节缩放定位。使用"节缩放定位"功能需要提前将幻灯片分节。"节缩放定位"将选定节的首页以图片的形式缩放到某张幻灯片上，演示时，单击节缩略图可以跳转到该节。播放完该节中的幻灯片后，默认将返回节缩放定位处。具体添加步骤如下。

① 用 5.2.3 节中介绍的幻灯片分节方法创建幻灯片分节。

② 选定要插入"节缩放定位"的幻灯片，在功能区"插入"选项卡的"链接"选项组中单击"缩放定位"图标，在下拉列表中选择"节缩放定位"命令，打开"插入节缩放定位"对话框，如图 5-38 所示。

③ 在对话框中勾选要建立缩放定位的节，单击"插入"按钮，随即在勾选的幻灯片中插入了所选节首张幻灯片的缩略图。

（3）添加幻灯片缩放定位。幻灯片缩放定位是在演示文稿中创建的由一张幻灯片指向另一张幻灯片的超链接。演示时单击缩放定位，实现跳转。播放完跳转到的幻灯片后，默认会继续播放其后续幻灯片。具体添加步骤如下。

① 选定要插入"幻灯片缩放定位"的幻灯片，在功能区"插入"选项卡的"链接"选项组中单击"缩放定位"图标，在下拉列表中选择"幻灯片缩放定位"命令，打开与图 5-37 所示相似的"插入幻灯片缩放定位"对话框。

② 在对话框中勾选要建立缩放定位的幻灯片，单击"插入"按钮，则在勾选的幻灯片中插入了所选幻灯片的缩略图。

（4）设置缩放定位。添加缩放定位后，选定任意一个缩放定位，功能区会出现"缩放工具"中的"缩放"选项卡，图 5-39 所示为幻灯片"缩放"选项卡。使用"缩放"选项卡中的命令，可以对缩放定位进行多种设置。常用操作如下。

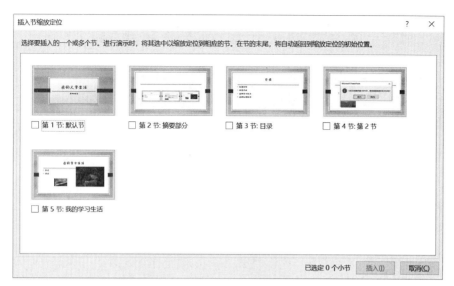

图 5-38 "插入节缩放定位"对话框

图 5-39 幻灯片"缩放"选项卡

① 更改图像。为了使缩放定位便于查找、风格统一或美观形象,可以将缩放定位用其他图像显示。选定要更改图像的缩放定位,在功能区"缩放工具"中的"缩放"选项卡的"缩放定位选项"选项组中单击"更改图像"图标,在弹出的"插入图片"对话框中插入选定的图片。后续操作与插入图片的操作完全相同。

② 设置返回缩放定位。要设置被缩放的幻灯片或节演示结束后是否返回缩放定位,可以选定要设置的缩放定位。在功能区"缩放工具"中的"缩放"选项卡的"缩放定位选项"选项组中勾选"返回到缩放定位"复选框;若取消勾选,则继续播放后续幻灯片。

③ 设置缩放定位样式。可以通过设置缩放定位样式对其进行美化。在功能区"缩放工具"中的"缩放"选项卡的"缩放定位样式"选项组左侧的列表中可以选择预先设定好的缩放定位样式,也可以通过右侧的"缩放定位边框""缩放定位效果"和"缩放定位背景"命令进行设置。

a. 缩放定位边框。单击"缩放定位边框"图标,在展开的列表中设置边框的颜色、粗细、虚线等。

b. 缩放定位效果。单击"缩放定位效果"图标,在展开的列表中设置"阴影""映像""发光""柔化边缘""棱台"和"三维旋转"效果。

c. 缩放定位背景。单击"缩放定位背景"图标,缩放定位背景变成透明。再次单击"缩放定位背景",背景还原。

④ 复制缩放定位。通过剪贴板可以复制并粘贴缩放定位,使缩略图和缩放定位功能一起被复制和粘贴。

5.6　演示文稿的打印及导出

5.6.1　演示文稿的打印

演示文稿虽然主要用于演示，但有时用户需要将演示文稿打印出来。在"文件"菜单中选择"打印"命令，打开"打印"界面，如图 5-40 所示。根据需要设置打印范围、打印版式和讲义、单双面打印、对照和非对照、颜色。同时还可以选择打印机、设置打印机属性、编辑页眉和页脚、设置打印份数等。设置完毕，单击"打印"按钮，即可打印。

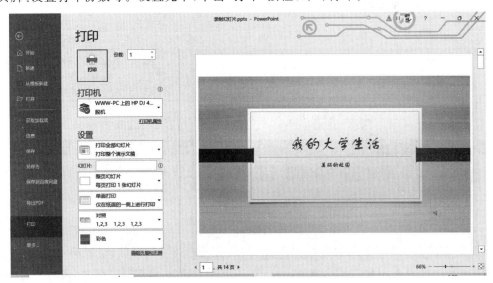

图 5-40　打印界面

5.6.2　演示文稿的导出

演示文稿制作完成后可以根据需要导出。打开待导出的演示文稿，在功能区"文件"菜单中选择"导出"命令，打开"导出"界面，如图 5-41 所示。

1. 创建 PDF/XPS 文档

演示文稿可以导出为"PDF/XPS 文档"。每个 PDF 文件格式（portable document format，PDF）文件包含固定布局的平面文档的完整描述，最初由 Adobe Systems 创建，包括文本、字形、图形及其他需要显示的信息。XPS 文件规格书（XML paper specification，XPS）是由微软公司开发的一种页面描述语言，用于描述和存储文档的可视化格式。

（1）在"导出"界面中选择"创建 PDF/XPS 文档"命令，在右侧出现的"创建 PDF/XPS 文档"界面中单击"创建 PDF/XPS"图标，如图 5-41 所示，打开"发布为 PDF 或 XPS"对话框，如图 5-42 所示。

（2）在对话框中选择文件保存位置和保存类型，并为文件命名。

（3）单击对话框中的"选项"按钮，打开"选项"对话框，如图 5-43 所示。在"选项"对话框中设置文档属性后，单击"确定"按钮，返回"发布为 PDF 或 XPS"对话框。

（4）单击"发布"按钮，完成 PDF/XPS 文档的发布。

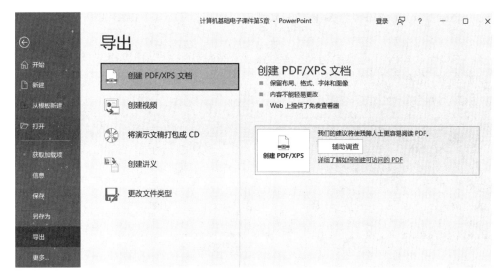

图 5-41　导出界面

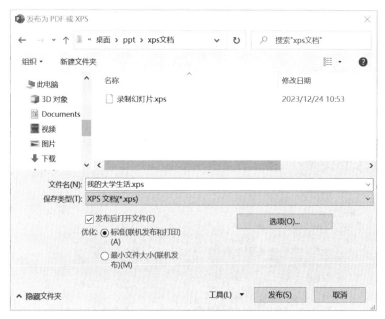

图 5-42　"发布为 PDF 或 XPS"对话框

2. 创建视频

演示文稿可以导出为视频(.mp4/.wmv),用播放器播放。

(1)在功能区"文件"菜单中选择"导出"命令,在打开的"导出"界面中选择"创建视频"命令,在右侧出现的"创建视频"界面中选择分辨率,并确定是否使用录制的计时和旁白,以及设置"放映每张幻灯片的秒数",单击"创建视频"图标,打开"另存为"对话框。

(2)在对话框中选择文件保存位置和保存类型,并为文件命名。单击"保存"按钮,完成视频导出。

3. 将演示文稿打包成 CD

演示文稿制作完成后如果需要在其他计算机或设备上放映,为了防止出现放映设备上没有安装 PowerPoint 或字体不全而无法放映的情况，此时需要将演示文稿打包。具体操作如下。

（1）在功能区"文件"菜单中选择"导出"命令，在打开的"导出"界面选择"将演示文稿打包成 CD"命令，在右侧出现的"将演示文稿打包成 CD"界面中单击"打包成 CD"图标，弹出"打包成 CD"对话框，如图 5-44 所示。

图 5-43　"选项"对话框

图 5-44　"打包成 CD"对话框

（2）在对话框中单击"选项"按钮，弹出"选项"对话框，如图 5-45 所示。在"选项"对话框中勾选"链接的文件"复选框和"嵌入的 TrueType 字体"复选框。为了增加文件的安全性，可以设置密码以保护文件，在"增强安全性和隐私保护"选项区域设置密码，单击"确定"按钮保存设置。

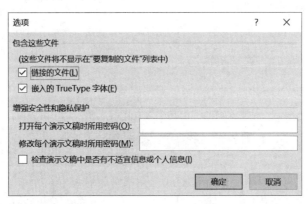

图 5-45　"选项"对话框

（3）在"打包成 CD"对话框中单击"复制到文件夹"按钮，确定文件存储位置，再单击"确定"按钮，系统会弹出对话框询问用户"是否要在包中包含链接文件？"，单击"是"按钮完成打包。

4. 创建讲义

如果要将演示文稿导出为讲义，可以将幻灯片和备注以 Word 文档形式导出，并能够在

Word 中编辑内容和设置内容格式。具体操作如下。

（1）在功能区"文件"菜单中选择"导出"命令，在打开的"导出"界面中选择"创建讲义"命令，在右侧出现的"在 Microsoft Word 中创建讲义"界面中单击"创建讲义"图标，弹出"发送到 Microsoft Word"对话框，如图 5-46 所示。

（2）选择 Microsoft Word 使用的版式，然后根据需要选中"粘贴"或"粘贴链接"单选按钮。具体区别如下。

粘贴：若 PowerPoint 演示文稿中的内容更新，Word 中的内容保持不变。

粘贴链接：若 PowerPoint 演示文稿的内容更新，Word 文档中的内容随之变化。

（3）单击"确定"按钮，开始导出，并自动打开导出的 Word 文档，再保存 Word 文档，完成导出。

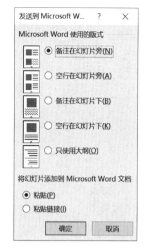

图 5-46 "发送到 Microsoft Word" 对话框

习 题 5

一、简答题

1. 演示文稿视图有几种？分别是什么？
2. 如何向幻灯片中添加文字？
3. 如何设置主题？如何修改背景？
4. 如何设置幻灯片的排练计时？
5. 制作具有交互式功能的幻灯片有哪些方法？
6. 如何将演示文稿导出为视频？

二、操作题

按下面要求制作一个介绍中国传统文化的演示文稿。

（1）将制作的演示文稿保存在 U 盘中，文件名为"中国传统文化介绍.pptx"。

（2）制作目录页，列出几种典型的中国传统文化，并分别设置超链接，使得可以随意跳转到用户感兴趣的页面。

（3）为每种传统文化添加介绍，并插入相应的图片。

（4）在演示文稿的最后添加一张带有统计信息的表格和图表的幻灯片。

（5）设置自动放映幻灯片，时间间隔为 5 s。

（6）为每张幻灯片设置不同的切换效果和声音。

（7）为幻灯片设置动画效果。

（8）为演示文稿添加背景音乐。

第6章 多媒体技术基础与应用

从 20 世纪 80 年代中后期开始,多媒体技术成为人们关注的热点之一。多媒体计算机加速了计算机进入家庭和社会各方面的进程,给人们的工作和生活带来日新月异的变化。

多媒体技术是一门综合的高新技术,是微电子技术、计算机技术、通信技术等相关学科综合发展的产物,是计算机技术发展的重要方向。目前,随着 5G 网络时代的到来,多媒体技术与网络技术相结合,可以实现丰富多彩的"交互式"信息传播和沉浸式体验,触发新的传媒革命。多媒体技术正以惊人的速度改变着人们的工作方式、交流方式、思维方式和生活方式。本章主要介绍多媒体技术基础知识、多媒体计算机系统和多媒体常用软件。

6.1 多媒体基础知识

6.1.1 多媒体的基本概念

1. 媒体的种类

媒体(media)是承载、传输和表现信息的手段。按照国际电信联盟电信标准分局(International Telecommunications Union,ITU)ITU-T 建议的定义,媒体信息可分为以下5 种类型。

(1)感觉媒体:用户接触信息的感觉形式,如视觉、听觉、触觉、味觉、嗅觉等。

(2)表示媒体:信息的表示和表现形式,如文本(text)、图形(graphic)、图像(image)、动画(animation)、音频(audio)、视频(video,即活动影像)等。

(3)显示媒体:用于输入和输出信息的物理设备,如键盘、鼠标、显示器、数码相机、摄像机、扫描仪、麦克风、打印机、音箱等。

(4)传输媒体:将表示媒体从一处传送到另一处的物理载体,如光缆、电缆、电磁波等。

(5)存储媒体:用于存放表示媒体的载体,如磁盘、光盘、只读存储器(ROM)、随机存储器(RAM)、云盘等。

通常所指的多媒体(multimedia)就是文本、图形、图像、动画和视频等多种媒体信息的组合。

2. 多媒体技术

多媒体技术(multimedia technique)可简单地理解为,一种以交互方式将文本、声音、图形、图像、动画和视频等多种媒体信息,经过计算机设备的获取、操作、编辑、存储等综合处理后,使用户能够通过感官与计算机进行实时信息交流的技术和方法。

现在所说的多媒体,通常并不是指多媒体信息本身,主要是指处理和应用它的一整套软、硬件技术。因此,常说的多媒体应是多媒体技术的同义词。

3. 多媒体计算机

能够综合处理文字、图形、图像、声音、动画和视频等多种媒体信息(特别是传统微型计算机无法处理的音频信息和视频信息),并在它们之间建立逻辑关系,使其集成一个交互式系统的计算机称为多媒体计算机。具有多媒体功能的微型计算机系统习惯上被人们称为多媒体个人计算机(multimedia PC,MPC)。有关多媒体及相关概念的定义,是基于目前人们对多媒体的认识归纳总结出来的。随着多媒体技术的发展,计算机能够处理的媒体种类会不断地增加,其功能也会不断地完善,有关多媒体及相关概念的定义也一定会更加趋于准确和完善。

6.1.2 多媒体的基本特性

多媒体技术涉及的对象是媒体,而媒体又是承载信息的载体,因而又称为信息载体。所谓多媒体的基本特性,是指信息载体的多样性、交互性和集成性三方面。

1. 多样性

早期的计算机只能处理包含数值、文字,以及经过特殊处理的图形或图像等单一的信息媒体,而多媒体计算机则可以综合处理文本、图形、图像、声音、动画和视频等多种形式的媒体信息。

2. 交互性

传统的媒体如影视节目等都是按照事先编排好的顺序从头到尾播放,人们只能被动地接受信息,无法干预,人机之间缺乏沟通。而多媒体计算机则可以实现人机交互,即用户与计算机之间双向通信,通过计算机程序控制各种媒体的播放顺序,实现用户对信息的主动选择和控制。

交互性是多媒体技术的重要特征,这也就是具有声音、图像、视频功能的电视机、录像机不能称为多媒体的主要原因。

3. 集成性

集成性是不同媒体信息、不同视听设备和软硬件的有机结合,既能将处理各种信息的高速和并行的 CPU 系统、大容量的存储设备、适合多媒体输入/输出的外部设备和接口,以及多媒体操作系统、多媒体信息管理和创作软件集成为一体,同时还包括多种媒体信息的统一获取、组织和存储,以及多媒体信息的展示和合成等内容。

多媒体具有丰富多彩的媒体表现形式、完善的交互能力、高度的集成性,其应用几乎遍布教育培训、商业服务、电子出版、视频会议、虚拟现实、互联网络等各行各业,以及人们生活的各个角落。

6.1.3 多媒体信息处理的关键技术

1. 多媒体数据压缩技术

各种数字化的媒体信息,如图像、声音、视频等的数据量通常都很大。例如,一幅分辨率为 640×480 的 24 位真彩色图像需要 1 MB 的存储量,1 s 的视频画面就要保存 $15 \sim 60$ 幅图像,再加上声音,总体存储量惊人。在多媒体系统中,为了达到令人满意的图像、视频画面

多媒体技术基础与应用

和听觉效果，就必须解决音频、视频数据的大容量存储和实时传输的问题，这些都需要使用数据压缩技术。提高多媒体数据压缩技术水平，可节省存储空间，提高通信介质的传输效率，使计算机能够实时处理和播放视频、音频信息。

2. 多媒体数据存储技术

多媒体信息的保存一方面依赖数据压缩技术，另一方面则要仰仗数据存储技术。多媒体信息量非常惊人，对存储设备的要求越来越高，目前大容量数据存储一般采用光存储技术和网络存储技术。光盘发展经历了 CD-ROM、MO、CD-R、CD-RW 和 DVD 阶段，高效、快速、大容量存储设备的出现，推动了多媒体数据存储技术的发展。网络存储技术包括云存储和网络硬盘等。云存储是指将数据存储在互联网上的服务器中，用户可以通过网络访问和管理自己的数据。而网络硬盘是指将硬盘接入网络中，使多台计算机可以共享数据。

3. 多媒体数据库技术

多媒体数据库技术包括多媒体数据库和多媒体数据库管理系统。

多媒体数据库是以文本、图像、音频和视频等多媒体数据为内容组成的数据库。传统的数据库管理系统在处理结构化数据、文本和数值信息等方面是很成功的，但是处理大量的存在于各种媒体的非结构化数据（如图形、图像和声音等）时，传统的数据库管理系统就难以胜任了，因此需要研究和建立能处理非结构化数据的新型数据库——多媒体数据库。

多媒体数据库主要研究内容有存储模型、体系结构、数据模拟、查询处理及用户接口技术等，同时扩充现有的关系数据库模型，研究面向对象数据库、超文本/超媒体模型数据库、智能化多媒体数据库和 NoSQL。

多媒体数据库管理系统可以实现对多媒体数据库的各种操作和管理功能，包括数据库的定义、创建、查询、编辑和删除等传统功能，还需要解决海量存储信息的提取、处理长事务和版本控制、多媒体数据与人之间的交互性、实时性等问题。

4. 超大规模集成电路制造技术

当代计算机的硬件基础是微电子技术，即以硅为原材料的超大规模集成电路（very large scale integrated circuits，VLSI）技术。媒体具有的大数据量和实时应用的特点，要求计算机有很高的处理速度：高速的 CPU，大容量的 RAM，专用数据采集和还原电路，高速数字信号处理器（DSP）。多媒体硬件体系结构的关键技术是多媒体计算机的专用芯片，包括两种类型：一种是具有固定功能的芯片，主要用于图像数据的压缩处理；另一种是可编程处理器，不仅用于音频、视频数据的压缩和解压缩，还要处理图像的特技效果、图形的生成和绘制、音频信息的滤波和抑制噪声等。这些都依赖于 VLSI 技术的发展和支持。只有超大规模集成电路制造技术取得突破性进展，才能为多媒体技术的进一步发展创造有利的条件。

5. 多媒体网络技术

多媒体网络是一个端到端的、能够提供多性能服务的网络。因此，它由多媒体终端、多媒体接入网络、多媒体传输骨干网络及能够满足多媒体网络化应用的网络软件等 4 部分组成。多媒体网络通信要求能够综合传输各种信息类型数据，而它们的技术要求各异。常见的多媒体信息对网络传输能力的要求见表 6-1。

表 6-1　常见的多媒体信息对网络传输能力的要求

多媒体信息	最大延迟/ms	最大延迟抖动/ms	平均吞吐率/(Mb/s)	可接受的位差错率
音频	250	10	0.064	$<10^{-1}$
视频	250	10	100	$<10^{-2}$
压缩的视频	250	1	2~20	$<10^{-6}$
数据文件	1000		2~100	0
实时数据	1~1000		<10	0
图形、静止图像	1000		2~10	$<10^{-4}$

6. 虚拟现实和增强现实技术

虚拟现实(virtual reality,VR)又称人工现实、临境等,是近年来十分活跃的技术领域,是多媒体发展的更高境界,VR 技术涵盖了传统多媒体技术的所有内容。VR 是一种利用计算机模拟产生一个三维空间的虚拟世界的技术。使用户及时、没有限制地观察三维空间内的事物,让人有种身临其境的感觉。VR 采用计算机技术生成一个逼真的视觉、听觉、触觉、味觉及嗅觉的感知系统,用户可以用人的自然技能(头部转动、眼动、手势或其他身体动作)与生成的虚拟实体进行交互操作。要借助一些三维传感设备来完成交互动作,常用的有头盔立体显示器、数据手套、数据服装和三维鼠标等。

增强现实(augmented reality,AR)技术是指把原本在现实世界的一定时间和空间范围内很难体验到的实体信息(视觉信息、声音、味道和触觉等),通过模拟仿真后,再叠加到现实世界中被人类感官感知,从而达到超越现实的感官体验。AR 的出现与计算机图形图像技术、空间定位技术和人文智能等技术的发展密切相关。

(1)计算机图形图像技术。AR 用户可以穿戴头戴式显示器,通过它看到整个世界,连同计算机生成而投射到这一世界表面的图像,从而使物理世界的景象超出用户的日常经验之外。这种增强的信息可以是在真实环境中与其共存的虚拟物体,也可以是实际存在的物体的非几何信息。

(2)空间定位技术。为了改善效果,AR 投射的图像必须在空间定位上与用户相关。当用户转动或移动头部时视野变动,计算机产生的增强信息随之做相应的变化。

(3)人文智能。该技术以将处理设备和人的身心能力结合起来为特点,并非仿真人的智能,而是试图发挥传感器、可穿戴计算等技术的优势,使人们能够捕获自己的日常经历、记忆及所见所闻,并与他人进行更有效的交流。

随着计算机图形学、人机接口技术、多媒体技术、传感技术和网络技术等快速发展,VR 和 AR 技术已进入应用阶段,开始对教育、工业生产、旅游、建筑、医疗等领域带来颠覆性影响。AR 导航、AR 数字化工厂、AR 远程协作、AR 远程监管、AR 可视化教育培训,正在取得突飞猛进的发展。比如目前比较成熟的 AR 地球仪是一种能够将真实的地球和虚拟的星空完美结合的产品。它采用 AR 技术,可以通过手机或平板电脑等设备来体验。

6.1.4　多媒体技术的应用领域

多媒体技术的应用非常广泛,遍布各行各业及人们生活的各个角落。由于多媒体技术具有直观、信息量大、易于接受和传播速度快等显著的特点,因此多媒体应用领域的拓展十分迅速。

1. 教育与培训应用领域

在多媒体的应用中，教育、培训应用大约占40%。根据教学的基本原理，利用多媒体计算机具有的大容量存储、高速度处理信息等特点，通过与用户（一般为学生）之间的交互活动，用最优化的教学方式实现教学目标和教学手段。它既可代替教师进行课程的教学，也可作为常规课堂教学的补充手段，大大提高教学质量，激发学生的学习积极性，实现学习个性化，使教育走向家庭，形成以学生为中心的教学模式。

近年来，网络远程教育模式依靠现代通信技术及多媒体技术的发展，大幅提高了教育传播的范围和时效，使教育传播不受时间、地点、国界和气候的影响。计算机辅助教学（computer-aided instruction，CAI）的应用，使学生真正打破了明显的校园界限，改变了传统的"课堂教学"的概念，突破时空的限制，接收到来自不同国家、教师的指导，可获得除文本以外更丰富、直观的多媒体教学信息，共享教学资源。它可以按学习者的思维方式来组织教学内容，也可以由学习者自行控制和检测，使传统的教学由单向转为双向，实现远程教学中师生之间、学生与学生之间的双向交流。

借助多媒体技术，培训领域也大量出现了模拟手术训练、飞行训练、仿真实验室、儿童感统训练等新的培训方式。

2. 商业展示、信息咨询、智能客服应用领域

多媒体技术与触摸屏技术的结合为商业展示和信息咨询提供了新的手段，现已广泛地应用于交通、商场、饭店、宾馆、邮电、旅游、娱乐等公共场所，如大商场的导购系统，用户只要在触摸屏上一指，就能根据需要选购商品。

以多媒体技术制作的产品演示光盘为商家提供了一种全新的广告形式，商家通过多媒体演示光盘可以将产品表现得淋漓尽致，客户可通过多媒体演示光盘随心所欲地观看广告，直观、经济、便捷、效果好，可用于房地产公司、计算机销售公司、汽车制造厂商等多种行业。

近年来，结合人工智能技术出现的智能客服解放了劳动力，加快了解决问题的速度，实现了秒级响应，保证了7×24小时不间断服务。在模拟人声回复客户问题的同时还可以推荐新业务、挖掘客户潜在需求。

3. 公共服务领域

在博物馆、科技馆、艺术馆、景区旅游、网红打卡地、大型演唱会、大型产品发布会等舞台，都能看到互动多媒体及全息应用的身影。在博物馆中，通过全息全方位动态展示展品，既不会损坏文物和艺术品，又能让游客更近距离地观赏；既提高了展品的安全性，又提高了观赏度，有利于文化宣传。在科技馆中，全息不需要观众佩戴任何眼镜设备，就可以观看3D幻影立体显示，带给观众视觉的冲击力和深度参与感。

3D全息投影是一种基于光的三维立体成像技术，可以将物体的全息图像呈现在空气中，使观众可以在不需要任何辅助工具的情况下欣赏到逼真的立体画面。3D全息投影能够展示高清晰的图像及高度还原色彩，三维立体感十分强烈。同时，展示内容可根据客户需求进行任意定制和更换，操作灵活，将光与影的奇妙融合发挥到了极致，能够带给观众身临其境的沉浸式体验。在不受时间和空间限制的情况下，随时随地感受3D灯光秀的视觉冲击，大大提高了展示效果。

全息沙盘将传统的沙盘模型与数字多媒体技术融合，生成三维立体图像，再利用全息投影技术，将虚拟的三维立体影像投放至特定材质的展示介质上，让观众有一种亦真亦幻的视

觉体验。相比传统的沙盘,全息沙盘是集合了多媒体互动控制系统、投影系统、声光系统等全方位立体化的多媒体技术。它不仅可以直观地展示模型,还能进行交互操作,生动地、全方位地提供信息,操作简单、方便,空间利用率高,不受场地限制。

4. 多媒体通信

多媒体技术与通信技术结合形成了新的应用领域。

（1）可视电话系统：一般由语言处理、图像信号输入、图像信号输出及图像信号处理 4 部分组成。

（2）图文电视机：是普通电视机与图文解码器二合一体机。

（3）视频会议：通过使用视频会议服务,世界各地的企业和用户可以随时随地在笔记本电脑、智能手机或 iPad 等移动设备上轻松开启或加入视频会议,突破时空限制实现协同工作。未来,视频会议将结合人工智能、5G 等技术获得进一步发展,集成语音识别、多语言翻译、人脸识别、图片审核、视频验证等 AI 人工智能技术,构建 5G 大视频＋人工智能的未来新视界。

（4）远程医疗：远程医疗是指通过使用远程通信技术、全息影像技术、新电子技术和计算机多媒体技术,充分发挥大医院或专科医疗中心的医疗技术和医疗设备优势,对医疗条件较差的边远地区、海岛或舰船上的伤病员进行远距离诊断、治疗和咨询。远程医疗技术已经从最初的电视监护、电话远程诊断发展到利用高速网络进行数字视频、图像、语音的综合传输阶段,并且实现了实时的语音和高清晰图像的交流,为现代医学的应用提供了更广阔的发展空间。其既可通过因特网传送病人的各种化验单、CT、磁共振成像（MRI）及 X 线片图像,又可以传送手术镜头以便远方的专家对手术进行指导,可满足远程会诊、视频急救、心理咨询、医疗培训等需求。结合医疗系统数字化改革,借助物联网,融入人工智能技术,最终实现智慧医疗的美好愿景。

（5）网络直播：随着移动互联网新技术、新应用的迭代升级,网络直播行业进入了快速发展期。网络直播吸收和延续了互联网的优势,利用视讯方式进行网上现场直播,可以将产品展示、相关会议、背景介绍、方案测评、网上调查、对话访谈、在线培训等内容现场发布到互联网上,利用互联网的直观、快速、表现形式好、内容丰富、交互性强、不受地域限制、受众可划分等特点,加强活动现场的推广效果。现场直播完成后,还可以随时为用户继续提供重播、点播,有效延长了直播的时间和空间,发挥直播内容的最大价值。网络直播最大优点就是直播的自主性,独立可控的音视频采集,完全不同于转播电视信号的单一收看。它可以为政务公开会议、群众听证会、法庭庭审直播、公务员考试培训、演唱会、产品发布会、企业年会、行业年会、展会直播等进行直播。

5. 家庭服务和娱乐

视频点播（video on demond,VOD）和互动电视（interactive television,ITV）系统是根据用户要求播放节目的视频点播系统,具有为单个用户提供对大范围的影片、视频节目、游戏、信息等进行同时访问的能力。对于用户而言,只需配备相应的多媒体计算机终端或一台电视机和机顶盒,一个视频点播遥控器,想看什么就看什么,想什么时候看就什么时候看,用户和被访问的资料之间高度的交互性使它区别于传统的视频节目。在这些 VOD 应用技术的支持和推动下,以网络在线视频、在线音乐、网上直播为主要项目的网上休闲娱乐、购物、新闻传播、家庭银行等服务得到了迅猛发展,各大电视台、广播媒体和娱乐公司纷纷推出其

多媒体技术基础与应用

网上节目,受到了越来越多的用户的青睐。

6. 多媒体监控技术

图像处理、声音处理、检索查询等多媒体技术综合应用到实时报警系统中,改进了原有的模拟报警系统,使监控系统更广泛地应用到工业生产、交通安全、银行保安、酒店管理、智能家居等领域中。它能够及时发现异常情况,迅速报警,同时将报警信息存储到数据库中以备查询,并交互地综合图、文、声、视频、动画等多种媒体信息,使报警形式更为生动、直观,人机界面更为友好。

6.1.5　多媒体技术的发展趋势

多媒体技术是当今信息技术领域发展最快、最活跃的技术,是新一代电子技术发展和竞争的焦点。未来新型应用领域,对多媒体技术提出了更高的技术要求。多媒体技术主要的发展方向是智能化、超低延迟实时处理能力、多维交互沉浸式体验。

1. 智能化

多媒体的智能化是指通过利用现代科技手段,将多媒体技术与人工智能技术有机结合,使多媒体系统具备更高的自主学习、推理和决策等能力,更加智能、高效地满足用户的个性化需求。例如,在音频播放领域,通过智能化技术,可以实现音乐的智能推荐。通过分析用户的听歌偏好、兴趣和情绪等数据,系统可以自动推荐适合用户的音乐,从而提供个性化的娱乐体验。此外,多媒体智能化还可以在图像识别、视频处理、自然语言处理等方面发挥重要作用,为用户带来全新的视听体验。

随着计算、推理、编码、算法等各种数据量的不断增长,生成式人工智能(artificial intelligence generated content,AIGC)将能够生成更加高质量和真实感的文本、图像、音频、视频等多媒体信息,也将会成为智能多媒体领域的重要发展方向。

2. 超低延迟实时处理能力

随着行业的深入和场景多元化的发展,对多媒体超低延迟技术提出更高的要求。未来的超低延迟技术将更加注重时间表现,5G技术的发展可以提供大带宽、低时延、高移动性的服务。随着5G技术的普及和边缘计算的发展,需要进一步持续优化音频、视频编解码内核效率,改进网络传输协议稳定等要素,以适应更多变的发展需求,提高用户实时性体验。

3. 多维交互沉浸式体验

技术的不断进步使得互动形式更加多样化,语音识别和引导、感知触觉交互、表情识别、人脸识别等多方面互动将变得更为有趣。同时,互动场景也将更加丰富,单一场景不再能满足用户的需求。千人千面的个性化体验,将是未来音视频场景体验的新追求。VR和AR技术的融合将成为音视频技术的重要发展方向,推动娱乐、教育、医疗等领域的创新发展,这将为用户带来更加沉浸式的体验。

6.1.6　多媒体技术未来应用场景

1. 智慧城市和物联网

智慧城市是一个基于信息化、智能化、人性化理念构建的城市运行系统,通过运用先进的信息技术,实现城市的智能化管理和资源的高效配置,从而提高城市的可持续性发展和人民群众的生活质量。在这个过程中,智能多媒体技术以其独特的优势,广泛应用于城市的各个领域。

在智慧城市中,智能多媒体技术用于公共安全、交通管理、环境监测、智能电网等多方面。例如,通过多媒体技术,可以实时监控城市的交通情况,进行智能化的交通调度,从而缓解城市的交通压力。同时,也可以通过智能多媒体技术,远程监控和管理城市的环境质量,及时发现并处理环境问题。此外,在智慧城市的建设中,智能多媒体技术也扮演着重要的角色。通过大数据、云计算等技术,可以对城市的各种信息进行收集、整理、分析,为城市的规划和管理提供科学依据。同时,也可以通过智能多媒体技术,实现城市的智能化服务,满足市民的多样化需求。

另外,物联网是智慧城市的重要支撑技术。在物联网中,各种物理设备通过传感器与互联网相连,实现了设备的智能化管理和控制。在这个过程中,多媒体通信技术也发挥了重要的作用。

总体来说,在智慧城市和物联网的建设中,多媒体技术发挥了重要的作用。它不仅提高了城市的管理效率和服务质量,也提高了城市的智能化水平,为人们的生活提供了更多的便利。未来,随着技术的进步,相信多媒体技术将在智慧城市和物联网的建设中发挥更大的作用。

2. 元宇宙

元宇宙(Metaverse)是指人类运用数字技术构建的,由现实世界映射或超越现实世界,可与现实世界交互的虚拟世界,具备新型社会体系的数字生活空间。元宇宙本身并不是新技术,而是集成了一大批现有技术,包括5G、云计算、人工智能、虚拟现实、区块链、数字货币、物联网、多媒体人机交互等。它基于扩展现实(extended reality,XR)技术提供沉浸式体验,以及数字孪生技术生成现实世界的镜像,通过区块链技术搭建经济体系,将虚拟世界与现实世界在经济系统、社交系统、身份系统上密切融合,并且允许每个用户进行内容生产和编辑。

2020年人类社会到达虚拟化的临界点,一方面疫情加速了社会虚拟化,在新冠疫情防控措施下,全社会上网时长大幅增加,"宅经济"快速发展;另一方面,线上生活由原先短时期的例外状态成为常态,由现实世界的补充变成了与现实世界的平行世界,人类现实生活开始大规模向虚拟世界迁移,人类成为现实与数字的"两栖物种"。

作为元宇宙系统的底层基础,交互式多媒体技术能够满足元宇宙所需的虚实融合、逼真呈现、高交互性等应用特点,成为人们高度关注的研究领域。交互式媒体以三维场景为观察对象,以三维时空分布的点云、图像等为数据表达,在技术流程上包括三维视觉数据的获取、处理、显示等几大环节,形成了庞大的技术分支,汇聚了丰富的技术成果。

6.2 多媒体计算机系统

6.2.1 多媒体计算机系统组成

多媒体计算机系统包括多媒体计算机硬件系统和多媒体计算机软件系统。多媒体计算机是指能对多媒体进行综合处理的计算机,它除了具有传统计算机的配置外,还必须增加大容量存储器(如光盘、磁盘阵列等)、声音、图像、视频等多媒体的输入/输出接口和设备,以及相应的多媒体处理软件。

目前公认的多媒体系统层次结构如图 6-1 所示。

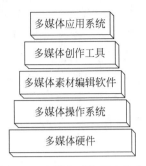

图 6-1　多媒体系统层次结构

6.2.2　多媒体计算机硬件系统

多媒体个人计算机工作组（Multimedia PC Working Group）先后发布了 4 个 MPC 标准。MPC 标准是一个开放式的平台，用户可以在此基础上附加其他的硬件，配置性能更好、功能更强的 MPC。但随着计算机技术的高速发展，现在的计算机软、硬件性能已完全超过了 MPC 标准的规定，MPC 标准已成为一种历史。

按照 MPC 联盟的标准，多媒体计算机包括 5 个部件：个人计算机（PC）、光盘驱动器、声卡、Windows 操作系统和一组音箱或耳机等。

多媒体计算机硬件系统是在个人计算机基础上，增加各种媒体输入和输出设备及其接口卡的系统，如图 6-2、图 6-3 所示。

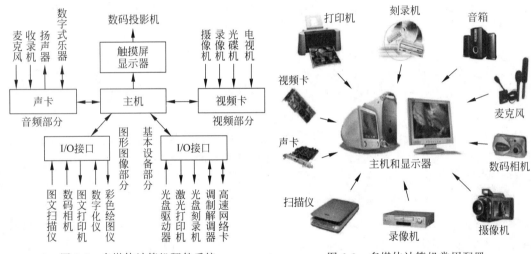

图 6-2　多媒体计算机硬件系统　　　　图 6-3　多媒体计算机常用配置

1. 声卡

声卡（sound card）的主要功能如下。

（1）声音的输入：把麦克风或音频连接线输入（line in）的声音（模拟信号），进行采样、量化和编码，变成数字化的声音进入计算机。

（2）声音的输出：把计算机中的数字化声音数据，经数/模转换还原为模拟信号，从音频连接线输出（line out），然后经扬声器、耳机播出。

（3）编辑与合成处理：在软件的配合下，对声音文件进行多种编辑和特殊效果的处理，包括剪裁、粘贴、加入回声、倒放、快放慢放、循环播音等。

（4）乐器数字接口（music instrument digital interface，MIDI）：提供音乐设备数字接口，可通过数字乐器录音，也可控制和操作乐器演奏。

2. 视频卡

视频卡（video card）的主要功能如下。

（1）视频采集：实现模拟视频信号的数字化。不但实现对视频中单画面的捕捉，也能对实时动态画面连续捕捉,捕获帧率可达 25～30 帧/s。若视频卡允许的帧率小于 20 帧/s,则影像还原时有闪烁甚至停顿感。

(2) 数据压缩功能:视频数字化以后的数据量极大,而冗余数据很多,视频卡的压缩功能将对它进行有效的压缩。不同的视频卡可能采用不同的压缩算法,所得压缩倍数也不相同。MPEG-1 压缩算法压缩比高达 100∶1～200∶1。

(3) 数据解压缩功能:压缩后的数据在播放前必须进行解压缩。

(4) 视频输出(电视编码)功能:解压以后输出的数字图像,一般可以直接输出在显示器上,也可输出到电视机上,这时要进行电视信号的转换。

(5) 电视接收功能:一般的视频卡仅能接收视频信号(来自摄像机和录像机),不能接收无线电频率的高频电视信号。如果需要接收电视节目,需要另外配置电视接收卡。

6.2.3 多媒体计算机软件系统

多媒体计算机软件系统包括多媒体操作系统、多媒体素材编辑软件、多媒体创作工具和多媒体应用系统四大类。

1. 多媒体操作系统

多媒体操作系统简单来说就是具有多媒体功能的操作系统,多媒体操作系统必须具备对多媒体设备和多媒体数据的管理和控制功能。它应能管理大内存,适应高速主机,使各种媒体硬件和谐地工作。它还必须具有综合使用各种媒体的能力,能灵活地调度多种媒体数据,并能进行相应的传输和处理。

2. 多媒体素材编辑软件

多媒体素材编辑软件是专业人员在多媒体操作系统上开发的。在多媒体应用软件制作过程中,对多媒体信息进行编辑和处理是十分重要的,多媒体素材制作的好坏,直接影响整个多媒体应用系统的质量。

常见的音频编辑软件有 Adobe Audition CC、CyberLink WaveEditor、GoldWave、Sound Forge 等;图形图像编辑软件有 Adobe Illustrator、CorelDRAW、Adobe Photoshop 等;非线性视频编辑软件有剪映、会声会影、Adobe Premiere Pro、Adobe After Effects、EDIUS、SONY VEGAS;动画编辑软件有 Adobe Animate、3ds Max、Autodesk Maya 等;创建和浏览虚拟现实内容的软件有 Unity、Unreal Engine、STREAMVR。

3. 多媒体创作工具

多媒体创作软件是帮助开发者制作多媒体应用软件的工具,如 Adobe Creative Cloud、TouchDesigner、Flash、PowerPoint、方正奥思、Authorware、Director、Epub360 等,能够对文本、声音、图像、视频等多种媒体信息进行控制和管理,并按要求连接成完整的交互式多媒体应用系统。

4. 多媒体应用系统

多媒体应用系统又称多媒体应用软件。它是由各种应用领域的专家或开发人员利用多媒体创作工具软件或计算机语言,开发设计的多媒体最终产品,其功能和表现是多媒体技术效果的直接体现。

多媒体应用系统涉及的应用领域主要有文化教育教学软件、信息系统、商业展示、电子出版、娱乐游戏等。

6.2.4 多媒体创作工具

1. 多媒体创作工具的功能

多媒体创作工具（authoring tools）用来帮助应用开发人员提高工作效率，它们大都是一些应用程序生成器，将各种媒体素材按照超文本链接结构的形式进行组织，结合成一个统一的整体，制成图、声、文并茂的具有交互功能的多媒体应用系统。

根据应用目标和使用对象的不同，一般认为多媒体创作工具应有以下功能和特点。

(1) 良好的编程环境。

(2) 较强的多媒体数据输入/输出（I/O）能力。

(3) 动画处理能力。

(4) 超级链接能力。

(5) 应用程序的连接能力。

(6) 模块化和面向对象。

(7) 良好的界面，易学易用。

(8) 良好的扩充性。

2. 多媒体创作工具的类型

多媒体创作工具又称多媒体开发平台，根据其组织和编排多媒体对象的方法，可分为以下类型。

(1) 基于图标的多媒体创作工具（如 Authorware 等）。

(2) 基于时间的多媒体创作工具（如 Director、Flash 等）。

(3) 基于页面的多媒体创作工具（如 PowerPoint、方正奥思、toolbook 等）。

(4) 基于网络 HTML 格式的多媒体创作工具（如 FrontPage、Dreamweaver 等）。

(5) 基于编程语言的多媒体创作工具（如 VB、VC++ 等）。

(6) 基于数据库的多媒体创作工具（如 VF、ASP 等）。

3. 多媒体软件的开发过程

多媒体软件的开发过程如下。

(1) 应用目标分析。

(2) 项目内容和框架的确定。

(3) 脚本的设计、编写和修改。

(4) 媒体素材的准备和计算机处理。

(5) 计算机多媒体集成及软件测试。

6.3 音 频 处 理

声音是人们传递信息最方便、最熟悉的方式，声音也是多媒体作品的重要组成部分。

6.3.1 音频基础知识

1. 音频的基本属性

声音实际上是一种波，具有周期性和一定的幅度。周期性表现为频率，频率越高，声音就越尖锐,反之就越低沉。以下是常见的音频术语。

(1) 音调:即声音的高低,由声波振动的频率决定。频率快,音调就高;频率慢,音调就低。

(2) 音量:指声音的强弱,由声波的振幅大小来决定。振幅大,音量就大,反之则小。

(3) 音色:是由混入基音的泛音决定的,高次谐波越丰富,音色就越有明亮感和穿透力。

(4) 音质:即声音聆听效果的好坏,例如,噪声信号强的声音比噪声信号弱的声音音质差。

(5) 混响:在相对封闭的空间中,声音由于多次反射而持续一段时间再消失的现象,称为混响。

(6) 振幅:一个特定时间上的声音信号强度。

(7) 波形:在数字环境下用来加强声音编辑的图形表示形式。

2. 音频信息的数字化

数字化声音是指将人们听到的声音(又称模拟声音)进行数字化转换后得到的数据。这一转换过程在使用计算机进行录音时由声卡自动完成,又称模/数转换。但由于扬声器只能接收模拟信号,因此声卡输出前还要把数字声音转换回模拟声音,也即数/模转换。

数字化声音的优点归纳起来有如下几点:传输时抗干扰能力强、重放时声音效果好、易编辑处理、易纠错、易形成数据流、可进行数据压缩。

影响数字化声音质量的主要因素有三个:采样频率、量化位数及声道数。

(1) 采样频率。采样频率决定声音的保真度,具体来说就是 1 s 的声音分成多少个数据表示。采样频率越高,声音的保真度越好。采样频率通常以千赫兹(kHz)来衡量,例如,44.1 kHz 表示将 1 s 的声音用 44 100 个采样样本数据表示。

(2) 量化位数。量化位数表示的是采样声音的振幅精度,决定声音的动态范围。动态范围是指波形的基线与波形之间的单位。简单来说,位数越多,音质越细腻。量化位数主要有 8 位和 16 位两种。

(3) 声道数。声道数表明在同一时刻声音是只产生一个波形(单声道)还是产生两个波形(立体声双声道)。顾名思义,立体声双声道比单声道具有空间感。

3. 数字音频的处理

(1) 压缩。压缩的目的就是降低数据量,以便于传输,这一过程又称编码。因而在播放时,便需要有解码的过程,将压缩的数据还原为可以直接播放的数字音频。

音频压缩需要综合考虑的因素有语音质量、数据率和计算量。为了协调以上三方面因素,专家们研发了一系列压缩编码,按压缩方法,可分为波形编码、参数编码和混合编码三种方式。波形编码方式可获得高质量的语音,但数据率大;参数编码方式数据率低,质量也不易提高;混合编码方式将波形编码的高质量和参数编码的低数据率相结合,效果较好。

目前,有很多种音频压缩方法,各自有不同的应用范围。例如,程控交换机中用的是差分脉冲编码调制(differential pulse code modulation,DPCM),而对于音乐,常用的是 MP3。

(2) 声音编辑。声音编辑通常指进行分段、组合、首尾处理等,类似于对文本进行编辑。此外,还可以对声音进行回声处理、倒叙处理、音色效果处理等。

4. 常见的音频文件格式

（1）WAVE 文件。WAVE 格式是微软公司开发的一种声音文件格式，扩展名为.wav，用于保存 Windows 平台的音频信息资源，被 Windows 平台及其应用程序广泛支持。这种文件尺寸较大，多用于存储简短的声音片断。

（2）MPEG 音频文件。运动图像专家组（Moving Picture Experts Group，MPEG）代表 MPEG 运动图像压缩标准，这里的音频文件格式指的是 MPEG 标准中的音频部分，即 MPEG 音频层（MPEG audio layer）。MPEG 音频文件的压缩是一种有损压缩，根据压缩质量和编程复杂程度的不同可分为三层（MPEG audio layer 1/2/3），分别对应 MP1、MP2 和 MP3 这三种声音文件格式。MPEG 音频编码具有很高的压缩率，MP1 和 MP2 的压缩率分别为 4∶1 和 6∶1～8∶1；MP3 的压缩率则高达 10∶1～12∶1，即 1 分钟 CD 音质的音乐，未经压缩时需要 10 MB 存储空间，而经过 MP3 压缩编码后只有 1 MB 左右，同时其音质基本保持不失真。因此，目前使用最多的是 MP3 文件格式。

（3）RealAudio 文件。RealAudio 文件是 RealNetworks 公司开发的一种流式音频（streaming audio）文件格式，扩展名为.ra、.rm、.ram。这种格式压缩量大且失真度小，与 MP3 相同，也是为解决网络传输带宽资源而设计的，因此主要目标是压缩比和容错性，其次是音质。

6.3.2 初识音频编辑软件 GoldWave

随着多媒体技术的发展，越来越多的人开始接触计算机音频制作。音频编辑在音乐后期合成、多媒体音效制作、视频声音处理等方面发挥着巨大的作用，它是修饰声音素材的最主要途径之一，能够直接对声音质量起到显著的影响。目前，广泛使用的音频处理软件有 GoldWave，Sound Forge，Cool Edit 和 Adobe Audition 等。

GoldWave 是一个集声音编辑、播放、录制和转换为一体的音频工具。与其他音频编辑软件相比，GoldWave 体积小巧，使用方便，可打开多种格式的音频文件，包括 WAV、MP3、AVI、MOV 等格式，也可以从 CD，VCD，DVD 或其他视频文件中提取声音。使用 GoldWave 不仅可以实现常用音频格式的转换，还可以完成音频录制、编辑、降噪处理、混音等，并能为其添加多种特效。

GoldWave 是标准的绿色软件，不需要安装，将压缩包中的文件释放到硬盘下的任意目录里，直接双击 GoldWave.exe 就可以运行。

1. 打开音频文件

从图 6-4 可以看出，GoldWave 的工作窗口包含两个子窗口，"波形"窗口和"控制器"窗口，"波形"窗口显示打开的音频文件，如果是立体声音频，则分上下两部分，上部分绿色波形为左声道，下部分红色波形为右声道。控制器可用来控制文件的录制和播放，也可以进行一些相关参数的设置。（"控制器"窗口的位置可通过"窗口"菜单调整。）

2. 播放音频文件

刚打开音频文件时，波形窗口被蓝色覆盖，表明该音频处于全部选中的状态。单击控制器窗口中的绿色"播放"按钮 1 ▶（或按 F2 键），即可从头开始播放完整的音频文件。

也可选择指定音频区域，然后单击播放器中绿色"播放"按钮 2 ▶（或按 F3 键），播放选定区域的音频。

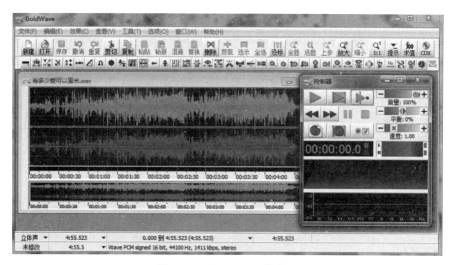

图 6-4　GoldWave 工作窗口

选定音频区域的方法如下。

在音频任意位置单击，可以看到单击位置的左边部分变成黑色，黑色部分是未选中的部分，因此，单击处就是被选定部分的开始点。再选一个位置右击，从快捷菜单中选择"设置结束标记"命令，该位置就成为结束点。开始点与结束点之间的区域成为选定区域，在选定区域左右边界拖动，可以调整选定区域的左右边界。

在播放过程中，可以使用"控制器"窗口中的播放控制按钮控制音频的播放。右侧"音量"滑块可用来调整音量，"平衡"滑块用来调整左右声道，"速度"滑块用来调整快慢速度，速度大于 1 为快速播放，速度小于 1 为慢速播放。

3. 录制音频文件

在工具栏单击"新建"图标，新建一个音频文件，弹出如图 6-5 所示的"新建声音"对话框。在对话框中对参数进行设置，或通过预置列表选定相应参数，然后单击"确定"按钮，波形窗口会出现新建的声音波形图，现在是"无声"的。

单击"控制器"窗口的红色"录音"按钮 ▣（或按快捷键 Ctrl＋F9），开始在当前选定区域内录音。当用户对着麦克风说话时，波形窗口就会出现声音波形，如图 6-6 所示。在图 6-6 中可以看到一条黄色竖线，它表示当前时间，竖线逐渐右移，左边就是已经录制的声音波形。单击停止录音按钮 ▣（或按快捷键 Ctrl＋F8），录音完毕。

图 6-5　"新建声音"对话框

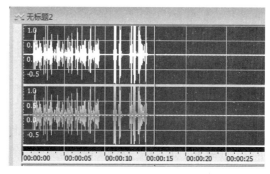

图 6-6　录制音频文件时的波形窗口

多媒体技术基础与应用

如果用户说话时不出现波形，应检查麦克风是否连接正确，同时在 Windows 操作系统的录音选项中，查看录音设备是否选中麦克风。录制完成后，单击控制器窗口的播放按钮，可以试听录制的声音。

在工具栏单击"保存"图标，即可保存上述已录制的音频文件。在保存音频文件时，可以看到 GoldWave 可存储的音频类型很多，一般选常用的 MP3 或 WAV 即可。

4. 编辑音频文件

选定所需编辑的音频段落，可以单击工具栏中的"删除"图标将其删除，也可以单击"剪切"或"复制"图标将其移动或粘贴到本文件或不同文件的其他位置，这样就可以实现音频文件的随意组合了。

单击"粘贴为新文件"图标，可以将已复制的选区生成新的音频文件。如图 6-7 所示，波形窗口出现了新增加的波形图，显示了部分选区粘贴后的内容。选择"文件"→"保存"命令即可保存新建文件。

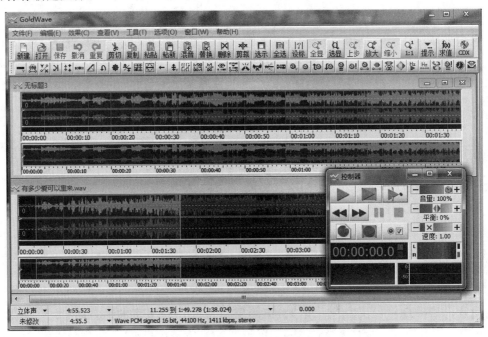

图 6-7　粘贴为新文件

6.3.3　混音

混音是音频处理中一项常用且非常重要的操作，其作用是将两段相互独立的音频混合成为一段完整的音频。

【例 6-1】 配乐朗诵。

【操作步骤】

（1）打开需要混音的两个音频文件（钢琴曲：秋日私语.wav，朗诵：天才的造就.wav）。

（2）选择较小的文件"天才的造就.wav"，此时为全选状态，选择"编辑"→"复制"命令。

（3）选择要混音的文件"秋日的私语.wav"，选择"编辑"→"混音"命令，打开如图 6-8 所示的"混音"对话框。

（4）在对话框中，可调整混音起始时间，调整混音中两个音频文件的音量，试听混音效果，满意后单击"确定"按钮。

（5）由于"秋日的私语.wav"文件较长，可删除后面未混音的部分音乐，然后选择"文件"→"另存为"命令，将其存储为"配乐朗诵.wav"。

6.3.4 音频特效

GoldWave 可以使用多种音频特效，如倒转（invert）、回声（echo）、动态（dynamic）、增强（strong）、扭曲（warp）等。

1. 制造空间方位感——回声特效

站在山野里大声歌唱，聆听空谷回响，常令人兴奋不已。一段原本平淡的声音，经过回声处理后就可以具有很强的空间方位感，有非常出色的场景音效。选择"效果"→"回声"命令，在弹出的"回声"对话框中进行回声设置，如图 6-9 所示。

图 6-8 "混音"对话框

图 6-9 "回音"对话框

面板第一行设置回声的次数；第二行设置延迟时间，单位是 s，设置回声与主声或两次回声之间的间隔时间；第三行音量是指回声的衰减量，以 dB 为单位；第四行反馈是指回声对主声的影响，−60 dB 即为关闭，对主声没有影响。勾选"立体声"复选框可产生双声道回声效果，勾选"产生尾声"复选框可让回声尾部延长。但注意声音后面要有足够的空白时间以适应尾声的延长，如果结束处没有空白时间，可选择"编辑"→"插入静音"命令适当插入一定时间的静音。

可以通过"预置"列表选择预置的回声效果。设置回声后可以试听，确定设置后，如果不合适也可以选择"编辑"→"撤销回声"命令，然后再重新设置。

2. 均衡器

均衡器可对不同频率的音调分别调节。选择"效果"→"过滤器"→"均衡器"命令，弹出"均衡器"面板，如图 6-10 所示。

从图 6-10 可以看出，各竖条上的滑块开始都在 0 dB 位置，这个分贝值也是相对值，0 dB 表示不变，如果需要把某段频率音域提升就将相应滑块向上拖，反之则向下拖。

3. 音调的调整

音调调整就是声音频率的调整，常用的变音操作即是音调调整的特例。选择"音效"→"音调"命令，弹出如图 6-11 所示的对话框。

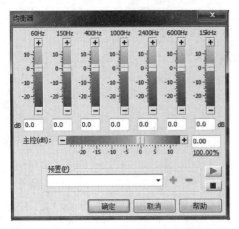

图 6-10　"均衡器"面板

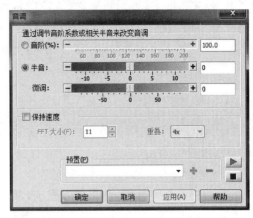

图 6-11　"音调"对话框

在对话框中，通过调整"音阶"或"半音"来改变声音，男声比女声频率低，女声变男声需向低频调整，同理，男声变女声需向高频调整。

6.3.5　音频格式转换

在"文件"菜单中选择"批转换"命令可以把一组声音文件转换为不同的格式和类型。该功能可以转换立体声为单声道，转换 8 位音频为 16 位音频，或者是文件类型支持的任意属性的组合；可以不损坏音频质量把原音频文件压缩为 MP3 格式，使文件缩小到原大小的 1/10。

6.3.6　多轨音频编辑软件 Adobe Audition 简介

GoldWave 虽然功能丰富，但它只是一款擅长对单个音频文件进行加工处理的便携软件，多音轨的处理能力较弱。要进行多音轨处理，Adobe 公司的 Audition 是最佳选择。

Adobe Audition 是一款专业音频编辑和混合环境。Adobe Audition 专为在广播和影视后期制作方面工作的音频和视频专业人员设计，可提供先进的音频混合、编辑、控制和效果处理功能。Adobe Audition 可编辑单个音频文件，创建回路并可使用 45 种以上数字信号处理效果，也是一款完善的多声道录音室，最多可以混合 128 个声道，包括 5.1 环绕立体声轨道。

6.4　图像编辑

6.4.1　图像基础知识

1. 图形和图像

图形和图像是多媒体中的可视元素，又称静态图像。图形和图像是两个不同的概念，图形、图像从组成方法上通常定义为矢量图和位图。

图形是指通过计算机绘制的多媒体画面，如直线、曲线、圆、多边形、任意柱面、锥面及图表等，在计算机中称为矢量图形，基本元素是图元。多媒体制作中常用的图形处理软件主要有 Adobe Illustrator，AutoCAD 及 CorelDRAW 等。

图像是指通过数码相机、摄像机或扫描仪等输入设备捕获的静止画面,在计算机中称为位图图像,基本元素是像素。多媒体制作中常用的图像处理软件有 Photoshop,Fireworks 及 Photo Studio 等。

2. 图像的颜色模式

颜色模式决定显示和打印图像的颜色模型,决定了如何描述和重现图像的色彩。掌握颜色模式的相关知识是学习图像处理的一个重要环节,以下是一些比较常见的颜色模式。

(1) RGB 颜色模式。RGB 颜色模式是工业界的一种颜色标准,通过对红(R)、绿(G)、蓝(B)三个颜色通道的变化,以及它们相互之间的叠加得到各式各样的颜色。

(2) CMYK 颜色模式。CMYK 颜色模式是一种专门针对印刷业设定的颜色标准,通过对青(C)、洋红(M)、黄(Y)、黑(K)4 个颜色通道的变化,以及它们相互之间的叠加得到各种颜色。

(3) 灰度模式。灰度模式是用 0~255 的不同灰度值来表示图像,0 表示黑色,255 表示白色,灰度模式可以和彩色模式直接转换。

(4) 位图模式(黑白模式)。位图模式只能用黑色和白色来表示图像,只有灰度模式可以转换为位图模式,所以一般的彩色图像需要先转换为灰度模式后才能转换为位图模式。

其他颜色模式还有索引颜色模式(256 色表)、Lab 颜色模式、HSB 颜色模式等。

3. 颜色的三要素

颜色的三要素为饱和度、明亮度和色度。根据三要素可分辨任何颜色。

(1) 饱和度。饱和度又称彩度,是颜色鲜艳程度的指标。当饱和度为零时,只有从白到黑的明亮度差别。

(2) 色度。色度又称色相,汇聚了不同的颜色,可根据光波的长短来区别,其表达方式为由红开始,转向蓝,再到绿,然后返回原来的红色。

(3) 明亮度。明亮度又称亮度,是光作用于人眼时引起的明亮程度的感觉,它与被观察物体的发光强度有关。

4. 图像的基本属性

(1) 像素深度。在计算机的世界里,所有的位图均是由许许多多的像素构成的。像素深度又称图像深度,是指存储每像素所用的二进制位数。像素深度决定了彩色图像的每像素可能有的颜色数,或者确定灰度图像的每像素可能有的灰度级数。例如,一幅彩色图像的每像素用 R、G、B 三个分量表示,若每个分量用 8 位,那么 1 像素共用 24 位表示,则像素的深度为 24,每像素可以表达 $2^{24} = 16\ 777\ 216$ 种颜色。1 像素所需的二进制位数越多,它能表达的颜色数目就越多,它的深度就越深。

(2) 分辨率。分辨率是指每英寸包含的像素值,用 DPI 表示。分辨率越高,图像越清晰。分辨率一般分为输入分辨率、屏幕分辨率、图像分辨率和输出分辨率 4 种。

5. 图像压缩标准

在图像压缩领域,著名的 JPEG 标准是有损压缩算法中的经典。JPEG 标准由联合影像专家组(Joint Photographic Experts Group, JPEG)于 1986 年开始制定,1994 年以后成为国际标准。JPEG 通过调整质量系数控制图像的精度和大小,对于照片等连续变化的灰度或彩色图像,在保证图像质量的前提下,一般可以将图像压缩到原大小的 1/20~1/10。如果不考虑图像质量,JPEG 甚至可以将图像压缩到无限小。

2001年,正式推出了JPEG 2000国际标准。在文件大小相同的情况下,JPEG 2000压缩的图像比JPEG质量更高,精度损失更小。

6. 常见图像文件格式

常见的图像文件格式有BMP、GIF、TIFF、JPEG、PSD、PNG等。

(1) BMP。位图文件(bitmap)是一种与设备无关的图像文件格式。它是Windows平台中经常采用的基本位图图像格式。在Windows平台中运行的图形、图像处理软件及许多应用软件都支持BMP格式的图像文件。

(2) GIF。GIF文件格式(graphics interchange format,GIF),又称图形交换格式。GIF文件格式采用LZW压缩算法(一种基于字典的压缩算法),在图像的压缩与解压缩过程中产生动态字典,从而提高了压缩效率和压缩速度,目前在网络通信中被广泛采用。因为GIF最多只能保存256种颜色,所以多用来表现颜色、内容都比较简单的图像。

(3) TIFF。TIFF文件格式(tagged image format file,TIFF),又称标志图像文件格式。它是一种多变的图像文件格式标准。与其他图像文件格式不同,TIFF不依附于某个特定的软件,而是为了形成一个便于交换的图像文件格式超集。TIFF支持多种图像压缩格式,且该文件格式本身被PC和Macintosh两大系列的个人计算机支持,因而其文件信息的存储非常灵活,并成为大多数扫描仪的输出图像文件格式。

(4) JPEG。JPEG文件格式是一种有损压缩的编码格式,即以牺牲图像中某些信息为代价换取较高的图像压缩比。JPEG是一种由国际标准化组织(ISO)和国际电报电话咨询委员会联合制定的,适合于连续色调、多级灰度、彩色或单色静止图像压缩的国际标准(它对单色和彩色图像的压缩比通常为10∶1和15∶1)。由于JPEG图像压缩比非常高,经常用于处理大幅面图像。

(5) PSD。Photoshop的固定格式,与其他格式相比,能更快速地打开和保存图像,并能很好地保存层及蒙版信息,不会导致数据丢失。缺点是文件体积较大,非Adobe公司的大部分应用程序还不支持这种格式。

(6) PNG。PNG是20世纪90年代中期开发的图像文件存储格式,其目的是替代GIF和TIFF文件格式,同时增加一些GIF文件格式不具备的特性。可移植的网络图形格式(portable network graphic format,PNG)名称来源于非官方的PNG's Not GIF,是一种位图文件(bitmap file)存储格式,读成ping。用PNG来存储灰度图像时,灰度图像的深度可多到16位,存储彩色图像时,彩色图像的深度可多到48位,并且还可存储多到16位的α通道数据。PNG使用从LZ77派生的无损数据压缩算法。

(7) WMF。WMF格式是微软公司定义的一种Windows平台下的图形文件格式。它实际上保存的不是点阵信息,而是函数调用信息,属于矢量图形。恢复时,应用程序依次执行若干函数调用,在设备上画出图像。WMF格式具有设备无关性,文件结构好,但解码相对复杂。在实践中,WMF格式效率低,对图像表达不准确,不是存储图像或进行互换的最好格式。

6.4.2 Photoshop 概述

Photoshop是美国Adobe公司开发的数字图像处理软件,是世界一流的图像设计与编辑工具。它的出现,使人们告别了手工修改图像的传统方式,人们可以通过想象创造出现实世界中无法拍摄到的图像。

多年来，Photoshop 始终在图像编辑领域处于领先地位，越来越多的艺术家、广告设计者都视其为得力助手，用它创造了许多优秀的作品。

1．Photoshop 工作窗口

如图 6-12 所示，Photoshop 工作窗口中包含多个子窗口，上方为菜单栏及工具选项栏，左侧是工具栏，右侧可根据实际操作弹出多个窗口（控制面板），图 6-12 中有"导航器"窗口和"图层"窗口，中间的文档窗口显示已打开的图像。

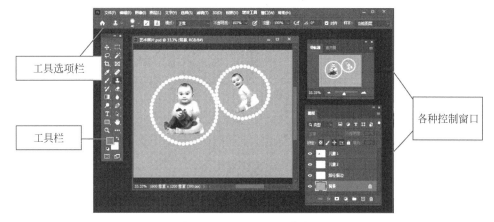

图 6-12　Photoshop 工作窗口

工具选项栏位于菜单栏下面。当选择工具栏中某个工具后，工具选项栏中将显示该工具的相应参数。

工具栏中包含了 40 余种常用的图像编辑工具。它把功能相近的工具分门别类地放置在一起，凡是右下角有三角形符号的工具图标，都表示有功能相近的隐含工具，在这些工具图标上单击，就会出现隐含的工具。

控制面板帮助用户了解当前图像的各项信息，并进行相应的修改或编辑，如果不小心关掉了这些面板，可通过"窗口"菜单重新打开。Photoshop 工作窗口中的各子窗口都是浮动窗口，可自由拖动，右侧的窗口也可以自由组合、拆分。

"导航器"窗口可调整图像的显示比例，其中的红框用来定位显示区域。

"历史记录"窗口中可显示对图像进行的所有操作步骤，只需单击任意操作步骤，图像就会恢复到此步骤前的效果。

文档窗口的顶部为文档窗口标题栏，包括文件名、部分属性及关闭按钮。向下拖动"文档"窗口标题栏即可将该文档窗口脱离其上面的工具选项栏，使其成为浮动窗口，可自由移动、缩放。通过"导航器"窗口可调整其显示比例，如图 6-13 所示。

2．调整图像的色彩

在 Photoshop 中，最基本的技巧就是色彩调整，当用户对原始图像的色彩不满意时，可进行相关的调整，如"亮度/对比度"调整、"颜色替换""色相/饱和度"调整等。在"图像"→"调整"子菜单中提供了多种用于调节图像的工具。

"色相"是物体表面反射或透过物体传播的颜色与明亮程度。"饱和度"控制图像色彩的浓淡程度，就像电视机中的色彩调节一样。改变"色相/饱和度"的同时，下方的色谱也会跟着改变，调至最低时，图像就变成了灰度图像。

254

图 6-13　文档窗口调整后的 Photoshop 工作窗口

【例 6-2】　调整如图 6-14 所示图像的色相/饱和度，调整后的银杏变为红色，如图 6-15 所示。

图 6-14　枫叶原图（红色枫叶）

图 6-15　色相调整后的枫叶（黄色枫叶）

【操作步骤】

（1）打开素材文件夹中的图像文件"银杏.jpg"。

（2）选择"图像"→"调整"→"色相/饱和度"命令，打开"色相/饱和度"对话框，如图 6-16 所示。对话框中有 3 个滑块，拖动"色相"滑块即可完成色相的调整。

（3）选择"文件"→"存储为"命令，将修改后的图片命名为"红色银杏.jpg"。

6.4.3　编辑图像

编辑图像，首先是选择编辑区域，这也是 Photoshop 的基础，"套索"和"魔棒"是最常用

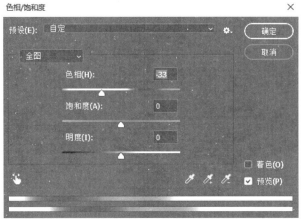

图 6-16 "色相/饱和度"对话框

的选择工具。Photoshop 可以同时打开多个图片文件,在不同文件间复制、粘贴、移动到指定的编辑区域,并调整编辑区域的形状、羽化边缘,使其更好地融入背景中,以上都是Photoshop 最基本的操作。

1. 套索工具

套索工具图标 用于不规则形状区域的粗略选取,要求灵活操控鼠标绘制选区形状。单击"套索工具"图标 ,在图像上拖动,当鼠标指针经过的路线再次回到起点时,释放鼠标即可完成手绘选区。

【例 6-3】 制作如图 6-17 所示的撕裂的照片(撕裂的地球)效果。

【操作步骤】

(1)打开图像文件"地球.jpg"。

(2)单击"套索工具",自由选取图像左侧区域,如图 6-18 所示。

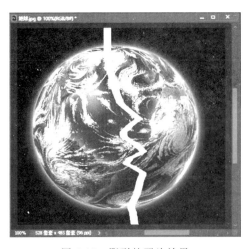

图 6-17 撕裂的照片效果

图 6-18 选取图像左侧区域

(3)单击工具栏中的"移动工具"图标 ,将鼠标指针移到图像中的选定区域后向外拖动一段距离,然后选择"选择"→"取消选择"命令,去除高亮的虚线,就会看到如图 6-17 所示的裂缝。

多媒体技术基础与应用

（4）选择"文件"→"存储为"命令，将图像命名为"撕裂的地球.jpg"，保存图像。

2. 魔棒工具、羽化及图像的自由变换

魔棒工具可以根据图像中像素颜色的差异程度（色彩容差度）确定选区，用于选择颜色相近的连续区域。

羽化是 Photoshop 中一项常用的功能，可用来制作边缘朦胧的效果，使插入的选区图像更好地融入背景图像中。

【例 6-4】 利用图片"红花.jpg"和"蝴蝶.jpg"，制作如图 6-19 所示的红花上面蝴蝶飞的效果图。

【操作步骤】

（1）打开图像文件"蝴蝶.jpg"，单击工具栏中的"魔棒工具"图标，此时菜单栏下将显示"魔棒工具"选项栏，设置"容差"为 100。

（2）单击蓝天部分，选择蓝天区域。选择"选择"→"反选"命令，选中蝴蝶，如图 6-20 所示。

图 6-19　例 6-4 效果图

图 6-20　选中蝴蝶

（3）选择"选择"→"修改"→"羽化"命令，设置"羽化半径"为 2 像素。

（4）选择"编辑"→"复制"命令，将蝴蝶复制到剪贴板。

图 6-21　例 6-4 图层窗口

（5）打开图像文件"红花.jpg"，选择"编辑"→"粘贴"命令，将剪贴板中的蝴蝶选区粘贴到红花背景中。

（6）再次选择"编辑"→"粘贴"命令，将剪贴板中的蝴蝶选区再次粘贴到红花背景中，此时选择"窗口"→"图层"命令，在"图层"面板上将看到包括背景层在内的多个图层，如图 6-21 所示。

（7）在图层窗口中选择图层 1、图层 2，然后选择"编辑"→"自由变换"命令，调整相应图层中的蝴蝶，调整后的效果如图 6-19 所示。

（8）选择"文件"→"存储为"命令，将文件保存为

".psd"格式文件。选择"文件"→"存储副本"命令,将文件保存为".jpg"格式文件。

3. 使用仿制图章修复图像

仿制图章工具是一种图像修复工具。利用仿制图章工具,可以很方便地对某一局部区域进行采样,并将其复制到另一区域中,完成图像的修复。

【例 6-5】 使用"仿制图章工具"修复图片"校园红星.jpg",原图及修复后的效果如图 6-22 所示。

(a)　　　　　　　　　　　　　　　(b)

图 6-22 "校园红星"原图及修复效果图

【操作步骤】

(1)打开图像文件"校园红星.jpg",如图 6-22(a)所示。

(2)单击工具栏中的"仿制图章工具"图标 ,在其选项栏中设置画笔大小为 40 像素,如图 6-23 所示。

图 6-23 "仿制图章工具"的选项栏

(3)按住 Alt 键,在图像右下角蓝天区域内单击,建立复制源。

(4)在复制的目标区域(右下角的树叶部分)按鼠标左键拖动,即可进行复制源区域的复制,完成树叶部分的删除(中途允许停笔再复制)。同样方式,可以在左上角的蓝天区域采样,复制到左上角的树枝部分,完成树枝部分的删除;还可以采样秃树枝周围的蓝天复制到秃树枝部分,完成秃树枝的删除,效果如图 6-22 所示。(有兴趣的同学,可以试着删除楼面上的树枝。)

6.4.4 滤镜的使用

滤镜主要用来实现图像的各种特效变换。Photoshop 的滤镜功能非常强大,使用起来也很方便,但要真正用好滤镜,还需要有丰富的想象力和一定的操作技巧。

【例 6-6】 制作破损老照片,效果如图 6-24 所示。

【操作步骤】

(1)打开图像文件"大学印象.jpg"。

图 6-24 例 6-6 原图与效果图

（2）选择"图像"→"模式"→"灰度"命令，将 RGB 图像转换为灰度图像。

（3）选择"图像"→"模式"→"双色调"命令，打开"双色调选项"对话框，将"类型"设置为"双色调"，在"油墨 2"的色彩处单击，设置为"土黄"，如图 6-25 所示，然后单击"确定"按钮，将灰度图像转换为双色调图像。图像被加上泛黄效果。

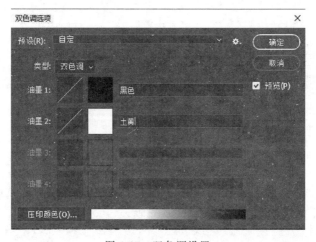

图 6-25 双色调设置

（4）选择"滤镜"→"杂色"→"添加杂色"命令，打开"添加杂色"对话框，设置杂色数量为 25%。

（5）选择"滤镜"→"滤镜库"命令，在弹出的对话框中选择"纹理"→"龟裂缝"命令，设置"裂缝间距"为 2，"裂缝深度"为 1，"裂缝亮度"为 1，如图 6-26 所示。

（6）使用"套索工具"，选择图像四角不规则区域，按 Delete 键清除边角部分图像，制造相片的破损效果。

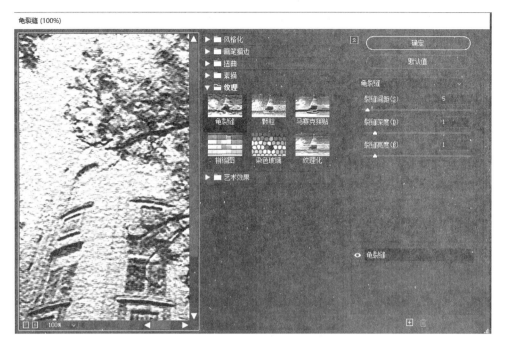

图 6-26　龟裂缝纹理设置

（7）选择"图像"→"画布大小"命令，加宽画布 1 cm，可凸显相片的破损效果。

（8）选择"图像"→"模式"→"RGB 颜色"命令，转回标准图像模式，保存即可。

6.4.5　图层与文本

图层是 Photoshop 重要概念之一。可以将一个 Photoshop 图像想象成由若干层透明纸叠加而成，每张透明纸称为一个图层，它们相对独立，有自己的混合模式和不透明度。每张透明纸中包含图像的不同部分，Photoshop 图像就是由这些透明纸中的各部分图像叠加而成。

Photoshop 中可以创建多种类型的图层，常用的有"背景图层""普通图层""文字图层"，在图像中粘贴新选区会自动添加"普通图层"，在图像中添加文本，则会自动添加"文字图层"。

设置"图层样式"，可在当前图层中快速、便捷地应用多种特殊效果，如投影、外发光、内发光、描边、斜面和浮雕等。

【例 6-7】　制作"校园银杏"浮雕照片，效果如图 6-27 所示。

【操作步骤】

（1）新建一个宽度为 800 像素，高度为 1000 像素，分辨率为 300 像素/in，颜色模式为 RGB，背景颜色为白色的像素图像文件，命名为"图层与文本"。

（2）设置前景色为天蓝色。在菜单中选择"编辑"→"填充"命令，"内容"选择"前景色"，图像"背景"填充为"天蓝色"。

（3）打开图像文件"校园银杏.jpg"，选择"选择"→"全部"命令，选择全部图像，然后选择"编辑"→"拷贝"命令。

（4）单击选择新建文件打开"图层与文本"对话框，选择"编辑"→"粘贴"命令，将剪贴板中的图像粘贴到天蓝色背景上，将自动创建"图层 1"，该图层即为粘贴图像所在图层，在文字"图层 1"上双击，将图层 1 命名为"图片"。

（5）选择"图层"→"图层样式"→"混合选项"命令，打开"图层样式"对话框，如图 6-28 所示。勾选"斜面和浮雕"复选框，设置"样式"为"枕状浮雕"，"深度"为 200％，"大小"为 20 像素。勾选"内发光""外发光"复选框，图层窗口设置如图 6-29 所示。

图 6-27　"校园银杏"效果图

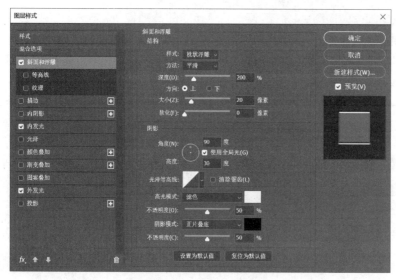

图 6-28　"图层样式"对话框

图 6-29　本例"图层"窗口

（6）单击工具栏中的"文本工具"图标，在其工具选项栏中设置"字体"为"黑体"，大小为"20 点"，如图 6-30 所示。

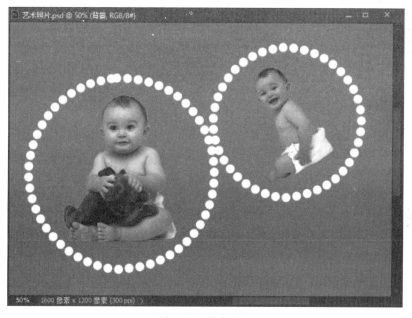

图 6-30　文字工具属性栏

（7）单击图像上方合适位置，输入文本"校园银杏"，此时自动生成文本图层。

（8）参照步骤（5），选择"文本"图层，设置"图层样式"。

（9）保存文件。

6.4.6　路径的使用

路径是基于矢量的图形，钢笔是创作路径最常用的工具，可以利用它画出直线和曲线。路径的外观可以通过锚点、方向线和方向点来精确地调整。路径和选区可以相互转换，路径形状可以精确地调整，可以通过路径更精准地确定选区。路径既可以当作选区使用，也可以当作图像中的对象或线条，进行描边和填充操作。

【例 6-8】　制作如图 6-31 所示的艺术照片。

图 6-31　艺术照片

【操作步骤】

（1）新建一个宽度为 1600 像素，高度为 1200 像素，分辨率为 300 像素/in，颜色模式为 RGB，背景颜色为白色的像素图像文件，命名为"艺术照片"。

（2）设置前景色为粉红色。在菜单中选择"编辑"→"填充"命令，"内容"选择"前景色"，图像"背景"填充为"粉红色"。

（3）分别打开"儿童 1.jpg""儿童 2.jpg"图像文件，使用"魔棒工具"选取儿童 1、儿童 2，复制到背景文件中，调整大小、位置、方向，效果如图 6-31 所示。

（4）在背景图层上新建图层，命名为"路径描边"。使用"椭圆选框工具"，按住 Shift 键绘制圆形选区。在选区内右击，在快捷菜单中选择"建立工作路径"命令，单击"确定"按钮后，选区将被转换为工作路径。此时"路径"窗口及"图层"窗口如图 6-32 所示。

（5）单击工具栏中"画笔工具"图标，打开"画笔设置"选项卡，勾选"画笔笔尖形状"选项区域中的选项，分别设置画笔"大小"为 30 像素，"硬度"为 100％，"间距"为 120，如图 6-33 所示。

图 6-32 "图层"与"路径"窗口

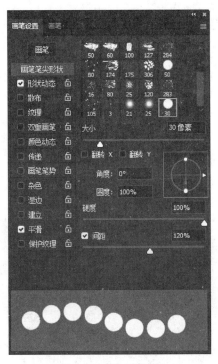

图 6-33 "画笔预设"窗口

（6）单击"路径"窗口下的"用画笔描边路径"图标 （左侧第 2 个），即可完成描边操作。单击"路径"窗口下的"删除"图标 删除路径，最终效果如图 6-31 所示。

（7）用步骤（6）同样的方法，完成右侧儿童的路径描边。

实践中，可以绘制各种形状的路径。绘制路径，再用不同样式的画笔描边，这也是 Photoshop 绘画的基础。

6.5 动 画 制 作

6.5.1 动画技术基础

1. 什么是动画

动画是通过连续播放一系列画面，给视觉造成连续变化的图画。它的基本原理与电影、电视一样，都是视觉原理。医学已证明，人类具有"视觉暂留"的特性，就是说人的眼睛看到一幅画或一个物体后，在 1/24 s 内不会消失。利用这一原理，在一幅画消失前播放下一幅画，就会给人带来一种流畅的视觉变化效果。因此，电影采用了每秒 24 幅画面的速度拍摄和播放，电视采用了每秒 25 幅（PAL 制）或 30 幅（NSTC 制）画面的速度拍摄和播放。如果以低于每秒 24 幅画面的速度拍摄和播放,就会出现停顿现象。

2. 动画的种类

动画的分类没有统一的规定。按制作技术和手段,动画可分为以手工绘制为主的传统动画和以计算机为主的计算机动画。按空间的视觉效果,动画又可分为平面动画(二维动画)和三维动画。按播放效果,动画还可以分为顺序动画和交互式动画。按每秒播放的幅数,还有全动画(每秒 24 幅画面)和半动画(每秒少于 24 幅画面)之分。

3. 计算机动画的优势

计算机动画 CG(computer animation)是以数字化技术为主要手段制作的动画。与传统动画相比,计算机动画可以更好地表现细节和特效,清晰度高,连贯性好,具有很强的视觉冲击力,而且制作成本较低,制作速度更快,具有较强的可编辑性。计算机动画分二维动画和三维动画,三维动画是在二维动画的基础上发展而来的。一般来说,按计算机软件在动画制作中的作用,计算机动画可分为计算机辅助动画和造型动画两类。计算机辅助动画属于二维动画,其主要用途是辅助动画师制作传统动画,而造型动画则属于三维动画。

近年来,随着计算机动画技术的迅速发展,它的应用领域日益扩大,如电影业、电视片头、广告、教育、娱乐和因特网等,当然也对传统动画的制作工艺带来了巨大的革新。它与手工动画相比有许多优越性,动画制作人员可以使用计算机进行角色设计、背景绘制、描线上色等常规工作,它具有操作方便、颜色一致、准确等特点。其绘图界线明确,不需要晾干,不会串色,改色方便,更不会因层数增多而影响下层的颜色。

计算机动画还具有方便检查、保证质量、简化管理、提高生产效率、缩短制作周期等优点。现在很多重复劳动可以借助计算机来完成,比如计算机生成的图像可以复制、粘贴、翻转、放大、缩小、任意移位,以及自动计算背景移动等,并且可以使用计算机对关键帧之间进行中间帧的计算。但是完全靠计算机还是比较困难,仍需要动画制作人员为计算机提供各种信息,帮助计算机进行计算。由于计算机的参与,工艺环节明显减少,不需要通过胶片拍摄和冲印就能演示结果、检查问题,如有不妥可随时在计算机上改正,既方便又节省时间,从而降低了制作成本。另外,由于动画软件提供了大量图库,它们是绘制画面的好帮手。用户可将创建的造型、图画保存在图库中,以便今后重复利用。

6.5.2 Flash 工作窗口

Adobe Flash Professional CS6(以下简称 Flash CS6)是一个创作工具,设计人员和开发人员可使用它创建出演示文稿、应用程序及支持用户交互的其他内容。Flash CS6 可以包含简单的动画、视频内容、复杂的演示文稿、应用程序及介于这些对象之间的任何事物。总而言之,使用 Flash CS6 制作出的个体内容称为应用程序(或 SWF 应用程序),尽管它们可能只是基本的动画。可以加入图片、声音、视频和特殊效果,创建出包含丰富媒体的应用程序。

Flash CS6 采用流控制技术和矢量技术,能够将矢量图、位图、音频、动画和深一层交互动作有机地、灵活地结合在一起,从而制作出美观、新奇、交互性更强的动画效果。SWF 格式十分适合通过因特网交付,因为大量使用了矢量图形,所以文件很小。与位图图形相比,矢量图形的内存和存储空间要求都要低得多,因为是以数学公式而不是大型数据集的形式展示的。它制作出来的动画具有短小精悍的特点,已经成为网络多媒体动画的新标准,其优点是图形文件品质高、体积小、互动功能强大，适合制作极为复杂的动画。

Flash CS6 的工作窗口由菜单、时间轴、舞台、工具栏、各种设计面板等几部分构成，典型的 Flash CS6 的基本功能工作窗口如图 6-34 所示。

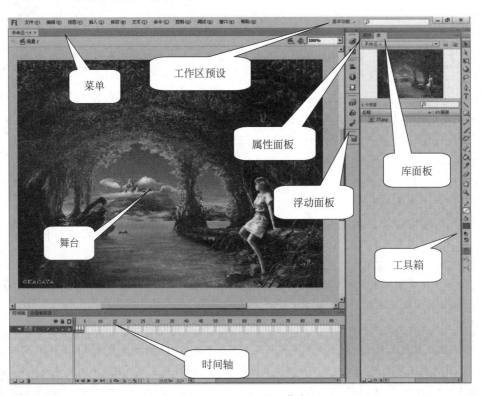

图 6-34　Flash CS6 的工作窗口

1. 舞台

"舞台"窗口是在创建 Flash 文档时放置图形内容的矩形区域，这些图形内容包括矢量插图、文本框、按钮、导入的位图图形或视频剪辑等。使用网格、辅助线和标尺有助于在舞台上精确地定位内容。Flash 创作环境中的舞台相当于 Macromedia Flash Player 或 Web 浏览器窗口中在回放期间显示 Flash 文档的矩形空间。用户可以在工作时放大或缩小舞台的视图。

2. 时间轴

"时间轴"窗口由帧、层和播放指针组成，用于组织动画各帧的内容，并可以控制动画每帧、每层显示的内容，还可以显示动画播放的速度等信息。时间轴包括图层操作和帧操作两个区域。

3. 工具箱

工具箱默认位于工作窗口的右侧，分为 4 个区域：（绘图）工具按钮区域、查看按钮区域、颜色按钮区域、选项按钮区域。

4. 库面板

库面板是显示 Flash 文档中媒体元素列表的位置，包括图形、按钮、动画元件、导入的声音、位图和视频动画元件等。

5. 工作区预设

Flash CS6 提供了多种软件工作区预设,在该选项的下拉列表中可以选择相应的工作区预设,如图 6-35 所示。选择不同的命令,即可将 Flash CS6 的工作区更改为所选择的工作区预设。在列表的最后提供了"重置'基本功能'""新建工作区""管理工作区"3 种功能。"重置'基本功能'"用于恢复工作区的默认状态;"新建工作区"用于创建个人喜好的工作区配置;"管理工作区"用于管理个人创建的工作区配置,并可执行重命名或删除操作。

图 6-35 工作区预设

6. 浮动面板

浮动面板用于配合场景、元件的编辑和 Flash 的功能设置,在"窗口"菜单中选择相应的命令,可以在 Flash CS6 的工作窗口中显示或隐藏相应的面板。

7. 属性面板

属性面板显示有关任何选定对象的可编辑信息。

6.5.3 简单动画的创建

Flash 动画究竟应该怎样制作,先通过一个简单的实例来了解它的关键。

【例 6-9】 由矩形变成圆的动画。

【操作步骤】

(1) 运行 Flash CS6,选择"文件"→"新建"命令,在"新建文档"对话框中选择"ActionScript 3.0",单击"确定"按钮。

(2) 在工具箱中单击"矩形工具"图标 □ ,在舞台左侧绘制出一个矩形,注意在绘图的同时按住 Shift 键,可绘制正方形。(注意:由于 Flash 默认第 1 帧是空白关键帧,因此没有必要在第 1 帧建立空白关键帧。)

(3) 选择第 100 帧后右击,在弹出的快捷菜单中选择"插入空白关键帧"命令。

(4) 在工具箱中单击"椭圆工具"图标 ◎ ,在舞台右侧绘制出一个正圆(按住 Shift 键)。

(5) 选择第 1 帧后右击,在弹出的快捷菜单中选择"创建补间形状"命令。此时可以看到时间轴上起始关键帧和结束关键帧之间呈浅绿色背景,有一个箭头指向终点关键帧,说明动画制作已经成功。

(6) 保存文件后,按快捷键 Ctrl+Enter 测试影片,并输出一个同名的 Flash 电影。

从这个实例中,可以总结如下。

(1) Flash 动画一般在两个不同画面的关键帧之间完成,中间的动画实际上是由计算机运算出来的。

(2) 动画制作完成后,一定要测试动画。测试动画的同时,会输出一个同名的 Flash 电影。

用户可以从资源管理器窗口打开自己保存的该实例文件,会发现两个同名的 Flash 文件。

① Flash 原程序文件:文件的图标是 🎬 ,相应的文件扩展名是.fla。

② Flash 影片文件:文件的图标是 🎬 ,相应的文件扩展名是.swf。

266

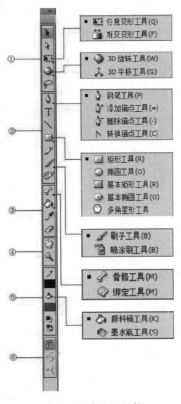

图 6-36　默认工具箱

6.5.4　绘图工具的使用

Flash CS6 工具箱中包含较多工具，每个工具都能实现不同的效果，熟悉各个工具的功能特性是 Flash 学习的重点之一。Flash 默认工具箱如图 6-36 所示，由于工具太多，一些工具被隐藏起来，在工具箱中，如果工具图标右下角有黑色小箭头，则表示该工具中还有其他隐藏工具。

① 选择变换工具。工具箱中的选择变换工具包括"选择工具""部分选取工具""任意变形工具""渐变变形工具""3D 旋转工具"和"套索工具"，利用这些工具可对舞台中的元素进行选择、变换等操作。

② 绘画工具。绘画工具包括"钢笔工具"组、"文本工具""线条工具""矩形工具"组、"铅笔工具""刷子工具"组和"Deco 喷涂刷工具"，这些工具的组合使用能让设计人员更方便地绘制出理想的作品。

③ 绘画调整工具。绘画调整工具能让设计人员对所绘制的图形、元件的颜色等进行调整，包括"骨骼工具"组、"颜料桶工具"组、"滴管工具"和"橡皮擦工具"。

④ 视图工具。视图工具中的"手形工具"用于调整视图区域，即平移视图。"缩放工具"用于放大或缩小舞台，即缩放视图。

⑤ 颜色工具。颜色工具主要用于"笔触颜色"和"填充颜色"的设置和切换。

⑥ 工具选项区。工具选项区是动态区域，随着用户选择的工具不同而变化。

工具箱中各种工具的使用见表 6-2。

表 6-2　工具箱中的常用工具

图标	中文名称	英文名称	快捷键	作　　用
▶	选择工具	arrow	V	选择舞台中的对象，然后可以移动、改变对象的大小和形状
▶	部分选取工具	subselect	A	选择矢量图形（不包含实例对象），增加和删除适量曲线的结点，改变矢量图形的形状等
↗	任意变形工具	free transform	Q	用于改变对象的位置、大小、旋转角度和倾斜角度等
▤	填充变形工具	fill transform	F	用于改变填充物的位置、大小、旋转角度和倾斜角度等
╱	线条工具	line	N	用于绘制各种形状、粗细、长度、颜色和角度的矢量直线
◯	套索工具	lasso	L	用于在舞台中选择不规则区域或多个对象

图标	中文名称	英文名称	快捷键	作　用
	钢笔工具	pen	P	可采用贝塞尔绘图方式绘制矢量曲线图形
	文本工具	text	T	输入和编辑字符和文字对象
	椭圆工具	oval	O	绘制椭圆或正圆的轮廓线或有填充物的矢量图
	矩形工具	rectangle	R	绘制矩形或正方形的线条框或有填充物的矢量图
	铅笔工具	pencil	Y	绘制任意形状的矢量曲线图形
	刷子工具	brush	B	可像画笔一样绘制任意形状和粗细的矢量曲线图形
	墨水瓶工具	ink bottle	S	用于改变线条的颜色、形状和粗细等属性
	颜料桶工具	paint bucket	K	给矢量线围成的区域填充彩色或图像内容
	滴管工具	dropper	I	用于将舞台中选择的对象的一些属性赋予相应的面板
	橡皮擦工具	eraser	E	擦除舞台上的图形和图像对象等
	手形工具	hand	H	在舞台上通过拖动来移动编辑画面的观察位置
	缩放工具	zoom	M,Z	可以改变舞台工作区和其中对象的显示比例

Flash 处理的图形是矢量图形,因此所有的图形由两部分构成:轮廓线与填充区域,如图 6-37 所示。

在 Flash 中,轮廓线与填充区是独立并且可以分开编辑的。双击选中轮廓线框(或选中填充区域)向旁边拖动,就可以将其分离,如图 6-38 所示。

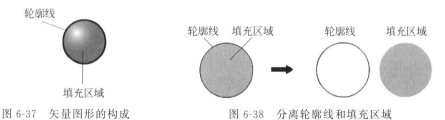

图 6-37　矢量图形的构成　　　　图 6-38　分离轮廓线和填充区域

1. 绘制线条

使用线条工具 ,可以在舞台窗口中直接绘制线条。线条不能进行颜色填充,但可以通过设置线条属性对线条进行编辑。

编辑线条的方法:选中准备编辑的线条后右击,在弹出的快捷菜单中选择"属性"命令,

第6章

多媒体技术基础与应用

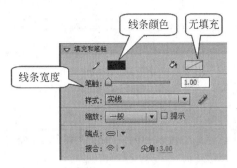

图 6-39　线条的属性面板

打开线条的属性面板。在线条的属性面板中，显示线条的信息，如图 6-39 所示。通过设置这些属性，可以改变线条的宽度、颜色、线型和风格。

2. 绘制椭圆与圆

使用椭圆工具 ○，可以在舞台窗口中直接绘制椭圆。如果在拖动绘制图形的同时按住 Shift 键，则可以得到正圆。

如果要绘制一个只有轮廓线，没有填充的圆，只要在选择椭圆工具后，在属性面板中单击"无颜色填充方式"图标 ◪，再画圆就可以了。

3. 绘制矩形与正方形

使用矩形工具 □，可以在舞台窗口中直接绘制矩形。如果在拖动绘制矩形的同时按住 Shift 键，则可以得到正方形。

Flash 在绘制矩形时，能够绘制出圆角矩形。单击"矩形工具"图标后，再单击"圆角矩形半径"图标 ⌐，打开"矩形设置"对话框，设置边角半径后单击"确定"按钮，关闭对话框。此时，在舞台窗口中绘制的矩形将是圆角矩形。

4. 使用铅笔工具

运用 Flash 提供的铅笔工具 ✎，可以绘制出随意、变化灵活的直线或曲线。使用铅笔工具时，首先在工具箱中单击"铅笔工具"图标，然后在舞台窗口上拖动，舞台上显示出鼠标指针的运动轨迹。Flash 中铅笔描绘的图形模式有三种：伸直模式、平滑模式和墨水模式。

5. 使用钢笔工具

使用钢笔工具 ♦，可以绘制更加复杂、精确的曲线。当用户使用钢笔工具绘图时，单击可以创建直线点，单击并拖动则可以创建曲线。用户可以通过调节线条上的点来调节直线和曲线，曲线可以转换为直线，直线也可以转换为曲线。

6. 使用刷子工具

刷子工具在绘图时有点像笔刷，它既能够给各种图形涂抹颜色，又能够产生如同书法的效果。总之，刷子工具可以用来建立自由形态的矢量色块。

6.5.5　元件和场景的使用

1. 元件

元件是指可以重复使用的图形、按钮或影片剪辑。使用元件可以使编辑动画变得更加简单，使创建交互变得更加容易。简单来说，元件是一个特殊的对象，它在 Flash 中只需创建一次，然后可以在动画中反复使用。

制作 Flash 动画时经常会使用元件，可以将已经绘制的图形转换成元件，也可以直接创建新元件。

【例 6-10】　创建"小人"元件。

【操作步骤】

（1）选择"插入"→"新建元件"命令，打开如图 6-40 所示的"创建新元件"对话框。

（2）创建的新元件有三种类型可供选择：影片剪辑、按钮、图形。在下拉列表中选择

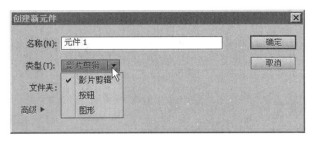

图 6-40   "创建新元件"对话框

"图形"元件类型,然后在"名称"文本框中输入元件的名称,再单击"确定"按钮,则进入元件编辑状态。元件的名称既可以使用英文,也可以使用中文。

(3)使用"刷子工具"绘制一个小人的图形,如图 6-41 所示。

图 6-41   绘制小人

(4)单击左上角的"场景"图标退出元件编辑模式。

用户还可以将舞台窗口中的图形、图像转换为图形元件或图形按钮,也可以将外部的 GIF 动画转换为图形元件,甚至将舞台窗口的动画转换为图形元件,或者把一段动画转换成影片剪辑。方法是选中要转换的原对象,按 F8 键,或选择"修改"→"转换为元件"命令,打开"转换为元件"对话框,输入元件的名称,在"类型"下拉列表中选择相应的类型,单击"确定"按钮,这时场景中的元素就变成了元件。

2. 库

库是用于存放 Flash 动画元件的场所,包括在 Flash 中创建的图形、按钮、动画元件、导入的声音、位图和视频动画元件等。就像 Windows 操作系统中常使用文件夹对文件进行组织和管理一样,在 Flash 中,库也就相当于文件夹,它用来帮助用户管理库中的项目。选择"窗口"→"库"命令打开"库"面板,如图 6-42 所示。

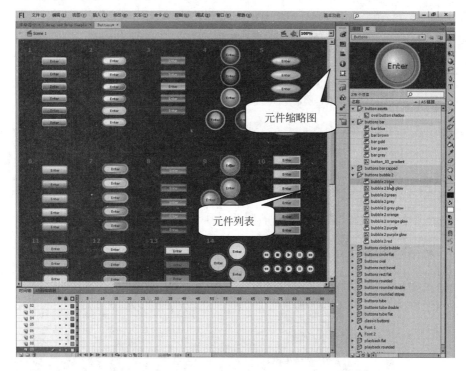

图 6-42　库面板

3. 实例

在舞台上若要使用库中的某个元件，在打开库后，将准备使用的元件（图形、图像、文字、声音、视频、影片、按钮）拖放到舞台上，这时它不再叫元件，而是称为实例。实例是指元件在舞台窗口的应用。

4. 元件与实例的关系

元件与实例究竟有哪些区别？可以将元件看成模板，使用同一个模板能够创建多个互有差异的实例。在舞台上表演的是元件的实例，而不是元件本身。对元件的实例可以进行各种变换操作，如对实例进行旋转、放大或缩小等。但是，无论对实例进行怎样的变换操作，这些操作都不会更改元件的属性。当然，也可以改变元件的属性，如它的颜色、形状及边线的粗细等。在对这些属性加以修改后，舞台上所有实例的相应属性也发生了变化。

Flash 中引入元件与实例操作模型，有很多优点：一方面，从理论上来说，元件可以创建无限个实例，并且对该元件的修改可以直接赋予它的所有实例，而不必逐个地去修改。当制作多个相同的阵列式图像时，尤其可以方便用户的工作。另一方面，使用元件可以大大减小文件的体积，加快 Flash 动画在网络中的下载速度。

5. 场景

在 Flash 中构成动画的所有元素都包含在场景中，场景在动画制作中是必不可少的一部分。当一段动画包含多个场景时，播放器会在播放完第一个场景后自动播放下一个场景的内容，直至播放完最后一个场景。当然，场景与场景之间也可以通过交互响应进行切换。通过场景，可以按主题来组织、管理动画作品，例如，可以使用不同的场景作为动画作品的简介、下载信息提示、分段动画内容和片尾致辞等。

6.5.6 时间轴的使用

在传统动画中,一幅静止的画面就是一帧,正是因为这些静止画面不断切换,再加上人类肉眼的"视觉暂留"现象,才形成了动画。Flash 动画制作软件主要采用帧来进行动画的制作,时间轴(Timeline)就是管理帧的工具,也是 Flash 中最重要的工具之一。时间轴用于组织动画各帧的内容,并可以控制动画每帧、每层显示的内容,还可以查看动画播放的速度,改变帧与帧之间的关系,从而实现不同效果的动画。"时间轴"窗口由帧、图层和播放指针组成,如图 6-43 所示。

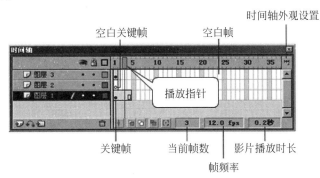

图 6-43 "时间轴"窗口

1. 帧的类型

时间轴中有许多重要的概念,下面给出简单的介绍。

(1) 帧(frame):动画画面的基本单位。一帧即一幅画面。一个动画是由许多帧连续动作变化的画面组成的。

(2) 关键帧(key frame):即非常重要的帧,用于定义动画中的变化。当创建逐帧动画时,每个帧都是关键帧。在补间动画中,可以在动画的重要位置定义关键帧,由 Flash 自动创建关键帧之间的过渡帧的内容。时间轴上的关键帧是 Flash 动画的基础,只有关键帧中才可以放置图形、声音、脚本等对象,并可以对包含的内容进行编辑。凡是包含内容的关键帧会显示黑色实心圆点。

(3) 空白关键帧:即还没有添加内容的关键帧,它显示为空心圆点。

(4) 普通帧:又称静态帧,显示同一层上前一个关键帧的内容。

(5) 空白帧:还没有使用的帧。

(6) 过渡帧:在补间动画中,两个关键帧之间的帧称为过渡帧。过渡帧本质上是普通帧。

2. 不同帧的表示

在时间轴上创建的关键帧根据作用的不同有不同的表现形式。

(1) 形状渐变(补间形状)中帧的表示:形状渐变中两个关键帧之间的帧颜色为绿色,两个关键帧之间由一个直线箭头相连。

(2) 传统补间中帧的表示:渐变中两个关键帧之间的帧颜色为浅紫色,两个关键帧之间由一个直线箭头相连。

(3) 补间动画中帧的表示:运动渐变中两个关键帧之间的帧颜色为蓝色。

（4）错误的渐变中帧的表示：当渐变类型设置存在错误时，两个关键帧之间显示颜色为浅蓝色，两个关键帧之间由一条虚线相连。此时表示这个渐变有错误，不可能形成动画。

（5）有动作的关键帧的表示：在动作的关键帧上有一个 a 符号，是已使用了动作面板分配了一个帧动作（action）的意思。

3. 时间轴上的显示信息

在时间轴上操作时，还有一些重要显示信息。

（1）帧数：在时间轴上方的标尺显示的帧的数量，一般以 5 帧为一个单元。

（2）当前帧数：时间轴上有一个红色指针，指定当前所在帧。当前帧数显示的就是当前所在帧的位置。

（3）影片播放时长：该影片的播放时长。

（4）帧频率：每秒显示的帧数。

4. 动画预设

动画预设功能可以把一些做好的补间动画保存为模板，并将它应用到其他对象上。在Flash 中元件和文本对象可以应用动画预设。

【**例 6-11**】 制作图片动画。

【**操作步骤**】

（1）新建文件，选择"文件"→"导入"→"导入到舞台"命令，在弹出的对话框中选择任意图片。

（2）选中图片，选择"窗口"→"动画预设"命令，打开"动画预设"对话框。

（3）选择"默认预设"→"3D 弹出"命令，单击"应用"按钮，弹出如图 6-44 所示的对话框。

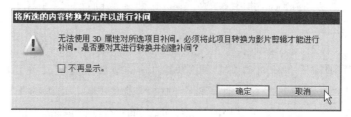

图 6-44 "将所选内容转换为元件以进行补间"对话框

（4）在对话框中单击"确定"按钮，将所选内容转换为元件以进行补间。

（5）按 Enter 键预览动画效果。可调整绿色轨迹线和图片的位置，使图片位于舞台中央。

如果已创建自己的补间，或对从"动画预设"对话框应用的补间进行更改，可另存为新的动画预设。新预设将显示在"动画预设"对话框中的"自定义预设"文件夹中。比如选定刚才的图片后右击，在快捷菜单中选择"另存为动画预设"命令。

6.5.7 补间动画制作

Flash 中的动画主要有两种类型：逐帧动画和补间动画。

1. 逐帧动画

逐帧动画是传统动画的制作方式。在传统动画中，每一帧都是手绘的。在 Flash 中也可以使用逐帧动画的方式。例如，制作写字动画，补间动画就无能为力，而用逐帧动画就比较轻松了。

2．补间动画

补间动画是指仅绘制出开始的关键帧和结束的关键帧，中间的过渡帧由 Flash 帮助补充计算出来。补间动画又可细分为形状补间动画、传统补间动画和补间动画。

（1）形状补间动画。

形状补间动画是 Flash 中非常重要的表现手法之一，可以变幻出各种奇妙的变形效果。

形状补间动画可以实现两个图形之间颜色、形状、大小、位置的相互变化，使用的元素多为用鼠标绘制出的矢量图形，如果使用图形元件、按钮、文字，则必须先分离再变形。形状补间动画建好后，时间轴帧面板的背景色变为绿色，在起始帧和结束帧之间有一个长长的箭头。

（2）传统补间动画。

传统补间动画也是 Flash 中非常重要的表现手段之一，与形状补间动画不同的是，传统补间动画的对象必须是元件、按钮、影片剪辑、成组对象或未分离的位图、未分离的文本等。

运用传统补间动画，可以设置元件的大小、位置、颜色、透明度、旋转等种种属性，配合别的手法，甚至能做出令人称奇的仿 3D 效果来。

在 Flash 的时间轴帧面板上，选择一个关键帧放置一个元件，然后在另一个关键帧中改变这个元件的大小、颜色、位置、透明度等，Flash 根据二者之间的变化自动创建的动画称为传统补间动画。传统补间动画建好后，时间轴帧面板的背景色变为淡紫色，在起始帧和结束帧之间有一个长长的箭头。

（3）补间动画（新版新功能）。

补间动画的对象必须是文字、3D 对象、元件、按钮、影片剪辑，只需建立首关键帧（不需建立尾关键帧），对首关键帧应用补间动画，在结束帧拖动对象即可。补间动画建好后，时间轴帧面板的背景色变为蓝色。补间动画只能有一个关联实例对象，可以在时间轴中对补间动画范围进行拉伸和大小调整。在舞台上可以看到补间动画的运动轨迹，灵活调整轨迹，可快速创作出丰富的动画效果。只有补间动画才能保存为动画预设。

3．补间动画的制作实例

在 6.5.3 节中介绍的由矩形变成圆的动画就是一个形状补间动画，下面通过"飞行的飞机"这个实例简单介绍传统补间动画的制作方法。

【例 6-12】 飞行的飞机。

【操作步骤】

（1）设置影片文档属性。选择"文件"→"新建"命令，在弹出的对话框中选择"ActionScript 3.0"类型后，单击"确定"按钮。在"属性"面板上设置文件大小为 550×400 像素，"背景色"为白色。

（2）创建背景图层。选择"文件"→"导入"→"导入到舞台"命令，将图片"山峰.jpg"导入场景中。使用"选择工具"调整图片在舞台上的位置，使其居于舞台的中央。如果图片大小不合适，再使用"任意变形工具"调整图片大小。选择第 100 帧，按 F5 键，添加普通帧。修改第一层的名字，命名为"背景"。

（3）创建飞机元件。选择"插入"→"新建元件"命令，新建一个图形元件，名称为"飞机"。进入新元件编辑场景，选择"文件"→"导入"→"导入到舞台"命令，将图片"飞机.png"

导入场景中。

（4）创建飞行效果。单击时间轴右上角的"编辑场景"图标，选择"场景1"，转换到主场景中。新建一层，命名为"飞机"。把库里名为"飞机"的元件（不是飞机.png）拖到场景的左侧，选择"修改"→"变形"→"缩放和旋转"命令，在"缩放和旋转"对话框中，设置"缩放"为50％，"旋转角度"为－15，将飞机元件实例逆时针旋转15°。在"属性"面板中的"色彩效果"区域单击"样式"下拉按钮，在下拉列表中选择"Alpha"，设置Alpha值为90％，如图6-45所示。

图6-45　第一帧中飞机在场景中的位置和Alpha值

飞机向远处飞去，应该越来越小，越来越模糊，选中"飞机"层的第100帧，按F6键，添加一个关键帧，使用"任意变形工具"调小飞机的尺寸，并设置Alpha值为20％。

右击"飞机"层的第一帧，选择"创建传统补间"命令，则在时间轴上出现淡紫色的箭头，说明传统补间动画已正确建立。

（5）测试影片。选择"控制"→"播放"命令，或直接按回车键观察动画效果，如果满意，选择"文件"→"保存"命令，将文件保存成"飞机飞行动画.fla"，如果要导出Flash的播放文件，选择"文件"→"导出"→"导出影片"命令，将文件保存成"飞机飞行动画.swf"。

6.5.8　图层的使用

使用图层的目的是让不同的动画对象同时发生不同的运动，这是Flash动画复杂化的基础。图层可以理解为一叠透明的纸，透过一张纸的透明部分可以观察到下面纸的内容，而纸上有内容的部分会遮住下面纸上相同部分的内容。所以可以根据需要，在不同层上编辑不同的动画而互不影响，并在放映时得到合成的效果。使用图层并不会增加动画文件的大小，相反它可以更好地安排和组织图形、文字和动画。图层是Flash中最基本而且重要的内容,因而需要很好地掌握。

1. 图层的种类

在 Flash 中,存在几种图层:普通层、引导层和被引导层、遮罩层和被遮罩层及图层文件夹。

(1) 普通层。普通层又称标准层,在图层中的图标是 ▢。普通层是系统默认的类型属性,在普通层上可以绘制图案或创建实例。

(2) 引导层和被引导层。引导层是辅助动画运动的一个特殊层,使被引导的动画元素按照引导层中定制的运动轨迹来运动,引导层本身的元素并不出现在动画中。引导层包括普通引导层 ⬠ 和运动引导层 ⬡,普通引导层用来记录不显示的内容和给物体定位,运动引导层用来引导动画。

被引导层中放置的是运动的对象。将一个或多个被引导层链接到一个运动引导层,使一个或多个对象沿同一条路径运动的动画形式称为引导路径动画,可以使一个或多个元件完成曲线或不规则运动。

(3) 遮罩层与被遮罩层。遮罩层是辅助动画制作的一个特殊层,其功能是在完成的动画中,使遮罩层与被遮罩层相重合的区域只显示被遮罩层的效果,如图 6-46 所示。

黑色为遮罩图层的椭圆图形

影片输出的效果

被遮罩图层

图 6-46　遮罩层动画效果

利用遮罩层可以实现很多动画效果,如水中倒影、波浪文字等。

(4) 图层文件夹。图层文件夹是用来管理图层的,在此图层中不能进行动画操作。

通常情况下,新建的图层文件夹和未打开的图层文件夹显示图标为 ▷▢,若要打开此图层文件夹,只要双击此图层名称栏,则可将此图层文件夹展开,展开后的图标为 ▽▢。

2. 图层的基本操作

【例 6-13】　制作五光十色文字效果,如图 6-47 所示。

【操作步骤】

(1) 新建一个 Flash 文件"五光十色.fla",打开"文档属性"对话框。设置宽为 550 像素,高为 200 像素,单击"确定"按钮,关闭对话框。

(2) 单击"文字工具"图标 T,选择"华文行楷"字体,字体大小设置为 120,选择任意颜色,在场景中输入"五光十色"4 个字。

图 6-47　五光十色文字效果

（3）按快捷键 Ctrl＋F8 进入建立新元件的选项窗口，在窗口中绘制彩条。选择"图形"素材并命名为"彩条"。单击"矩形工具"图标 □，在编辑区任意绘制一个矩形，然后在"属性"对话框中单击"笔触颜色"图标 ✐ ▇，在打开的颜色框中单击右上角的图标 ◨，取消边框，单击"填充颜色"图标 ♦ □，在打开的颜色框中选择"五彩色" ▋，此时可看到矩形已经变成五彩条。再单击"选择工具"图标 ▶，在编辑区单击矩形，在"属性"对话框中将宽改为950 像素，高改为 160 像素，并将矩形移动到编辑区中心。

（4）单击"场景 1"回到主舞台，在图层窗口的左下方，单击"插入图层"图标 ▣，新建"图层 2"。双击"图层 1"，重命名为"文字"；双击"图层 2"，重命名为"彩条"。单击"彩条"层，将"彩条"层拖动到"文字"层的下方，重新排列层的顺序。

（5）按 F11 键打开库，把彩条矩形拖到"彩条"层中，并将彩条左边对齐文字的最左边，如图 6-48 所示。单击"文字"层的第 30 帧，按 F5 键插入帧。单击"彩条"层的第 30 帧，按F6 键插入关键帧，并将彩条向左平移，使彩条右边对齐文字的最右边。

图 6-48　将彩条左边对齐文字的最左边

（6）选择"彩条"层的第 1 帧后右击，在快捷菜单中选择"创建传统补间"命令。

（7）选择"文字"层右击，在弹出的菜单中选择"遮罩层"命令。

（8）保存文件后，按回车键或选择"控制"→"播放"命令查看效果。这时文字上会有彩色飘动的效果。

6.5.9　音效的添加

在 Flash 中，用户既可以导入外部声音文件，也可以使用共享库中的声音文件。导入后的音频文件，可以独立于时间轴连续播放，也能够和动画同步播放。还可以向按钮添加声音，使按钮具有更强的感染力。另外，通过设置淡入淡出效果还可以使声音更加优美。

在 Flash 中有两种类型的声音：事件声音与流式声音。

（1）事件声音（event sounds）。事件声音在播放之前必须下载完全，它可以持续播放，直到被明确命令停止。

（2）流式声音（stream sounds）。流式声音在下载若干帧之后，只要数据足够，就可以开始播放。流式声音与动画紧密相连，它是 Flash 动画的背景音乐，伴随着动画的播放而播放,当动画停止时,声音也停止。

在 Flash 中,能直接导入应用的声音文件主要包括 WAV 和 MP3 两种格式。导入声音的方法类似于导入位图,选择"文件"→"导入"→"导入到库"命令,将外部声音导入当前影片文档的库面板中,导入声音处理完毕以后,按快捷键 Ctrl+L 打开"库"面板,可以看到刚才导入的声音文件已经添加到"库"面板中了。当使用声音时,可以为声音创建一个单独的层,直接将声音从"库"面板中拖放到场景中即可,这时在时间轴上可看到声音波形,如图 6-49 所示。这时按回车键播放,就可以听到声音了。

图 6-49　添加声音

若要设置和编辑声音对象的参数,可以选择声音所在图层的第 1 帧,打开"属性"面板,如图 6-50 所示。

(1)"声音"选项区域:从中可以选择要引用的声音对象,这也是另一个引用库中声音的方法。

(2)"效果"选项:从中可以选择一些内置的声音效果,如声音的淡入、淡出等效果。

(3)"编辑"按钮:单击"编辑"按钮可以进入声音的编辑对话框,对声音进行进一步的编辑。

(4)"同步"选项:从中可以选择声音和动画同步的类型,默认的类型是"事件"。另外,还可以设置声音重复播放的次数。

图 6-50　"属性"面板

习　题　6

一、简答题

1. 多媒体的媒体种类有哪些?

2. 多媒体的基本特性有哪些?

3．简述多媒体技术的主要应用领域。

4．图形与图像有什么不同？

5．常见的图像文件有几种格式？分别具有什么特点？

6．多媒体计算机软件系统包括哪几大类？

7．多媒体创作工具应具有哪些主要功能？它有哪些常见的类型？

8．影响数字声音质量的主要因素有哪些？

9．图像的颜色模式有哪些？RGB 模式和 CYMK 模式主要应用在哪些领域？

10．颜色的三要素是什么？

11．什么是动画？动画是不是只限于表现运动的过程？

二、操作题

1．请制作一段自己的录音文件，并配上背景音乐，写出制作步骤。

2．制作"我的保时捷"水中倒影效果图，如图 6-51 所示。

图 6-51 "我的保时捷"原图及效果图

（1）调整画布大小（注意定位），复制图层，垂直翻转，删除倒影层上面白色区域。

（2）倒影图像自由变换、亮度调整、添加动感模糊与波纹扭曲滤镜，矩形选区选取保时捷，添加水波扭曲滤镜。

（3）文字图层样式设计。

3．在 Flash 中绘制如图 6-52 所示的图形。

图 6-52 西红柿和树叶

4．使用 Flash 制作一个完整的个人展示作品，可介绍自己的成长经历、家人朋友、兴趣爱好、专业能力等。要求充分运用文字、图形、图片、动画、声音、视频等多媒体元素，设计成交互式的多媒体作品。

第 7 章 网络基础与 Internet 操作

7.1 计算机网络基础

7.1.1 什么是计算机网络

计算机网络是计算机技术与通信技术相结合的产物,是计算机技术的一个重要应用领域,也是构建信息化社会必不可少的基础设施。

对于计算机网络,可以按照网络的不同功能给出不同的定义。目前,大家比较认可的一种定义是:计算机网络是将多台分散的、具有独立功能的计算机,通过通信线路和通信设备连接在一起,从而实现数据通信和资源共享的系统。计算机网络的功能和目的就是数据通信和资源共享。

7.1.2 计算机网络的分类

可以从不同角度对计算机网络进行分类,如按照网络的用途、网络覆盖的地理范围、网络的传输介质及网络的拓扑结构等。其中最常见的就是按照网络覆盖的地理范围进行分类,可以将网络分为以下三类。

1. 局域网

局域网(local area network,LAN)是指一个局部区域内的、较近距离的计算机互联组成的网络,一般覆盖范围在几米到几千米。例如,一幢大楼内各办公室之间的计算机互联,或校园内几幢大楼之间计算机的互联,这些都是典型的局域网。

2. 广域网

广域网(wide area network,WAN)又称远程网,是指远距离的计算机网络互联,一般覆盖范围可以从几十千米到上万千米,甚至范围可以更大。目前广泛使用的因特网(Internet)就是一种典型的广域网。

3. 城域网

城域网(metropolitan area network,MAN)一般是将局限于一个城区范围内的局域网连接起来构成的计算机网络,它是介于局域网和广域网之间的一种网络。

7.1.3 计算机网络的软硬件组成

计算机网络由网络硬件和网络软件两部分组成。网络硬件是组成计算机网络的物质基础,是网络运行的实体。而网络软件则是支持网络实体的运行、提高网络效率,以及开发和管理网络资源的工具。

网络硬件包括网络中的计算机、共享外部设备、网络接口卡、网络传输介质及各种网络通信设备；网络软件则主要包括网络操作系统和各种网络协议。要保证网络的正常运行，网络硬件和网络软件必须协同工作。

1. 网络中的计算机

根据在网络中承担的任务不同，网络中的计算机可以分为服务器和客户端。

服务器（server）是为网络中其他计算机提供服务的计算机，一般由工作站和高档微机充当。服务器按照在网络中的作用，又可分为文件服务器、打印服务器、数据库服务器、通信服务器等。服务器是网络的核心，它不但提供网络的各种服务，而且在服务器上运行着网络操作系统，提供对网络的控制和管理。

客户端（client）是网络中使用服务器提供服务的计算机。网络用户通过客户端加入网络中。客户端可以有自己的操作系统，可以通过网络软件共享网络资源，也可以不加入网络单独使用。

在网络中，某些计算机可以同时承担服务器和客户端的角色。

2. 共享外部设备

共享外部设备指连接在服务器上，并且可供网络中计算机共享使用的外部设备。如打印机、绘图仪、网络硬盘等。

3. 传输介质

传输介质是网络中信息传递的通道，网络中各种设备之间最终都通过传输介质互联起来。传输介质通常分为无线介质和有线介质两大类。如红外线、微波、无线电波等都属于无线介质，而双绞线和光缆等都属于常用的有线介质。7.1.5 节将详细介绍各种传输介质的特点。

4. 网络设备

网络接口卡简称网卡（network interface card，NIC），又称网络适配器，是组成局域网的基本部件。在局域网中，网络中的计算机通过网卡与通信线路相连，其主要作用是实现计算机内部数字数据与通信线路上传输的物理信号的相互转换。

集线器（hub）是早期局域网的基本连接设备。在传统的局域网中，联网的计算机结点通过双绞线和集线器连接，构成物理上的星型拓扑结构。当集线器接收到一个端口上连接的某个结点发来的数据时，便会向每个端口转发。

局域网交换机（local area network switch，LAN switch）又称交换式集线器。它可以支持交换机端口结点之间的多个并发连接，实现多结点之间数据的并发传输。因此，交换机可以增加网络带宽，提高和改善局域网的性能和服务质量。

7.2.2 节将详细介绍集线器、交换机、路由器、网关等常见设备。

5. 网络软件

网络软件主要包括网络操作系统与各种网络协议，以及网络管理软件和网络应用软件等。

（1）网络操作系统。网络操作系统是具有网络管理功能的操作系统，它除了具有一般操作系统的功能之外，还具有控制、管理、协调网络上各用户和网络上软硬件资源的功能。

网络操作系统主要分为对等式和客户端/服务器模式两种。

在对等式网络操作系统中,网络中的计算机没有主次之分,网络操作系统平等地安装在所有的计算机上,没有独立的服务器。例如,微软公司的 Windows 7 操作系统和 Windows 10 操作系统等都是流行的对等式操作系统。

在客户端/服务器模式的网络中,有专门的计算机作为服务器,服务器上运行着网络操作系统,以实现对整个网络的管理和控制。如 Windows NT Server、Windows 2019 Sever 版、UNIX、NetWare 等都是常见的客户端/服务器模式的网络操作系统。

（2）网络协议。网络协议又称通信协议,是网络中计算机必须共同遵守的一组规则和约定,以保证网络中数据传输的顺利实现。通常网络协议都采用层次方式来组织,每一层承担一定的功能,同时通过层间的接口向上一层提供一定的服务。

国际标准化组织制定的开放系统互连参考模型（open systems interconnection reference model,OSI-RM）就是一个七层协议模型,各层协议的功能见表 7-1。

表 7-1　OSI-RM 各层的功能说明

层号	层名称	功能简介
7	应用层	负责确定应用进程的性质问题,即为满足用户的某种应用需求而提供具体的某种应用服务
6	表示层	负责处理用户信息的表示问题。通过语法转换解决终端用户所用代码、文件格式、终端显示类型不一致等问题
5	会话层	负责给两个会话用户之间的对话和活动提供组织和同步的手段,并对会话提供控制和管理
4	传输层	负责网络中两个端结点间的逻辑通信,向高层用户提供可靠的端对端服务
3	网络层	负责实现数据传输的路由选择和网络互联等功能
2	数据链路层	负责在连接的两个结点之间正确地传输信息,把不可靠的物理连接改造成一条可靠的逻辑连接
1	物理层	是网络物理设备之间的接口,负责线路的连接,将需要传输的信息转换为可在线路上传输的物理信号

OSI-RM 不考虑具体网络实体,从理论上解决了不同的计算机网络之间相互通信的问题,是世界上所有计算机网络设备生产商和网络软件生产商共同遵守的准则。在实际应用中,各计算机网络厂商制定了各种具体的网络协议,其中最著名的就是目前普遍使用的传输控制协议/互联网协议（transmission control protocol/internet protocol,TCP/IP）。

（3）网络管理软件和网络应用软件。根据 ISO 7498-4 有关描述,网络管理软件按功能可分为故障管理软件、计费管理软件、配置管理软件、性能管理软件和安全管理软件 5 种,其目的是优化网络性能,保证用户得到安全可靠的网络服务。

网络应用软件有很多。用于实现浏览网络信息的浏览器软件,如 Microsoft Edge 浏览器或 Chrome 浏览器;用于实现电子邮件收发的软件,如 Outlook Express、Foxmail 等;还有用于文件上传下载的 FTP、网络聊天、网页制作等软件。

7.1.4　计算机网络的拓扑结构

计算机网络的拓扑结构是指网络中各结点(计算机)和通信线路的几何排列形状。网络的基本拓扑结构有总线型、环状、星状、树状和网状 5 种结构,如图 7-1 所示。

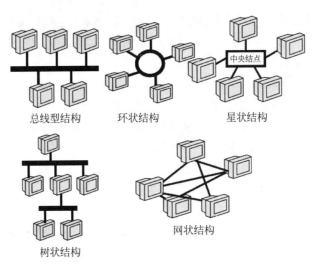

图 7-1　常见的网络拓扑结构

1. 总线型结构

总线型结构采用一条公共总线作为传输介质，网络中所有计算机通过相应的硬件接口连接到总线上。总线型结构的优点是可靠性高、布线容易、电缆长度短、增删结点很方便；缺点是由于所有结点都通过总线传递数据，使总线成为整个网络的瓶颈，当结点增多时容易产生信息堵塞。此外，总线型结构的网络中，某一结点出现的故障将影响整个网络，导致网络故障发生时，故障诊断较为困难。

2. 环状结构

在环状结构中，网络中所有计算机通过硬件接口连接到一个封闭的环状线路上。由于数据在环上沿着结点单方向运行，因此环状结构适合于光纤传输，且传输距离较远。环状结构的优点是在网络负载较重时仍能传输数据；缺点是网络的响应时间会随着结点的增加而变慢，而且结点的故障会影响整个网络。此外，环状结构的可扩充性和灵活性较差，不易重新配置网络。

3. 星状结构

星状结构的网络中有一个进行信息交换和通信控制的中央结点，通常为一台交换机，其他各结点通过独立的电缆连接到中央结点上。各结点之间的通信都要通过中央结点的转接来完成。星状结构的优点是可靠性高，各结点及接口的故障不会影响整个网络。由于各结点使用独立的传输线路，消除了数据传输的堵塞现象，因此传输效率高。此外，星状结构容易扩充，灵活性好；缺点是需要使用大量的连接电缆，而且网络对中央结点的依赖性过强，一旦中央结点发生故障将导致整个网络瘫痪。

4. 树状结构

树状结构又称层次结构，是由总线型结构演变而来的。树状结构采用的是集中分层的管理方式，因此这种结构的优点是线路连接简单、易于管理；缺点是数据的交换主要在上、下层结点之间进行，同层结点之间一般不进行信息的交换，因此资源共享的能力较差。

5. 网状结构

网状结构中，网络中各结点都有多条线路与网络相连。即使某条线路出现故障，网络通过其他线路仍然能够正常工作。这种结构的网络控制功能被分散到各结点上，采用的是一种分布式控制结构。网状结构可靠性高、资源共享方便,但是线路复杂,并且不易管理。

7.1.5　计算机网络的传输介质

传输介质是连接计算机网络中各种设备的物理通道,信号在介质中以电磁波或光波的形式进行传输。传输介质分为有线传输介质和无线传输介质两大类,有线传输介质包括双绞线、同轴电缆和光纤,无线传输介质包括无线电短波、微波、红外线等。

1. 有线传输介质

(1)双绞线。常用的双绞线分为非屏蔽双绞线(unshielded twisted pair,UTP)和屏蔽双绞线(shielded twisted pair,STP)两种。

① 非屏蔽双绞线。非屏蔽双绞线是目前局域网中使用最广泛的传输介质,它具有性能好、价格低等优点。UTP 电缆中有 4 对不同颜色(橙、绿、蓝、棕)的铜线线对,每对线对由绞合在一起的相互绝缘的两根铜线组成,每根铜线的直径大约为 1 mm,如图 7-2 所示。线对绞合的目的主要是减少电磁干扰、提高传输质量。UTP 电缆适用于星状拓扑结构,即以交换机为中心,每台计算机用一根双绞线与交换机相连。

国际通行的 EIA/TIA-568 标准将双绞线分为 3 类、4 类、5 类、超 5 类、6 类、7 类等 6 种。3 类、4 类双绞线适合应用于过去的 10 Mb/s 标准网络,5 类线是 100 Mb/s 网络最常用的产品,超 5 类则可以应用于 1000 Mb/s 网络。此外,6 类双绞线的传输性能远远高于超 5 类标准,适用于传输速率高于 1 Gb/s 的新一代全双工高速网络应用。7 类双绞线目前还没有普及。

② 屏蔽双绞线。屏蔽双绞线在线对外采用铝箔包裹,如图 7-3 所示。屏蔽双绞线抗干扰性更好,性能更高,但因其较高的成本一直没有被广泛采用。

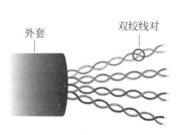

图 7-2　非屏蔽双绞线

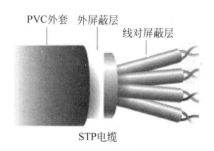

图 7-3　屏蔽双绞线

(2)同轴电缆。同轴电缆是局域网中最早使用的一种传输介质,它由同轴的内外两个导体组成。内导体是一根金属线芯,外导体是一层由细金属线编织的网,内、外导体之间有绝缘层,如图 7-4 所示。

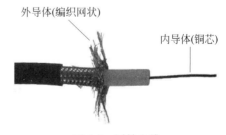

图 7-4　同轴电缆

根据带宽和用途的不同,同轴电缆分为基带同轴电缆和宽带同轴电缆。局域网中常用的是基带同轴电缆,适用于总线型拓扑结构,即一根同轴电缆连接多台计算机;宽带同轴电缆主要用于多路复用的有线电视网络,在计算机网络中很少使用。

同轴电缆的最大优点是抗干扰性强；缺点是物理可靠性差，同轴电缆多点连接，任意一点发生故障，都将导致整个网络无法通信，因此在局域网中基本不再使用。

（3）光纤线缆。光纤线缆由光纤、塑料包层、卡夫勒抗拉材料和外护套构成。光纤由能传送光波的超细玻璃纤维制成，外包一层比玻璃折射率低的材料。进入光纤的光波在两种材料的界面上形成全反射，从而不断地向前传播。

光纤分为单模光纤和多模光纤两种，如图7-5所示。单模光纤直径非常小，接近光波波长，因此光信号只能与光纤轴成单个可辨角度传输，即单模光纤仅仅提供一条光线路；多模光纤的直径比单模光纤粗，光信号与光纤轴成多个可辨角度传输，因此存在多条光线路。单模光纤成本较高，但性能更好。

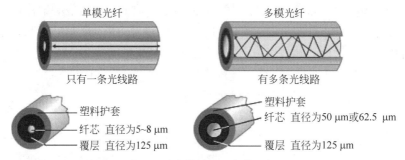

图 7-5　单模光纤和多模光纤

光纤具有低损耗、高带宽和高抗干扰性的特点，因此通常用于长距离、高速率、抗干扰性和保密性要求高的应用领域中。

2. 无线传输介质

无线传输介质利用大气和外层空间作为传播电磁波的通路。根据频谱和传输技术的不同，无线传输介质主要包括无线电短波、微波、卫星通信、红外线、蓝牙、WiFi等。

（1）无线电短波。无线电短波通信早期用于计算机网络中，主要适用于局部地区的网络通信。

（2）微波。微波通信使用微波信号进行通信，主要用于几千米范围内，且不适合铺设有线传输介质的情况。长距离通信则需要使用多个中继站组成中继链路。

（3）卫星通信。卫星通信是一种特殊的微波通信，它利用人造卫星进行微波信号中继，以适合很长距离的数据通信。商用通信卫星一般发射到赤道上空 36 000 km 的同步轨道上。

（4）红外线。红外线是较新的无限传输介质，它利用墙壁或屋顶反射红外线从而形成整个房间内的广播通信系统。红外通信设备相对便宜，可获得较高的带宽，但是红外线传输距离有限，而且易受室内空气状态（如烟雾等）的影响。

（5）蓝牙（bluetooth）。蓝牙作为一种支持设备间短距离通信（一般是 10 m 之内）的无线技术，它是在包括移动电话、PDA、无线耳机、笔记本电脑、相关外设等多种设备之间进行无线信息交换的一种无线传输介质。

（6）WiFi。WiFi是目前最流行的无线技术之一，工作在 2.4 GHz 和 5 GHz 频段，传输速度高达千兆级。WiFi技术适用于局域网中的数据传输，可以实现高速率的无线网络连接。

此外,无线传输介质还包括超宽带无线技术(ultra wide band,UWB)、近距离无线通信技术(near field communication,NFC)、可见光通信(visible light communication,VLC)、5G NR 技术中的高频毫米波等,这些技术为未来无线连接和工业物联网提供了极大的增长机会。

7.2　局域网基础和 Windows 10 网络接入方法

7.2.1　局域网基础

局域网(local area network,LAN)是一种将较小地理范围内的计算机、终端和各种外部设备通过通信线路与网络设备连接起来,在网络操作系统的控制下进行资源共享和信息传递的计算机网络。决定局域网特性的三大技术要素是网络拓扑、传输介质和介质访问控制方法。

1. 局域网的主要特点

从局域网应用角度看,局域网主要特点如下。

(1)局域网覆盖的地理范围小,通常在几米到几十千米,常用于机关、企业、工厂、学校内部,或者一个建筑群、一栋大楼、一个办公室内的联网需求。

(2)局域网的传输速率高,通常为 100 Mb/s～10 Gb/s。在传统的 100 Mb/s 以太网广泛应用的基础上,现在 1000 Mb/s 与 10 Gb/s 的局域网络的使用比较普遍。

(3)局域网一般属于单一组织所有,易于建立、管理和维护。

2. 局域网的分类

局域网一般可以分为两类:共享介质局域网和交换式局域网。

所谓"共享介质",是指局域网中多个设备共享单一信道资源。在共享介质局域网中,必须解决多个用户争用共享信道的问题,即控制共享信道应该由谁占用的问题,这就是介质访问控制方法。共享介质局域网中的所有站点共享整个局域网的带宽,网络站点数量越多,每个站点的实际带宽就越少。当站点数量超过 50 个时,局域网性能会急剧下降。

典型的交换式局域网是交换式以太网,交换式以太网的核心是以太网交换机。以太网交换机为每个用户提供一条交换通道,把传统共享式以太网一次只能为一个站点提供服务的"独占式"网络结构改善成"并行处理"的网络结构,使每个与网络连接的设备均可以以端口速度与交换机连接,大大提高了各站点的实际可用带宽,并从整体上改善和提高了局域网的带宽和性能。

3. 局域网的体系结构

根据局域网的特点,局域网体系结构仅包含 OSI-RM 的最低两层:数据链路层和物理层。由于不同的局域网技术、不同的传输介质和不同的网络拓扑结构,因此局域网的数据链路层不可能定义一种与介质无关的、统一的介质访问控制方法。

局域网参考模型将数据链路层分成两个相对独立的部分,逻辑链路控制(logical link control,LLC)子层和介质访问控制(media access control,MAC)子层。LLC 子层负责与介质无关的功能,MAC 子层负责依赖介质的数据链路层功能。

IEEE 802 委员会开发了一系列局域网标准,并已被 ISO 作为局域网的国际标准予以采纳。其中常见的几个标准的内容如下。

（1）IEEE 802.1：局域网概述、体系结构等公共规范。

（2）IEEE 802.2：逻辑链路控制子层。

（3）IEEE 802.3：带冲突检测的载波监听多路访问（carrier sense multiple access with collision detection，CSMA/CD）介质访问控制方法和物理层规范。

（4）IEEE 802.4：令牌总线介质访问控制方法和物理层规范。

（5）IEEE 802.5：令牌环介质访问控制方法和物理层规范。

（6）IEEE 802.10：局域网安全与加密的访问方法和物理层规范。

（7）IEEE 802.11：无线局域网介质访问控制方法和物理层规范。

7.2.2 联网设备及网络互联设备

随着局域网应用的发展，人们不能满足于单个局域网中的资源共享，于是提出了网络互联的要求。网络互联设备通常用于两种情况：一种情况是，为了组成覆盖更大地理范围、更大规模、功能更强和资源更丰富的网络，需要利用网络互联设备及相应的协议和技术，把两台或两台以上的计算机网络连通，从而实现计算机网络之间的互联；另一种情况是，为了提高网络性能和易管理性，将一个原本很大规模的网络划分为多个逻辑子网或网段，再将这些子网或网段连接起来的技术。常见的联网设备和网络互联设备主要有 4 种：集线器、交换机、路由器和网关。

1. 集线器

集线器是局域网中最基本的连接设备。集线器的一个功能是扩展端口，一个集线器上往往有 8 个、16 个或更多的端口，每个端口都可以通过传输介质与计算机中的网卡相连，因此在终端集中的地方使用集线器会极大地方便网络的布局；此外，集线器的另一个主要功能是对接收信号进行再生。当某个端口收到网络信号时，集线器将会对传输过程中衰减的信号进行再生，然后发往其他所有端口，从而扩展了网络的传输距离。

集线器工作于 OSI-RM 第一层，即物理层。集线器与网卡、网线等传输介质一样，属于局域网中的基础设备，它采用 CSMA/CD 介质访问控制机制，采用广播方式发送数据，也就是说当它要向某结点发送数据时，不是直接把数据发送到目标结点，而是把数据包发送到与集线器相连的所有结点，因此网络性能受到很大限制。目前集线器已基本被交换机替代。

2. 交换机

交换机源于集线器，是集线器的升级换代产品。从外观上看，交换机与集线器没有太大区别，但交换机比集线器更加智能，它能监测接收的数据包，并能判断出该数据包的源和目的地设备，从而实现正确的转发过程。

从技术角度看，交换机运行在 OSI-RM 的第二层（数据链路层），它支持交换机端口结点之间的多个并发连接，实现多结点之间数据的并发传输。也就是说，交换机的某一端口接收到数据时，并不是向所有端口转发数据，而是仅向数据中目的地址指向的计算机连接的那一端转发数据。因此，使用局域网交换机可以增加网络带宽，改善局域网的性能和服务质量。

交换机的种类繁多，可以根据不同的标准进行分类。

（1）根据网络覆盖范围的不同，交换机可以分为广域网交换机和局域网交换机。广域网交换机主要应用于电信的城域网互联、互联网接入等领域中，提供通信用的基础平台；而局域网交换机则应用于局域网络,用于连接终端设备,如服务器、工作站、集线器、路由器、网络打印机等网络设备,提供高速、独立的通信通道。

（2）根据使用的网络传输介质及传输速度的不同,局域网交换机可以分为以太网交换机、快速以太网交换机、千兆（G 位）以太网交换机、10 千兆（10 G 位）以太网交换机、FDDI交换机、ATM 交换机和令牌环交换机等。

还有一些特殊用途的交换机,如机架式交换机和带扩展槽固定配置式交换机。机架式交换机是一种插槽式的交换机,扩展性较好,可支持不同的网络类型,但价格较贵;带扩展槽固定配置式交换机是一种有固定端口数并带少量扩展槽的交换机,在支持固定端口类型网络的基础上,还可以通过扩展其他网络类型模块来支持其他类型网络。

3. 路由器

路由器是连接多个逻辑上分开的网络(一般称为子网)时使用的一种联网设备。当数据离开一个子网需要转发到另一个子网时,由路由器判断目的地址并确定下一站的地址。

路由器的主要功能如下。

（1）数据分组转发。路由器工作在网络层,负责将分组数据根据目的地址进行转发,将数据分组由来源网络正确转发到目的网络。

（2）路径选择。路由器具有自动路径选择功能,使用路由选择协议,在多条路径中选择合适的路径转发数据分组,并且能够动态发现网络拓扑变化并快速调整。

（3）数据过滤和防火墙功能。可以使用路由器上的访问控制列表（ACL）功能进行数据过滤,屏蔽不需要的分组转发。部分路由器还集成了防火墙、VPN 等网络安全功能。

（4）网络互联。路由器可以连接不同的网络,实现异构网络(如以太网和无线局域网（WLAN）的互联)的互通与数据转换。

（5）负载均衡。路由器能够在多条链路间实现负载分担,提高网络性能。

可见,集线器和局域网交换机是局域网设备,而路由器是一种实现多个局域网互联的网间设备。比如,要组建一个小规模的局域网,一般使用集线器连接若干计算机;要实现一个性能较好的局域网,需要使用交换机来布局大量计算机;要实现多个局域网的互联或把局域网连接到 Internet 上,必须通过路由器连接。

4. 网关

网关（gateway,GW）又称网间连接器、协议转换器,是一个网络连接到另一个网络的关口。网关实质上是一个网络通向其他网络的 IP 地址,网关的实体是硬件设备,通常是路由器。

网关在传输层上实现网络互联,是最复杂的网络互联设备,用于连接使用不同高层协议的网络。网关能对互不兼容的高层协议进行转换。网关的主要作用和功能如下。

（1）连接异构网络。网关可以连接不同类型的网络(如电信网络和企业网络),实现异构网络之间的连接,允许不同网络体系进行通信和资源访问。

（2）协议转换。当异构网络使用不同的网络协议时,网关可以在两种协议之间进行转换,实现协议的透明传输与连接。

（3）地址转换。网关可以执行网络地址转换,允许私有地址与注册地址之间的转换与映射应用。

（4）路由控制。网关可以为特定的路由路径提供接入控制,对数据流量进行管理。

(5) 数据过滤。网关可对特定数据报文实施过滤策略,限制某些类型报文的转发权限。

(6) 网络安全控制。网关可集成防火墙、入侵检测等功能,加强连接两种网络环境的安全防护能力。

实质上,路由器是实现网络层协议的转换,而网关是网络层以上包括传输层、表示层和应用层协议的转换。虽然二者本质是不同的,但是有时在人们的习惯用语中并不区分二者的本质差别,而统称为网关。

7.2.3　Windows 10 网络接入方法

在 Windows 10 操作系统中,用户可以采用多种方式将计算机接入 Internet,可以分为有线接入和无线接入两大类。下面介绍几种常见接入方式。

1. 光纤接入

光纤目前是宽带网络中多种传输媒介里最理想的一种,具有传输容量大、传输质量好、损耗小、中继距离长等优点。

光纤接入过程中均需用到光猫。光猫全称光纤接收器,是一种将光纤信号转换为电信号,或者将电信号转换为光纤信号的设备。它在光纤通信网络中起到重要的作用,广泛应用于家庭宽带、企业网络和运营商的光纤接入等领域。

光猫的主要功能是将光纤传输的光信号转换为电信号,然后通过以太网接口输出给用户设备,如计算机、手机、路由器等。相比传统的非对称数字用户线(asymmetric digital subscriber line,ADSL),光猫具有更高的传输带宽和更稳定的传输性能。光纤接入的拨号是可以在光猫上进行的,当输入互联网服务提供商(ISP)提供的宽带账号和密码后,光猫会通过拨号的方式将这些信息发送给服务商的服务器进行认证。认证成功后,光猫会接收和发送互联网信号,供后面的网络设备使用。

2. ADSL 接入

ADSL 是一种高速的 Internet 接入技术,利用电话线完成接入上网。它因为上行和下行的带宽不对称,所以称为非对称数字用户线。它采用频分复用技术把普通的电话线分成了电话、上行和下行三个相对独立的信道,从而避免了相互之间的干扰。即使边打电话边上网,也不会发生上网速率和通话质量下降的情况。

以 ADSL 方式连接网络时,一般都会自动获取 IP 地址和域名系统(DNS)服务器地址,在断开网络后,IP 地址被收回,重新分配给其他上网用户。

目前国内各大 ISP 提供给用户的 ADSL 调制解调器一般都内置路由器功能。用户可以把 ADSL 调制解调器配置成路由器后连接到一台集线器或交换机上,再把多台计算机连接到该集线器或交换机上,即可方便地实现多个用户共享 ADSL 上网的目的。

3. 无线网络接入

无线局域网(WiFi)是一种最常见和广泛使用的无线网络类型,能够提供高速的无线数据传输,使计算机、智能手机、平板电脑等设备可以无线连接到网络。

如果计算机安装了无线网络适配器及其驱动程序,并且该适配器处于启用状态,可以看到一个可用无线网络的列表。要连接到某个网络,具体接入方法如下。

(1) 单击桌面的任务栏右侧的网络图标 🖳,打开"连接到网络"列表,可以看到当前可用的无线网络连接,如图 7-6 所示。

（2）在可用无线网络列表中，单击一个网络，然后单击"连接"按钮。

（3）某些网络需要网络安全密钥或密码。若要连接到其中某个网络，请求网络管理员或服务提供商提供安全密钥或密码。

在使用无线网络时，因为网络信号可能会传到住宅以外，所以，网络安全更为重要。通过更改默认的用户名和密码可以保护网络免受未经授权的访问。

4. 局域网接入

通过局域网上网是公司、组织或学校连接Internet 最常用、速度最快的接入方法。实现局域网上网，首先需要在单位内部组建一个局域网，然后通过路由器和专线电缆（或光缆）连接 ISP，使所有局域网用户访问 Internet。

要将计算机正确地接入局域网，需要向管理员获取 IP 地址、子网掩码、网关和 DNS 服务器等信息，然后对计算机进行适当的网络配置，配置步骤如下。

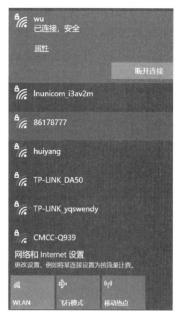

图 7-6　可用的无线网络列表

（1）右击桌面任务栏右侧网络图标📟，选择"打开网络和 Internet 设置"命令，在打开的"设置"窗口中选择"更改适配器选项"命令，在打开的"网络连接"窗口中右击"以太网"图标，在弹出的快捷菜单中选择"属性"命令，打开"以太网 属性"对话框，如图 7-7 所示。

图 7-7　"以太网属性"对话框

（2）在对话框中勾选"Internet 协议版本 4（TCP/IPv4）"复选框，然后单击"属性"按钮，打开"Internet 协议版本 4（TCP/IPv4）属性"对话框，如图 7-8 所示。

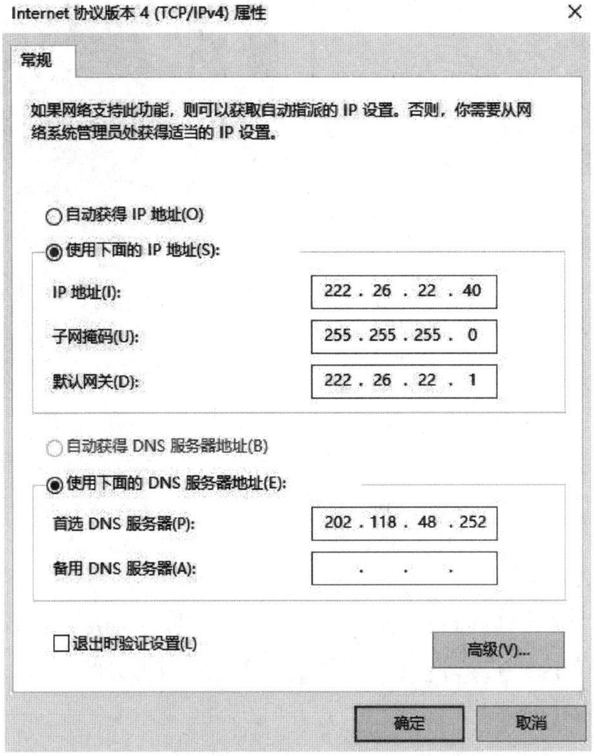

图 7-8　"Internet 协议版本 4（TCP/IPv4）属性"对话框

（3）选中"使用下面的 IP 地址"单选按钮，然后在"IP 地址""子网掩码"和"默认网关"文本框中分别输入本机 IP 地址、子网掩码和默认网关。

（4）选中"使用下面的 DNS 服务器地址"单选按钮，然后在"首选 DNS 服务器"和"备用 DNS 服务器"文本框中分别输入首选 DNS 服务器和备用 DNS 服务器的地址。

正确配置 TCP/IP 后，就可以通过局域网访问 Internet 了。

7.3　Internet 简介

7.3.1　Internet 的发展过程

Internet 是世界范围内的一个网间网，它将分布在世界各地的、各种不同功能的计算机连接在一起，真正实现了世界范围内的数据交换和信息共享。在 Internet 上存储着极其丰富的信息资源，是人类的一个巨大知识宝库。因此，它一经出现，便得到了飞速的发展。

Internet 的历史并不是很长，其前身是由美国国防部高级研究计划局（Advance Research Projects Agency，ARPA）于 1969 年创建的 ARPANET 网络。该网络的特点是采用了分布式控制与处理，网络中所有独立的计算机都处于平等的地位，没有哪一台计算机是必不可少的。很快，ARPANET 网络以其方便的连接和优越的性能迅速地发展起来。1983年，美国国防部高级研究计划局要求所有与 ARPANET 网络连接的主机都采用 TCP/IP 作为通信协议。此时,真正的 Internet 出现了。

1985 年,美国国家科学基金会(National Science Foundation,NSF)建立了超级计算中心专用网络 NSFNET,这是美国 Internet 的基础。之后许多大学和研究机构都建立了自己的计算机局域网,并将其连接到 NSFNET 上。1989 年,ARPANET 宣布解体,同时 NSFNET 对社会开放,这标志着 Internet 的正式形成。世界各国也在发展它们自己的计算机网络。20 世纪 80 年代后期,出现了各国计算机网络的互联,随着各国计算机网络的不断加入,逐渐形成了如今的 Internet。

2012 年 6 月 6 日,全球范围内的 IPv6 正式启动。如果以 2003 年中国下一代互联网示范工程(CNGI 项目)的启动为标志,中国 IPv6 已经走过 20 年的发展历程。CNGI 示范工程经过技术试验、试商用到规模商用,取得累累硕果,为我国下一代互联网更大范围的规模部署打下了坚实的基础。

2017 年,《推进互联网协议第六版(IPv6)规模部署行动计划》印发,被认为是一个具有划时代意义的历史性文件。自此,推动 IPv6 的规模部署和应用已经成为坚定的国家意志。

20 年来,我国 IPv6 用户数量快速增长,IPv6 流量占比持续提升,IPv6 应用不断拓展。IPv6 已成为网络强国建设的重要契机,成为数字中国建设的有力支撑。下一代 Internet 正在走进人们的生活。和传统 Internet 的 IPv4 相比较,IPv6 在下列 4 方面具有非常大的优势。

(1) IPv6 采用 128 位地址格式,允许几乎无限的网络地址容量。

(2) 全新的移动因特网技术。移动通信的 5G 手机与 Internet 的融合被认为是未来社会通信网络最主要的发展趋势之一。

(3) 网络安全将更有保障。IPv6 新增加了内置的支持安全选项的扩展功能,以实现从网络层来保护 Internet 安全的目的。

(4) 优秀的网络服务质量。IPv6 支持始终在线连接,在防止服务中断及提高网络性能方面具有 IPv4 无可比拟的优势。

7.3.2　Internet 在我国的发展

我国于 1994 年 4 月正式加入 Internet。Internet 在我国的发展大致可分为 3 个阶段。

第一阶段为 1987—1993 年,一些科研机构通过 X.25 协议实现了与 Internet 的电子邮件转发的联结,为国内一些重点院校和科研机构提供国际 Internet 电子邮件服务。1987 年 9 月 20 日,钱天白教授发出我国第一封电子邮件"越过长城,通向世界",揭开了中国人使用 Internet 的序幕。

第二阶段自 1994 年开始,实现了和 Internet 的 TCP/IP 的联结,从而开始了 Internet 全功能服务。1994 年 9 月,中国电信与美国商务部签订中美双方关于国际互联网的协议,中国电信将通过美国 Sprint 公司开通 2 条 64K 专线,中国公用计算机互联网(China Network,ChinaNET)的建设启动。

直至 1999 年,经国家批准,国内可直接连接 Internet 的网络有 4 个,即我国四大骨干网络。它们分别是中国公用计算机互联网、中国教育和科研计算机网(China Education Research Network,CERNET)、中国科技网(China Science and Technology Network,CSTNET)、中国金桥网(ChinaGBN)。

2003 年启动的中国下一代互联网示范工程（CNGI 项目）是国家级的战略项目,该项目由信息产业部、科学技术部、国家发展和改革委员会、教育部、国务院信息化工作办公室、中国科学院、中国工程院和国家自然科学基金委员会 8 个部委联合发起并经国务院批准启动,以此项目的启动为标志,我国的 Internet 开始进入实质性发展的第三阶段。

2004 年 3 月 19 日,我国第一个采用纯 IPv6 技术的中国下一代互联网主干网——CERNET2 试验网正式开通。标志着中国下一代互联网建设的全面启动。第二代中国教育和科研计算机网（CERNET2）是中国下一代互联网示范工程最大的核心网络和唯一的全国性学术网,这一主干网将以较高的传输速率连接北京、上海、广州等 20 个主要城市的核心结点,实现全国 200 余所高校高速接入下一代互联网,同时为全国其他科研院所和研发机构提供下一代互联网高速接入服务。

2006 年 9 月,中国下一代互联网示范工程（CNGI）示范网络在北京建成,确立了我国在下一代互联网领域的领先地位。目前中国电信、中国网通、中国移动、中国联通负责的 CNGI 总代码已经完成,并建成了一个覆盖 39 个结点、20 多个城市,被认为是全球最大的基于 IPv6 的下一代互联网。

2012 年 3 月,中国政府七部委联合发布了"十二五"规划,明确我国需加快落实 IPv6 下一代互联网产业建设,同时提出发展路线图及时间表。2013 年 4 月,在"全球 IPv6 下一代互联网高峰会议"上,据中国互联网络信息中心（CNNIC）统计,我国目前已拥有 14 563 块 IPv6 地址,排名世界第二,在全球已分配的 IPv6 地址中占据 11.58％。至此,我国的 Internet 开始进入全面的 IPv6 升级和改造阶段。

2023 年,移动网络 IPv6 流量占比首次突破 50％,成为 IPv6 规模部署和应用工作的里程碑。

7.3.3 与 Internet 相关的概念

1. IP 地址和域名

Internet 中的主机数以万计。为了区分这些主机,为每台主机都分配了一个地址,称为 IP 地址。IP 地址由 32 位二进制数组成,是 Internet 主机的一种数字型标识。例如,100011001011-10100101000100000001 就是一个 IP 地址。由于二进制数不便记忆,一般将 32 位二进制数分为 4 组,每组 8 位,用十进制数表示,且组间用"."分隔。例如,上面的 IP 地址就是 140.186.81.1。

尽管为方便起见,人们采用了 4 组十进制数来表示 IP 地址,但是,IP 地址仍然存在不便记忆的缺点。因此,人们又为主机创建了一种字符型标识,即主机的域名地址。域名的一般格式如下。

计算机名.组织机构名.网络名.顶层域名

可见,域名地址采用层次结构来定义主机名字,一个层次称为一个子域名,子域名之间用"."分隔,从左到右,子域名表示的范围逐渐扩大。例如,hstar.lnu.edu.cn 就是一个域名。

值得一提的是,顶层域名通常用于表示建立网络的组织机构,或者网络所属的地区或国家。常见的顶层域名含义见表 7-2。

表 7-2　常见的顶层域名含义

顶 层 域 名	含　　义	顶 层 域 名	含　　义
com	商业机构	org	非营利性组织
edu	教育部门	mil	军队系统
gov	政府机关	cn	中国
net	网络管理部门		

2. DNS 服务

虽然使用域名地址表示主机极大地方便了用户,但计算机真正能够识别的却是主机的 IP 地址。也就是说,用户在网上输入的每个域名地址都必须转换为对应的 IP 地址,计算机才能识别。这一转换工作是由域名系统(domain name system,DNS)实现的。DNS 是一个将域名翻译为 IP 地址的软件。

3. TCP/IP 协议

TCP/IP 协议是 Internet 中使用的网络协议,它包含了一组协议,其中最重要的就是 TCP 协议和 IP 协议。

传输控制协议(transmission control protocol,TCP),用于控制信息在网络上的正确传输。互联网协议(Internet protocol,IP),负责将信息从一个站点传输到另一个站点。在 TCP/IP 协议的支持下,用户可以进行网络浏览、文件传输(file transfer protocol,FTP)、电子邮件(e-mail)、远程登录(telnet)等操作。

4. URL 地址

统一资源定位器(uniform resource locator,URL)是用来表示特定的 Web 页的标识符。每个 Web 页对应着一个唯一的 URL。若要从众多网页中找到用户需要的网页,必须提供该网页的 URL。URL 的格式如下。

资源类型://服务器:端口号/路径

"资源类型"表示使用的传输协议,如超文本传输协议(hypertext transfer protocol,HTTP)、FTP 等。进行 Web 页访问时,资源类型应取 HTTP。HTTP 是 IE 浏览器中系统默认的资源类型,因此,在用 IE 浏览器访问 Web 页时,可以省略资源类型。

"服务器"表示存放资源的主机 IP 地址或域名。

"端口号"提供访问某个服务器的特定服务时使用的端口号,一般可以省略。

"路径"表示资源存放在主机上的位置,一般也可以省略。此时,系统直接访问某个站点的主页。

5. SMTP 和 POP 协议

简单邮件传输协议(simple mail transport protocol,SMTP)和邮局协议(post office protocol,POP)是常用的电子邮件协议。SMTP 是发送邮件的服务器使用的协议;POP 是接收邮件的服务器使用的协议。多数 Internet 电子邮件系统采用 SMTP 服务器发送电子邮件,采用 POP 服务器接收电子邮件。也有一些电子邮件系统采用其他的邮件协议。多用途 Internet 邮件扩展协议(multipurpose internet mail extensions,MIME)在支持非本文数据传递等方面弥补了常用邮件协议的不足。

6. 主页

主页(home page),是使用 IE 浏览器访问万维网(world wide web,WWW)上某个站点时，首先看到的网页，一般介绍该网站的全貌，并由此进入其他网页。

7. 超链接

超链接是万维网采用的信息组织方式。在 Web 中，将某个特定信息所在地（通常是服务器）称为网站，网站是由众多网页组成的，而网页是采用含有超链接的超文本格式表示信息的，网页之间通过超链接连到一起。

在网页中，超链接通常以带下画线的文字来表示，当鼠标指针指向文字时，指针会自动变为手形 ，单击即可以转到超链接指向的网页中。

8. ISP 和 ICP

ISP，即向广大用户综合提供互联网接入业务的电信运营商，是经国家主管部门批准的正式运营企业，受国家法律保护。一般也指已经接入因特网的服务机构。例如，前面介绍的中国移动、中国联通等都是 ISP。用户要想接入 Internet，必须首先向 ISP 提出申请和办理相关手续，然后再通过 ISP 提供的连接才能接入 Internet。

因特网内容提供商（Internet content provider，ICP），即向广大用户综合提供互联网信息业务和增值业务的电信运营商。ICP 同样是经国家主管部门批准的正式运营企业，受国家法律保护。根据国家《互联网信息服务管理办法》规定，国家对经营性互联网信息服务实行许可制度；对非经营性互联网信息服务实行备案制度。经营性互联网信息服务，是指通过互联网向上网用户有偿提供信息或网页制作等的服务活动。非经营性互联网信息服务，是指通过互联网向上网用户无偿提供具有公开性、共享性信息的服务活动。经营性网站，如www.sina.com 的 ICP 证号是"京 ICP 证 000007"；非经营性网站，如 www.ln.gov.cn 的ICP 备案号是"辽 ICP 备 05023109 号"。

7.3.4　网上资源与服务

Internet 的服务范围很广，已经渗透社会生活的各方面。通过 Internet 人们可以进行收发电子邮件、远程文件传输、信息查询、网上聊天、网上购物及进行电子商务、人工智能问答等活动。下面简单介绍网上浏览、收发电子邮件等几个常用服务。

1. 网上浏览

网上浏览是指通过 WWW 的信息浏览工具对分布在 Internet 上的各种信息资源进行浏览。通过浏览器的超链接功能，用户可以轻而易举地在 Internet 世界中畅游，而无须了解自己是如何漫游世界的。

目前，常用的 Web 浏览器有国外的 Chrome、Edge、Opera、Mozilla Firefox，以及国产的QQ 浏览器和 360 安全浏览器。其中，Edge 浏览器是集成在 Windows 操作系统中的。

2. 电子邮件

电子邮件又称 e-mail，是一种基于网络的现代通信手段。它具有速度快、成本低、简便、可靠等优点。通过它，用户可以发送或接收文字、声音、图像等各种信息。在 Internet 提供的服务中，电子邮件是使用最广泛、最受欢迎的服务项目之一。

对用户来讲，要使用电子邮件服务，首先要有一个属于自己的电子信箱地址。该地址是由提供电子邮件服务的机构建立的，格式为用户名@邮件服务器域名。其中，@读作"at"。例如，在 163.net 服务器上有一个名为 asd 的用户，则 asd@163.net 就是该用户的 e-mail 地址。该地址在该邮件服务器上是唯一的。在用户申请了电子邮箱地址之后，便可以用它来接收或发送电子邮件了。

3. 文件传输

通常情况下,用户为了节省时间和费用,不愿意在联机的情况下浏览存放在 Internet 远程计算机上的文件,更愿意将文件下载到自己的计算机中从容地阅读和处理,这就需要借助 FTP 来实现。

所谓文件传输就是 Internet 上两台计算机之间相互拷贝文件。无论两台计算机相距多远,只要它们都支持 FTP,用户就可以将一台计算机上的任何类型文件传给另一台计算机。通常,将能够提供 FTP 服务功能的服务器称为 FTP 服务器。一般,把 FTP 服务器上的文件传输到用户计算机上的过程称为下载;而把用户计算机上的文件传输到 FTP 服务器上的过程称为上传。

4. 信息查询

信息查询又称信息搜索,是指利用网络搜索工具在 Internet 中找到自己需要的材料。在 Windows 平台中,通过浏览器调用相关的网页程序可以实现网上信息查询。

5. 远程登录

远程登录是 Internet 的一种协议。通过远程登录,本地计算机便可登录到网络上另一台远程计算机上,并允许进行程序交互。远程登录的根本目的在于访问远程系统的资源,可以像本地用户一样访问远程系统资源。实现远程登录,必须拥有远程计算机的授权账号。

6. 网络电视会议

通过网络电视会议系统,人们可以轻易地与身处异地的人们进行面对面的会议和讨论。通信中不仅可以听到对方的声音,而且还可以看到对方的实时图像及传送数据资料。

通常,网络电视会议软件都具备提供白板功能。所谓白板,即屏幕上放置共享文档的地方,只要会议中任何一方打开白板,所有参与方都可以看到白板的内容,并可在上面书写和贴画,发表自己的意见。

7. 电子商务系统

电子商务是指在网络上通过计算机进行业务通信和交易处理的过程。它通过数字通信进行商品和服务的买卖及资金的转账,包括公司之间和公司内部实现的商务活动,以及利用 WWW、e-mail、电子数据交换(electronic data interchange,EDI)、文件传输、电视会议、网络传真等手段与远程计算机进行交互的所有功能(如市场营销、金融、制造销售、商务谈判等)。

8. 论坛

论坛,又称公告板系统(bulletin board system,BBS),是 Internet 上的电子信息服务系统。它提供一块公共电子白板,每个用户都可以在上面书写、发布信息或提出看法。它是一种交互性强、内容丰富且及时的 Internet 电子信息服务系统,用户在 BBS 站点上可以获得各种信息服务、发布信息、进行讨论等。

9. 博客

博客(blog),又称网络日志,是通常由个人管理、不定期张贴新文章的网站。博客上的文章通常是专注于某一特定主题而提供评论或新闻的日记,它结合了文字、图像、其他博客或网站的地址链接及其他与主题相关的媒体,能够让读者以互动的方式进行讨论或留下意见。

10．网络购物

网络购物，是一种基于互联网的电子商务活动。在这种全新的商务活动中，客户可以通过互联网检索商品信息，并通过电子订单发出购物请求，然后通过电子银行或第三方支付系统付款，而商家则通过邮寄方式或快递公司把商品送到客户手中。目前国内的网络购物，常见的第三方支付主要有淘宝的支付宝和腾讯的财付通等。

11．大模型人工智能

大规模人工智能又称 AI 大模型，是大数据、大算力和强算法相结合的产物。它包含了"预训练"和"大模型"两层含义，即模型在大规模数据集上完成了预训练后无须微调，或仅需要少量数据的微调，就能直接支撑各类应用。简单来说，就是在大数据的支持下进行训练，学习一些特征和规则，微调后应用在各场景任务中。目前，主要在自然语言处理、计算机视觉、语音识别等领域得到广泛应用。下面是一些在 Internet 上常见的大规模人工智能。

（1）通义千问：阿里云于 2023 年发布的超大规模预训练模型，旨在提供全面的智能辅助，在创意文案、办公助理、学习助手和趣味生活等多方面提供协助。

（2）ChatGPT：开源人工智能研究实验室 OpenAI 于 2022 年推出的一个基于 Transformer 架构的语言模型，能够进行多轮对话，并在对话中理解上下文信息。

（3）Bard：谷歌公司于 2023 年发布的大规模语言模型。Bard 是谷歌对 OpenAI ChatGPT 的回应，也是基于 Transformer 架构。

（4）文心一言（ERNIE-3）：百度公司研发的预训练语言模型。该模型具有强大的语言理解和生成能力，用于百度的各种产品和服务中。

（5）阿里云盘古系列：阿里巴巴达摩院研发的一系列预训练模型，包括但不限于盘古自然语言处理（NLP）、盘古计算机视觉（CV）等。

（6）腾讯混元大模型系列：腾讯公司的多个大型预训练模型集合，涵盖了文本、图像、语音等多种模态的数据处理。

（7）华为盘古大模型：华为诺亚方舟实验室研发的预训练模型，支持多种任务和应用场景。

（8）DeepMind 的 Chinchilla：DeepMind 于 2022 年开发的一个高效能的语言模型。它以更少的参数量实现了与 GPT-3 相似或更好的性能。

7.4　Internet 典型应用

7.4.1　WWW 浏览器的使用

WWW 浏览器是用来检索、展示及传递 Web 信息资源的应用程序。常用的浏览器包括 Microsoft Edge、Chrome、Firefox、Safari 等。本节介绍 Windows 10 系统内置的 Microsoft Edge 浏览器的使用方法。

1．浏览网页

双击桌面上的 Microsoft Edge 图标 或在搜索栏中输入 Edge，可以打开 Microsoft Edge 浏览器窗口。在地址栏中输入网址，便可以浏览相应网站，如图 7-9 所示。在网页的浏览过程中，随时可以收藏自己喜欢的网页或查看之前浏览的网页等。

图 7-9　Microsoft Edge 浏览器窗口

与传统的浏览器不同,Microsoft Edge 浏览器在窗口左侧新增了"垂直标签",可以从屏幕的侧面查看和管理标签页。此外,Microsoft Edge 浏览器在窗口右侧添加了"侧边栏",以方便进行多任务处理。"侧边栏"是一种侧边浏览器,其中集成了搜索、购物、工具、游戏、资讯、Office 等各种工具。单击其中的工具可以在当前网页浏览界面的右侧打开工具窗格,利用该窗格可以快速访问集成的工具或应用,从而提升浏览器的使用体验,非常实用。

2. 收藏夹的使用

收藏夹用于将用户特别喜爱的网页收藏起来,以便将来能快速打开。

(1)收藏网页。单击 Microsoft Edge 浏览器地址栏右侧的"将此页面添加到收藏夹"图标 ,打开"编辑收藏夹"对话框,如图 7-10 所示。在对话框的"名称"文本框中修改收藏的名称,在"文件夹"下拉列表中设置该网页收藏的位置,单击"完成"按钮,即可收藏该网页。

图 7-10　"编辑收藏夹"对话框

(2)访问收藏的网页。单击地址栏右侧的"收藏夹"图标 ,在打开的列表中可以看到收藏的所有网页,单击要打开的网页的名称,即可直接打开该网页。

此外,还可以对收藏的网页进行重命名、删除、移动等操作。

3. 集锦的使用

集锦是 Microsoft Edge 浏览器新增的一项功能,可以分组收藏网站,并一次批量打开,特别适合需要快速恢复上次工作场景的场合。例如,在制订旅行计划时,需要浏览多个网站的资料,通过"集锦"功能可以把所有找到的网页都归进一个"集锦"里,下次再需要查看这些资料时,可以在该集锦中找到所有网页,立刻全部打开。以后不需要这些资料时,可以通过删除集锦删除所有的网页。此外,集锦还可以实现登录设备之间的同步,如手机、计算机、iPad 等设备。

要将某个浏览的网页添加到集锦中非常简单。单击浏览器右上角的"集锦"图标 ,在下拉列表中单击相应集锦前的＋号即可,如图 7-11 所示。如果当前集锦尚未创建,可先选择对话框列表中"创建新集锦"命令,创建集锦。

图 7-11 "集锦"窗格

除了收藏网页，集锦中还可以收藏文本、图片等。在网页中选定要收藏的文本或图片后右击，在弹出的快捷菜单中选择"添加进集锦"命令，则文本或图片直接在"集锦"中显示出来，并下标文本或图片的来源，这样以后引用时就节省了重新阅读整篇文章的时间。

4. 历史记录的使用

浏览器会自动将用户访问过的网页保存到硬盘，这便是历史记录。通过历史记录可以脱机浏览以前访问过的网页。

在浏览器窗口单击右上角的"设置及其他"图标 ···，在打开的菜单中选择"历史记录"命令，可以打开"历史记录"窗格。

（1）查看历史记录。在"历史记录"窗格中，用户可以看到按日期和时间顺序列出的已访问网站列表。

（2）搜索历史记录。在"历史记录"窗格的搜索框中输入关键词，可以查找与该关键词相关的浏览历史条目，快速找到特定的页面或相关主题的访问记录。

（3）删除历史记录。在"历史记录"窗格，单击右上角的"垃圾桶"图标可以清除所有历史记录；在历史记录列表右击想要删除的条目，在快捷菜单中选择"删除"命令，可以删除选定的条目。

此外，还可以设置浏览器自动清除历史记录，方法是选择"设置"→"隐私、搜索和服务"命令，"清除浏览数据"→"选择每次关闭浏览器时要清除内容"命令后，将"浏览历史记录"设置为打开状态。

5. 浏览器的常用设置

打开浏览器，单击窗口右上角的"设置及其他"图标 ···，在打开的菜单中选择"设置"命令，打开"设置"窗口，在此可以对浏览器的"个人资料""隐私、搜索和服务""外观""侧边栏""开始、主页和新建标签页"等 16 个项目进行设置。下面介绍几项常用设置。

（1）改变 Microsoft Edge 浏览器的外观。

在"设置"窗口左侧选择"外观"命令，在窗口右侧可以自定义浏览器的外观，包括整体外观、主题、缩放、自定义工具栏、上下文菜单、自定义浏览器、字体等。

（2）设置起始页、主页和新建标签页。

起始页是打开浏览器后第一个弹出的网页；主页是单击浏览器左上角的"主页"图标 时回到的网页；标签页则是常用页面的集合面板，它不是网页，没有地址。

在"设置"窗口中选择左侧的"开始、主页和新建标签页"命令，在"开始、主页和新建标签页"页面中可以调整以下页面。

① 设置起始页。在页面"Microsoft Edge 启动时"选项区域可以设置起始页为"打开新标签页""打开上一个会话中的标签页"或"添加新页面"，其中"添加新页面"需要输入新页面的网址。

② 设置主页。在页面"'开始'按钮"选项区域将"在工具栏上显示'首页'按钮"设置为打开状态,然后可以设置主页为"新标签页"或输入网址指定一个网页为主页。

③ 设置新建标签页。通常在浏览器左侧的"垂直标签"栏单击加号图标 ✚ 新建一个标签页。在前述设置页面的"新标签页"选项区域单击"自定义新标签页布局和内容"后的"自定义"按钮,在打开的"页面设置"窗格中可以设置页面布局,控制新闻源、背景图像、主题等;或者打开或关闭"预加载新标签页以获得更快的体验"选项,在后台打开 Microsoft 新选项卡页,以便更快访问。

(3) 设置下载文件保存位置。在"设置"窗口左侧选择"下载"命令,在页面右侧单击"位置"后的"更改"按钮,可以修改下载文件保存的位置。

6. 其他常用功能

除了前面介绍的功能,Microsoft Edge 浏览器还提供了非常实用的沉浸式阅读、PDF 阅读、分屏浏览、网页截图、编辑图像等功能,简单介绍如下。

(1) 沉浸式阅读。Microsoft Edge 浏览器提供了沉浸式阅读模式,沉浸式阅读模式开启后,用户可以享受一个经智能优化、去除导航按钮、去除广告的干净阅读页面,而且进入阅读模式可以解除网站的复制限制。

旧版本 Microsoft Edge 进入沉浸式阅读模式十分简单,打开某网站时,地址栏旁会出现一个像翻开的书一样的图标,单击就能进入。在新版的浏览器中,在浏览网站时通常不会出现这个图标,此时需要在网站地址前输入 read:,才能进入沉浸式阅读模式。

沉浸式阅读模式提供了有助于提高阅读理解能力并增强学习能力的学习和辅助工具,如朗读此页内容、文本首选项、语法工具、阅读偏好等。利用阅读器右上方的"文本首选项"可以调整阅读器的背景色、文字大小、字体;阅读英文文献时可以借助"语法工具"对单词的词性进行标注;利用"阅读偏好"里的"行聚焦"能让读者随着鼠标的滚动将视线聚焦到文章的一行、三行或五行,某些容易分心的人可借此提高专注度;想闭目养神时,可以单击"朗读此页内容"按钮,让 Microsoft Edge 用多种音色和语速朗读文章。此外,还可以使用内联字典快速查找定义,并将文本翻译成其他语言。

(2) PDF 阅读。Microsoft Edge 浏览器内置 PDF 阅读器,基本可以满足大多数日常阅读需求,而且 PDF 阅读器的面板比很多阅读器更加简洁、实用。

Microsoft Edge 内置的 PDF 阅读器涵盖了阅读 PDF 文本时最常用的查找关键词、画线或高亮、添加注释三个功能。单击左上角的"放大镜"图标启动关键词搜索;使用"绘制"或"突出显示"功能进行画线;选中文本后右击,在快捷菜单中选择"添加注释"命令可以添加注释。阅读时添加的线条和注释是可以保存的,下次打开 Microsoft Edge 或其他 PDF 阅读器时仍然可以显示或编辑。

(3) 分屏浏览。Microsoft Edge 浏览器内置分屏功能。如果已经打开多个网页,单击地址栏右侧的"分屏"图标 ⊡ 即可将两个标签页自动并排分屏显示,其中右侧窗口显示已经打开的多个标签页的缩略图,单击某个缩略图可将该网页在窗口中显示出来。通过向左或向右拖动分隔线,可以调整页面大小。

如果希望将打开的网页上的某个超链接分屏显示,可以指向网页上需要分屏显示的超链接,然后右击,在快捷菜单中选择"在拆分窗口中打开链接"命令。

分屏显示后,移动鼠标指针到分屏窗口,在窗口右侧会出现"更多"图标 ⋯ 及"关闭分屏窗口"图标 ⊗。单击"更多"图标，可以选择"在新标签页中打开此网页""退出分屏视图""向左和向右交换选项卡""水平拆分屏幕"等选项；单击"关闭分屏窗口"图标可以关闭分屏。

（4）网页截图。Microsoft Edge 新增网页截图功能，可以截取整个网页或网页的一部分。在要截取的网页上右击，在快捷菜单中选择"截图"命令，拖动截取整个网页或网页中的任意部分。截图后，可以利用浏览器提供的工具在原截图上用不同颜色绘制简单的图形或添加文字对截图进行标记，然后单击"保存"按钮将其保存到设备或复制到剪贴板。

（5）编辑图像。Microsoft Edge 浏览器提供了方便、省时的轻量级图像编辑工具，可以直接在浏览器中编辑图像。移动鼠标指针到网页中的图像上后右击，在快捷菜单中选择"编辑图像"命令，直接在浏览器中打开图像编辑窗口。在窗口中可进行图像的裁剪，调整图像的亮度、曝光度及对比度，利用筛选器套用预设的图像风格，为图像添加标记等。编辑好图像后单击"保存"按钮，在弹出的下拉列表中选择"保存"命令可以保存图片。

7.4.2　下载

下载是指将网络中某个服务器上的内容传送到用户的计算机中。下载的内容可以是文件、网页、图片或文字等。下面介绍几种常用的下载方法。

1. 图片的下载

若要从网络上下载图片，首先需要打开包含要下载图片的网页，右击需要下载的图片，在快捷菜单中选择"图片另存为"命令，在打开的"另存为"对话框中输入或选择图片保存的位置、文件名称及文件类型，再单击"保存"按钮，将图片以文件的形式保存。

2. 文字的下载

网页的下载将整个网页中的内容，包括文字、图片等全部保存起来，而文字下载则可以下载网页中的部分文字，方法如下。

（1）打开包含要下载文字的网页。

（2）选定需要下载的文字。

（3）选择"编辑"菜单中的"复制"命令，将选定的文字复制到剪贴板。

（4）将剪贴板中的内容粘贴到需要的文件中。

3. 文件的下载

文件的下载可以通过浏览器实现，也可以使用专用的下载工具实现，如迅雷、电驴等。使用浏览器下载的好处是简单、方便；缺点是只能下载，不能上传。使用专用的下载工具则既可以下载也可以上传，而且专用下载工具一般都支持断点续传的功能。

使用浏览器下载文件的步骤如下。

（1）访问下载链接。在地址栏输入要下载的文件网址，然后按回车键。如果页面上有直接指向文件的链接，可以单击这个链接开始下载。

（2）开始下载。单击链接后，通常会出现一个对话框询问是否要打开或保存该文件。单击"保存"按钮将文件下载到自己的计算机上。如果没有出现对话框，则文件可能自动开始下载。

（3）查看下载进度和状态。在浏览器右上角会有一个"下载"图标（通常是一个向下箭头），显示当前正在进行的下载任务的数量。鼠标指针悬停在该图标上可以查看每个下载项目的详细信息，如文件名、大小和完成百分比。单击"下载"图标可以打开下载列表，查看所有已完成和正在进行的下载任务。

(4) 找到已下载的文件。下载完成后,文件会被默认保存到指定的下载文件夹中。在浏览器中单击"下载"图标打开下载列表,然后单击"打开下载文件夹"图标,这将打开包含下载文件的文件夹。或者单击浏览器窗口右上角的"设置及其他"图标 •••,在打开的菜单中选择"下载"命令,也可以看到用户已下载的所有文件。

7.4.3　信息搜索

在 Internet 上具有许多具有搜索功能的 Web 站点,这些站点被人们称为搜索引擎。利用搜索引擎用户可以方便地找到自己感兴趣的信息。表 7-3 列出了几个常用搜索引擎的网址。各搜索引擎的使用方法相似,一般都采用两种方法进行搜索:分类目录搜索法和关键词搜索法。

表 7-3　常用搜索引擎的网址

搜索引擎名称	网　　　址
百度	https://www.baidu.com/
搜狗	https://www.sogou.com/
谷歌	https://www.google.com.hk/
360 搜索	https://www.so.com/
Bing	https://cn.bing.com/

1. 分类目录搜索法

该方法可以按照内容对网站进行分类。在浏览器的地址栏中输入搜索引擎的网址,进入其主页。在打开的该搜索引擎主页中将显示出分类目录,单击要访问的资源的分类,进入相应网页。在网页中选择感兴趣的子类,找到需要的内容后,再单击相应链接,进入相应网页的浏览。

2. 关键词搜索法

用分类目录搜索法,需要按照分类目录的结构一层一层地查找资源,因此查找速度相对来说比较慢。而使用关键词搜索法却可以快速找到所需内容。关键词是指搜索引擎用于查找某个信息的提示词,一般可以是要查找信息的主题词、作者等。

(1) 在浏览器的地址栏中输入搜索引擎的网址,进入其主页。

(2) 在网页的搜索栏中输入要搜索内容的关键词,按回车键或单击"搜索"图标,搜索引擎将在一个新网页中列出满足查找条件的若干信息记录。

查询条件越具体,搜索结果越准确。若要进行复杂的多关键词搜索,可以使用搜索引擎的高级搜索功能。单击搜索引擎窗口右上角的"设置"按钮,选择其中的"高级"命令,可以打开"高级搜索"窗口,图 7-12 所示为百度搜索的"高级搜索"窗口。

7.4.4　电子邮件的收发

电子邮件具有速度快、成本低、简便、可靠等优点,是 Internet 提供的服务中使用最广、最受欢迎的服务项目之一。电子邮件的使用方式可以分为 Web 方式和客户端软件方式两种。

Web 方式是指通过 Web 浏览器,登录提供电子邮件服务功能的网站,输入用户名和密码后,进入自己的电子邮箱,在网上处理邮件。

图 7-12 "百度"的"高级搜索"窗口

客户端软件方式是指用户在自己的计算机上安装具有远程电子邮件管理功能的软件。通过该软件实现电子邮件的收发、管理。用户可以定时收发邮件，还可以脱机查阅邮件，而且可以管理多个邮件账号。

1. 电子邮箱的申请

无论用何种方式收发电子邮件，都要求用户有一个电子邮箱。在 Internet 上许多网站也都提供免费的电子邮箱。各网站申请免费电子邮箱的方法相似，下面简单介绍免费电子邮箱的申请方法。

（1）在浏览器地址栏中输入一个提供免费邮箱的网址，如 mail.163.com、mail.qq.com 等。进入网站主页后，单击网页上"注册免费邮件"超链接，打开注册页面，开始注册免费邮箱。

（2）在注册表单中填入用户名、密码及其他要求必须填写的用户资料后，单击"提交"按钮。

（3）页面返回"注册成功"提示框，用户便可以使用该电子邮箱了。

2. Web 方式电子邮箱的使用

在 Web 方式下，使用电子邮箱的方法一般如下。

（1）在浏览器地址栏中输入已申请电子邮箱的网站地址，进入相应网站。

（2）在网页指定位置输入用户名和密码，单击"登录"按钮，登录自己的电子邮箱。进入邮箱后，如果提示有"未读邮件"，单击"未读邮件"按钮阅读未读邮件。

（3）若要阅读已经浏览过的邮件，可以单击"收件箱"按钮，打开"收件箱"窗口，页面显示已接收邮件列表。单击邮件可以浏览邮件内容。若要删除无用的邮件，可以勾选邮件前面的复选框，然后单击"删除选中文件"。

（4）若要写信，则可以单击"写信"按钮，打开"写信"窗口。输入收件人地址、邮件主题、邮件正文，单击"发信"按钮，便可发送邮件。发送邮件时，还允许通过"增加附件"功能附带一些文件在邮件中一起发送。

习　题　7

一、简答题

1. 什么是计算机网络？按照网络覆盖的地理范围可以将网络分为哪几类？

2. 什么是网络的拓扑结构？基本拓扑结构有几种？简述每种结构的特点。

3. 与现在的 Internet 相比，下一代 Internet 具有哪些优势？

4. 简述 IP 地址、域名、DNS 的概念。

5. 接入 Internet 有几种方式？每种方式的特点是什么？

6. 简述电子邮件地址的组成及各项含义。

7. Internet 上的资源有哪些？请至少写出 5 种资源。

二、操作题

1. 启动 Chrome 浏览器，进行浏览网页的练习，并收藏自己喜欢的网页。

2. 利用搜索引擎访问"中央电视台"的网页。

3. 利用关键词检索方法检索所学专业的最新消息。

4. 练习从 Internet 上下载一些网页、图片、文件及文字。

5. 通过 Internet 申请一个免费的电子邮箱，然后给你的同学发送一封电子邮件。

6. 为自己的笔记本电脑设置网络连接，使其能正确接入 Internet。

第8章　常用工具软件介绍

8.1　文件工具

8.1.1　文件压缩工具

1. Bandizip

Bandizip 是由 Bandisoft 公司开发和发布的一款多功能压缩文件管理工具，支持 Zip、7-Zip、RAR 及其他压缩格式，拥有非常快速的压缩和解压缩算法，可以实现多核心压缩、智能解压、高速压缩等实用功能。目前 Bandizip 有三种不同版本，分别是标准版、专业版和企业版，其中标准版为大众提供免费服务，可用于商业和非商业用途，但部分功能使用受限。

（1）压缩文件。

压缩文件常用三种方法：在 Bandizip 窗口中压缩文件、利用拖放操作压缩文件和使用快捷菜单压缩文件。

在 Bandizip 窗口中压缩文件的步骤如下。

① 运行 Bandizip 软件弹出主窗口，如图 8-1 所示。

图 8-1　Bandizip 主窗口

② 单击"新建压缩文件"图标，打开"新建压缩文件"对话框，如图 8-2 所示。

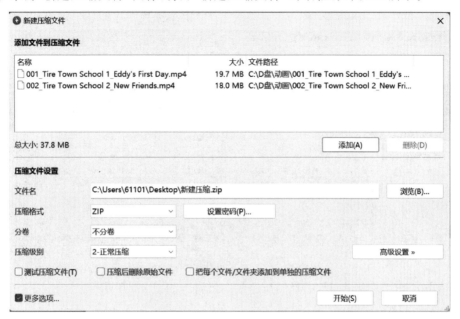

图 8-2　"新建压缩文件"窗口

③ 在对话框中单击"添加"按钮，在打开的"选择"对话框中选择需要压缩的文件和文件夹，单击"打开"按钮，返回"新建压缩文件"对话框，可以看到选定的文件添加到对话框中，如图 8-2 所示。

④ 在对话框中设置压缩文件的名称和路径，选择压缩格式、设置密码、分卷大小、压缩级别等压缩选项。注意，如果要设置自解压文件，需要把"压缩格式"设置为 EXE。

⑤ 单击"开始"按钮，进入压缩状态，压缩操作成功后关闭窗口。

如果利用拖放操作压缩文件，需要先运行 Bandizip，选定要压缩的文件，拖动文件到 Bandizip 的窗口中，设置压缩文件的名字、路径等信息，单击"开始"按钮，当压缩结束时关闭窗口。

如果使用快捷菜单压缩文件，首先选定要压缩的多个文件或文件夹，然后右击，在打开的快捷菜单中选择一个压缩命令，如图 8-3 所示。各命令的含义如下。

① 添加到"＊＊＊.zip"：将文件压缩到当前路径中的单个 ZIP 文件中。

图 8-3　快捷菜单中的压缩命令

② 添加到"＊＊＊.7z"：将文件压缩到当前路径中的单个 7Z 文件中。

③ 添加到单独的"＊＊＊.zip"：将每个文件压缩到当前路径中的单独 ZIP 文件中。

④ 添加到压缩文件（Bandizip）：运行 Bandizip 软件，打开"新建压缩文件"对话框。

（2）解压文件。

解压文件有如下三种常用方法：在 Bandizip 窗口中解压、使用快捷菜单解压和双击压缩文件解压。

在 Bandizip 窗口中解压文件的步骤如下。

常用工具软件介绍

① 运行 Bandizip 软件。

② 单击"打开压缩文件"图标，在打开的对话框中选定要解压的压缩文件，单击"打开"按钮，打开如图 8-4 所示的 Bandizip 窗口。

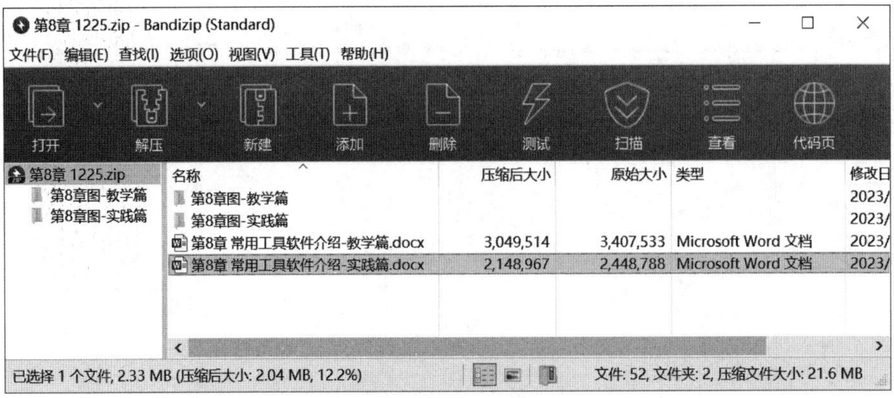

图 8-4　Bandizip 窗口

③ 单击"解压"图标，打开"选择解压路径"对话框，如图 8-5 所示。

图 8-5　"选择解压路径"对话框

④ 在对话框中设置目标路径，解压缩文件范围，单击"确定"按钮，开始解压，解压操作完成后关闭 Bandizip 窗口。

如果使用快捷菜单解压，可以在压缩文件上右击，在快捷菜单中任选一个解压命令，如图 8-6 所示。各命令的含义如下。

① 解压到当前文件夹：解压此压缩包到当前路径。

② 智能解压：分析压缩包结构，自动选择目标路径。如果压缩文件里只有一个文件或压缩文件里的文件都在同一个文件夹里，就会解压到"当前文件夹"。若非如此，则会解压到

"文件名文件夹"中。但若已存在同名文件夹,则会创建"文件名文件夹(2)""文件名文件夹(3)"等新的文件夹。

③ 解压到 ∗∗∗ \：新建一个名为 ∗∗∗ 的文件夹并将文件解压到其中。

④ 选择解压路径：打开"选择解压文件"对话框,可以选择文件的解压位置。

⑤ 用 Bandizip 打开：运行 Bandizip 软件,打开图 8-4 所示窗口。

图 8-6　快捷菜单中的
解压命令

如果采用双击压缩文件方式解压,需要双击压缩文件,弹出 Bandizip 解压文件窗口,在窗口中单击"解压"图标,在弹出的"选择解压路径"对话框中输入或选定目标文件夹,然后单击"确定"按钮。

(3) Bandizip 其他常用功能。

除了提供压缩和解压缩功能,Bandizip 还具有如下一些常用功能。

① 多核压缩。Bandizip 提供多核压缩功能。压缩文件需要大量的 CPU 运算,因此利用多核并行处理,有助于提高处理速度。

在"新建压缩文件"窗口单击"高级设置"按钮,打开"ZIP/ZIPX 压缩设置"窗口,即可设置 CPU 线程数。使用该功能,4 核(支持 8 线程)比单核压缩速度最多快 6 倍,8 核(支持 16 线程)比单核压缩速度最多快 13 倍。但当压缩多个极小文件(小于 100 KB)时,提高压缩速度的效果可能微乎其微。

② 添加密码。Bandizip 提供为压缩包设置密码的功能。设置密码后,当用户解压时需要输入密码,因此即便包含个人重要信息或敏感信息的文件泄露,不知道有效密码的用户也无法从中提取文件。

③ 分卷压缩。Bandizip 提供分卷压缩的功能。ZIP 是一种相对较旧的压缩文件格式,某些压缩程序可能无法处理大于 4 GB 的文件。但 Bandizip 始终可以压缩 4 GB 以上的文件,将它们分割成更小的文件。

在"新建压缩文件"窗口,勾选"更多选项"复选框,会出现"压缩分卷"下拉菜单。从分卷下拉列表选定或手动输入自己所需的分卷大小及压缩级别,单击"开始"按钮进行压缩。在目标文件夹中除了压缩文件,还会创建文件名后面加有 01、02、03 等数字的分卷压缩文件。注意,分卷压缩文件名格式也与选择的压缩格式有关。

2. 其他常用文件压缩工具

(1) WinRAR：官方网站 http://www.winrar.com.cn/。

(2) 7-Zip：官方网站 http://www.7-zip.org/。

(3) 好压：官方网站 http://www.haozip.com/。

(4) 快压：官方网站 http://www.kuaizip.com/。

(5) 360 压缩：官方网站 http://www.360.cn/。

8.1.2　电子文档阅读工具

1. 电子文档格式

最常用的电子文档格式就是 PDF 文件格式。PDF 文件格式(portable document

format，PDF）是 Adobe 公司开发的电子文档格式，这种文件格式与操作系统平台无关，在 Windows、UNIX、苹果公司的 macOS 等操作系统中都是通用的。PDF 也是在 Internet 上进行电子文档发行和数字化信息传播的理想文档格式，越来越多的电子图书、产品说明、公司文告、网络资料、电子邮件开始使用 PDF。目前，PDF 已成为数字化信息事实上的一个工业标准。

PDF 具有许多其他电子文档格式无法相比的优点。例如，可以将文字、字形、格式、颜色，以及独立于设备和分辨率的图形、图像等封装在一个文件中，还可以包含超链接、声音和动态影像等电子信息，支持特长文件，集成度和安全可靠性都较高。用 PDF 制作的电子书具有纸版书的质感和阅读效果，而显示大小可任意调节，给读者提供了个性化的阅读方式。

除 PDF 外，还有许多其他电子文档格式，如 EXE 文件格式、CAJ 文件格式（中国期刊网的期刊全文下载格式）、XPS 格式（微软公司推出的电子文档格式）、NLC 文件格式（中国国家图书馆的电子图书格式）等，这里不再详述。

2. SumatraPDF 电子文档阅读工具

SumatraPDF 是一款简单、轻量级的免费开源阅读器，可用于浏览 PDF、EPUB、MOBI、XPS、DJVU、CHM、CBZ 和 CBR 等格式的电子文档。SumatraPDF 的官网是 https://www.sumatrapdfreader.org/，目前 SumatraPDF 的最新版本是 3.5.2。SumatraPDF 主界面如图 8-7 所示。

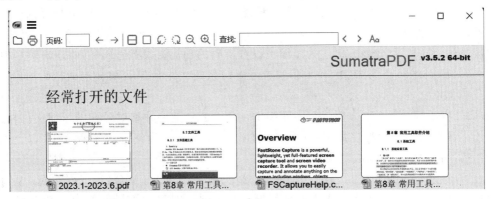

图 8-7　SumatraPDF 主界面

阅读文档时可以使用工具栏、菜单及命令面板实现对文档的调节。

工具栏是操作文档最常用的方法。常用的工具操作如下。

① 单击按钮 📁，可以打开指定路径下的文档。

② 单击按钮 🖨，打印当前文档。

③ 若要快速定位文档到确定的页面，可以在工具栏的"页码"文本框中直接输入页面的页码，再按回车键。

④ 若要翻页，可以单击"上一页"按钮 ← 或"下一页"按钮 →。

⑤ 若将页面调整为适合宽度连续模式，单击"适合宽度连续页面"按钮 ▤。

⑥ 若将页面调整至单页视图，单击"单页视图"按钮 ▢。

⑦ 单击"逆时针旋转"按钮 ↺ 或"顺时针旋转"按钮 ↻，可以实现文档的旋转。

⑧ 单击"缩小"按钮 🔍 或"放大"按钮 🔍，可以实现文档的缩小或放大。

⑨ 若要在文档中查找词语或内容,在"查找"文本框中输入信息即可定位目标,单击"向前查找"按钮 ‹ 或"向后查找"按钮 › 可以查看找到的其他目标。

单击"显示菜单"按钮 ≡ ,可以打开 SumatraPDF 主菜单,如图 8-8 所示。主菜单包括文件、视图、前往、缩放、选择、收藏夹、设置及帮助。单击菜单项可以显示级联菜单。操作菜单可以实现文档阅读的全部功能。

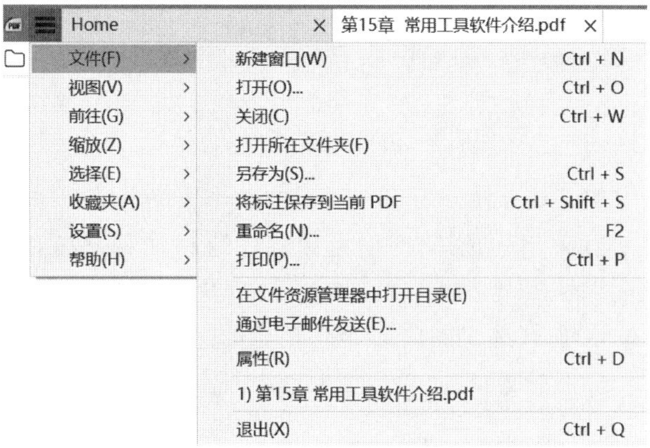

图 8-8　SumatraPDF 主菜单

命令面板也是使用 SumatraPDF 常用方法之一。利用命令面板除了可以访问 SumatraPDF 功能外,还能打开经常使用的文件并实现文档选项卡的切换。单击"菜单栏"按钮,选择"视图"菜单中的"命令面板"命令,或者使用快捷键 Ctrl+K 即可打开命令面板,如图 8-9 所示。在"命令面板"中双击某个命令即可执行该命令。

图 8-9　命令面板

SumatraPDF 软件不仅可以阅读文档,还可以对浏览的文档添加标注。

(1) 若要在文档某处添加标注,可在要添加标注的位置右击,在快捷菜单中选择"在光标处创建标注"命令,在级联菜单中选择一种标注方式,可以是"文本""自由文本""图章"或"插入符",如图 8-10 所示。例如,选择"文本"标注,会在窗口右侧弹出"标注"窗格,在其中输入标注内容即可。此时,文档的标注处会出现一个黄色的标注图标 ▤ ,鼠标指针指向标注图标 ▤ 会显示标注内容;按住 Ctrl 键的同时单击标注图标 ▤ ,可以对标注进行编辑。

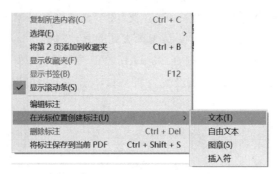

图 8-10　在光标处创建标注菜单

（2）要强调文档中的某些文本，可以为强调的文本设置标注。方法是拖动选定要强调的文本，然后右击，在快捷菜单中选择"对所选内容创建标注"命令，在级联菜单中选择一种标注方式，可以是"高亮"（快捷键为 a）、"下画线"（快捷键为 u）、"删除线"或"波浪线"，如图 8-11 所示。例如，按字母 a，选定的内容会高亮显示。

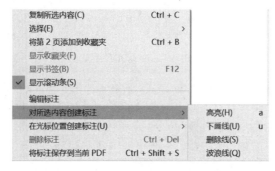

图 8-11　对所选内容创建标注菜单

3. 其他 PDF 文件阅读工具

（1）Adobe Acrobat Reader（http://www.adobe.com/）是美国 Adobe 公司开发的一款用于查看、打印和管理 PDF 文件阅读的免费软件，被誉为全球最值得信赖的 PDF 阅读器，是电子文档共享的全球标准。

（2）Foxit Reader PDF（http://www.foxitsoftware.cn/）是一款小巧、快速且功能丰富的免费 PDF 阅读器。不同于其他免费 PDF 阅读器，它拥有各种简单易用的功能，是一款占用空间小、启动速度快、浏览迅速且内存占用小的应用软件。

8.1.3　网络文件存储工具

随着计算机技术和网络技术的发展，云存储的概念应运而生。云存储起源于云计算，是一种新型的网络存储技术。云存储通过集群应用、网络技术或分布式文件系统等功能，将网络中大量的不同类型存储设备通过应用软件集合起来协同工作，共同对外提供数据存储和业务访问功能的系统。

1. 百度网盘

百度网盘（原百度云，https://pan.baidu.com/）是百度推出的一项云存储服务，专注于个人存储、备份功能，覆盖主流的个人计算机和手机操作系统，包括 Windows、macOS、Android、iOS 等。用户可以轻松地将自己的文件上传到网盘，并可跨终端随时随地查看和分享。

百度网盘客户端主要是解决用户单向上传或下载文件的需求,用户可以根据自己的意愿上传、下载文件,操作界面更直观,适合大部分用户使用。安装百度网盘客户端,需要登录官网,单击"下载 PC 版"按钮,下载并安装软件。安装成功后弹出"百度网盘"登录窗口,如图 8-12 所示。

图 8-12　"百度网盘"登录窗口

使用百度网盘需要注册百度账号。注册时需要提供用户的手机号码、用户名、密码及验证码,这样不仅能够更好地享受百度提供的各种服务,也能够利用百度账号登录百度网盘。目前,网盘的默认容量是 5 GB,后期可以通过完成任务或付费扩容。

(1) 文件上传。上传常用两种方法:右击菜单上传和使用百度网盘客户端上传。

如果使用右击菜单上传,需要选定上传的文件或文件夹后右击,在弹出的快捷菜单中单击"上传到百度网盘"按钮,完成上传。

如果使用百度网盘客户端上传,可以在如图 8-13 所示百度网盘客户端窗口中单击"上传"按钮,打开"请选择文件/文件夹"对话框,选择需要上传的文件/文件夹,再单击"存入百度网盘"按钮,即可将选定文件上传到百度网盘中,操作成功后窗口中将显示上传的文件。

(2) 文件下载与删除。除了文件上传,文件下载与删除也是百度网盘的常见操作。

在百度网盘客户端窗口中,选定要下载或删除的文件,单击窗口中的"下载"或"删除"按钮,可将选定文件下载到本地或从服务器上删除。

(3) 文件分享。百度网盘支持网盘中数据资源的分享。

在百度网盘客户端窗口中,选定要分享的文件,单击"分享"按钮,打开"分享文件"对话框,如图 8-14 所示。在"链接分享"选项卡中设置分享形式、提取方式、访问人数、有效期等选项,单击"创建链接"按钮,即可生成分享链接和提取码,如图 8-15 所示。复制链接发送给好友即可实现文件分享。

2. 其他常用网络文件存储工具

(1) 腾讯云:官方网站 https://cloud.tencent.com/。

(2) 坚果云:官方网站 https://www.jianguoyun.com/。

(3) 阿里云:官方网站 https://www.aliyun.com/。

图 8-13　百度网盘客户端窗口

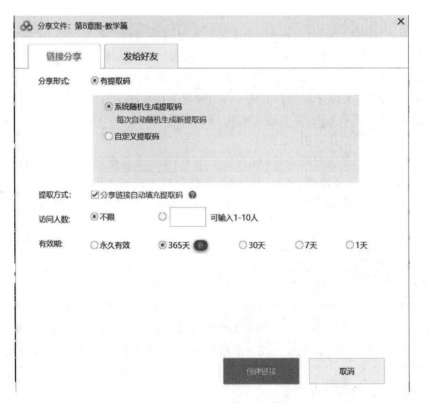

图 8-14　"分享文件"对话框

（4）Google Drive：官方网站 https://developers. google. cn/drive。

（5）迅雷云盘：官方网站 https://pan. xunlei. com/。

图 8-15　生成复制链接及提取码

8.1.4　文件下载工具

文件下载工具是指专门用于从网上下载资源的工具软件。用下载工具下载的网络资源之所以快,是因为采用了多点连接(分段下载)技术和断点续传技术。多点连接(分段下载)技术充分利用了网络上的多余带宽,断点续传技术随时接续上次中止部位继续下载,从而有效避免了重复劳动,极大地节省了下载者的连线下载时间。

下面介绍几种流行的专业下载工具。

1. 迅雷

迅雷 Thunder(https://www.xunlei.com/)是由深圳市迅雷网络技术有限公司开发的一款基于多资源超线程技术的下载软件,支持 HTTP、FTP、MMS、RTSP、BT、ED2K 等多种协议。作为宽带时期的下载工具,迅雷针对宽带用户做了优化,并同时推出了"智能下载"的服务。迅雷利用多资源超线程技术基于网络原理,将网络上存在的服务器和计算机资源进行整合,构成迅雷网络,通过迅雷网络传递各种数据文件。多资源超线程技术还具有互联网下载负载均衡功能,在不降低用户体验的前提下,迅雷网络可以对服务器资源进行均衡。

迅雷需要注册,启动迅雷后,屏幕的右上角会显示一个智能悬浮窗 ,登录后的主界面如图 8-16 所示。

使用迅雷下载,单击主界面右上角的"新建"按钮,打开"添加链接或口令"对话框,如图 8-17 所示。将复制好的链接或口令粘贴至窗口,选择下载的位置后,单击"立即下载"按钮。下载过程中窗口将显示进度条,下载完成时弹出"已完成"提示,可到指定下载位置查看文件。

2. 其他下载工具

(1) FDM(Free Download Manager)是一款相当优秀的免费全能型下载工具。它拥有现代化设计的友好界面,能够快速、安全、有效地下载热门网站的影片资源。FDM 支持 BT、FTP 下

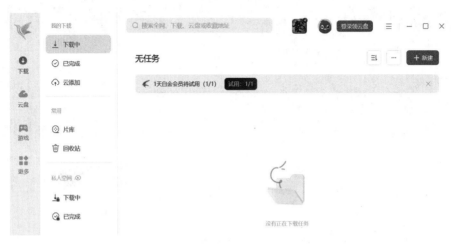

图 8-16　迅雷主界面

图 8-17　"添加链接或口令"对话框

载，具有批量下载、断点续传、捕获 HTTP 链接、FTP 目录浏览等功能，适用于 Windows、Android、macOS 及 Linux 系统。官方网站为 https：//www.freedownloadmanager.org/。

　　（2）IDM（Internet Download Manager）是一款提供多线程下载的工具。IDM 支持 Google Chrome、FireFox、Microsoft Edge、Opera、Safari 等常用浏览器，兼容 Windows 平台。IDM 具有强大的下载引擎和续传功能，它使用独特的算法，采用创新的动态文件分割技术，可以用最快的方式接收互联网数据，从而始终保持高速下载。官方网站为 https：//www.internetdownloadmanager.com/。

8.2 多媒体工具

8.2.1 抓图工具

1. FastStone Capture

FastStone Capture(http://www.faststone.org/)是一款集截屏、滚动截图、录屏、图片编辑为一体的轻量级截图软件。它能够便捷地捕获屏幕上的窗口、对象、菜单、全屏、长方形和手绘区域，甚至能截获滚动窗口及网页。此外，它还能录制屏幕上的所有活动，包括屏幕更改、麦克风语音、扬声器音频、网络摄像头、鼠标指针移动等。

用 FastStone Capture 截获的图像可以在该软件自带的编辑器中打开。该编辑器具有加注(文本、箭头、高亮)、调整大小、裁剪、锐化、水印、边缘效果等功能。其他功能包括图像扫描、全局热键、自动生成文件名、支持外部编辑器、颜色选择器、屏幕放大镜、屏幕十字线和屏幕标尺等。

FastStone Capture 将捕获的图像以多种图片格式保存，如 BMP、GIF、JPEG、PCX、PNG、TGA、TIFF、WEBP 和 PDF 格式。而窗口工具栏的屏幕录像机将视频保存为 MP4 和 WMV 格式。FastStone Capture 的捕获面板如图 8-18 所示，从左到右各按钮功能如下。

图 8-18 FastStone Capture 的捕获面板

(1) 在编辑器中打开文件：可以在弹出的菜单中选择新建、打开、从剪贴板导入、打开上次文件位置、打开所有最近文件等命令。

(2) 捕捉窗口/对象：指定抓取某个窗口或窗口内控件。

(3) 捕捉矩形区域：自定义抓取矩形区域，需要拖动选定抓取区域。

(4) 捕捉手绘区域：自定义抓取任意形状区域，要求该区域必须封闭。

(5) 捕捉整个屏幕：自动抓取当前全屏显示内容。

(6) 捕捉滚动窗口：对网页抓图非常有用，会自动滚屏抓取全部内容。

(7) 屏幕录像机：可录制视频。

(8) 捕获前延迟：以秒为单位延迟，方便捕获前准备窗口或菜单。

(9) 输出选项：选择将捕获发送到编辑器、文件、剪贴板、打印机、电子邮件、OneNote/Word/Excel/PowerPoint 文档，也可以将其上载到网站。输出抓图设置包含鼠标指针、自动进行边缘和水印处理等。

(10) 设置菜单：包含设置、帮助、教程、编辑器打开、屏幕放大镜、屏幕取色、屏幕标尺、皮肤、关于、退出。选择"设置"命令会弹出对话框，捕捉选项卡中设置捕捉图像分辨率(DPI)。还有其他几个选项卡，可以设置快捷键、文件名自动命名规则、图片文件保存格式、FTP 服务器网址等。

截取矩形图片的具体步骤如下。

(1) 运行 FastStone Capture 软件。

(2) 选择要截取的对象，包括窗口、网页或图片等。

(3) 单击"捕获矩形区域"按钮。

(4) 用鼠标选取矩形区域，截取的图像将显示在 FastStone 编辑器中，如图 8-19 所示。

常用工具软件介绍

图 8-19　FastStone 编辑器

（5）选择"另存为"命令，在弹出的对话框中输入保存文件名。

（6）单击"保存"按钮，保存截取的图片。

2. 其他常用图像捕获工具

（1）Snipaste 是一款基于简洁、免费等特点的截图工具，官方网站为 https://www. snipaste.com/。

（2）SnagIt 是一款优秀的屏幕、文本和视频捕获、编辑软件，官方网站为 http://www. snagit.com.cn/。

（3）PicPick 是一个全功能的屏幕截图工具，包括直观的图像编辑器、颜色选择器、颜色调色板等，官方网站为 https://picpick.app/zh/。

（4）SnippingTool 是 Windows 操作系统自带工具。单击"开始"按钮，选择"所有程序"→"附件"→"截图工具"命令即可启动。

8.2.2　多媒体格式转换工具

1. 格式工厂

格式工厂（Format Factory）是由上海格诗网络科技有限公司开发的一款免费多媒体格式转换软件。它支持几乎所有类型多媒体格式转到主流多媒体文件格式，方便多媒体文件的保存与备份，转换图片支持缩放、旋转、水印等常用功能，而且转换过程中还可以修复损坏文件。它支持多语言，拥有 DVD 视频抓取功能，适用 iPhone、iPod、PSP 等多媒体系统特定文件格式。格式工厂发展至今，已经成为全球领先的视频和图片等格式转换客户端。

格式工厂具体支持的格式转换类型：所有类型视频转到 MP4、3GP、AVI、MKW、WMV、MPG、VOB、FLV、SWF、MOV 等格式；所有类型音频转到 MP3、WMA、FLAC、AAC、MMF、AMR、M4A、M4R、OGG、MP2、WAV 等格式；所有类型图片转到 JPG、PNG、ICO、BMP、GIF、TIF、PCX、TGA 等格式；还支持转换 DVD 到视频文件，转换音乐 CD 到音

频文件等。在转换过程中可设置文件输出配置,包括视频的屏幕大小、每秒帧数、比特率、视频编码、音频的采样率、字幕的字体与大小等。

　　格式工厂无须注册,安装后即可使用,主界面如图 8-20 所示。下面以视频格式转换为例介绍格式工厂的使用方法,图片格式与音频格式的转换方法与视频格式转换相似,不再赘述。

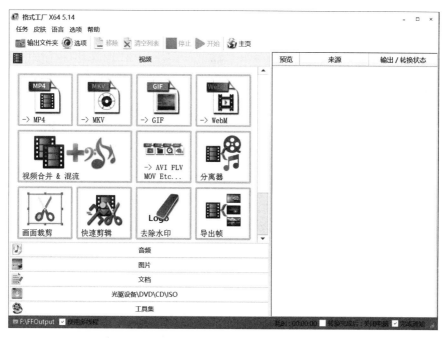

图 8-20　格式工厂主界面

视频格式转换操作步骤如下。

(1) 在格式工厂左侧功能区,单击要转换的视频格式按钮,打开如图 8-21 所示的对话框。

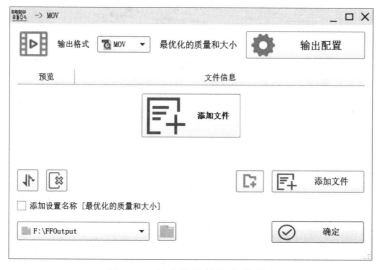

图 8-21　转换的视频格式对话框

常用工具软件介绍

（2）在对话框中设置转换后视频文件的保存路径，单击"输出配置"按钮，弹出"视频设置"对话框，如图 8-22 所示，在此可以调整转换视频输出前的参数。

图 8-22 "视频设置"对话框

（3）在图 8-21 所示的对话框中单击"添加文件"按钮，在打开的"请选择文件"对话框中选定要转换的文件，将文件添加到转换列表中，格式工厂允许同时添加多个不同格式的视频文件一并转换为目标格式，如图 8-23 所示。

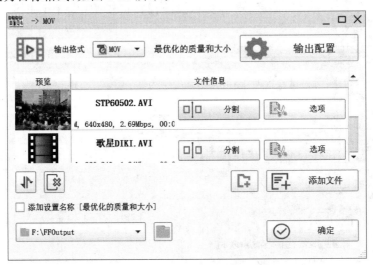

图 8-23 多个文件视频转换

（4）单击"确定"按钮，返回格式工厂主界面。在主界面任务区选择待转换视频，单击工具栏的"开始"按钮，开始进行格式转换，如图 8-24 所示。

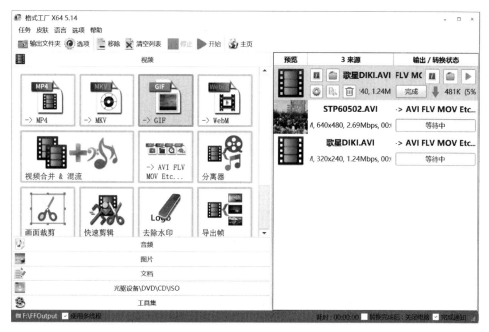

图 8-24 "格式工厂"转换视频界面

（5）转换完成后，可在指定存放视频文件路径下查看转换后的视频。

2. 其他多媒体格式转换工具

嗨格式视频转换器是一款专业的音视频转换软件。支持多种视频格式、音频格式转换，支持一键提取视频中的音频，可智能压缩视频大小。官方网站为 https://shipin.hgs.cn/。

8.2.3 GIF 动画制作工具

1. ScreenToGif

ScreenToGif 是由 Nicke Manarin 开发的一款功能强大且易于使用的免费软件，它可以将屏幕任何区域及操作过程录制成 GIF 格式的动画图像，保存过程还可以对 GIF 动画进行编辑优化，使得制作出的 GIF 更加丰富多样。

启动 ScreenToGif，主窗口如图 8-25 所示，包含屏幕录像机录制、计算机摄像头录制、画板录制、GIF 编辑器 4 个模块。

图 8-25 ScreenToGif 主窗口

（1）屏幕录像机录制。

单击"录像机"按钮打开屏幕录像机窗口，如图 8-26 所示。该窗口是中空的，底部有控制条。从左到右控制条各按钮功能如下。

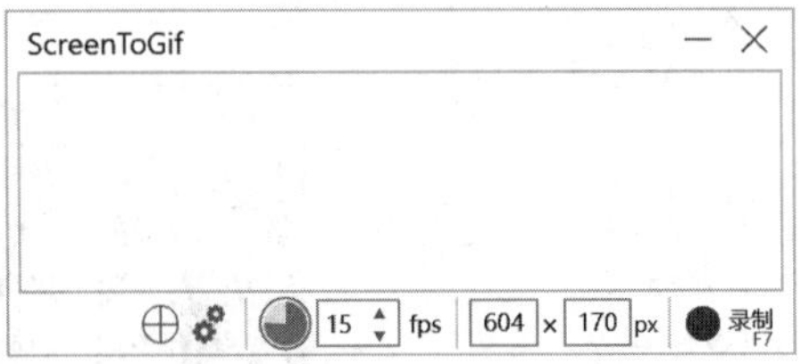

图 8-26　"录像机"窗口

① 对齐窗口 ⊕：单击拖放至录制窗口顶部，会自动调整窗口大小。

② 选项 ⚙：单击"选项"按钮，可以从应用程序、录像机、编辑器、自动化任务、键盘快捷键、语言、临时文件、上传服务、附加功能等几方面对 ScreenToGif 参数进行设置。

③ fps ◐ 15 ⬍：fps 即 frames per second，代表录像的最大帧频率，取值范围为 1～60 fps。

④ 窗口尺寸 603 × 170 px：录制矩形的大小，通过输入新值或拖动窗口调整大小。

⑤ 放弃（当前隐藏）：暂停录制时，将出现此按钮。

⑥ 录制/暂停 ●：开始/暂停录制。

⑦ 停止：如果有活动（或暂停）的录制文件，单击此按钮将打开"编辑器"窗口，并加载录制文件。

（2）摄像头录制。

摄像头录制是以计算机摄像头捕获的画面作为视频源。在 ScreenToGif 主窗口中单击"摄像头"按钮打开摄像头录像机窗口，窗口底部的控制条如图 8-27 所示。由图 8-27 可见，控制条中多数按钮与屏幕录像机的按钮一样，不同的三个按钮的功能如下。

图 8-27　"摄像头"窗口控制条

① 更改视频比例 ▨：单击此按钮会出现拖动滑块，拖动滑块可以调整摄像头窗口缩放比例。

② 检查视频设备 ↻：运行硬件检查并查找新的视频设备。加载此窗口时也会进行相同的检查。

③ 视频设备 Integrated Webcan ∨：显示所有视频设备。

（3）画板录制。

在 ScreenToGif 主窗口中单击"画板"按钮打开画板录像机窗口，如图 8-28 所示。画板是一个有录像功能的白板，可在上面绘制图形，画板录像机会自动记录绘制流程。墨迹控制选项位于窗口工具栏中，其中的选项可改变画笔的颜色和粗细。

（4）编辑器。

编辑器是 ScreenToGif 的主要功能。在屏幕、摄像头或画板录制完成后，默认自动打开编辑器并导入刚录的 GIF，对录制的内容进行编辑。编辑器还允许选择"媒体与项目"命令导入 GIF 和视频。编辑器可以分为 4 部分，如图 8-29 所示。

① 功能区：位于编辑器顶部，其中包含文件、主页、播放、编辑、图像、过渡、统计 7 个选

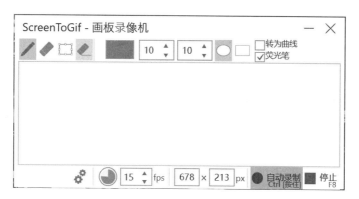

图 8-28 "画板录像机"窗口

图 8-29 ScreenToGif 编辑器

项卡,通过功能区各选项卡中的图标可以实现编辑器的全部功能。

② 查看器:显示当前选定的帧。根据内容的 DPI 进行调整。

③ 操作侧边栏:在窗口右侧打开的面板,用于显示编辑器每个工具的选项,如标题、自由绘图、另存为、水印等。

④ 框架列表(和底部控件):显示项目的帧列表,还包含播放控件的快捷方式。

(5) 利用录像机录制 GIF 的具体步骤如下。

① 运行 ScreenToGif,单击"录像机"按钮,打开录像机窗口。

② 在录像机窗口,拖动窗口边框调整窗口大小,或者拖动"对齐窗口"按钮将其放至待录制窗口顶部,录像机窗口将自动调节为待录制窗口适合大小。

③ 单击"录制"按钮开始录制操作。例如,要生成一个格式工厂视频格式转换的 GIF 动

画,在格式工厂中演示操作即可。

④ 录制结束后,单击"结束"按钮,打开"编辑器"窗口,窗口中会加载录制的文件,如图 8-29 所示。

⑤ 在编辑器中编辑录制的 GIF 文件,然后选择"文件"选项卡中"文件"选项组的"另存为"图标,在打开的操作侧边栏中设置"另存为"选项,如文件类型、编码器和量化器、颜色、保存路径等,然后单击"保存"按钮,如图 8-30 所示。

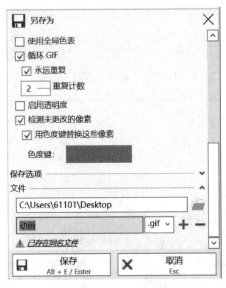

图 8-30 "另存为"面板

⑥ 在保存路径下查看制作的 GIF 动画。

2. 其他常用 GIF 动画制作工具

（1）QQ 影音是腾讯公司出品的一款音频播放器,它的兼容性很高,不仅能支持多种格式的视频播放,而且还能把视频制作为 GIF,操作很简单。官方网站为 https://player.qq.com/。

（2）Easy GIF Animator 是一款功能强大的动画 GIF 编辑器。官方网站为 https://www.easygifanimator.net/。

习　题　8

一、简答题

1. Bandizip 支持创建哪些格式的压缩文件? 请列举 3 种以上。

2. Bandizip 能创建自解压格式的压缩文件吗? 如果能,该如何操作?

3. SumatraPDF 支持查阅哪些电子文档? 请列举 3 种以上。

4. 如何使用 SumatraPDF 对所选内容创建高亮标注?

5. 常用的网络文件存储工具有哪些? 请列举 3 种以上。

6. 迅雷支持哪些协议? 请列举 3 个以上。

7. 除了迅雷还了解那些文件下载工具? 它们有什么特点?

8. 专用图像捕获工具软件有哪些？请列举 3 种以上。

9. 在 FastStone Capture 中如何设置截图分辨率（DPI）？

10. 怎样使用格式工厂将 WMA 格式的音乐文件转换为 MP3 格式的文件？

11. ScreenToGif 支持哪几种录制形式？

二、操作题

1. 请使用 Bandizip 将自己的多张照片文件压缩成一个 ZIP 格式的压缩文件（或扩展名为.exe 的自解压文件），并用 e-mail 附件发送给您的朋友或家人。

2. 请将一个 Word 文档转换为 PDF 文档，并使用 SumatraPDF 阅读生成的 PDF 文档。

3. 请使用迅雷、FDM 各下载一部电影，对比各下载工具的性能及资源使用情况。

4. 请使用 FastStone Capture 或其他截图工具软件截取屏幕上任意一块矩形区域，并以 JPG 格式保存为文件。

5. 请使用 ScreenToGif 制作一个 GIF 动画，并将其上传至百度网盘，分享给你的朋友。

6. 请使用格式工厂将 AVI 格式或 RM 格式的视频转换为 MP4 格式。

常用工具软件介绍

第二篇　实践篇

第9章　操作系统基础及 Windows 10 应用

实验 1　Windows 10 个性化环境设置

【实验目的】

1. 掌握 Windows 10 桌面背景设置方法。
2. 掌握 Windows 10 主题设置方法。
3. 掌握 Windows 10 系统图标设置方法。
4. 掌握 Windows 10 菜单设置方法。
5. 掌握 Windows 10 任务栏设置方法。

【实验题目 1】

使用 Windows 10 自带的背景图片设置系统桌面背景,并查看系统背景图片的存放位置。

【实验步骤】

1. 使用 Windows 10 自带的背景图片设置系统桌面背景。

(1) 在桌面选择"开始"→"设置"命令,打开"Windows 设置"窗口。

(2) 在"Windows 设置"窗口,单击"个性化"按钮,打开个性化"设置"窗口。

(3) 在个性化"设置"窗口的左侧选择"背景"命令,在右侧"背景"下拉列表中选择"图片";在"选择图片"处选择需要设定成桌面背景的图片,在"选择契合度"下拉列表中选择"填充"。

2. 查看系统背景图片存放位置文件夹。

(1) 单击"此电脑",打开 C 盘,打开 Windows 文件夹,打开 Web 文件夹,可以看到 3 个子文件夹,其中 Screen 子文件夹存放系统锁屏壁纸,Wallpaper 子文件夹存放系统桌面壁纸。

(2) 打开 Wallpaper 子文件夹,可以看到 Windows、Windows 10 和"鲜花"3 个子文件夹,分别用于存放不同类型的桌面背景图片。

(3) 打开 Windows 10 子文件夹,可以看到系统自带的默认桌面背景图片。

【实验题目 2】

下载"Beauty of China PREMIUM"主题文件并将其设置为 Windows 10 系统主题。

【实验步骤】

1. 选择"开始"→"设置"命令,打开"Windows 设置"窗口,单击"个性化"按钮,打开个性化"设置"窗口。

2. 在个性化"设置"窗口中，选择左侧的"主题"命令，在打开的主题设置窗口中，找到"更改主题"区域，单击"在 Microsoft Store 中获取更多主题"超链接，打开 Microsoft Store 窗口。

3. 在 Microsoft Store 窗口中，拖动右侧滚动条，浏览在线的 Windows 主题。找到并单击 Beauty of China PREMIUM 缩略图，单击"获取"按钮，下载 Beauty of China PREMIUM 主题文件。

4. 下载结束后，单击 Beauty of China PREMIUM 主题下的"打开"按钮，打开主题设置窗口。在窗口中的"更改主题"区域单击 Beauty of China PREMIUM 主题。

5. 返回 Windows 10 系统桌面，查看 Beauty of China PREMIUM 主题效果。

【实验题目 3】

在 Windows 10 桌面上添加"此电脑""网络""回收站"和"控制面板"系统图标，并将 Microsoft Edge 图标添加到桌面上。

【实验步骤】

1. 在 Windows 10 桌面上添加"此电脑""网络""回收站"和"控制面板"系统图标。

（1）在桌面选择"开始"→"设置"命令，打开"Windows 设置"窗口。

（2）在"Windows 设置窗口"中，单击"个性化"按钮，打开个性化"设置"窗口。

（3）在个性化"设置"窗口选择左侧的"主题"命令，在右侧"相关的设置"选项区域单击"桌面图标设置"超链接，打开"桌面图标设置"对话框。

（4）在"桌面图标设置"对话框的"桌面图标"选项区域勾选"计算机""回收站""控制面板"和"网络"复选框，同时勾选下方的"允许主题更改桌面图标"复选框，单击"确定"按钮，将上述系统图标添加到 Windows 10 系统桌面。

（5）返回 Windows 10 系统桌面，查看添加的系统图标。

2. 将 Microsoft Edge 图标添加到桌面。

（1）单击"开始"按钮，选择"所有程序"命令，打开程序列表。

（2）在程序列表中找到 Microsoft Edge 程序。

（3）将 Microsoft Edge 图标拖动到桌面上，生成程序的桌面快捷方式图标。

【实验题目 4】

按如下要求设置开始菜单和任务栏。

1. 在"开始"菜单显示最近添加的应用程序列表。

2. 将"文件资源管理器"图标和"图片"图标显示在"开始"菜单上。

3. 使用磁贴将计算器固定到"开始"屏幕。

4. 将"画图"程序固定到任务栏，然后设置为在桌面模式下自动隐藏任务栏，并将任务栏固定到屏幕的底部位置。

【实验步骤】

1. 在"开始"菜单显示最近添加的应用列表。

（1）选择"开始"→"设置"命令，打开"Windows 设置"窗口。

（2）在"Windows 设置"窗口，单击"个性化"按钮，打开个性化"设置"窗口。

（3）在个性化"设置"窗口选择左侧的"开始"命令，在右侧将"显示最近添加的应用"设置为"开"。

2. 将"文件资源管理器"图标和"图片"图标显示在"开始"菜单上。

（1）在个性化"设置"窗口选择左侧的"开始"命令，在右侧单击下方的"选择哪些文件夹显示在'开始'菜单上"超链接，打开"设置"窗口。

（2）在此窗口中，将"文件资源管理器"设置为"开"，"图片"设置为"开"。

（3）单击"开始"按钮，可以看到"文件资源管理器"图标和"图片"图标显示在"开始"菜单上。

3. 使用磁贴将计算器固定到"开始"屏幕。

（1）单击"开始"按钮，在"开始"菜单中查找计算器程序。

（2）右击计算器程序，在弹出的菜单里单击"固定到开始屏幕"命令。

4. 将"画图"程序固定到任务栏。

（1）单击"开始"按钮，在"开始"菜单中查找"画图"程序。

（2）右击"画图"程序，在弹出的菜单里选择"更多"→"固定到任务栏"命令。

5. 在桌面模式下自动隐藏任务栏，并将任务栏固定到屏幕的底部位置。

（1）选择"开始"→"设置"→"个性化"命令，打开个性化"设置"窗口，在个性化"设置"窗口选择左侧的"任务栏"命令，打开任务栏设置窗口。

（2）在任务栏设置窗口中，将"在桌面模式下自动隐藏任务栏"设置为"开"，在"任务栏在屏幕上的位置"下拉列表中选择"底部"。

【作业】

1. 利用"开始"菜单先后打开"写字板""画图"和"计算器"3 个程序，并将各程序窗口平铺在桌面上。

2. 选择一张风景图片作为桌面背景，并试验图片"选择契合度"选项为"填充""适应""拉伸""平铺"和"居中"时的不同效果。

3. 设置屏幕保护程序为"变幻线"，并观察屏幕的效果。

4. 打开"Windows 设置"窗口，先后进入"键盘"和"鼠标"的属性窗口，并体会其中各选项的作用。练习结束后，恢复原始设置。

实验 2 应用程序的管理

【实验目的】

1. 掌握 Windows 10 应用程序的启动与关闭方法。

2. 掌握 Windows 10 前后台应用程序间的切换方法。

3. 掌握 Windows 10 任务管理器的使用方法。

4. 掌握 Windows 10 中截图应用程序的使用方法。

【实验题目 1】

Windows 10 应用程序的综合练习。

【实验步骤】

1. 启动应用程序的练习。

（1）双击桌面上的"此电脑"图标，打开"此电脑"窗口。

（2）单击"开始"按钮，在"开始"菜单的程序列表中选择"Windows 附件"→"记事本"命令将记事本打开。

（3）单击任务栏左侧的"搜索"按钮，在打开的搜索框中输入"计算器"，系统会根据输入内容自动匹配，将最佳匹配结果显示在列表顶部，单击列表顶部的"计算器"应用程序，打开"计算器"窗口。

2. 前后台应用程序间的切换的练习。

（1）单击处于后台的"记事本"应用程序窗口，则该窗口成为前台窗口。

（2）单击任务栏上"此电脑"应用程序图标，则"此电脑"应用程序窗口切换到前台。

（3）反复按快捷键 Alt＋Esc，则会按应用程序打开的顺序，逐个将不同应用程序窗口切换到前台。

（4）按快捷键 Alt＋Tab，则屏幕中央出现所有已打开的应用程序图标，且其中一个有框线，按住 Alt 键，反复按 Tab 键，当"计算器"应用程序图标有框线时，松开键盘，则该应用程序成为前台窗口。

（5）按快捷键 Win＋Tab，则屏幕中央显示出所有已打开的应用程序缩略图，单击或通过方向键选择后按回车键，将"记事本"应用程序切换到前台。

3. 关闭应用程序的练习。

（1）单击"此电脑"应用程序窗口右上角的"关闭"按钮，则该应用程序被关闭。

（2）在"记事本"应用程序窗口中，单击"文件"菜单，选择"退出"命令，在弹出的"记事本"对话框中单击"不保存"按钮，则关闭该程序。

4. 任务管理器的操作练习。

（1）打开 Windows 10 任务管理器。在任务栏的空白处右击，在弹出的菜单中选择"任务管理器"命令，或者按快捷键 Ctrl＋Shift＋Esc，直接打开"任务管理器"窗口。

（2）关闭应用程序。在"任务管理器"窗口的"进程"选项卡中，单击"计算器"应用程序，再单击窗口右下角的"结束任务"按钮，则该应用程序被关闭。该操作一般用于关闭无响应的应用程序。

（3）在"任务管理器"窗口中查看系统资源的使用情况。在"任务管理器"窗口中，单击"性能"标签，即可看到 CPU 使用记录、物理内存使用记录等各项参数，还可以看到以数据形式显示的系统句柄数、线程数和进程数等信息。

【实验题目 2】

使用截图工具截取屏幕图像的操作练习。

【实验步骤】

1. 启动 Windows 10 截图工具应用程序。

单击"开始"按钮，打开"开始"菜单。在"开始"菜单的程序列表中选择"Windows 附件"→"截图工具"命令，将其打开。

2. 使用截图工具截取计算机屏幕上的矩形区域图像。

（1）在"截图工具"应用程序中，单击"新建"按钮旁边的下拉按钮 ，在下拉列表中选择"矩形截图"命令。

（2）当鼠标指针变成＋字时，将鼠标指针移到需要截图的位置后拖动，选中框变成红色线显示。选取矩形区域屏幕图像后，松开鼠标左键，打开"截图工具"窗口。

（3）在窗口选择"文件"→"另存为"命令，在弹出的"另存为"对话框中设置需要的文件名、保存类型及保存位置,单击"保存"按钮,将截取的屏幕图像保存到计算机硬盘。

3. 使用截图工具截取"此电脑"窗口图像。

（1）双击桌面上的"此电脑"图标,打开"此电脑"窗口。

（2）切换到"截图工具"应用程序,单击"新建"按钮旁边的下拉按钮 ▼,在下拉列表中选择"窗口截图"命令。

（3）单击需要截图的"此电脑"窗口,弹出"截图工具"窗口。

（4）选择"文件"→"另存为"命令,在弹出的"另存为"对话框中设置需要的文件名、保存类型及保存位置,单击"保存"按钮,将截取的屏幕图像保存到计算机硬盘。

4. 使用截图工具截取当前桌面的屏幕图像。

（1）选择"开始"→"Windows 附件"→"截图工具"命令,启动"截图工具"应用程序,单击"新建"按钮旁边的下拉按钮 ▼,在下拉列表中选择"全屏幕截图"命令,弹出"截图工具"窗口。

（2）选择"文件"→"另存为"命令,在弹出的"另存为"对话框中设置需要的文件名、保存类型及保存位置,单击"保存"按钮,将截取的全屏幕图像保存到计算机的硬盘。

【作业】

1. 运行 Microsoft Edge 浏览器,浏览辽宁大学的官方网站,然后启动 Windows 10 截图工具截取当前浏览的网页页面图像,并将截取的图像文件保存到 U 盘中。

2. 用不同的方法启动记事本、截图工具和 Word 2019 应用程序,并练习不同应用程序之间的切换和关闭。

实验 3   文件与硬盘的管理

【实验目的】

1. 掌握在 Windows 10 中选定的文件或文件夹方法。

2. 掌握在 Windows 10 中查看文件或文件夹属性的方法。

3. 掌握使用"此电脑"窗口管理文件或文件夹的方法。

4. 了解在 Windows 10 中搜索文件或文件夹的方法。

5. 掌握 Windows 10 回收站的管理方法。

【实验题目 1】

在 Windows 10 中选定文件或文件夹的练习。

【实验步骤】

1. 双击桌面"此电脑"图标,打开"此电脑"窗口,双击 C 盘,显示 C 盘的内容。在"查看"选项卡的"布局"选项组中单击"列表"图标。

2. 在文件列表窗格中,单击一个文件或文件夹图标,则该图标高亮显示,表明该文件或文件夹已被选定。

3. 在文件列表窗格中,单击一个图标,按住 Shift 键,再单击另一个图标,则两图标之间的图标均被选定。

4. 单击文件列表窗格的空白区域,则所有选定被取消。

5. 在文件列表窗格中,按住 Ctrl 键,依次单击不相邻的几个图标,则这些图标被选定。

再次按住 Ctrl 键并单击已选定的图标，则该项的选定被取消。

6．在"主页"选项卡的"选择"选项组中单击"反向选择"图标，则所有未选定的项被选定，而已经选定的项被取消选定。

7．在"主页"选项卡的"选择"选项组中单击"全部选择"图标，则文件列表窗格中所有的图标高亮显示，即均被选定。

8．单击文件列表窗格的空白区域，取消所有的选定项。

【实验题目 2】

在"此电脑"窗口中完成管理文件和文件夹的综合练习。

【实验步骤】

1．在 D 盘建立 A1 和 A2 两个文件夹。

（1）双击桌面"此电脑"图标，打开"此电脑"窗口。

（2）在窗口左侧的导航窗格中单击 D 盘图标，文件列表窗格中显示 D 盘的内容。

（3）在"主页"选项卡的"新建"选项组中单击"新建文件夹"图标，或者在文件列表窗格中的空白处右击，在弹出的快捷菜单中选择"新建"→"文件夹"命令，则在文件列表窗格中生成一个以"新建文件夹"为名的新文件夹图标，且名字处于选定状态。

（4）直接输入 A1，再按回车键，完成建立文件夹 A1 的操作。

（5）用同样的方法，在 D 盘中建立文件夹 A2。

2．将文件夹 A2 改名为 B1。

右击文件夹 A2，在弹出的快捷菜单中选择"重命名"命令，输入"B1"，再按回车键。

3．打开文件夹 B1，并在其中建立名为 B2 的文件夹。

在导航窗格中单击文件夹 B1 图标，或在文件列表窗格中双击文件夹 B1 图标，则文件夹 B1 被打开。利用前面介绍的方法，在该文件夹中建立新文件夹 B2。

4．用鼠标操作，将文件夹 B2 移动到文件夹 A1 中。

拖动文件夹 B2 的图标到导航窗格中文件夹 A1 的图标上，再松开鼠标左键，则文件夹 B2 被移动到文件夹 A1 中。打开文件夹 A1，即可看到文件夹 B2。

5．利用剪贴板将文件夹 B2 移回文件夹 B1 中。

（1）在文件夹 A1 窗口中单击文件夹 B2。

（2）在"主页"选项卡的"剪贴板"选项组中单击"剪切"图标，将文件夹 B2 剪切到剪贴板，此时文件夹图标变虚。

（3）打开文件夹 B1，在"主页"选项卡的"剪贴板"选项组中单击"粘贴"图标，将文件夹 B2 粘贴到当前文件夹 B1 中。

6．在 D 盘中，建立一个名为 ABC.txt 的文本文件。

（1）在导航窗格中选定 D 盘。

（2）右击文件列表窗格的空白区域，在弹出的快捷菜单中选择"新建"→"文本文档"命令，则在文件列表窗格中出现以"新建文本文档"为名的新图标。

（3）输入文件名"ABC"，再按回车键。

7．用鼠标操作，将 D 盘文件 ABC.txt 复制到 D 盘文件夹 A1 中。

单击 D 盘文件 ABC.txt，然后按住 Ctrl 键并拖动该文件图标到导航窗格中 D 盘文件夹 A1 图标上，再松开鼠标左键。当打开 D 盘文件夹 A1 时，可发现该文件已复制过来。

提示：如果在不同磁盘之间进行复制操作，则拖动即可，不必按住 Ctrl 键。

8. 将文件夹 A1 中的文件 ABC.txt 复制到文件夹 B1 中。

在文件夹 A1 中单击该文件，在"主页"选项卡的"剪贴板"选项组中单击"复制"图标，将该文件复制到剪贴板。打开文件夹 B1，在"主页"选项卡的"剪贴板"选项组中单击"粘贴"图标，则文件被粘贴到文件夹 B1 中。

9. 删除文件夹 B1 中的文件 ABC.txt 和文件夹 B2。

单击文件 ABC.txt 和文件夹 B2，按 Delete 键，然后在弹出的"确认删除"对话框中，单击"是"按钮，确认删除。

提示：凡在硬盘上删除的文件或文件夹，均被移动到回收站中，暂时保存。

10. 撤销删除的操作。

右击文件列表窗格空白处，在弹出的快捷菜单中选择"撤销"命令，或者按快捷键 Ctrl＋Z，则刚才的删除操作被撤销，被删除的项目恢复到窗口中。

提示：撤销命令也可以撤销其他操作，如移动、复制等，但不能撤销在移动存储器上删除文件的操作。另外，还可以依次撤销多个操作。

11. 查看文件或文件夹属性的练习。

（1）在"此电脑"窗口中，打开 C 盘。右击 C 盘中任意一个文件图标，在弹出的快捷菜单中选择"属性"命令，则弹出该文件的"属性"对话框。在"属性"对话框中，可查看该文件的名称、类型、位置、大小、时间和属性等信息。

（2）关闭上面的对话框，再右击 D 盘中任意一个文件夹图标，查看该文件夹中含有的文件个数和文件夹大小。

【实验题目 3】

Windows 10 回收站的管理练习。

【实验步骤】

1. 在 D 盘中先后删除如下文件或文件夹：文件夹 B1 中的文件夹 B2 和文件 ABC.txt、文件夹 A1 和 B1。单击要删除的文件夹或文件，右击选定的图标，在弹出的快捷菜单中选择"删除"命令，即可删除。

2. 在 Windows 10 的桌面上，双击"回收站"图标，打开"回收站"窗口。

3. 将回收站中的文件 ABC.txt 还原。在回收站中单击该文件，在"管理"选项卡的"还原"选项组中单击"还原选定的项目"图标，或者右击选定的文件，在弹出的快捷菜单中选择"还原"命令，则该文件图标在回收站中消失。此时，可在"此电脑"窗口的导航窗格中发现该文件所属的文件夹 B1 被重建，且该文件处于文件夹 B1 中。

4. 在回收站中清除文件夹 B2。在回收站中单击该文件夹，右击选定的文件，在弹出的快捷菜单中选择"删除"命令，或按 Delete 键，则弹出"确认删除"对话框。单击"是"按钮，则该文件夹被彻底删除。

5. 清空回收站。在"管理"选项卡的"管理"选项组中单击"清空回收站"图标，在弹出的"确认删除"对话框中单击"是"按钮，确认删除，则回收站被清空。

【实验题目 4】

Windows 10 搜索文件的练习。

【实验步骤】

1. 在 C 盘搜索扩展名为.exe 的文件。

（1）双击桌面的"此电脑"图标，打开"此电脑"窗口，在导航窗格中单击 C 盘，将其选定。

（2）在搜索框中输入要查询的关键字信息"＊.exe"。随着输入，系统开始搜索，在文件列表窗格中显示出搜索到的文件。

2. 在 C 盘"Windows 文件夹"中搜索扩展名为.exe、大小在 10—100 KB 范围内的文件。

（1）双击桌面的"此电脑"图标，打开"此电脑"窗口，在导航窗格中单击 C 盘盘符前的图标 >，展开 C 盘的子文件夹。

（2）在 C 盘的子文件夹中找到并单击"Windows 文件夹"图标，则该文件夹成为当前文件夹。

（3）在搜索框中输入要查询的关键字信息"＊.exe"。

（4）在"搜索"选项卡的"优化"选项组中单击"大小"图标，在下拉列表中选择"小（10—100 KB）"选项。

3. 在 C 盘"Windows 文件夹"搜索文件名首字母为 A、今年建立的文件。

（1）双击桌面的"此电脑"图标，打开"此电脑"窗口，在导航窗格中单击 C 盘盘符前的图标 >，展开 C 盘的子文件夹。

（2）在 C 盘子文件夹中找到"Windows 文件夹"图标并单击，则该文件夹成为当前文件夹。

（3）在搜索框中输入要查询的关键字"A"或"A.＊"。

（4）在"搜索"选项卡的"优化"选项组中单击"修改日期"图标，下拉列表中选择"今年"选项。

4. 搜索记事本文件 Notepad.exe，然后运行找到的文件。

在任务栏左侧的"搜索框"中输入需要查找的文件名 Notepad.exe 或"记事本"，在开始菜单的顶部显示出搜索到的记事本程序，单击该文件即可运行。

【作业】

1. 在计算机 D 盘中进行如下的文件或文件夹操作。

（1）在 D 盘建立名为 test1 和 test2 的两个文件夹，然后在文件夹 test1 中建立名为 test3 的文件夹。

（2）将文件夹 test3 复制到 D 盘根文件夹下，重命名为 test11。

（3）将文件夹 test1 中的文件夹 test3 移动到文件夹 test2 中。

（4）在文件夹 test2 中新建两个文本文件 A1.txt 和 A2.txt。

（5）将文件夹 test2 中的文本文件 A2.txt 复制到文件夹 test1 中。

（6）先后将 D 盘文件夹 test1 和文件夹 test2 中的文本文件 A2.txt 删除。

（7）打开回收站，将文件夹 test1 还原，再将回收站清空。

2. 完成下面指定的搜索。

（1）在所有硬盘上搜索今年创建的文件，并将搜索到的文件按时间顺序排列。

（2）在 C 盘"Windows 文件夹"中搜索文件名为 A 开头、扩展名为.ini 的所有文件，再选定其中的两个复制到 U 盘上。

（3）在计算机中搜索画图程序，找到后运行该程序。

实验 4　硬盘的管理

【实验目的】

1. 掌握查看磁盘属性的方法。
2. 掌握磁盘扫描的方法。
3. 掌握磁盘碎片整理的方法。
4. 掌握磁盘清理的方法。

【实验题目】

查看计算机 D 盘的属性,并对其完成磁盘扫描、碎片整理、磁盘清理操作。

【实验步骤】

1. 双击桌面的"此电脑"图标,打开"此电脑"窗口。

2. 在"此电脑"窗口中,右击 D 盘图标,在弹出的快捷菜单中选择"属性"命令,弹出"D 盘属性"对话框。

3. 在对话框"常规"选项卡中,查看以下的磁盘信息:卷标名、文件系统格式、已用空间、可用空间、磁盘总容量等。

4. 在"常规"选项卡中单击"磁盘清理"按钮,在弹出的"D 盘的磁盘清理"对话框中勾选要删除的文件前的复选框,单击"确定"按钮,弹出"磁盘清理"对话框,询问用户是否确认永久删除这些文件,单击"删除文件"按钮,确认删除。

5. 在"D 盘属性"对话框中,在"工具"选项卡的"查错"选项区域,单击"检查"按钮,则弹出"错误检查(D 盘)"对话框。

6. 在"错误检查(D 盘)"对话框中单击"扫描驱动器"按钮,开始扫描磁盘。扫描结束后,显示"已成功扫描"你的驱动器。

7. 在"工具"选项卡的"对驱动器进行优化和碎片整理"选项区域,单击"优化"按钮,则弹出"优化驱动器"对话框。

8. 选择要优化的磁盘(D 盘),单击"优化"按钮,则系统开始分析整理的必要性,然后开始对所选的磁盘进行碎片整理。单击"停止"按钮,终止整理过程。

【作业】

1. 利用"此电脑"窗口,查看 U 盘的属性,并在其中修改卷标名为姓名的拼音缩写,如 ZDM 等,然后利用磁盘工具对该 U 盘进行扫描检查。

2. 在桌面上添加"计算器"应用程序的快捷方式图标,然后查看其属性,最后再将其删除。"计算器"应用程序的文件名为 calc.exe。

第10章 Word 2019 的使用

实验 1　文档的创建与编辑

【实验目的】

1. 熟练掌握 Word 2019 中文件的新建、打开、保存、关闭等操作。
2. 熟练掌握 Word 2019 中文本编辑的基本方法。
3. 学会在 Word 2019 中插入符号的方法。
4. 学会在 Word 2019 中查找或替换文本的方法。
5. 了解 Word 2019 视图方式及显示比例调整。

【实验题目 1】

创建一个 Word 文档，输入如下的内容，然后将文档以"诺贝尔奖.docx"为名保存到 U 盘，并为文档设置打开密码 1234。

诺贝尔奖

诺贝尔奖是以瑞典著名化学家、硝化甘油炸药发明人阿尔弗雷德·贝恩哈德·诺贝尔（Alfred Bernhard Nobel，1833-10-21—1896-12-10）的部分遗产作为基金创立的。诺贝尔奖包括金质奖章、证书和奖金。

1968 年瑞典中央银行于建行 300 周年之际，提供资金增设诺贝尔经济奖，并于 1969 年开始与其他 5 项奖同时颁发。诺贝尔经济学奖的评选原则是授予在经济科学研究领域有重大价值贡献的人，并优先奖励那些早期做出重大贡献者。

1896 年 12 月 10 日，诺贝尔在意大利逝世。逝世的前一年，他留下了遗嘱，提出将部分遗产（920 万美元）作为基金，以其利息分设物理、化学、生理或医学、文学及和平（后添加了"经济学"奖）5 项奖金，授予世界各国在这些领域对人类做出重大贡献的学者。

据此，1900 年 6 月瑞典政府批准设置了诺贝尔基金会，并于次年诺贝尔逝世 5 周年纪念日，即 1901 年 12 月 10 日首次颁发诺贝尔奖。自此以后，除因战时中断外，每年的这一天分别在瑞典首都斯德哥尔摩和挪威首都奥斯陆举行隆重授奖仪式。

【实验步骤】

1. 启动 Word 2019。

双击桌面 Word 2019 快捷方式图标，打开 Word 2019 程序窗口，单击窗口中"空白文档"图标，系统自动新建一个名称为"文档 1"的空白文档。

2．文字输入。

单击任务栏右边的"语言指示器"图标,在弹出的"输入法"菜单中选择一种中文输入方式,输入上述文字。

3．为文档设置打开密码。

(1) 在功能区"文件"菜单中选择"信息"命令,在"信息"窗口中单击"保护文档"图标,在下拉列表中选择"用密码进行加密"命令,弹出"加密文档"对话框。

(2) 在弹出的对话框中输入密码1234,单击"确定"按钮,弹出"确认密码"对话框。

(3) 在弹出的对话框中再次输入密码1234,单击"确定"按钮。

4．将文档命名为"诺贝尔奖.docx"并保存到U盘。

(1) 单击快速启动工具栏中的"保存"图标或在功能区"文件"菜单中选择"保存"命令,在"另存为"窗口中单击"浏览"图标,弹出"另存为"对话框。

(2) 在弹出的对话框中设置:"保存位置"为"U盘","文件名"为"诺贝尔奖","保存类型"为"Word文档(＊.docx)"。

(3) 单击"保存"按钮,保存文档。然后单击窗口右上角的"关闭"按钮关闭文档。

【实验题目2】

打开U盘中的文档"诺贝尔奖.docx",按如下要求对文档进行编辑,编辑后的文档效果如下。

1．在第二段末尾"诺贝尔奖包括金质奖章、证书和奖金"之后添加"支票"两个字。

2．删除第四段中文本:(后添加了"经济"奖)。

3．将文档最后两段合并为一段。

4．交换文档最后两段的位置。

5．在第一段文字"诺贝尔奖"前后分别插入三个符号"❧"。

6．将文档中第三段内的文字"诺贝尔"全部替换为Nobel。

7．以不同视图方式与显示比例查看文档。

❧❧❧诺贝尔奖❧❧❧

诺贝尔奖是以瑞典著名化学家、硝化甘油炸药发明人阿尔弗雷德·贝恩哈德·诺贝尔(Alfred Bernhard Nobel,1833-10-21—1896-12-10)的部分遗产作为基金创立的。诺贝尔奖包括金质奖章、证书和奖金支票。

1896年12月10日,Nobel在意大利逝世。逝世的前一年,他留下了遗嘱。提出将部分遗产(920万美元)作为基金,以其利息分设物理、化学、生理或医学、文学及和平5项奖金,授予世界各国在这些领域对人类做出重大贡献的学者。据此,1900年6月瑞典政府批准设置了Nobel基金会,并于次年Nobel逝世5周年纪念日,即1901年12月10日首次颁发Nobel奖。自此以后,除因战时中断外,每年的这一天分别在瑞典首都斯德哥尔摩和挪威首都奥斯陆举行隆重授奖仪式。

1968年瑞典中央银行于建行300周年之际,提供资金增设诺贝尔经济学奖,并于1969年开始与其他5项奖同时颁发。诺贝尔经济学奖的评选原则是授予在经济科学研究领域有重大价值贡献的人,并优先奖励那些早期做出重大贡献者。

【实验步骤】

1．打开 U 盘文档"诺贝尔奖.docx"。

（1）双击桌面 Word 2019 快捷方式图标，打开 Word 2019 程序窗口，选择功能区"文件"→"打开"命令，在"打开"窗口中单击"浏览"图标，弹出"打开"对话框。

（2）在对话框中，设置"查找范围"为"U 盘"，文件类型为"所有 Word 文档"，则文件"诺贝尔奖.docx"出现在文件列表框中。

（3）单击该文件名将其选定，然后单击"打开"按钮，弹出"密码"对话框。

（4）在对话框中输入设置的密码 1234，单击"确定"按钮，打开文档。

2．在第二段末尾"诺贝尔奖包括金质奖章、证书和奖金"之后添加"支票"两个字。在插入状态下，移动鼠标指针到第二段末尾，单击定位插入点，然后输入"支票"。

3．删除第四段中文本：（后添加了"经济"奖）。移动鼠标指针到第四段中要删除文字（后添加了"经济"奖）之前并拖动，选定要删除的文字，然后按 Delete 键。

4．将文档最后两段合并为一段。移动鼠标指针到最后一段的段首位置（"据此"两字之前），单击定位插入点，然后按 Backspace 键。

5．交换文档最后两段的位置。移动鼠标指针到最后一段左侧的选定区，当鼠标指针变为 ⬀ 时双击选定段落，然后移动鼠标指针到段落中，此时鼠标指针变为 ⬂ ，拖动到上一个段落之前，再松开鼠标左键。

6．在第一段文字"诺贝尔奖"前后分别插入三个符号"✍"。

（1）按快捷键 Ctrl＋Home 定位插入点到文档开始处。

（2）在功能区"插入"选项卡的"符号"选项组中单击"符号"图标，在展开的下拉列表中选择"其他符号"命令，打开"符号"对话框。

（3）在对话框的"字体"下拉列表中选择 Wingdings，在符号列表中找到符号"✍"，双击该符号将其插入插入点位置。

（4）反复双击该符号，在插入点处插入 6 个符号，然后单击"关闭"按钮关闭对话框。

（5）拖动选定其中 3 个符号，再将其拖动到文字"诺贝尔奖"之后。

7．将文档中第三段内的文字"诺贝尔"全部替换为 Nobel。

（1）移动鼠标指针到第三段左侧的选定区，当鼠标指针变为 ⬀ 时双击选定段落。

（2）在功能区"开始"选项卡的"编辑"选项组中单击"替换"图标，打开"查找和替换"对话框。

（3）在"查找内容"文本框中输入要查找的文字"诺贝尔"，在"替换为"文本框中输入替换后的内容 Nobel。

（4）单击"全部替换"按钮，将该段的所有"诺贝尔"替换为 Nobel。替换结束后，系统会提示已完成对所选内容的查找，是否搜索文档的其余部分，单击"否"按钮结束替换操作。

8．以不同视图方式与显示比例查看文档。

（1）在状态栏右侧的视图方式区域，逐个单击每个视图图标，体会在不同视图下，文档显示窗口的变化。

（2）在状态栏右侧的视图方式区域，单击"缩放级别"图标，打开"显示比例"对话框，在其中设置"显示比例"为 75%，单击"确定"按钮，则文档尺寸缩小。再次执行该操作，并设置"显示比例"为"页宽"，则页面宽度与窗口宽度基本适应。

9. 保存并关闭文档。

单击标题栏右侧的"关闭"按钮,由于文档尚未保存,系统会弹出保存文档的提示对话框,单击对话框中的"保存"按钮,文档保存后被关闭。

【作业】

1. 在 Word 2019 中新建一个文档,输入如下内容。

> 　人之所以悲哀,是因为人们留不住岁月,更无法不承认,有一日是要这么自然地消失过去。
>
> 　而人之可贵,就我而言也在于人们因着时光环境的改变,在生活上得到长进。岁月的流逝固然无可奈何,而人的逐渐蜕变,却又脱不出时光的力量。真正的快乐,不是狂喜,亦不是苦痛,在我主观来说,它是细水长流,碧海无波,在芸芸众生里做一个普通的人,享受生命一刹那的喜悦,那么人们即使不死,也在天堂里了。
>
> 　乐观与悲观,都流于不切实际。一件明明没有希望的事情,如果乐观地去处理,就是失之于天真,这跟悲观是一样的不正确,甚而更坏。

2. 对文档进行如下的修改。

(1) 利用替换功能,将全文中的"人们"替换为"我们"。

(2) 将第二段首行的"就我而言"4 个字删掉。

(3) 在第一段"更无法不承认,"之后插入"青春,"。在最后一段"就是失之于天真,"之前插入"在我"两个字。

(4) 将第二段后部的"真正的快乐,……,也在天堂里了。"移动到文档的最后,并让其成为一个新的段落。

(5) 在文档前插入标题行:雨季不再来(自序)。

3. 以不同的视图方式和显示比例查看文档。

4. 将文档命名为"雨季.docx"并保存到 U 盘上,然后关闭文档。

编辑后的文档效果如下。

> **雨季不再来(自序)**
>
> 　人之所以悲哀,是因为我们留不住岁月,更无法不承认,青春,有一日是要这么自然地消失过去。
>
> 　而人之可贵,也在于我们因着时光环境的改变,在生活上得到长进。岁月的流逝固然无可奈何,而人的逐渐蜕变,却又脱不出时光的力量。
>
> 　乐观与悲观,都流于不切实际。一件明明没有希望的事情,如果乐观地去处理,在我就是失之于天真,这跟悲观是一样的不正确,甚而更坏。
>
> 　真正的快乐,不是狂喜,亦不是苦痛,在我主观来说,它是细水长流,碧海无波,在芸芸众生里做一个普通的人,享受生命一刹那的喜悦,那么我们即使不死,也在天堂里了。

实验 2　文档排版

【实验目的】

1. 熟练掌握 Word 2019 字符与段落格式的设置方法。

2. 熟练掌握 Word 2019 边框和底纹的设置方法。

3. 掌握 Word 2019 中首字下沉的应用。

4. 了解 Word 2019 格式复制的方法。

5. 熟悉 Word 2019 项目符号和编号的应用。

【实验题目 1】

对文档“诺贝尔奖.docx”按如下要求进行格式设置,设置后的效果如图 10-1 所示。

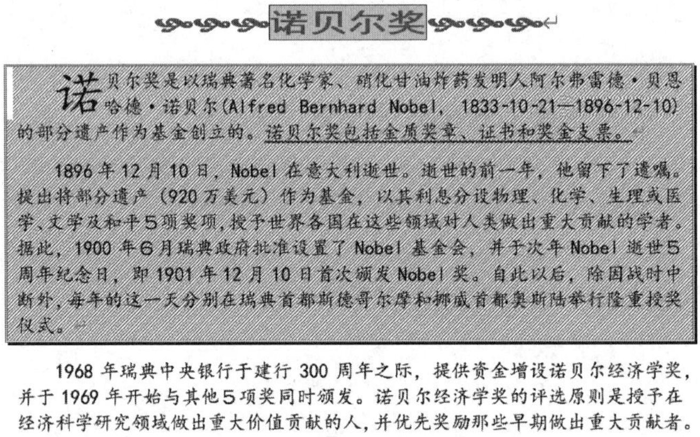

诺贝尔奖

诺贝尔奖是以瑞典著名化学家、硝化甘油炸药发明人阿尔弗雷德·贝恩哈德·诺贝尔(Alfred Bernhard Nobel, 1833-10-21—1896-12-10)的部分遗产作为基金创立的。诺贝尔奖包括金质奖章、证书和奖金支票。

1896 年 12 月 10 日,Nobel 在意大利逝世。逝世的前一年,他留下了遗嘱。提出将部分遗产(920 万美元)作为基金,以其利息分设物理、化学、生理或医学、文学及和平 5 项奖项,授予世界各国在这些领域对人类做出重大贡献的学者。据此,1900 年 6 月瑞典政府批准设置了 Nobel 基金会,并于次年 Nobel 逝世 5 周年纪念日,即 1901 年 12 月 10 日首次颁发 Nobel 奖。自此以后,除因战时中断外,每年的这一天分别在瑞典首都斯德哥尔摩和挪威首都奥斯陆举行隆重授奖仪式。

1968 年瑞典中央银行于建行 300 周年之际,提供资金增设诺贝尔经济学奖,并于 1969 年开始与其他 5 项奖同时颁发。诺贝尔经济学奖的评选原则是授予在经济科学研究领域做出重大价值贡献的人,并优先奖励那些早期做出重大贡献者。

图 10-1 设置格式后的文档效果

1. 设置标题为黑体、三号字、红色、加粗、字符加宽 1.5 倍,设置其余各段文字为楷体、小四号字。

2. 设置第二段中文字“诺贝尔奖包括金质奖章、证书和奖金支票。”为带双波浪形下画线。

3. 设置标题的对齐方式为居中,设置其余各段首行缩进 2 个字符,设置所有段落的段前间距为 0.5 行,行间距为最小值 15 磅。

4. 为标题文字添加简单的文字边框和底纹,为第二段添加段落边框和底纹。要求边框为蓝色、双线线型的阴影边框,线型宽度为 0.5 磅。底纹填充色为“蓝色,个性色 1,淡色 60%”,图案为“深色上斜线”,图案颜色为红色。

5. 设置第二段的首字下沉 2 行。

6. 将第二段的格式复制到第三段。

【实验步骤】

准备:在 Word 2019 中打开 U 盘上的文档文件“诺贝尔奖.docx”,具体操作步骤见实验 1 的“实验题目 2”。

1. 选定标题行(第一段),在功能区“开始”选项卡的“字体”选项组中完成如下操作。

(1) 单击“字体”下拉列表框后的下拉按钮,在下拉列表中选择“黑体”。

(2) 单击“字号”下拉列表框后的下拉按钮,在下拉列表中选择“三号”。

(3) 单击“字体颜色图标” **A** 后的下拉按钮,在下拉列表中选择标准色中的“红色”。

(4) 单击“加粗”图标 **B**,加粗标题文字。

(5) 单击“字体”选项组右下角的图标 ⧉,在打开的“字体”对话框中单击“高级”标签,在"字符间距"选项区域的"缩放"下拉列表框中选择 150%。

（6）移动鼠标指针到文档左侧的选定区，拖动选定除第一段之外的所有段落，用上面同样的方法，设置选定段落的文字为楷体、小四号字。

2. 设置双波浪形下画线。

（1）选定第二段中的文字"诺贝尔奖包括金质奖章、证书和奖金支票。"。

（2）在功能区"开始"选项卡的"字体"选项组中单击"下画线"图标 **U** 后的下拉按钮，在下拉列表中选择"其他下画线"命令，打开"字体"对话框。

（3）在弹出的对话框中，单击"下画线线型"后的下拉按钮，在打开的下拉列表中选择"双波浪形下画线"，然后单击"确定"按钮。

3. 设置标题居中对齐。将插入点置于标题行中，在功能区"开始"选项卡的"段落"选项组中，单击"居中"图标 ≡ ，则标题水平居中。

4. 设置除第一段之外的各段首行缩进 2 个字符。

（1）在选定区拖动，选定除第一段之外的各段，在功能区"开始"选项卡的"段落"选项组中单击右下角的图标 ⤵ ，打开"段落"对话框。

（2）在对话框的"缩进和间距"选项卡中"缩进"选项区域的"特殊"下拉列表中，选择"首行"，在"缩进值"文本框中输入"2 字符"，再单击"确定"按钮。

5. 设置所有段落的段前距离为 0.5 行，行间距为最小值 15 磅。

（1）选定所有段落，在功能区"开始"选项卡的"段落"选项组中单击右下角的图标 ⤵ ，打开"段落"对话框。

（2）在弹出的对话框的"缩进和间距"选项卡中将"间距"选项区域的"段前"设置为"0.5 行"，在"行距"下拉列表中选择"最小值"，在其后的"设置值"文本框中输入"15 磅"，再单击"确定"按钮。

6. 添加边框和底纹。

（1）文字边框和底纹。选定标题文字（不包括符号），在功能区"开始"选项卡的"字体"选项组中，分别单击"字符边框"图标 Ⓐ 和"底纹"图标 Ⓐ 。

（2）选定第二段内容，在功能区"开始"选项卡的"段落"选项组中单击"边框"图标 ⊞ 后的下拉按钮，在下拉列表中选择"边框和底纹"命令，打开"边框和底纹"对话框。

（3）在"边框"选项卡中的"设置"选项区域单击"阴影"；在"样式"选项区域选择"双线线型"，在"颜色"下拉列表中选择标准色中的"蓝色"，在"宽度"下拉列表中选择"0.5 磅"；在"应用于"下拉列表中选择"段落"。

（4）单击对话框中的"底纹"标签，在"填充"下拉列表中选择"蓝色，个性色 1，淡色 60%"，在"图案"选项区域将"样式"设置为"深色上斜线"，"颜色"设置为"红色"。

（5）单击"确定"按钮，结束边框和底纹的设置。

7. 设置第二段首字下沉 2 行。

（1）定位插入点到第二段中，在功能区"插入"选项卡的"文本"选项组中单击"首字下沉"图标。

（2）在下拉列表中选择"首字下沉选项"命令，打开"首字下沉"对话框。

（3）在对话框中单击"下沉"图标，设置"下沉行数"为 2，再单击"确定"按钮。

8. 将第二段的格式复制到第三段。

（1）在选定区双击，选定第二段。

（2）在功能区"开始"选项卡的"剪贴板"选项组中单击"格式刷"图标 ，此时，鼠标指针变为格式刷形。

（3）移动鼠标指针到第三段开始处，拖动扫过第三段，完成复制格式。

9．单击 Word 标题栏右侧的"关闭"按钮，在弹出的对话框中单击"保存"按钮，保存并关闭文档。

【实验题目 2】

在 U 盘上新建一个文档文件"项目符号.docx"，练习项目符号和编号的设置。设置效果如图 10-2 所示。

```
1.菜单的有关概念
2.控制菜单的操作
  (1)打开控制菜单
   ● 单击窗口左上角的控制菜单图标
   ● 按快捷键Alt+Space
  (2)在控制菜单中选择一个命令
   ● 单击对应命令
   ● 按方向键到对应命令位置,然后按回车键
```

图 10-2　项目符号和编号的设置效果

【实验步骤】

1．在功能区"开始"选项卡的"段落"选项组中单击"编号"图标 ，文档中插入点位置显示第一个编号"1."。在编号后输入文字"菜单的有关概念"，然后按回车键，下一行开始处自动产生下一个编号"2."。

2．在编号"2."后输入文字"控制菜单的操作"，然后按回车键，下一行开始处自动产生下一个编号"3."。再次单击"编号"图标 ，取消自动编号"3."。

3．单击"编号"图标 后的下拉按钮，在打开的下拉列表中选择如图 10-2 所示的带括号的数字编号格式，文档中显示编号"（1）"。

4．在编号"（1）"后输入文字"打开控制菜单"，然后按回车键，下一行开始处自动产生下一个编号"（2）"。再次单击"编号"图标 ，取消自动编号"（2）"。

5．在功能区"开始"选项卡的"段落"选项组中单击"项目符号"图标 ，文档中显示项目符号"•"。

6．在项目符号后输入文字"单击窗口左上角的控制菜单图标"，然后按回车键，下一行开始处自动产生项目符号"•"。

7．在项目符号后输入文字"按快捷键 Alt＋Space"，然后按回车键，下一行开始处仍显示项目符号"•"。再次单击"项目符号"图标 ，取消项目符号。

8．单击"编号"图标 后的下拉按钮，在打开的下拉列表中选择如图 10-2 所示的带括号的数字编号格式，文档中显示编号"（2）"。

提示：如果显示的编号不是"（2）"，而是重新开始编号的"（1）"，可以单击编号前的自动更正选项图标 ，然后选择其中"继续编号"命令。

9．按照前面的方法完成后续内容的输入，然后以"项目符号.docx"为名将文档保存到

U 盘，再退出。

【作业】

打开 U 盘上的文档文件“雨季.docx”，按如下要求对文档进行格式设置，设置后的文档效果如图 10-3 所示。

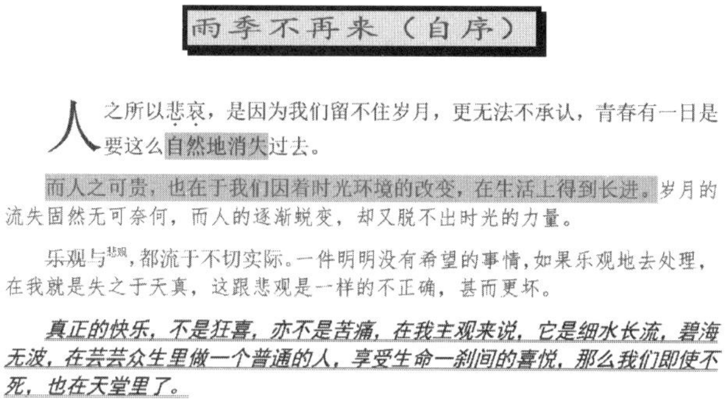
雨季不再来（自序）

人之所以悲哀，是因为我们留不住岁月，更无法不承认，青春有一日是要这么自然地消失过去。

而人之可贵，也在于我们因着时光环境的改变，在生活上得到长进。岁月的流失固然无可奈何，而人的逐渐蜕变，却又脱不出时光的力量。

乐观与悲观，都流于不切实际。一件明明没有希望的事情，如果乐观地去处理，在我就是失之于天真，这跟悲观是一样的不正确，甚而更坏。

真正的快乐，不是狂喜，亦不是苦痛，在我主观来说，它是细水长流，碧海无波，在芸芸众生里做一个普通的人，享受生命一刹间的喜悦，那么我们即使不死，也在天堂里了。

图 10-3　文档“雨季.docx”设置格式后的效果

1. 将第一段的标题文字设置为楷体、小三号、居中、字符加宽 150%；边框宽度为 3 磅且带阴影，底纹为 10%的图案。

2. 将第二段文字设置为宋体、小四号；在“悲哀”两个字下加着重号；对“自然地消失”几个字填充主题颜色为“绿色，个性色 6，淡色 60%”的底色。

3. 将第三、第四段文字设置为仿宋、小四号；将“乐观”和“悲观”分别设置为删除线和上标。

4. 将第五段文字设置为黑体、小四号、倾斜，并加上红色双线下画线。

5. 设置标题的段前/段后间距各为 1 行。

6. 设置除标题外的各段的段后距离为 0.5 行，且行间距为最小值 16 磅。

7. 设置标题之外的段落首行缩进 2 个字符。

8. 分别将标题和正文各段文字设置为不同的颜色。

9. 设置第二段的首字下沉 2 行。

10. 利用格式刷将“自然地消失”几个字的格式复制到第三段第一句话。

实验 3　页面设置与打印

【实验目的】

1. 掌握 Word 2019 页面设置的常用方法。

2. 学会 Word 2019 设置页眉页脚的方法。

3. 掌握 Word 2019 设置页码和分栏的方法。

4. 了解 Word 2019 打印文档的方法。

【实验题目】

按照题目要求对文档“诺贝尔奖.docx”进行页面设置，设置后的效果如图 10-4 所示。

1. 对文档设置页面格式：纸张大小为 B5(18.2 厘米×25.7 厘米)、纸张方向为“纵向”、页边距为“对称”。

图 10-4　应用页面设置后的文档效果

2. 为文档添加"样本 1"水印、"信纸"纹理的页面背景及任意一种艺术型页面边框。

3. 将文档的页眉设置为"诺贝尔奖"，页眉样式为"空白"，在文档的页脚处插入页码，页码样式为"加粗显示的数字 3"。

4. 将文档的最后一段分为两栏，栏宽 18 个字符，两栏间添加分隔线。

5. 预览并打印文档。

【实验步骤】

准备：在 Word 2019 中打开 U 盘上的文档文件"诺贝尔奖.docx"，具体操作步骤见"实验 1"的"实验题目 2"。

1. 页面设置。对文档设置页面格式：纸张大小为 B5(18.2 厘米×25.7 厘米)、纸张方向为"纵向"、页边距为"对称"。

在功能区"布局"选项卡的"页面设置"选项组中，进行如下操作。

(1) 单击"纸张大小"图标，在下拉列表中选择"B5(18.2 厘米×25.7 厘米)"。

(2) 单击"纸张方向"图标，在下拉列表中选择"纵向"。

(3) 单击"页边距"图标，在下拉列表中选择"对称"。

2. 设置页面背景。为文档添加"样本 1"水印、"信纸"纹理的页面背景及任意一种艺术型页面边框。

在功能区"设计"选项卡的"页面背景"选项组中，进行如下操作。

（1）单击"水印"图标,在下拉列表的"免责声明"组中选择"样本 1"命令。

（2）单击"页面颜色"图标,在下拉列表中选择"填充效果"命令,打开"填充效果"对话框。在对话框的"纹理"选项卡中,单击"信纸"纹理,再单击"确定"按钮。

（3）单击"页面边框"图标,打开"边框与底纹"对话框。在对话框"页面边框"选项卡底部的"艺术型"下拉列表中选择一种艺术型边框,再单击"确定"按钮。

3. 设置页眉页脚。将文档的页眉设置为"诺贝尔奖",页眉样式为"空白",在文档的页脚处插入页码,页码样式为"加粗显示的数字 3"。

（1）在功能区"插入"选项卡的"页眉和页脚"选项组中单击"页眉"图标,在下拉列表中选择页眉样式为"空白",进入页眉的编辑状态,同时打开"页眉和页脚"选项卡。

（2）在页眉区域输入"诺贝尔奖"。

（3）在"页眉和页脚"选项卡的"导航"选项组中单击"转至页脚"图标,进入页脚的编辑状态。

（4）在"页眉和页脚"选项卡的"页眉和页脚"选项组中单击"页码"图标,在下拉列表中选择"页面底端"→"加粗显示的数字 3"命令。

（5）在"页眉和页脚"选项卡的"关闭"选项组中单击"关闭页眉和页脚"图标,结束页眉和页脚的编辑。

4. 分栏。将文档的最后一段分为两栏,栏宽 18 个字符,两栏间添加分隔线。

（1）选定最后一段内容,在功能区"布局"选项卡的"页面设置"选项组中单击"栏"图标,在下拉列表中选择"更多栏"命令,打开"栏"对话框。

（2）在对话框的"预设"选项区域选择"两栏"、栏宽处输入"18 字符"、勾选"分隔线"复选框,再单击"确定"按钮,则所有内容分到左边一栏。

（3）定位插入点到最后一段中间一行的起始位置（如第五行的开始处）,然后在功能区"布局"选项卡的"页面设置"选项组中单击"分隔符"图标,在下拉列表中选择"分栏符"。查看分栏效果。

5. 预览并打印文档。

（1）在功能区"文件"菜单中选择"打印"命令,打开"打印"窗口。

（2）按需要设置打印参数,如打印的纸张大小、打印的方向（横向、纵向）、打印份数、打印的范围（整个文档、当前页面、指定页面等）、是否缩放等。

（3）预览文档的打印效果,满意后单击"打印"按钮开始打印。

6. 操作结束后,保存文档,退出 Word 2019。

【作业】

打开 U 盘上的文档文件"雨季. docx",按如下要求进行页面设置,设置后的效果如图 10-5 所示。

1. 设置文档页面格式：纸张大小为 B5,自定义页面边距,上/下边距为 2.5 厘米,左/右边距为 2.0 厘米。

2. 为文档添加"严禁复制 1"水印、主题颜色"蓝色,个性 1,淡色 60％"的页面背景及任意一种艺术型页面边框。

3. 为文档设置页码,位置为每页的底部,样式为椭圆形。

4. 为文档设置"空白（三栏）"样式的页眉,从左到右三栏的内容分别为当前文件名、"雨

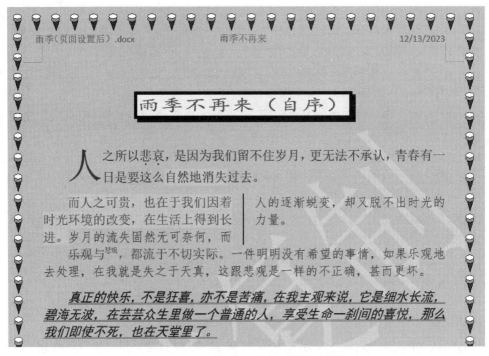

图 10-5　文档"雨季.docx"设置页面格式后的效果

季不再来"及当前日期。

　　5. 将"而人之可贵……"一段分为两栏，栏间加分隔线。

　　6. 操作结束后，保存文件。

实验 4　图文混排

【实验目的】

1. 掌握 Word 2019 图片的相关操作方法。

2. 了解 Word 2019 绘图工具的使用方法。

3. 学会 Word 2019 插入图标和 3D 模型的相关操作方法。

4. 掌握 Word 2019 有关文本框的操作方法。

5. 掌握 Word 2019 有关艺术字的操作方法。

【实验题目 1】

　　按照题目要求在文档"诺贝尔奖.docx"中插入图片、图标、3D 模型，并进行编辑和图文混排，设置后的效果如图 10-6 所示。

【实验步骤】

　　准备：启动 Word 2019，打开 U 盘上的文档"诺贝尔奖.docx"，具体操作步骤见实验 1 的"实验题目 2"。

　　1. 在第一段文字的右上角插入奖章图片文件"jz.jpg"，裁剪图片、调整图片大小和位置、设置图片的图文混排方式为"四周型"环绕，显示效果为"影印"。

　　（1）插入图片。移动插入点到文档起始处，在功能区"插入"选项卡的"插图"选项组中

图 10-6　应用图片、图标、3D 模型后的效果

单击"图片"图标,在下拉列表中选择"此设备"命令,打开"插入图片"对话框。在对话框中选择要插入的图片文件"jz.jpg",然后单击"插入"按钮。

（2）裁剪图片。在功能区"图片格式"选项卡的"大小"选项组中单击"裁剪"图标的下拉按钮,在下拉列表中选择"裁剪为形状"命令,在弹出的级联菜单中选择"椭圆",将图片裁剪为椭圆形。再次单击"裁剪"图标的下拉按钮,在下拉列表中选择"适合"命令,拖动裁剪句柄,裁剪出圆形奖章,裁剪效果如图 10-6 所示。

（3）调整图片大小。单击图片将其选定,此时图片四周会出现尺寸控点,移动鼠标指针到某个尺寸控点,当鼠标指针变为双向箭头时拖动,在获得满意的图片大小后松开鼠标。

（4）移动图片到文档右上角。移动鼠标指针到图片的非尺寸控点处,拖动图片到文档右上角,再松开鼠标左键。

（5）设置图片四周型环绕。单击图片右侧的"布局选项"图标 ⌧,在弹出的"布局选项"窗口中,选择"文字环绕"区域的"四周型"命令。

（6）设置图片显示效果为"影印":单击选定图片,在功能区"图片格式"选项卡的"调整"选项组中单击"艺术效果"图标,在下拉列表中选择"影印"。

2. 在文档右下角插入"庆典"组中的"奖杯"图标,调整图标大小和位置,然后设置图标的图文混排方式为"紧密型环绕"，修改图标样式为"彩色填充，强调颜色2，深色1轮廓"，显示效果为"冲蚀"。

（1）插入图标。移动插入点到文档尾部，在功能区"插入"选项卡的"插图"选项组中单击"图标"图标，打开"插入图标"对话框。在对话框左侧的图标类型列表中选择"庆典"，然后在右侧的图标选项区域选择"奖杯"图标，再单击"插入"按钮。

（2）适当调整图标的大小及位置，方法与调整图片的大小及位置相同。

（3）设置图标紧密型环绕。单击图标右侧的"布局选项"图标 ，在弹出的"布局选项"窗口中，选择"文字环绕"区域的"紧密型环绕"命令。

（4）修改图标样式。选定图标，在功能区"图形格式"选项卡的"图形样式"选项组中单击预设样式"彩色填充，强调颜色2，深色1轮廓"。

（5）设置图标"冲蚀"显示效果。在功能区"图形格式"选项卡的"图形样式"选项组中单击右下角的图标 ，弹出"调整图形格式"窗格。在窗格中单击上部的"图片"图标，在"图片颜色"选项区域，选择"重新着色"中的"冲蚀"效果。

3. 在文档中插入"库存3D模型"中Flowers and Plants分类的第一个3D模型，调整模型的视图方式为"顶视图"，并使其覆盖整个文档。

（1）在功能区"插入"选项卡的"插图"选项组中单击"3D模型"图标后的下拉按钮，在打开的下拉列表中选择"库存3D模型"，弹出"联机3D模型"对话框。

（2）在对话框的类型列表中单击Flowers and Plants分类，在列出的3D模型中单击第一个3D模型，再单击"插入"按钮，插入该模型。

（3）在功能区"3D模型"选项卡的"3D模型视图"选项组中单击"顶视图"图标。

（4）调整3D模型的大小和位置，使其覆盖整个文档，方法与调整图片的大小及位置相同。

4. 操作结束后，将文档以"诺贝尔奖1.docx"为名保存到U盘上，退出Word 2019。

【实验题目2】

按照题目要求在文档"诺贝尔奖.docx"中绘制图形，插入文本框、艺术字，并进行图文混排，设置后的效果如图10-7所示。

【实验步骤】

准备：启动Word 2019，打开U盘上的文档"诺贝尔奖.docx"，具体步骤见实验1的"实验题目2"。

1. 在文档的外围绘制一个矩形框，框线的宽度为1.5磅、无填充，并为矩形框设置"外部，偏移：左上"的阴影。

（1）在功能区"插入"选项卡的"插图"选项组中单击"形状"图标，在下拉列表的"矩形"组中单击"矩形"图标。

（2）绘制图形。移动鼠标指针到文档左上角，拖动到文档右下角，然后松开鼠标，在文档的文字上面绘制出一个矩形。绘制的矩形自动处于选定状态（四周有尺寸控点）。

（3）在功能区"形状格式"选项卡的"形状样式"选项组中设置矩形的显示效果。单击"形状轮廓"图标，在下拉列表中选择"粗细"→"1.5磅"命令；单击"形状填充"图标，在下拉列表中选择"无填充"命令；单击"形状效果"图标，在下拉列表中选择"阴影"→"外部"→"偏移：左上"命令。

图 10-7　应用图形、文本框、艺术字后的效果

2. 在文档左上角绘制："星与旗帜"组中的"带状：上凸弯"图形,在其中添加文字"诺贝尔奖",设置字号为"六号",并应用"细微效果-蓝色,强调颜色 5"的快速样式。

(1) 在功能区"插入"选项卡的"插图"选项组中单击"形状"图标,在下拉列表的"星与旗帜"组中单击"带形：上凸弯"图标。

(2) 绘制图形。移动鼠标指针到文档左上角,拖动绘制适当大小的图形。

(3) 在图形中添加文字。右击绘制的图形,在快捷菜单中选择"添加文字"命令,图形中出现闪烁的插入点,输入文字"诺贝尔奖",并设置文字大小为"六号"。

(4) 设置图形样式。在"形状格式"选项卡的"形状样式"组中选择图形样式为"细微效果-蓝色,强调颜色 5"。

3. 在文档右侧插入一个竖排文本框,文本框内容为"1901 年 12 月 10 日首次颁发 Nobel 奖",使文字居中显示,并为文本框设置"四周型"环绕方式及"强烈效果-橙色,强调颜色 2"的快速样式。

准备：在文档第三段中,选中文字"1901 年 12 月 10 日首次颁发诺贝尔奖",按快捷键 Ctrl＋C,将其复制到剪贴板,作为文本框中的备用内容,然后取消文字的选定状态。

(1) 绘制文本框。在功能区"插入"选项卡的"文本"选项组中单击"文本框"图标,在下拉列表中选择"绘制竖排文本框"命令，鼠标指针变为十字。移动鼠标指针到文档右侧，拖动绘制一个文本框，效果如图 10-7 所示。

（2）在文本框中添加文字。右击文本框内部，在快捷菜单中选择"粘贴选项"区域中的"只保留文本"命令，将事先放在剪贴板中内容粘贴到文本框内，并设置文字字号为"小四"。

（3）调整文本框的大小及位置。移动鼠标指针到文本框的某个尺寸控点，当鼠标指针变为双向箭头时拖动，适当调整文本框的大小。移动鼠标指针到文本框的边框，当鼠标指针变为 ✥ 时拖动，适当调整文本框的位置，效果如图 10-7 所示。

（4）设置文本框环绕方式。单击文本框右侧的"布局选项"图标 ▣，在弹出的"布局选项"窗口中，选择"文字环绕"区域的"四周型"命令。

（5）设置文本框显示效果。在功能区"形状格式"选项卡的"形状样式"选项组中单击"快速样式"后的下拉按钮，选择文本框样式为"强烈效果-橙色，强调颜色 2"。

（6）设置文本框中文字居中对齐。在功能区"形状格式"选项卡的"文本"选项组中单击"对齐文本"后的下拉按钮，在下拉列表中选择"中部对齐"命令。

4. 在文档末尾插入艺术字"诺贝尔奖"，设置其文字显示效果为"波形 1"，环绕方式为"四周型环绕"，并添加红色方点虚线边框，主题颜色为"蓝色，个性 1，淡色 40％"及"深色变体/从中心"的渐变填充背景。

（1）插入艺术字。在文档末尾位置单击，定位插入点。在功能区"插入"选项卡的"文本"选项组中单击"艺术字"图标，打开"艺术字样式"下拉列表。在"艺术字样式"下拉列表中单击第三行第四列的艺术字样式图标，插入点处插入选定的艺术字，内容为"请在此放置您的文字"，输入"诺贝尔奖"。

（2）设置艺术字形状。在"形状格式"选项卡的"艺术字样式"选项组中单击"文字效果"图标 🄰 ，在下拉列表中选择"转换/弯曲/波形：上"命令。

（3）设置艺术字环绕方式。单击艺术字右侧的"布局选项"图标 ▣，在打开的"布局选项"窗口中，选择"文字环绕"区域的"四周型"命令。

（4）设置艺术字的边框。在"形状格式"选项卡的"形状样式"选项组中单击"形状轮廓"图标，在下拉列表中选择"粗细"为"1.5 磅"，"虚线"为"方点"，颜色为"红色"。

（5）设置艺术字的底纹。在"形状格式"选项卡的"形状样式"选项组中单击"形状填充"图标，在下拉列表中选择主题颜色为"蓝色，个性 1，淡色 40％"，并选择"渐变"→"变体"→"从中心"命令。

（6）单击艺术字将其选定，拖动艺术字，适当调整艺术字的位置。

5. 调整外围矩形框的大小，将艺术字包含在框内。然后将文档命名为"诺贝尔奖 2.docx"保存到 U 盘上。

【作业】

打开 U 盘文件"雨季.docx"（具体操作步骤见实验 1 的"实验题目 2"），按如下要求，在文档中进行图文混排操作，设置后的效果如图 10-8 所示。操作结束后，保存文件到 U 盘。

1. 在文档右侧插入一个竖排文本框，文本框内容为文档第二段的内容，设置文本框的环绕方式为"四周型"环绕，并为文本框设置边框线型为双线、粗细为 4 磅的边框。

2. 在文档左下角插入艺术字"雨季不再来"，设置其文字显示效果为"波形：上"，环绕方式为"四周型"，并添加红色、1.5 磅、方点虚线边框及主题颜色为"橙色-个性色 2，淡色

图 10-8　图文混排后文档"雨季.docx"的效果

80％"的填充背景。

3. 在文档中插入联机图片。在秋天分类中任选一幅,为图片重新着色为"冲蚀"效果,设置图片的图文混排方式为"衬于文字下方",适当调整位置与大小,将图片设置为文档的底图。

4. 在文档中插入一个"库存 3D 模型"。在 All Animated Models 分类中任选一个,调整模型的大小、位置、视图方式,将其放到文档的右下角。

实验 5　表 格 制 作

【实验目的】

1. 掌握 Word 2019 中表格的制作方法。

2. 了解 Word 2019 中表格与文本相互转换的方法。

3. 掌握 Word 2019 中表格编辑的常见操作方法。

4. 学会 Word 2019 中表格格式化的常用方法。

5. 了解 Word 2019 表格中简单的数据处理方法。

【实验题目 1】

创建文档"表格.docx",在其中制作表 10-1 所示的"工资表",并完成如下的表格编辑、美化及计算操作。

表 10-1　工　资　表

编号	姓名	基本工资	奖金	公积金	养老保险
001	王占山	4800	2000	544	326
002	李晓光	6700	2500	736	442
003	何新民	5400	3500	712	427
004	章晓北	6000	3000	720	432

1．在表格的右侧添加"实发工资"列。

2．在表格的末尾添加"合计"行。

3．将编号为 003 的职工从表格中删除。

4．调整表格的列宽为"根据内容自动调整表格"。

5．将表格中所有单元格中文字的对齐方式设置为"水平居中"。

6．为表格应用预设样式"清单表 6 彩色-着色 1"。

7．计算每名员工的实发工资及基本工资、奖金、公积金、养老保险的合计值。

【实验步骤】

1．插入表格。新建一个 Word 文档，在功能区"插入"选项卡的"表格"选项组中单击"表格"图标，在下拉列表的样式表中拖动，选定一个 6 列 5 行的表格，在插入点处插入一个空白表格。

2．输入表格中的内容。按照表 10-1 所示输入表格内容。向一个单元格中输入数据后，按 Tab 键或鼠标指针移位移动插入点，再输入下一个数据。

3．插入"实发工资"列。移动鼠标指针到"工资表"最右侧"养老保险"列的顶部，当鼠标指针变为 ↓ 时，单击选定该列。在功能区"表格工具"中的"布局"选项卡的"行和列"选项组中单击"在右侧插入"图标，则表格右侧插入一个空白列。在该列标题处输入列标题"实发工资"。

4．在表格末尾插入"合计"行。移动鼠标指针到表格最后一个单元格，按 Tab 键，则表格末尾添加一个空白行。在该行第二列的单元格中输入"合计"。

5．删除编号为 003 的行。移动鼠标指针到表格第四行的左外侧，单击选定该行，然后在功能区"表格工具"中的"布局"选项卡的"行和列"选项组中单击"删除"图标，在下拉列表中选择"删除行"命令，将该行删除。

6．"根据内容自动调整表格"列宽。单击表格左上角的位置控点 ⊞，将表格选定，然后在功能区"表格工具"中的"布局"选项卡的"单元格大小"选项组中单击"自动调整"图标，在下拉列表中选择"根据内容自动调整表格"命令。

7．设置表格文字对齐方式设置为"水平居中"。单击表格左上角的位置控点 ⊞，选定表格，然后在功能区"表格工具"中的"布局"选项卡的"对齐方式"选项组中单击"水平居中"图标。

8．设置表格样式。选定表格，然后在功能区"表设计"选项卡的"表格样式"选项组中单击预设样式下拉按钮，在下拉列表中选择"清单表"中的"清单表 6 彩色-着色 1"。

9．计算每列的合计值。定位插入点到"合计"行"基本工资"列单元格中，在功能区"表格工具"中的"布局"选项卡的"数据"选项组中单击"公式"图标，打开"公式"对话框。在对话框中,公式自动显示为"=SUM(ABOVE)",表示对当前单元格上方的单元格求和,符合本题要求,直接单击"确定"按钮,则基本工资的合计值显示在单元格中。用同样的方法,计算出"奖金""公积金"及"养老保险"列的合计值。

10. 计算实发工资。定位插入点到第一名员工的"实发工资"单元格中,在功能区"表格工具"中的"布局"选项卡的"数据"选项组中单击"公式"图标,打开"公式"对话框。在对话框中,公式自动显示为"=SUM(LEFT)",修改公式为"=C2+D2-E2-F2",然后单击"确定"按钮。用同样的方法,计算出其他员工的实发工资值。在出现"公式"对话框时,分别修改公式为"=C3+D3-E3-F3""=C4+D4-E4-F4"和"=C5+D5-E5-F5"。

11. 单击快速启动工具栏中的"保存"图标,将文档以"表格.docx"为名保存到 U 盘。编辑后的工资表见表 10-2。

表 10-2　编辑后的工资表

编号	姓名	基本工资	奖金	公积金	养老保险	实发工资
001	王占山	4800	2000	544	326	5930
002	李晓光	6700	2500	736	442	8022
004	章晓北	6000	3000	720	432	7848
合计		17 500	7500	2000	1200	21 800

【实验题目 2】

在文档"表格.docx"的末尾,用合并单元格的方法创建表 10-3 所示的课程表。

表 10-3　课程表

时间		星期				
		星期一	星期二	星期三	星期四	星期五
上午	第一大节	语文	哲学	语文	外语	计算机
	第二大节	数学	物理	化学	品德	数学
下午	第三大节	体育	音乐		体育	
	第四大节					

【实验步骤】

准备:在 Word 2019 中打开 U 盘上的文档文件"表格.docx",具体操作步骤见实验 1 的"实验题目 2"。

1. 建立一个 7 列 5 行的表格。定位插入点到文档末尾,在功能区"插入"选项卡的"表格"选项组中单击"表格"图标,在下拉列表的样式表中拖动,选定一个 7 列 5 行的表格,则在文档的插入点处插入一个 7 列 5 行的空白表格。

2. 调整第一行的行高。移动鼠标指针到第一行的下边线上,当指针变为垂直的分裂箭头时,向下拖动边线,调整第一行的行高约为原来行高的两倍。

3. 合并单元格。移动鼠标指针到第一行第一列的单元格中,向右拖动选定第一行第一列和第一行第二列的单元格,然后在功能区"表格工具"中的"布局"选项卡的"合并"选项组中单击"合并单元格"图标。用同样的方法分别合并第二行第一列和第三行第一列的两个单元格,以及第四行第一列和第五行第一列的两个单元格。

4. 绘制斜线表头。移动鼠标指针到第一行第一列的单元格中,在功能区"表格工具"中的"布局"选项卡的"绘图"选项组中单击"绘制表格"图标,鼠标指针变为一支铅笔。移动鼠标指针到左上角的单元格，在单元格中从左上角到右下角拖动，绘制一条斜线。

5. 输入表格中数据，并对文字进行格式设置。设置"上午"和"下午"字体为小四、斜体，设置各星期为小四、加粗。

6. 对"上午"和"下午"所在单元格设置主题颜色为"蓝色，个性色 1，淡色 80％"的底色。选定这两个单元格，在功能区"表设计"选项卡的"表格样式"选项组中单击"底纹"图标，在下拉列表中选择指定的颜色。用上述方法，设置各星期的单元格的主题颜色为"绿色，个性色 6，淡色 80％"。

7. 设置表格具有双线外框和单线内框。选定整个表格，在功能区"表设计"选项卡的"边框"选项组中，选择笔样式为"双线"、笔画粗细为"1.5 磅"、笔颜色为"红色"，然后单击"边框"下拉按钮，在下拉列表中选择"外侧框线"命令，设置双线外框；再次选择笔样式为"单线"、笔画粗细为"1 磅"、笔颜色为"蓝色"，然后单击"边框"下拉按钮，在下拉列表中选择"内部框线"命令，设置单线的内框。

8. 设置单元格内文字的对齐方式。选定"上午"和"下午"所在单元格，然后在功能区"表格工具"中的"布局"选项卡的"对齐方式"选项组中单击"水平居中"图标，使"上午"和"下午"单元格在水平和垂直方向均居中。用上述方法，设置表格中其余列的文字水平对齐和垂直对齐。

9. 单击快速启动工具栏中的"保存"图标，将文档保存到 U 盘。

【实验题目 3】

在文档"表格.docx"的末尾，用绘制表格的方法再次创建表 10-3 所示的课程表。

【实验步骤】

准备：在 Word 2019 中打开 U 盘上的文档文件"表格.docx"，具体操作步骤见实验 1 的"实验题目 2"。

1. 在功能区"插入"选项卡的"表格"选项组中单击"表格"图标，在下拉列表中选择"绘制表格"命令。此时，鼠标指针变为一支铅笔。

2. 移动鼠标指针到要绘制表格的位置（文档末尾）后拖动，画出表格的外框。在拖动过程中，表格的外框会以虚线框的形式表示出来，达到满意大小时松开鼠标。

3. 在表格内指定位置反复拖动，依次画出每条表格内线。表格内线可以是横线、竖线或斜线。可以按照图 10-9 所示的步骤画出内线。

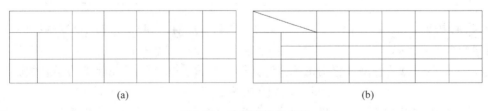

(a)   (b)

图 10-9 绘制表格的步骤

（a）步骤一；（b）步骤二

4. 对于画错的表线，可以随时擦除。方法如下，在功能区"表格工具"中的"布局"选项卡的"绘图"选项组中单击"橡皮擦"图标，然后移动鼠标指针到要擦除的表线上，再单击。若要再次画线，只需在"绘图"选项组中单击"绘制表格"图标即可。

5. 输入表格数据,然后保存文档。

【作业】

1. 在文档"表格.docx"的末尾,用绘制表格的方法创建表 10-4 所示的比赛得分记录表。

表 10-4 比赛得分记录表

比赛得分记录表		乙 组			备注
		A	**B**	**C**	
甲组	A	2∶1	2∶2	2∶1	
	B	3∶1	1∶4	3∶1	
	C	1∶3	0∶1	1∶3	

2. 在文档"表格.docx"的末尾,用合并单元格的方法创建表 10-5 所示的表格,并在其中的空白单元格中插入适当的公式,显示出计算值。

表 10-5 收支表

月份	收 入			支 出			结余
	工资	奖金	小计	饮食	衣物	小计	
一月	234.45	67.68		300.54	43.24		
二月	345.38	78.39		289.01	34.78		
三月	634.34	46.39		278.98	99.21		
合计							

实验 6　长文档的编辑

【实验目的】

1. 学会 Word 2019 中样式的定义及使用方法。

2. 掌握 Word 2019 中创建目录的方法。

3. 掌握 Word 2019 中导航窗格及书签的使用方法。

4. 了解 Word 2019 中节的作用和使用方法。

【实验题目 1】

按题目要求对长文档文件"书稿.docx"应用自定义样式。

【实验步骤】

准备:打开长文档文件"书稿.docx",具体操作步骤见实验 1 的"实验题目 2"。

1. 对书稿按如下要求定义样式。

章:样式名称为"章样式",样式格式为标题 1+黑体+居中。

节:样式名称为"节样式",样式格式为标题 2+黑体+小二+居中。

小节:样式名称为"小节样式",样式格式为标题 3+黑体。

(1) 在功能区"开始"选项卡的"样式"选项组中单击右下角的图标 ⬛,弹出"样式"窗格。

(2) 在"样式"窗格中,单击底部的"新建样式"图标 ⬛,弹出"根据格式化创建新样式"

对话框。

（3）在弹出的对话框的"属性"选项区域进行如下设置：在"名称"文本框输入"章样式"；在"样式基准"下拉列表中选择该样式的基准样式为"标题1"；在"后续段落样式"下拉列表中选择后续段落的样式为"正文"。

提示：如果每一个章标题后要输入下一级标题，可以将下一级标题的样式选择为"后续段落样式"。

（4）在弹出的对话框的"格式"选项区域进行如下设置：字体为"黑体"，对齐方式为"居中对齐"。在预览框中可以看到设置后的效果。

提示：如果"格式"选项区域没有要设置格式的图标，可以单击对话框底部的"格式"按钮，选择所需的格式后，在弹出的对话框中进行格式设置。

（5）单击"确定"按钮，该样式被添加到本文档的样式库中。

（6）用同样的方法，按照题目要求分别对节、小节定义样式。

2. 将定义好的样式应用到"书稿.docx"文档。

（1）选定书稿章标题，在功能区"开始"选项卡的"样式"选项组中单击"快速样式"列表旁的下拉按钮 ，打开样式下拉列表。

（2）在下拉列表中选择"章样式"，该样式被应用到选定内容上。

（3）用同样的方法，将节样式、小节样式应用到文档相应内容处。

3. 修改"小节样式"，将字体由"黑体"改为"华文新魏"。

（1）在功能区"开始"选项卡的"样式"选项组中单击"快速样式"列表旁的下拉按钮 ，打开样式下拉列表。

（2）在下拉列表中右击"小节样式"，在打开的快捷菜单中选择"修改"命令，打开"修改样式"对话框。

（3）在对话框的"格式"选项区域设置字体为"华文新魏"，勾选对话框底部"自动更新"复选框，然后单击"确定"按钮，该样式被修改。观察文档中所有小节标题的字体是否改变。

4. 操作完毕后，保存文档。

【实验题目2】

使用"导航"窗格及书签快速浏览文档文件"书稿.docx"。

【实验步骤】

准备：打开文档文件"书稿.docx"，具体操作方法见实验1的"实验题目2"。

1. "导航"窗格的应用。

（1）打开导航窗格。在功能区"视图"选项卡的"显示"选项组中勾选"导航窗格"复选框，打开"导航"窗格。由于本章实验1中对文档"书稿.docx"建立了分级标题，Word会将所有的文档标题在"导航"窗格中按层级列出。

（2）展开/折叠子标题。在"导航"窗格中单击某个标题前的黑色小三角 ◢，折叠该标题下的子标题，单击标题前的白色小三角 ▷，展开该标题下的子标题。体会两个图标 ◢、▷ 的作用。

（3）导航定位。在"导航"窗格中单击某个标题，插入点会自动定位到文档中该标题所在的位置。

（4）快速重排文档结构。在"导航"窗格中，上下拖动文档标题，可以将标题及其下属的所有内容一起移动到新的位置。

2. 书签的添加及应用。

(1) 在文档中任意位置添加一个书签。定位插入点到要添加书签的位置,在功能区"插入"选项卡的"链接"选项组中单击"书签"图标,打开"书签"对话框。在对话框的"书签名"文本框中输入书签的名称,然后单击"添加"按钮。

提示:书签的名称只能以字母或汉字开头,并且不能包含空格。

(2) 使用书签进行定位。在功能区"插入"选项卡的"链接"选项组中单击"书签"图标,在打开的"书签"对话框中双击该书签名或选择该书签名,然后单击"定位"按钮,则插入点定位到书签处。

【实验题目 3】

在文档"书稿.docx"的开头插入一个自动生成目录。

【实验步骤】

1. 在文档的开头自动生成目录。

(1) 打开文档后按快捷键 Ctrl+Home,定位插入点到文档的开始位置。

(2) 在功能区"引用"选项卡的"目录"选项组中单击"目录"图标,在下拉列表中选择"自动目录 1"或"自动目录 2"命令。

2. 更新目录。

(1) 在功能区"引用"选项卡的"目录"选项组中。单击"更新目录"图标,打开"更新目录"对话框。

(2) 在打开的对话框中选中"只更新页码"或"更新整个目录"单选按钮,然后单击"确定"按钮。

3. 删除目录。

在功能区"引用"选项卡的"目录"选项组中单击"目录"图标,在下拉列表中选择"删除目录"命令。

【实验题目 4】

对文档"书稿.docx"分节,使书稿的每一节相互独立,并为每一节设置不同的页眉,页眉内容为每一节的标题。

【实验步骤】

1. 设置分节。

(1) 在"导航"窗格中单击书稿第二节的标题"3.2 Word 2019 基本文件操作",定位插入点到第二节的开始位置。

(2) 在功能区"布局"选项卡的"页面设置"选项组中单击"分隔符"图标,打开"分隔符"下拉列表。

(3) 在下拉列表中选择"分节符"组中的"下一页"(在下一页开始新节)命令,则从插入点所在位置开始分为新节。前一节的结束处显示出一条有"分节符"字样的线条(若看不到,可以在功能区"开始"选项卡的"段落"选项组单击"显示/隐藏编辑标记"图标 ♪)。

(4) 使用同样的方法,将 3.3 节、3.4 节分为新节。

2. 为每一节设置不同的页眉与页脚。

(1) 定位插入点在第一节内,在功能区"插入"选项卡的"页眉和页脚"选项组中单击"页眉"图标,在下拉列表中选择页眉样式为"空白",进入页眉的编辑状态。

(2) 在页眉区输入页眉内容"3.1 字处理软件概述"。

(3) 在"页眉和页脚"选项卡的"导航"选项组中单击"下一节"图标,进入第二节页眉的编辑状态。取消勾选"链接到前一节页眉"复选框,输入第二节的页眉内容"3.2 Word 2019 基本文件操作",完成第二节页眉的编辑。

(4) 用与上一步同样的方法完成文档后面两节内容的页眉设置。然后在"页眉和页脚"选项卡的"关闭"选项组中单击"关闭页眉和页脚"图标。

【作业】

对文件"论文.docx"进行如下操作。

1. 按如下要求定义样式,并应用定义的样式。

章：样式名称为"章标题",样式格式为标题1＋黑体＋居中。

节：样式名称为"节标题",样式格式为标题2＋黑体＋小二＋居中。

小节：样式名称为"小节标题",样式格式为标题3＋黑体。

2. 使用"导航"窗格及书签快速浏览文档。

3. 在文档的末尾生成自动目录。

4. 将论文的摘要、正文、参考文献分为不同的节,各节之间连续显示。

实验 7　公式与邮件合并

【实验目的】

1. 掌握 Word 2019 中公式的编辑方法。

2. 掌握 Word 2019 中邮件合并的方法。

【实验题目 1】

1. 在文档中插入如下的内置公式。

$$e^x = 1 + \frac{x}{1!} + \frac{x^2}{2!} + \frac{x^3}{3!} + \cdots, \quad -\infty < x < \infty$$

2. 创建如下的自定义数学公式,并将其添加到常用公式列表中。

$$S_1^2 - \frac{1}{n-1} \sum_{i=1}^{n} \ (x_i - \overline{x})$$

【实验步骤】

1. 插入常用内置公式。

(1) 新建一个空白文档,在功能区"插入"选项卡的"符号"选项组中单击"公式"图标的下拉按钮,打开公式的下拉列表,其中包含预先设好格式的常用公式。

(2) 在列表中选择"泰勒展开式"公式,则公式插入文档中。

2. 创建自定义公式。

(1) 在文档中要插入公式的位置单击,定位插入点。

(2) 在功能区"插入"选项卡的"符号"选项组中单击"公式"图标的下拉按钮,在下拉列表中选择"插入新公式"命令,则文档中会出现"在此处键入公式"提示。同时,功能区会出现"公式"选项卡。

（3）在"公式"选项卡的"结构"选项组中单击"上下标"图标，在下拉列表中选择"下标和上标"组中的第三项"下标-上标"命令，在占位符中输入相应数据，然后输入"＝"。

（4）在"公式"选项卡的"结构"选项组中单击"分式"图标，在下拉列表中选择第一项"分式（竖式）"命令，在占位符中输入相应数据。

（5）在"公式"选项卡的"结构"选项组中单击"大型运算符"图标，在下拉列表中选择"求和"组中的第二项"有极限的求和符"命令，然后在占位符中输入相应数据。这里需要按照前面介绍的方法再次插入下标结构及"标注符号"中的"顶线"结构。

3. 将公式添加到常用公式列表。

（1）在创建的自定义公式内单击，进入公式的编辑状态，此时公式右侧会出现下拉按钮，单击该按钮打开下拉列表。

（2）在下拉列表中选择"另存为新公式"命令，弹出"新建构建基块"对话框。

（3）在对话框中输入公式的名称，再单击"确定"按钮，则该公式被添加到常用公式列表中。

【实验题目 2】

使用"邮件合并"功能批量创建如图 10-10 所示的奖状，奖状中数据来源于 Word 文档"获奖数据.docx"中的表格，如图 10-11 所示。

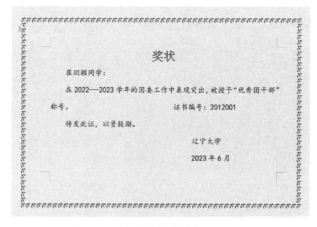

图 10-10　邮件合并创建的批量奖状

【实验步骤】

1. 新建一个 Word 文档，按照图 10-12 所示制作邮件合并的主文档。

2. 在功能区"邮件"选项卡的"开始邮件合并"选项组中完成如下操作。

（1）单击"开始邮件合并"图标，在下拉列表中选择"信函"命令。

（2）单击"选择收件人"图标，在下拉列表中选择"使用现有列表"命令，在弹出的"选择数据源"对话框中选择事先准备好的数据源文件"获奖数据.docx"，然后单击"打开"按钮。

（3）单击"编辑收件人列表"图标，在弹出的"邮件合并收件人"对话框中，根据需要选择联系人。如果需要合并所有收件人，直接单击"确定"按钮。

3. 将插入点定位到主文档中"同学"之前，在功能区"邮件"选项卡的"编写和插入域"选项组中完成以下操作。

（1）单击"插入合并域"图标后的下拉按钮，在打开的下拉列表中列出了数据源表格中

证书编号	姓名	奖励类别	奖励名称
2012001	聂玥颖	团委	优秀团干部
2012002	陈昕炜	团委	优秀团干部
2012003	杨婧汶	团委	优秀团干部
2012004	陈美汁	团委	优秀团员
2012005	庄苑茜	团委	优秀团员
2012006	美丽	团委	优秀团员
2012007	张馨子	团委	优秀团员
2012008	甄萱	学生会	优秀学生干部
2012009	吴佳丹	学生会	优秀学生干部
2012010	周慧	学生会	优秀学生干部
2012011	龚名扬	学生会	优秀学生干部
2012012	刘欣	学生会	积极份子
2012013	尹淑媛	学生会	积极份子
2012014	许世新	学生会	积极份子
2012015	魏晨博	学生会	积极份子
2012016	王策	学生会	积极份子

图 10-11 "获奖数据.docx"文档内容

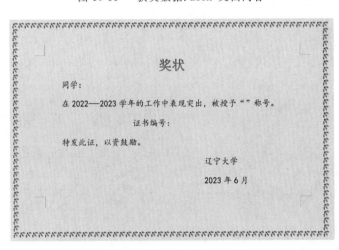

图 10-12 邮件合并的主文档

的所有列标题。

（2）选择要插入的标题"姓名"，则该标题以域的形式插入。

（3）用同样的方法在主文档中依次插入数据源中各个域，效果如图 10-13 所示。

4. 在功能区"邮件"选项卡的"预览结果"选项组中单击"预览结果"图标，主文档中显示出第一名学生的奖状。在组中单击"首记录"◄◄、"上一记录"◄、"下一记录"►、"尾记录"►►按钮可以预览其他同学的奖状。

5. 在功能区"邮件"选项卡的"完成"选项组中单击"完成并合并"图标，在下拉列表中选择"编辑单个文档"命令，弹出"合并到新文档"对话框，在对话框中选择要合并的记录，如"全部"，然后单击"确定"按钮，Word 自动新建一个文档，将选定的全部记录合并到该文档中；或者单击"打印文档"按钮，打印生成的奖状。

【作业】

1. 利用 Word 2019 创建如下的数学公式。

（1）$f(x) = a_0 + \sum_{n=1}^{\infty} \left(a_n \cos \frac{n\pi x}{L} + b_n \sin \frac{n\pi x}{L} \right)$。

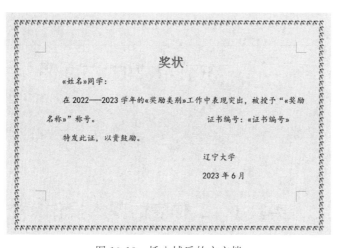

图 10-13　插入域后的主文档

（2）$\lim\limits_{n \to \infty} \left(1 + \dfrac{1}{n}\right)^{n}$。

2. 利用 Word 文档"通讯录.docx"中的数据（见图 10-14），批量创建如图 10-15 所示的邀请函。

姓名	电话
周世伟	13811111111
李晓辉	15922222222
张馨予	17566666666
韩彭博	18699999999
吴佳丹	13822222222
周宇	15933333333
龚名扬	15955555555
刘新	18666666666
尹淑媛	17588888888
许世新	13899999999
魏晨博	13833333333

图 10-14　数据源文档"通讯录.docx"

图 10-15　利用邮件合并制作的邀请函

第 11 章　Excel 2019 的使用

实验 1　工作表的基本操作

【实验目的】

1. 了解工作表、工作簿、单元格之间的关系。
2. 掌握创建、保存、重命名工作簿的方法。
3. 掌握工作表创建、复制、移动、重命名、删除的方法。
4. 掌握数据的快速填充方法。
5. 了解为单元格添加批注的方法。
6. 掌握设置数据验证的方法。

【实验题目】

创建一个工作簿,将其命名为"练习题.xlsx",保存在 D 盘根目录下。在该工作簿中,将工作表 sheet1 重命名为"学生视力汇总表",然后进行如下操作。

(1) 输入如图 11-1 所示的内容,要求自行寻找各列数据的规律性,如果发现该列数据存在递增或递减规律,该列数据必须使用快速填充方法。

(2) 对"左眼"和"右眼"两个单元格添加批注信息,内容为"对数记录法"。

(3) 对 F3:G10 区域设置数据验证信息。验证的条件是输入的数据为小数,数据范围为 4.0～5.3(包含 4.0 和 5.3)。当用户向该区域输入数据时,系统会显示提示信息,提示信息的"标题"为"注意",提示信息的"内容"为"请输入 4.0～5.3 的小数"。一旦用户输入的数据不在此范围内,系统会弹出如图 11-2 所示的"输入错误"对话框。

序号	学号	姓名	寝室号	检查时间	左眼	右眼
			软件工程专业学生视力汇总表			
1	20230111	李阳	401	2023/10/8	4.5	4.5
2	20230112	孙明	401	2023/10/8	4.2	4.5
3	20230113	木心清	401	2023/10/8	5.0	5.1
4	20230114	李念念	402	2023/10/8	4.6	4.6
5	20230115	刘齐	402	2023/10/8	4.8	4.7
6	20230116	张心	403	2023/10/8	5.3	5.2
7	20230117	李迪	403	2023/10/8	4.1	4.2
8	20230118	孙亮	403	2023/10/8	4.3	4.4

图 11-1　学生视力汇总表

图 11-2　"输入错误"对话框

【实验步骤】

1. 双击桌面 Excel 2019 图标,在"开始"窗口中单击"空白工作簿"图标,新建一个名称为"工作簿 1"的工作簿,其中包含一个名称为 Sheet1 的工作表。

2．右击工作表标签 Sheet1，在弹出的快捷菜单中选择"重命名"命令，将工作表改名为"学生视力汇总表"。

3．参照图 11-1 所示输入工作表数据，其中"序号""学号""寝室号""检查时间"4 列数据均有一定的规律性，可采用填充句柄快速填充数据。

4．设置批注信息。右击"左眼"所在单元格，在弹出的快捷菜单中选择"插入批注"命令，在弹出的文本框中输入"对数记录法"，按回车键确定。"右眼"批注信息设置方法同上。

5．设置数据验证。选定 F3：G10 区域，在功能区"数据"选项卡的"数据工具"选项组中单击"数据验证"图标，打开"数据验证"对话框。在对话框的"设置"选项卡中输入如图 11-3 所示的内容；"输入信息"选项卡输入的内容如图 11-4 所示；"出错警告"选项卡输入的内容如图 11-5 所示。单击"确定"按钮。

图 11-3 "设置"选项卡

图 11-4 "输入信息"选项卡

图 11-5 "出错警告"选项卡

363

6．选择"文件"→"保存"命令，在"另存为"窗口单击"浏览"按钮，在弹出的"另存为"对话框中选择文件保存的位置为 D 盘，输入"文件名"为"练习题.xlsx"，单击"保存"按钮，保存文件。

7. 单击 F3:G10 数据区域中任意一个单元格,可以看到设置的输入提示信息;在单元格中输入 4.0～5.3 以外的数据,测试数据验证的作用,最后单击 Excel 工作窗口右上角的"关闭"按钮 ✖,不保存修改,关闭工作簿文档。

【作业】

打开"练习题".xlsx 工作簿,新建一个工作表,将新建的工作表重命名为"计算机专业成绩表",并按要求完成如下操作。

(1) 输入如图 11-6 所示的数据内容,其中"序号"所在列的数据用填充句柄完成。

	A	B	C	D	E
1	计算机专业成绩表				
2	序号	高数	政治经济学	C语言程序设计	高数补考说明
3	A1	74	25	61	
4	A2	49	78	62	
5	A3	98	98	63	
6	A4	61	65	45	
7	A5	39	23	49	
8	A6	56	47	90	
9	A7	74	78	87	
10	A8	20	49	69	
11	A9	87	90	76	
12	A10	63	74	71	

图 11-6　计算机专业成绩表

(2) 为 B～D 列数据设置数据验证规则。要求这 3 列数据是 0～100 的整数。如果输入的数据超过该范围,给出"警告"样式,并给出错误提示信息:"请输入 0～100 的整数!",然后输入数据进行验证。

(3) 为单元格 E2 填入批注信息"60 分以下需要补考!"。

实验 2　公式与函数的应用

【实验目的】

1. 了解公式与函数的区别。

2. 掌握绝对引用和相对引用单元格的方法。

3. 掌握常见几种函数的用法。

4. 掌握利用公式填充数据的方法。

【实验题目】

在"练习题.xlsx"文件中,新建一个工作表,命名为"学生成绩表",输入如图 11-7 所示的数据。在该数据表中完成如下操作。

(1) 用公式计算每名学生的"总评成绩"。

(2) 用函数计算各科及总评成绩的平均分、最高分、最低分。

(3) 如果总评成绩在 85 分及以上,则在每个人"优秀否"对应的单元格中显示"是",否则什么也不显示。

【实验步骤】

1. 打开"练习题.xlsx"文件,单击工作表标签右侧的图标"➕",新增一个工作表,右击该工作表标签,将其重命名为"学生成绩表"。

▲	A	B	C	D	E	F	G	H
1				学生成绩表				
2		各科占比		40%	30%	30%		
3	序号	姓名	性别	计算机	数学	英语	总评成绩	优秀否
4	1	李阳	女	96	80	88		
5	2	孙明	男	85	98	72		
6	3	木心清	女	70	90	65		
7	4	李念念	女	95	78	80		
8	5	刘齐	女	60	57	70		
9	6	张心	女	98	84	91		
10	7	李迪	男	75	56	77		
11	8	孙亮	男	67	45	53		
12								
13								
14		各科及总评成绩平均分						
15		各科及总评成绩最高分						
16		各科及总评成绩最低分						

图 11-7　学生成绩表

2. 选定"李阳"同学"总评成绩"单元格 G4,输入公式"＝D4 ＊ ＄D＄2＋E4 ＊ ＄E＄2＋F4 ＊ ＄F＄2",按回车键,则系统显示该同学的"总评成绩"为 88.8。(注意:这里各科所占的比例对应的单元格引用是绝对引用。)

3. 移动鼠标指针到单元格 G4 右下角的填充句柄处,此时鼠标指针变成黑色十字。向下拖动,则系统自动生成其他同学的"总评成绩"。

4. 求各科及总评成绩平均分。选定单元格 D14,在功能区"开始"选项卡"编辑"选项组中单击"自动求和"图标,在打开的列表中选择"平均值"命令,输入公式"＝AVERAGE(D4:D11)",按回车键,则系统显示该单元格的数值为 80.75。移动鼠标指针到单元格 D14 右下角的填充句柄处,向右拖动,则系统自动生成"数学""英语""总评成绩"的平均分。

5. 求各科及总评成绩最高分/最低分的方法与求平均分的方法相似,只是输入的公式变为"MAX()"和"MIN()",请参照操作步骤 4 自行完成。

6. 求"优秀否"。选定单元格 H4,在功能区"开始"选项卡的"编辑"选项组中单击"自动求和"图标后的下拉按钮,在打开的列表中选择"其他函数"命令,打开"插入函数"对话框。在对话框的函数类别处选择"常用函数"中的 IF 函数,单击"确定"按钮后打开如图 11-8 所示的"函数参数"对话框,按图 11-8 所示设置函数参数,然后单击"确定"按钮。向下拖动填充句柄,则系统自动生成其他同学的"优秀否"一列对应的数据。

图 11-8　IF 函数中 3 个参数的设置

【作业】

打开"练习题.xlsx"工作簿中的"计算机专业成绩表"，按要求完成如下操作。

（1）在 E 列数据前面增加"总分"和"平均分"两列数据。

（2）在单元格 A14 和 A15 分别输入"第一名"和"最后一名"。

（3）利用公式计算每个人"总分"和"平均分"两列数据的值。

（4）利用函数求各科的第一名和最后一名。

（5）如果某同学高数成绩低于 60 分，则在"高数补考说明"对应的单元格区域中输入"sorry!"，否则什么也不输入。

实验 3　表格的格式化

【实验目的】

1. 掌握字符及数字格式化的方法。

2. 掌握文本对齐方式、添加边框及底纹的方法。

3. 掌握条件格式的设置方法。

4. 灵活使用表格格式。

【实验题目】

打开"练习题.xlsx"文件，在"学生成绩表"中进行如下操作。

（1）设置表格标题为黑体、16 号字、加粗、红色、跨列居中、双下画线。

（2）设置各列标题的字体为华文楷体、12 号字，字体颜色为"橙色、个性色 2、深色 25％"，填充颜色为"金色、个性色 4、淡色 80％"且带 6.25％灰色图案。

（3）设置 A4:A11 区域为分散对齐（缩进）、倾斜，B4:H11 区域为居中对齐；设置 A1:H2 数据区域的行高为 25。

（4）将"总评成绩"、各列的"最高分""最低分""平均分"的值设置为小数点后保留两位小数。

（5）将 A3:H11 区域加边框，外框线为红色、双线；内框线为蓝色、最细的虚线。

【操作步骤】

1. 打开"练习题.xlsx"文件中"学生成绩表"，选定 A1:H1 区域，在功能区"开始"选项卡的"字体"选项组中分别设置题目要求的字体、字形、字号、字体颜色、双下画线。在功能区"开始"选项卡的"对齐方式"选项组中单击"合并后居中"图标。

2. 选定 A3:H3 区域，在功能区"开始"选项卡的"字体"选项组中分别设置题目要求的字体、字体颜色、字号。

3. 在功能区"开始"选项卡的"字体"选项组中单击右下角的"折叠"图标 ⌐，打开"设置单元格格式"对话框。在对话框的"填充"选项卡中设置"背景色"填充颜色为"金色、个性色 4、淡色 80％"，在"图案样式"下拉列表中选择"6.25％灰色"图案。

4. 选定 A4:A11 区域，在功能区"开始"选项卡的"字体"选项组中单击图标 I，令其倾斜。然后单击"字体"选项组右下角的"折叠"图标，打开"设置单元格格式"对话框。在对话框"对齐"选项卡的"文本对齐方式"选项区域设置"水平对齐"方式为"分散对齐（缩进）"。

5. 选定 B4:H11 区域，在功能区"开始"选项卡的"对齐方式"选项组中单击"居中"图标。

6. 选定 A1:H2 区域,在功能区"开始"选项卡的"单元格"选项组中单击"格式"图标,在下拉列表中选择"行高"命令,打开"行高"对话框,输入行高值 25,单击"确定"按钮。

7. 分别选定 G4:G11 和 D14:G16 区域,在功能区"开始"选项卡的"数字"选项组中单击"增加小数位数"图标,使数据的小数点后保留两位小数。

8. 选定 A3:H11 区域,在功能区"开始"选项卡的"字体"选项组中单击右下角的"折叠"图标 ▣,打开"设置单元格格式"对话框。在对话框"边框"选项卡的"直线-样式"选项区域选择双线,在"颜色"选项区域选择标准色中的"红色",在"预置"选项区域选择"外边框",单击"确定"按钮。

9. 选定 A3:H11 区域,在功能区"开始"选项卡的"字体"选项组中单击右下角的"折叠"图标 ▣,打开"设置单元格格式"对话框,在对话框"边框"选项卡的"直线-样式"选项区域选择最细的虚线,在"颜色"选项区域选择标准色中的"蓝色",在"预置"选项区域选择"内部",单击"确定"按钮。

【作业】

打开"练习题".xlsx 工作簿中"计算机专业成绩表",按要求完成如下操作。

(1) 设置表格标题行高为 22.5,列标题的行高为 35。

(2) 设置表格标题为方正姚体、18 号字、跨列居中、红色、单下画线。

(3) 设置各列标题为华文仿宋、12 号字,填充颜色为"蓝色、个性色 1",C2、D2 和 G2 列的数据在一个单元格内分两行输入相关文字内容。

(4) 为 A2:G12 区域设置列宽 12、居中对齐并加边框,其中内、外框线颜色均为绿色,线型为最粗的单线。

实验 4 图 表 操 作

【实验目的】

1. 掌握创建图表的方法。

2. 掌握图表编辑及格式化的方法。

【实验题目】

打开"练习题.xlsx"文件中的"学生视力汇总表",利用表格中序号 3 至序号 5 的三名同学的左、右眼视力数据创建一个如图 11-9 所示的图表,具体要求如下。

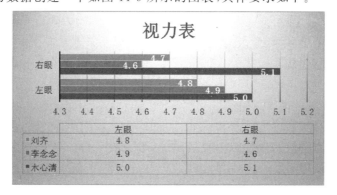

图 11-9 视力表的效果图

Excel 2019 的使用

（1）图表类型为簇状条形图。

（2）图表标题为"视力表"，字体为红色。

（3）图表布局设置为"布局5"，图表样式设置为"样式3"。

【实验步骤】

1. 打开"练习题.xlsx"文件中的"学生视力汇总表"，单击单元格 C2 将其选定，然后按住 Ctrl 键，依次单击选定 C5：C7 区域、F2：G2 区域、F5：G7 区域，在功能区"插入"选项卡的"图表"选项组中单击右下角的折叠图标 ⌐，打开"插入图表"对话框。在对话框"所有图表"选项卡中选择"条形图"下的"簇状条形图"。

提示：选取第一个单元格时不要按 Ctrl 键，选取其他单元格区域时必须按住 Ctrl 键。

2. 单击生成的图表，在功能区"图表工具"中的"设计"选项卡的"数据"选项组中单击"切换行/列"图标，可以看到图表中的行与列的数据进行了切换。

3. 单击生成的图表，在功能区"图表工具"中的"设计"选项卡的"图表布局"选项组中单击"快速布局"图标，在打开的列表中选择"布局5"。

4. 单击生成的图表，在功能区"图表工具"中的"设计"选项卡的"图表样式"选项组中选择"样式3"。

5. 单击生成的图表，在"图表标题"区域重新输入文字"视力表"，把字体颜色设置为标准色中的"红色"。

【作业】

打开"练习题".xlsx 文件，新建一个"居民收入统计表"，如图 11-10 所示，按要求完成如下操作。

	A	B	C
1	2024年居民收入调查表		
2	工资区间	人数	比例
3	2500以下	32756	
4	2501-5000	26789	
5	5001-7500	40359	
6	7501-9000	37694	
7	9000-12000	12344	
8	12000-15000	8976	
9	15000以上	6987	
10	合计		

图 11-10　居民收入统计表

（1）利用函数计算调查的总人数，利用公式计算每个工资区间所占人数的百分比，并保留一位小数。

（2）将 B3：B10 区域的数据设置千位分隔样式，设置该区域数据只有整数位，没有小数位。

（3）利用表格中的数据生成如图 11-11 所示的"样式6"的三维饼图，其他要求如下。

① 图表标题为"居民收入统计表"，加边框线，边框为实线、蓝色、1磅，透明度为5%。

② 为图表设置纯色填充色，颜色为"绿色、个性色6，淡色60%"。

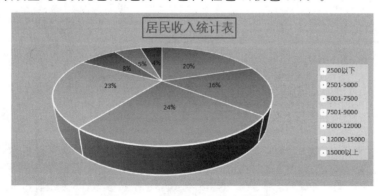

图 11-11　居民收入统计表效果图

实验 5 数 据 管 理

【实验目的】
1. 了解数据清单的含义、使用方法及注意事项。
2. 掌握单列数据、多列数据的排序方法。
3. 掌握自动筛选及高级筛选的方法。
4. 掌握分类汇总的方法。

【实验题目】

打开"练习题.xlsx"文件,新建一个"售票员工资表"工作表,如图 11-12 所示,按要求完成如下操作。

	A	B	C	D	E	F
1	售票员工资表					
2	编号	单位	姓名	销售额	补贴	工资
3	1	一路车	张大军	9000	708	
4	2	三路车	王洪军	8000	709	
5	3	三路车	罗美云	3000	380	
6	4	一路车	何江川	2000	630	
7	5	一路车	周小红	6000	870	
8	6	二路车	刘勇	12000	825	
9	7	四路车	张芳	13000	925	
10	8	一路车	余真	5000	770	
11	9	四路车	刘海波	6000	780	
12	10	三路车	林亿	8000	760	
13	11	一路车	吴平	11000	1250	
14	12	二路车	欧阳华	20000	1800	
15	13	一路车	王平	30000	1700	
16	14	四路车	许丽	7000	870	
17	15	四路车	葛铁军	18000	1500	
18	16	四路车	杨扬	3000	630	
19	17	三路车	陆永红	2000	530	
20	18	二路车	石雨	8000	970	
21	19	三路车	李丹丹	12000	1125	
22	20	二路车	何玉平	3000	500	

图 11-12 售票员工资表

(1) 计算每个人的工资。工资等于每个人"销售额"的 35% 再加上补贴。将计算后的数据以千位分隔符表示,小数点后保留 2 位。

(2) 分别将"售票员工资表"工作表复制为"练习题.xlsx"文件的 4 个新工作表,并将新工作表分别命名为"排序""自动筛选""高级筛选"及"分类汇总"。

(3) 在"排序"工作表中先按"单位"进行排序,"一路车"在最前,"四路车"在最后。如果"单位"的值相同,再按"工资"的大小降序排序。

(4) 在"自动筛选"工作表中首先筛选出工资在 1 万元以上或在 2000 元以下的员工信息,然后取消筛选,再重新筛选出姓名中含"军"的员工信息。

(5) 在"高级筛选"工作表中单元格 K5 建立筛选条件,利用高级筛选将二路车的员工或工资在 1 万元以上的员工信息显示在单元格 H16 开始的位置。

(6) 在"分类汇总"工作表中按"单位"对所有数据进行求平均值汇总,并按汇总的 3 个级别进行查看。

【实验步骤】

1. 打开"练习题.xlsx"文件,输入"售票员工资表"数据。选定单元格 F3,输入公式"= D3 * 0.35 + E3",按回车键,得到第一位员工的工资,向下拖动填充句柄得到全体人员的工资。

2．选定 F3:F22 区域，在功能区"开始"选项卡的"数字"选项组中单击"千位分隔符"图标和"增加小数位数"图标，设置数字格式化。

3．移动鼠标指针到"售票员工资表"工作表标签上，按住 Ctrl 键并拖动，复制出一个新工作表，将该工作表重命名为"排序"。用同样的方法再复制出 3 张工作表，并分别将其命名为"自动筛选""高级筛选"及"分类汇总"。

4．在"排序"工作表中，选定数据清单中任意一个单元格，在功能区"数据"选项卡的"排序和筛选"选项组中单击"排序"图标，打开"排序"对话框。在对话框中将"主要关键字"设置为"单位"，单击"选项"按钮，在弹出的"排序选项"对话框中选中"笔画排序"单选按钮，如图 11-13 所示。单击"添加条件"按钮，设置"次要关键字"为"工资"，"次序"为"降序"，再单击"确定"按钮。

图 11-13 排序选项

5．在"自动筛选"工作表中，选定数据清单中任意一个单元格，在功能区"数据"选项卡的"排序和筛选"选项组中单击"筛选"图标，则所有列的标题右侧增加一个筛选按钮。

6．单击"工资"字段的筛选按钮，在弹出的对话框中选择"数字筛选"→"大于或等于"命令，弹出"自定义自动筛选方式"对话框。在对话框中设置筛选条件，如图 11-14 所示，然后单击"确定"按钮，筛选结果如图 11-15 所示。

图 11-14 "自定义自动筛选方式"对话框

7．在功能区"数据"选项卡的"排序和筛选"选项组中单击"筛选"图标，系统恢复原始数据清单状态。

8. 重复操作步骤 5。单击"姓名"字段的筛选按钮,在弹出的对话框中选择"文本筛选"→"包含"命令,在弹出的"自定义自动筛选方式"对话框中,在第一行右侧文本框中输入"军"(不需要加双引号),再单击"确定"按钮,则系统自动显示符合条件的 3 条记录。

9. 在"高级筛选"工作表中,以单元格 K5 作为起始位置,设置高级筛选条件,如图 11-16 所示。

单位	工资
二路车	
	>10000

图 11-15 筛选结果   图 11-16 高级筛选条件

10. 选定数据清单中任意一个单元格,在功能区"数据"选项卡的"排序和筛选"选项组中单击"高级"图标,打开"高级筛选"对话框。在对话框中进行如下设置:在"方式"区域选中"将筛选结果复制到其他位置"单选按钮;将"列表区域"设置为该数据表的数据清单;将"条件区域"设置为"K5:L7 区域";将"复制到"设置为单元格 H16。如图 11-17 所示,最后单击"确定"按钮,系统显示如图 11-18 所示的高级筛选结果。

图 11-17 高级筛选各区域数据的设置   图 11-18 高级筛选结果

11. 在"分类汇总"数据表中,选定"单位"字段中任意一个单元格,然后在功能区"数据"选项卡的"排序与筛选"选项组中单击"升序"图标 ↓↑ 。

12. 在功能区"数据"选项卡的"分级显示"选项组中单击"分类汇总"图标,打开"分类汇总"对话框,按照图 11-19 所示进行相关设置,然后单击"确定"按钮。

提示:分类字段与排序字段必须一致。

13. 单击工作表左上角的 3 个数字按钮,查看分级显示效果。

【作业】

打开"练习题.xlsx"文件,新建一个"销售表"工作表,如图 11-20 所示,按要求完成如下操作。

(1) 在"销售表"中,先按商品名称升序排序,再按三月的销售额降序排序。

(2) 将一月、二月、三月的销售额均在 1000 以下的记录筛选出来。

(3) 将商品名称中包含"电"的记录筛选出来。

(4) 按商品名称对各月销售额求平均值汇总,并显示分类汇总结果。

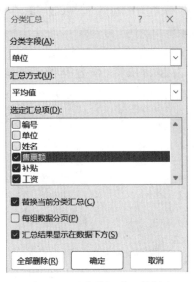

图 11-19 "分类汇总"对话框

	A	B	C	D	E
1	销售表				
2	商品名称	型号	一月	二月	三月
3	空调机	j345k	378	493	689
4	微波炉	w500c	4571	4513	1546
5	电冰箱	k2301	8740	6458	7650
6	空调机	2902d	7348	6512	8341
7	空调机	2504d	7812	7221	7701
8	电冰箱	k234e	8952	7609	4620
9	电视机	v50a	8923	7822	5321
10	微波炉	w500c	2367	7843	3420
11	电视机	2128s	3478	8974	3621

图 11-20 销售表

实验 6 数据透视表与数据透视图

【实验目的】

1. 熟练掌握利用数据透视表汇总、分析数据的各种操作方法。

2. 了解数据透视图的创建及使用方法。

【实验题目 1】

新建一个工作簿,在 Sheet1 工作表中建立如图 11-21 所示的数据清单,要求依据该数据清单在新的工作表中创建如图 11-22 所示的数据透视表,实现按车间汇总出每名员工一季度的产量总和。

	A	B	C	D	E	F
1			一季度员工绩效表			
2	序号	姓名	车间	工种	月份	产量
3	001	张程程	生产车间	装配	1月份	398
4	002	华春雨	成品车间	检验	1月份	492
5	003	李云芳	成品车间	检验	1月份	500
6	004	张程程	生产车间	装配	2月份	493
7	005	华春雨	成品车间	检验	2月份	504
8	006	李云芳	成品车间	检验	2月份	521
9	007	张程程	生产车间	装配	3月份	530
10	008	华春雨	成品车间	检验	3月份	487
11	009	李云芳	成品车间	检验	3月份	499

图 11-21 "一季度员工绩效表"数据清单

图 11-22 创建的数据透视表

【实验步骤】

1. 新建一个工作簿,在 Sheet1 工作表中输入如图 11-21 所示的数据清单,选定创建数据透视表的数据源区域(A2:F11 区域),在功能区"插入"选项卡的"表格"选项组中单击"数据透视表"图标。

2. 在打开的"创建数据透视表"对话框中,选中"新工作表"单选按钮,然后单击"确定"

按钮。此时系统自动新建一张新工作表,并在其中显示空白数据透视表及"数据透视表字段"窗格。

3. 在"数据透视表字段"窗格中,将"车间"字段拖动到"行"区域,"姓名"字段拖动到"列"区域,"产量"字段拖动到"值"区域。拖动过程中观察数据透视表的变化,创建好的数据透视表如图 11-22 所示。

4. 保存工作簿,命名为"数据透视表.xlsx"。

【实验题目 2】

对"实验题目 1"创建的数据透视表进行各种编辑操作。

【实验步骤】

1. 筛选出"成品车间"员工一季度产量总和。

(1) 在如图 11-22 所示的数据透视表中单击"行标签"的下拉按钮,在打开的下拉列表中勾选"成品车间"复选框,然后单击"确定"按钮。

(2) 再次单击"行标签"的下拉按钮,勾选"全选"复选框,取消筛选。

2. 对数据透视表按"姓名"字段降序排序。

单击数据透视表中"列标签"的下拉按钮,在打开的下拉列表中选择"降序"命令,然后单击"确定"按钮。

3. 更改数值区的汇总方式为求月平均产量。

(1) 单击数值区标签"求和项:产量",在打开的菜单中选择"值字段设置"命令。

(2) 在打开的"值字段设置"对话框中,设置值字段汇总方式为"平均值",然后单击"数字格式"按钮,设置保留 1 位小数,然后单击"确定"按钮。

4. 将数据透视表的布局更改为如图 11-23 所示的效果,汇总出每个车间的总产量和人均产量。

(1) 单击数据透视表任意单元格,在"数据透视表字段"窗格的"列"区域单击"姓名"字段,在打开的菜单中选择"删除字段"命令。然后将"产量"字段拖动到"值"区域中的"平均值项:产量"下方,则在"值"区域显示对"产量"字段的两种计算,即求平均值及求和。

(2) 将"列"区域"∑数值"拖动到"行"区域的"车间"字段下方。设置完成后的数据透视表如图 11-23 所示。

图 11-23　修改布局后的数据透视表

【实验题目 3】

以"实验题目 1"创建的数据透视表作为数据源创建数据透视图。

【实验步骤】

1. 单击数据透视表中的任意单元格,在功能区"数据透视表工具"中的"数据透视分析"选项卡中单击"工具"选项组中的"数据透视图"图标,打开"插入图表"对话框。

2. 在"插入图表"对话框中选择"柱形图"中的"堆积柱形图",然后单击"确定"按钮,即可生成一张数据透视图,如图 11-24 所示。

【作业】

1. 要求以图 11-25 所示的数据清单作为数据源创建数据透视表,统计每名业务员各种商品的销售额总和,显示结果如图 11-26 所示。

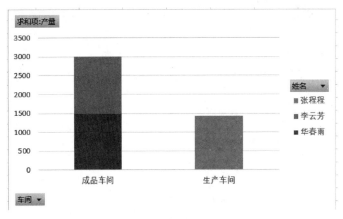

图 11-24　数据透视图

某贸易公司销售清单

销售季度	销售地区	业务员	商品名称	数量	单价	销售额
3	沈阳	秦子洋	液晶电视	12	5500	66000
1	沈阳	秦子洋	液晶电视	10	5500	55000
3	沈阳	秦子洋	显示器	9	1200	10800
1	沈阳	秦子洋	显示器	11	1200	13200
4	沈阳	王栎栎	洗衣机	10	2600	26000
2	沈阳	王栎栎	洗衣机	7	2600	18200
1	沈阳	王栎栎	空调	16	4000	64000
4	沈阳	王栎栎	空调	13	4000	52000
2	哈尔滨	白玲	显示器	16	1200	19200
1	哈尔滨	白玲	显示器	9	1200	10800
3	哈尔滨	白玲	洗衣机	13	2600	33800

图 11-25　某贸易公司销售清单

行标签	求和项:销售额
白玲	**63800**
洗衣机	33800
显示器	30000
秦子洋	**145000**
显示器	24000
液晶电视	121000
王栎栎	**160200**
空调	116000
洗衣机	44200
总计	**369000**

图 11-26　创建的数据透视表

2. 依据图 11-26 所示的数据透视表,创建如图 11-27 所示的数据透视图(图表类型为“三维堆积柱形图”)。

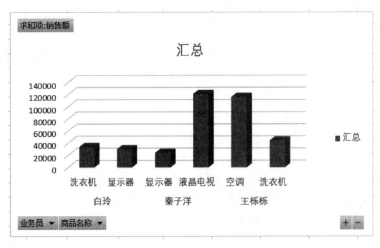

图 11-27　数据透视图

第 12 章　PowerPoint 2019 的使用

实验 1　不同版式幻灯片的制作

【实验目的】

1. 了解创建、保存演示文稿的方法。

2. 掌握新建不同版式幻灯片的方法。

3. 掌握为现有幻灯片修改版式的方法。

4. 掌握调整幻灯片页面比例的方法。

【实验题目】

制作"演示文稿制作.pptx",在其中新建不同版式的幻灯片,并为幻灯片修改版式。

【实验步骤】

1. 启动 PowerPoint 2019,第一张幻灯片的默认版式是"标题幻灯片"。在标题占位符中输入"制作多媒体演示文稿",字体修改为"华文行楷"。在副标题占位符中输入自己的姓名"XXX",字体修改为"华文行楷",效果如图 12-1 所示。

图 12-1　标题幻灯片效果图

2. 在功能区"开始"选项卡的"幻灯片"选项组中单击"新建幻灯片"后的下拉按钮,在打开的幻灯片版式列表中选择"标题和内容"版式,此时在标题幻灯片下方新增了一张版式为"标题和内容"的幻灯片。

3. 右击幻灯片缩略图窗格中的第二张幻灯片,在快捷菜单中选择"新建幻灯片"命令,此时会新建一张与所选版式相同的幻灯片。右击幻灯片缩略图窗格中的第三张幻灯片,在快捷菜单中选择"版式"→"两栏内容",此时第三张幻灯片的版式被修改为"两栏内容"。

4. 选定幻灯片缩略图窗格中的第三张幻灯片,按回车键或快捷键 Ctrl+M,系统会自动创建一张与选定版式相同的幻灯片。在功能区"开始"选项卡的"幻灯片"选项组中单击"版式"图标,在打开的幻灯片版式列表中选择"比较",该幻灯片版式被修改为"比较"。

5. 在功能区"设计"选项卡的"自定义"选项组中单击"幻灯片大小"图标,在列表中选择

"宽屏（16∶9）"。

6. 在功能区选择"文件"→"另存为"命令，在"另存为"窗口中选择"浏览"命令，然后在打开的"另存为"对话框中设置文件的存储路径为 U 盘，文件名为"演示文稿制作.pptx"并单击"保存"按钮。第二至第四张幻灯片版式效果如图 12-2 所示。

(a) 标题和内容　　　　　　　(b) 两栏内容　　　　　　　(c) 比较

图 12-2　第二至第四张幻灯片版式效果

【作业】

制作一个内容为"我的个人简介"的演示文稿，要求如下。

1. 标题幻灯片的主标题是"个人简介"，副标题为自己的姓名。

2. 第二至第五张幻灯片的版式分别设置为"标题和内容""两栏内容""标题和竖排文字"和"内容与标题"。

3. 保存演示文稿，文件名为"个人简介.pptx"。

实验 2　多媒体演示文稿的制作

【实验目的】

1. 掌握插入音频的方法。

2. 掌握插入视频及设置视频海报的方法。

3. 掌握插入形状并设置"合并形状"的方法。

【实验题目 1】

在"演示文稿制作.pptx"的第一张幻灯片中插入事先准备好的音频文件，并将其设置为演示文稿的背景音乐。

【实验步骤】

准备：准备要插入演示文稿的音频文件，然后打开本章"实验 1"中创建的"演示文稿制作.pptx"。

1. 选定第一张幻灯片，在功能区"插入"选项卡的"媒体"选项组中单击"音频"图标，在打开的列表中选择"PC 上的音频"命令，打开"插入音频"对话框。在对话框中选择事先准备好的音频文件，单击"插入"按钮，这时在幻灯片中心位置会插入一个声音图标，声音图标下方会显示音频播放控件。

2. 选定音频播放控件，将其调整至副标题占位符下方，然后利用音频播放控件播放音频。音频播放控件中的"播放/暂停"按钮可以播放声音或暂停声音，"向后移动"按钮和"向前移动"按钮可以调整播放位置，"静音/取消静音"按钮可以调整音量、设置静音和取消静音。

3. 选定音频播放控件，在功能区"播放"选项卡的"音频选项"选项组中勾选"跨幻灯片播放"复选框，将插入的音频作为演示文稿的背景音乐；勾选"放映时隐藏"复选框，播放幻灯片将不显示音频图标。

　　4．保存并放映演示文稿,测试背景音乐。

　　5．在功能区"插入"选项卡的"媒体"选项组中单击"音频"图标,在列表中选择"录制音频"命令,自己录制一段声音插入到幻灯片中,设置方法同上。

　　6．保存并放映演示文稿。

【实验题目 2】

　　在"演示文稿制作．pptx"的第四张幻灯片中插入事先准备好的视频文件,并为视频设置海报框架。设置后的幻灯片效果如图 12-3 所示。

插入视频

图 12-3　第四张幻灯片效果图

【实验步骤】

　　准备：事先下载或制作一个 MP4 或 WMV 等格式的视频,再准备一张图片作为视频的海报框架,然后打开"演示文稿制作．pptx"。

　　1．选定第四张幻灯片,在标题占位符中输入"插入视频",在左侧占位符的第一行中输入"插入 PC 上的视频",在右侧占位符的第一行中输入"插入屏幕录制"。

　　2．选定左侧的内容占位符,在功能区"插入"选项卡的"媒体"选项组中单击"视频"图标,在列表中选择"PC 上的视频"命令,弹出"插入视频文件"对话框,选择并插入事先准备好的视频文件。

　　3．选定右侧的内容占位符,在功能区"插入"选项卡的"媒体"选项组中单击"屏幕录制"图标,在屏幕上方出现"屏幕录制"控制窗口。

　　4．在控制窗口中单击"选择区域"按钮,调整录制区域。单击"录制"按钮,开始屏幕录制。录制完成后单击"停止"按钮或者按快捷键 Windows＋Shift＋Q 结束录制,录制的视频插入幻灯片中。

　　5．选定刚刚插入的两个视频,调整播放窗口的大小及位置。

　　6．播放左侧的视频,当视频播放到某个画面时,在功能区"视频工具"中的"格式"选项卡的"调整"组中单击"海报框架"图标,在打开的列表中选择"当前帧"命令,即可将视频中的当前图像作为视频海报。

　　7．选定右侧的视频,在功能区"视频工具"中的"格式"选项卡的"调整"选项组中单击"海报框架"图标,在打开的列表中选择"文件中的图像"命令,在弹出的"插入图片"对话框中找到并插入提前准备好的图片文件,则该图片被设置为视频的海报。

8. 保存并放映演示文稿。

【实验题目 3】

在"演示文稿制作.pptx"的第二张幻灯片中插入形状并练习形状的合并设置；在第三张幻灯片中插入图片并练习图片与艺术字的相交设置。设置后的幻灯片效果如图 12-4 所示。

(a) 第二张幻灯片　　　　　　　　　　　(b) 第三张幻灯片

图 12-4　第二张与第三张幻灯片效果图

【实验步骤】

准备：事先准备一张图片，然后打开"演示文稿制作.pptx"。

图 12-5　绘制形状

1. 选定第二张幻灯片，在标题占位符中输入"形状组合"，并删除内容占位符。

2. 在功能区"插入"选项卡的"插图"选项组中单击"形状"图标，在打开的列表中选择基本形状中的"椭圆"，按住 Shift 键同时拖动，在幻灯片中绘制一个正圆。选定绘制的正圆，并复制和粘贴出另外三个正圆，然后移动圆的位置，使其排列方式如图 12-5 所示。

3. 按住 Ctrl 键，逐一单击这 4 个圆将其选定，然后在功能区"格式"选项卡的"插入形状"选项组中单击"合并形状"图标，在下拉列表中选择"组合"命令，组合后的效果如图 12-4(a)所示。

4. 在幻灯片缩略图窗格中选定第二张幻灯片，按回车键，新建一张版式为"标题与内容"的幻灯片。

5. 在新建的幻灯片的标题占位符中输入"图片与文字组合"。插入事先准备的图片并调整大小。插入艺术字(第一行第四列)，输入艺术字文字为"城市"，设置字号为"120 磅"。

6. 拖动艺术字，将其置于图片上。然后按住 Ctrl 键，先后选定图片和艺术字，如图 12-6 所示。（注意：这里一定要先选图片，然后再选艺术字。）

7. 在功能区"格式"选项卡的"插入形状"选项组中单击"合并形状"图标，在打开的列表中选择"相交"命令，此时文字和图片合并，效果如图 12-4(b)所示。适当调整图片大小及位置，然后保存并关闭演示文稿。

【作业】

1. 打开实验 1 作业中创建的名为"个人简介.pptx"的演示文稿。

2. 在第一张幻灯片中插入音频，并把该音频设置为演示文稿的背景音乐。

3. 在第二张幻灯片中插入"屏幕录制"的视频，并调整视频播放窗口大小及位置，为该

图 12-6　选择图片与文字

视频添加海报。

4. 在第三张幻灯片中插入多个形状,并利用插入的形状练习"合并形状"中的"结合""组合""拆分""相交"和"剪除"等操作。

实验 3　幻灯片主题与母版的设置

【实验目的】

1. 掌握设置幻灯片主题的方法。

2. 掌握幻灯片母版的设置方法。

3. 了解主题、版式与母版的关系。

【实验题目】

按要求对"演示文稿制作.pptx"完成主题与母版的设置。

【实验步骤】

准备:打开"演示文稿制作.pptx"。

1. 在功能区"设计"选项卡中单击"主题"选项组右侧的下拉按钮▼,在打开的列表中选择"画廊"主题,在"变体"选项组中选择从左数第四个方案,此时所有幻灯片都应用了"画廊"主题。

2. 在功能区"设计"选项卡中单击"变体"选项组右侧的下拉按钮▼,在列表中选择"颜色"→"灰度"命令。

3. 在功能区"视图"选项卡的"母版视图"选项组中单击"幻灯片母版"图标,进入幻灯片母版编辑视图。单击左侧窗格的第一张幻灯片,将"日期时间"和"页码"文本的字体修改为红色加粗,如图 12-7 所示。在功能区"幻灯片母版"选项卡的"关闭"选项组中单击"关闭母版视图"图标,退出母版视图。

4. 在功能区"插入"选项卡的"文本"选项组中单击"日期和时间"图标,在打开的"页眉和页脚"对话框中勾选"日期和时间"及"幻灯片编号"两个复选框,单击右下角"全部应用"按钮。此时每页幻灯片中都会显示日期及页码。

5．在功能区"视图"选项卡的"母版视图"选项组中单击"幻灯片母版"图标，再次进入幻灯片母版编辑视图。单击左侧第三张幻灯片，鼠标指针停留处显示"标题和内容版式：由幻灯片 2-3 使用"，并在幻灯片左侧绘制一个椭圆，如图 12-7 所示。

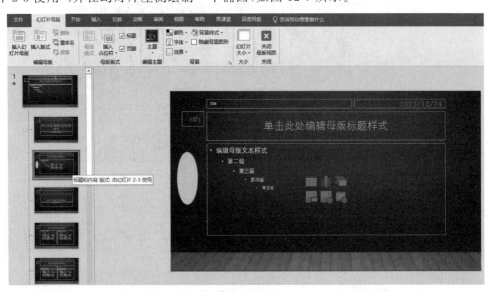

图 12-7　母版版式

6．关闭母版视图，可以看到版式为"标题和内容"的第二张和第三张幻灯片都出现了母版中绘制的椭圆。保存并关闭演示文稿。

【作业】

准备：打开实验 2 作业中创建的名为"个人简介.pptx"的演示文稿。

1．为演示文稿设置统一的"回顾"主题。

2．利用幻灯片母版为每页幻灯片插入一幅图片（自行准备）。

3．利用幻灯片母版为"标题和内容"版式的幻灯片设置统一的标题样式，具体要求：设置字体为"微软雅黑"、字形为"加粗"、字体颜色为"红色"。

实验 4　动画效果的添加

【实验题目】

在"演示文稿制作.pptx"的第四张幻灯片中绘制等腰三角形，然后为绘制的形状设置各种动画效果，并利用动画刷复制动画。

【实验步骤】

准备：打开"演示文稿制作.pptx"。

1．右击幻灯片缩略图窗格中的第四张幻灯片，在快捷菜单中选择"版式"→"空白"命令，在功能区"插入"选项卡的"插图"选项组中单击"形状"图标，在打开的列表中选择"等腰三角形"，在幻灯片中拖动绘制一个等腰三角形。

2．在功能区"动画"选项卡中单击"动画"选项组右侧的下拉按钮▼，在打开的动画列表中选择"进入"组中的"旋转"命令。

3. 在功能区"动画"选项卡"高级动画"选项组中单击"添加动画"图标,在打开的动画列表中选择"强调"组中的"转陀螺"命令。

4. 在功能区"动画"选项卡的"高级动画"选项组中单击"添加动画"图标,在打开的动画列表中选择"动作路径"组中的"循环"命令。

5. 在功能区"动画"选项卡的"高级动画"选项组中单击"添加动画"图标,在打开的动画列表中选择"退出"组中的"飞出"命令。

6. 在功能区"动画"选项卡的"高级动画"选项组中单击"动画窗格"图标,在幻灯片右侧出现"动画窗格"。

7. 在"动画窗格"中选定第一个动画,单击右侧下拉按钮,在打开的列表中选择"效果选项"命令,在打开的"旋转"对话框中将"声音"设置为"爆炸",在"动画播放后"下拉列表中选择"白色",然后单击"确定"按钮,完成效果选项设置。

8. 在"动画窗格"中选定所有动画,在功能区"动画"选项卡的"计时"选项组中单击"开始"图标后的下拉按钮,选择动画的开始方式为"上一动画之后"。

9. 单击右侧动画窗格中的"全部播放"按钮测试动画效果。

10. 在当前幻灯片中插入文本框,内容为"测试动画刷效果"。单击已经设置好动画效果的等腰三角形,在功能区"动画"选项卡的"高级动画"选项组中单击"动画刷"图标,鼠标指针变成刷子形状,再单击文本框,三角形的4种动画效果就被复制到文本框上。最终设置效果如图12-8所示。

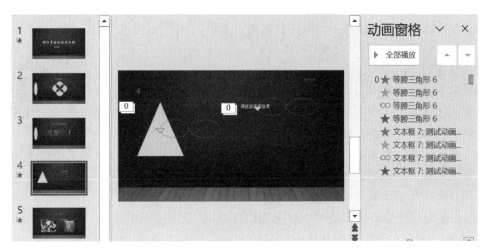

图12-8　动画设置效果

11. 保存并放映幻灯片,查看动画效果。

【作业】

准备:打开实验3作业中创建的名为"个人简介.pptx"的演示文稿。

1. 在演示文稿末尾插入一张版式为"标题和内容"的幻灯片。

2. 在插入的幻灯片的标题占位符中输入"掌握技能"。为标题占位符添加"浮入"动画,功能区"动画"选项卡中的效果选项设置为"下浮",在"动画窗格"中的效果选项设置文本动画为"按字母顺序",字母之间延迟设置为50%。

3. 在内容占位符中插入三项内容,分别为"专业技能""创新能力"和"团队合作"。为每

PowerPoint 2019 的使用

项内容自行设置不同的动画效果。

实验 5　幻灯片切换的设置

【实验目的】

1. 掌握幻灯片切换的方法。

2. 了解为形状设置平滑切换的方法。

3. 了解为图片设置平滑切换的方法。

【实验题目 1】

对"演示文稿制作.pptx"中的所有幻灯片应用幻灯片切换。

【实验步骤】

准备：打开"演示文稿制作.pptx"。

1. 选定第一张幻灯片，在功能区"切换"选项卡中单击"切换到此幻灯片"选项组右侧的下拉按钮▼，在列表中选择"华丽"组中的"风"。

2. 在功能区"切换"选项卡的"切换到此幻灯片"选项组中单击"效果选项"图标，在打开的列表中选择"向左"命令。（注意：不同切换效果的效果选项列表有所不同。）

3. 在功能区"切换"选项卡的"计时"选项组中单击"声音"右侧的列表框，在列表中选择"风声"。

4. 在功能区"切换"选项卡的"计时"选项组中将"持续时间"设置为 2 s。

5. 在功能区"切换"选项卡的"计时"选项组中单击"应用到全部"图标。

6. 保存并播放演示文稿，查看切换效果。

【实验题目 2】

对"演示文稿制作.pptx"中的幻灯片设置形状的平滑切换效果。

【实验步骤】

准备：打开"演示文稿制作.pptx"。

1. 在演示文稿的末尾新建一张"空白"版式的幻灯片。在功能区"插入"选项卡的"插图"选项组中单击"形状"图标，在打开的列表中选择"基本形状"组中的"椭圆"，按住 Shift 键，在幻灯片中拖动绘制圆形。

2. 右击幻灯片缩略图窗格中新创建的幻灯片，在快捷菜单中选择"复制幻灯片"命令，会生成一张与选定幻灯片内容相同的新幻灯片。再次执行"复制幻灯片"命令，再生成一张内容相同的幻灯片。

3. 调整复制生成的两张幻灯片中圆形的大小及位置，效果如图 12-9 所示。

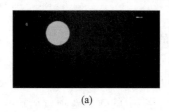 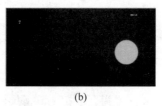 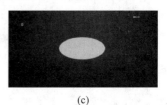

(a)　　　　　　　　　(b)　　　　　　　　　(c)

图 12-9　形状平滑切换

4. 选定复制生成的两张幻灯片,在功能区"切换"选项卡的"切换到此幻灯片"选项组中单击"平滑"图标。

5. 保存并放映幻灯片,查看形状的平滑切换效果。

【实验题目 3】

对"演示文稿制作.pptx"中的幻灯片设置图片的平滑切换效果。

【实验步骤】

准备:打开"演示文稿制作.pptx"。

1. 在演示文稿的末尾新建一张"空白"版式的幻灯片。在幻灯片中插入事先准备好的太阳系图片,调整图片大小及位置,使图片充满整张幻灯片,如图 12-10(a)所示。

2. 右击幻灯片缩略图窗格中新创建的幻灯片,在快捷菜单中选择"复制幻灯片"命令。再次执行"复制幻灯片"命令,复制出两张幻灯片。

3. 选定复制的第一张幻灯片中的图片,在功能区"图片格式"选项卡的"大小"选项组中单击"裁剪"图标后的下拉按钮,在列表中选择"裁剪为形状"命令,在形状列表中选择"基本形状"组中的"椭圆"。

4. 在功能区"格式"选项卡的"大小"选项组中单击"裁剪"图标后的下拉按钮,在列表中选择"横纵比"为"1∶1",拖动控点调整图片裁剪出太阳,如图 12-10(b)所示。

5. 选定复制的第二张幻灯片中的图片,重复步骤 3 和步骤 4 的操作,裁剪出原图中的地球对应的区域,如图 12-10(c)所示。

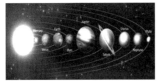  

(a) 太阳系图片　　　　　　(b) 裁剪出的太阳　　　　　　(c) 裁剪出的地球

图 12-10　插入的图片及裁剪后的效果

6. 选定复制生成的两张幻灯片,在功能区"切换"选项卡的"切换到此幻灯片"选项组中单击"平滑"图标,为幻灯片设置"平滑"切换。

7. 保存并放映幻灯片,查看图片平滑切换效果。

【作业】

准备:打开实验 4 作业中创建的名为"个人简介.pptx"的演示文稿。

1. 为第一张幻灯片设置"梳理"切换效果,效果选项设置为"垂直"。

2. 为第二张幻灯片设置"页面卷曲"切换效果,效果选项设置为"双右"。

3. 为演示文稿其他页设置相同的切换效果"溶解"。

实验 6　具有交互功能的幻灯片的制作

【实验目的】

1. 掌握超链接的创建方法。

2. 掌握动作和动作按钮的使用方法。

3．掌握幻灯片缩放定位的使用方法。

4．掌握用排练计时制作自动播放演示文稿的方法。

【实验题目1】

对"演示文稿制作.pptx"中的幻灯片应用超链接、动作按钮及幻灯片缩放定位，制作具有交互式功能的幻灯片，效果如图12-11所示。

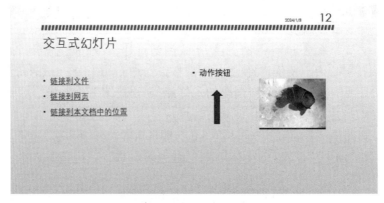

图12-11　超链接、动作按钮和缩放定位效果图

【实验步骤】

准备：事先准备一个word文档及一个图片文件，然后打开"演示文稿制作.pptx"。

1．插入超链接。

（1）在演示文稿末尾新建一张版式为"两栏内容"的幻灯片，右击功能区"设计"选项卡"变体"选项组中的左数第二个图标，在打开的快捷菜单中选择"应用于选定幻灯片"命令。

（2）在标题占位符中输入"交互功能幻灯片"。在左侧占位符中分别输入"链接到文件""链接到网页"和"链接到本文档中的位置"，如图12-11所示。

（3）拖动选定文字"链接到文件"，在功能区"插入"选项卡的"链接"选项组中单击"链接"图标，打开"插入超链接"对话框。在对话框中选择"链接到："组中的"现有文件或网页"，在"查找范围"中找到并选择事先准备的Word文件。单击"确定"按钮，完成插入。

（4）用与步骤（3）相似的方法设置"链接到网页"文字链接到辽宁大学网站，不同之处，是将上一步中链接到Word文件改为在对话框下方的"地址"文本框中输入辽宁大学的网址：www.lnu.edu.cn。

（5）用与步骤（3）相似的方法设置"链接到本文档中的位置"文字链接到演示文稿中的第二张幻灯片。不同之处是，要在"插入超链接"对话框中选择"链接到："组中的"本文档中的位置"，在"请选择文档中的位置"区域选定演示文稿中的第二张幻灯片。

（6）放映当前幻灯片，分别单击三个链接点查看链接效果。

2．插入动作及动作按钮。

（1）在最后一张幻灯片右侧内容占位符中输入文字"动作按钮"。在功能区"插入"选项卡的"插图"选项组中单击"形状"图标，在列表中选择"箭头汇总"组中的"箭头：上"，在幻灯片上拖动绘制箭头。

（2）选定绘制的箭头，在功能区"插入"选项卡的"链接"选项组中单击"动作"图标，打开"操作设置"对话框。在对话框"单击鼠标"选项卡中选中"超链接到"单选按钮，在下拉列表中选择"上一张幻灯片"命令,单击"确定"按钮,完成动作插入。

（3）在功能区"视图"选项卡的"母版视图"选项组中单击"幻灯片母版"图标,进入幻灯片母版编辑视图,选定左侧窗格中第一张幻灯片。在功能区"插入"选项卡的"插图"选项组中单击"形状"图标,在下拉列表中选择"动作按钮"组中的⊠。在幻灯片下方单击,弹出"操作设置"对话框,单击"确定"按钮,然后适当调整按钮的大小。按照同样的方法,依次添加"动作按钮"◁、▷、⊠,如图 12-12 所示。

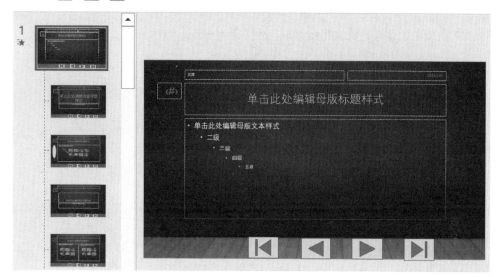

图 12-12　为母版插入动作按钮

（4）关闭幻灯片母版视图,放映当前幻灯片,分别单击各动作按钮查看链接效果。

3. 添加幻灯片缩放定位。

（1）定位到最后一张具有超链接的幻灯片,在功能区"插入"选项卡的"链接"选项组中单击"缩放定位"图标,在打开的列表中选择"幻灯片缩放定位"命令,打开"插入幻灯片缩放定位"对话框。

（2）在打开的对话框中选定第六张幻灯片,单击"插入"按钮,插入所选幻灯片的缩略图,然后适当调整缩略图的大小和位置。

（3）更改缩略图的图像。在功能区"缩放工具"中的"缩放"选项卡中单击"缩放定位选项"选项组中的"更改图像"图标,在打开的"插入图片"对话框中单击"来自文件"按钮,随后在打开的对话框中找到并选择事先准备的图片,单击"插入"按钮。

4. 保存演示文稿,放映当前幻灯片,单击缩放定位图片,查看效果。

【实验题目 2】

对"演示文稿制作.pptx"设置排练计时,制作自动播放的演示文稿。

【实验步骤】

准备：打开"演示文稿制作.pptx"。

1. 在功能区"幻灯片放映"选项卡的"设置"选项组中单击"排练计时"图标,此时自动切换到放映模式。

2. 逐页播放幻灯片。播放结束时系统会弹出信息提示框,显示当前演示文稿完成放映所需要的时间,并询问是否保留新的幻灯片计时。单击"是"按钮保留排练计时时间。

3．在功能区"幻灯片放映"选项卡的"设置"选项组中勾选"使用计时"复选框，然后放映幻灯片，则按照排练计时确定的时间自动放映幻灯片。

【作业】

准备：打开实验 5 作业中创建的名为"个人简介.pptx"。

1．为第三张幻灯片中的形状插入超链接，使其链接到一个网页。

2．为第六张幻灯片的标题插入超链接，使其链接到一个 Word 文档。

3．在幻灯片母版中插入一个三角形，使其链接到上一张幻灯片。

4．对"个人简介.pptx"设置排练计时，制作自动播放的演示文稿。

第 13 章　多媒体技术基础与应用

实验 1　GoldWave 音频编辑

【实验目的】

1. 熟悉 GoldWave 界面,掌握"控制器"中各按钮的功能。

2. 学会利用"混音"功能制作配乐朗读音频。

3. 学会利用"回声"效果制造音频的特定空间感。

4. 学会利用"均衡器"效果调整不同频段的音调。

5. 学会利用"音调"调整完成变音操作。

【实验题目 1】

利用给定背景音乐及朗诵音频,制作配乐朗诵音频文件。

【实验步骤】

1. 打开需要混音的两个音频文件(钢琴曲:秋日私语.mp3,朗诵:态度创造幸福.mp3),适当调整窗口中两个音频文件的位置。

2. 单击选择窗口中任意音频文件,熟悉"控制器"中各按钮的使用。

3. 单击选择窗口中任意音频文件,拖动选取指定段落(蓝色段落为选中段落),单击"控制器"中"段落播放"按钮 ，播放该段落音频。

4. 单击选择朗诵文件"态度创造幸福.mp3",分别向两侧拖动选区边缘,选择全部文件(默认即为全选状态),选择"编辑"→"复制"命令。

5. 单击选择配音文件"秋日的私语.mp3",选择"编辑"→"混音"命令,打开"混音"对话框。调整混音起始时间,调整混音中两个音频文件的音量,试听混音效果,满意后确定。

6. "秋日的私语.mp3"文件较长,混音后后面还有部分音频未混音,选择并删除该区域。(混音前可适当删除部分区域,使混音效果更完善。)

7. 选择"文件"→"另存为"命令,将文件存储为"配乐朗诵.mp3"。

【实验题目 2】

为给定音频添加"回声""均衡器""音调"等多种音频特效。

【实验步骤】

1. 打开音频文件"腾格尔—天堂.wav"。

2. 拖动选中部分区域,单击"控制器"中"段落播放"按钮 ，试听未添加效果的段落音乐。

3. 选择"效果"→"回声"命令，弹出"回声"对话框。

4. 在弹出的对话框中单击"预置"下拉列表，选择"立体声回声"，单击"预置"列表右侧的"预览"按钮，试听效果。然后单击"确定"按钮确定上述设置。

5. 选择"效果"→"过滤器/均衡器"命令，弹出"均衡器"对话框。

6. 在弹出的对话框中单击"预置"列表或分别调整各频段滑块，试听相应效果。然后单击"确定"按钮确定上述设置。

7. 选择"音效"→"音调"命令，弹出"音调"对话框。

8. 选中"半音"单选按钮，向右拖动滑块升高 6 个半音，试听效果。然后单击"确定"按钮确定上述设置。

9. 选择"文件"→"另存为"命令，保存上述设置。

实验 2　Photoshop 图像处理

【实验目的】

1. 学会图章工具、魔棒工具的使用。

2. 熟悉使用仿制图章工具修复图像的方法。

3. 熟悉画布大小的调整方法。

4. 熟悉图像色彩模式、色相/饱和度、亮度/对比度的调整方法。

5. 理解图层概念，设计图层样式。

6. 使用各种滤镜为图像添加多种特效。

7. 熟悉文字输入及文字图层的样式设计方法。

【实验题目 1】

将紫色牵牛花变成蓝色牵牛花，原图及效果图如图 13-1、图 13-2 所示。

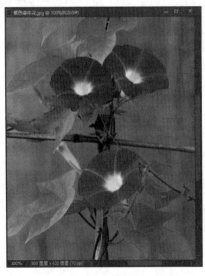

图 13-1　紫色牵牛花　　　　　　　　图 13-2　蓝色牵牛花

【实验步骤】

1. 打开图 13-1 所示的图像文件"紫色牵牛花.jpg"。

2. 选择工具箱中的魔棒工具,设置容差为100,单击上面两朵牵牛花中任意位置,选中上面两朵牵牛花。

3. 按住 Shift 键并单击下面牵牛花中的任意位置,连续选择下面的牵牛花。

4. 选择"图像"→"调整"→"色相/饱和度"命令,调整选区颜色。

5. 选择"文件"→"存储为"命令,将文件保存为"蓝色牵牛花.jpg"。

【实验题目 2】

给图像添加锯齿边缘,原图及效果图如图 13-3、图 13-4 所示。

图 13-3　原图　　　　　　　　　　图 13-4　添加锯齿边缘的效果图

【实验步骤】

1. 打开素材文件"傲雪红星.jpg",通过"浏览器"窗口调整图像显示比例为80%。

2. 利用"矩形选择工具"选择全部图像,在选区中右击,在打开的快捷菜单中选择"建立工作路径"命令,单击"确定"按钮后将选区建立工作路径。

3. 单击工具箱下面"设置前景色"颜色区,设置前景色为"天蓝色"。

4. 单击工具箱中的"画笔工具"图标,打开"画笔设置"窗口,选择"形状动态"选项卡,设置"大小"为 30,"硬度"为 100%,"间距"为 120。

5. 单击"菜单栏"中"窗口"菜单,打开"路径"窗口。单击下面左数第二个"用画笔描边路径"图标,完成路径描边。

6. 单击"路径"窗口下面右侧第一个"删除当前路径"图标,删除工作路径。

7. 单击"文件"→"存储为"命令,在弹出的对话框中将文件保存为"锯齿边缘效果图.jpg"。

【实验题目 3】

制作"我在辽大等你"简报,如图 13-5 所示。

【实验步骤】

1. 新建大小为 15 厘米 * 20 厘米、分辨率为 300、白色背景、RGB 颜色模式的图像文件,并命名为"我在辽大等你"。

2. 设置前景色为"天蓝色",选择"编辑"→"填充"命令,为新建图像填充前景色。

3. 打开文件"傲雪红星.jpg"，利用"矩形选择工具"选择矩形选区，复制粘贴到新建文件中，利用"编辑"→"自由变化"命令调整合适大小与位置。

4. 设置前景色为"金黄色"，选择"编辑"→"描边"命令为图像描边，设置"宽度"为 30 像素。

5. 单击"菜单栏"中"窗口"菜单，打开"图层"窗口。如图 13-6 所示，在当前图层"图层 1"缩略图上右击，在打开的快捷菜单中选择"混合选项"命令，勾选"斜面和浮雕"复选框，将"样式"设置为"枕状浮雕"，深度设置为 200%，大小设置为 20 像素，如图 13-7 所示。

图 13-5　"我在辽大等你"简报

图 13-6　"图层"窗口

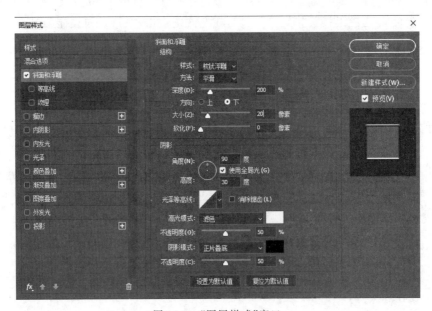

图 13-7　"图层样式"窗口

6. 参考上述方式，利用"椭圆选择"工具，按 Shift 键，选择合适的正圆形区域，复制粘贴到新建图像"我在辽大等你"中，调整大小位置合适即可。

7. 打开文件"校徽.jpg"，选择"选择"→"全部"命令，选择全部图像，复制粘贴到新建图像"我在辽大等你"中，调整大小位置合适即可。利用"魔棒工具"选择"校徽"四角白色背景，按 Delete 键删除。

8. 单击工具栏中的"横排文字"图标，在图片适当位置添加文字"我在辽大等你"，字号为"25 点"。

9. 参考步骤 5 设置"图层 2"与"图层 3"的图层样式。

10. 选择"文件"→"存储为"命令，在弹出的对话框中将文件保存为"我在辽大等你.psd"文件，选择"文件"→"存储副本"命令，选择"JPEG"格式，存储"我在辽大等你.jpg"文件。

【作业】

利用仿制图章工具删除"树蕙亭.jpg"池塘两侧的石头，原图及效果图如图 13-8、图 13-9 所示。

图 13-8　"树蕙亭"原图

图 13-9　删除两侧石头后的效果图

实验 3　Flash 动画制作

【实验目的】

1. 掌握传统补间动画的制作方法。

2. 掌握遮罩动画的制作方法。

3. 掌握路径引导动画的制作方法。

【实验题目 1】

使用 Flash 传统补间动画制作活动的照片。

【实验步骤】

1. 新建文件并设置影片属性。

（1）双击图标，打开 Flash CS6，选择"Flash Action Script 3.0 文档"，进入主界面，打开的窗口就是新建的一个名为"未命名-1"的 Flash 文件。

（2）在"属性"面板中，设置文件大小为 550×400 像素，背景色为白色。按快捷键 Ctrl＋S，打开"另存为"对话框，选择文件保存位置，输入文件名"纯真年代"。

2. 设计封面标题和样式。

（1）选择"插入"→"新建元件"命令，在打开的"创建新元件"对话框中选择"图形"元件类型，在"名称"文本框输入元件的名称"标题"，单击"确定"按钮进入元件编辑状态。

（2）单击"文字工具"图标 $\boxed{T}$，选择"华文行楷"字体，字体大小为 120，颜色为"红色"，在场景中输入"纯真年代"4 个字。

（3）单击"刷子工具"图标，选择合适的"刷子大小"和"刷子形状"，单击"填充颜色"按钮，在打开的颜色框中选择"五彩色" ▮▮。最后，用刷子在"纯真年代"4 个字的下面画波浪线，效果如图 13-10 所示。单击"场景 1"回到主舞台。

图 13-10　设计标题

3. 导入素材。

（1）选择"文件"→"导入"→"导入到舞台"命令，将准备好的照片、图片等素材导入舞台中。

（2）把照片转换为元件。分别选择舞台上的照片，选择菜单上的"修改"→"转换为元件"命令，打开"转换为元件"对话框，为新元件命名，元件类型选择"图形"，此时照片周围出现蓝色线框，说明已变为元件，且已保存在库中。

4. 制作动画。

（1）单击"图层 1"中的第 1 帧，把"标题"元件拖到舞台的中心位置。

（2）单击第 30 帧，按 F6 键插入关键帧；再单击第 60 帧，按 F6 键插入关键帧。单击舞台上的"标题"，在"属性"面板中找到"色彩效果"，单击下拉按钮找到 Alpha，将其设置为 10%，此时"标题"图片变得半透明。回到第 30 帧，右击，在快捷菜单中选择"创建传统补间动画"命令。两关键帧之间的帧颜色为浅紫色，两个关键帧之间由一直线箭头相连。按回车键，可以看到标题由不透明到半透明的变化。

（3）在图层窗口的左下方，单击"插入图层"图标 ▣，新建"图层 2"。双击"图层 2"，把图层的名字重命名为"照片"。

（4）在"照片"层的第 61 帧，按 F7 键插入空白关键帧；把第一张照片拖到舞台的中心位置，调整好尺寸大小和位置。

（5）在"照片"层的第 120 帧，插入关键帧。在菜单中选择"修改"→"变形"→"水平翻转"命令。回到第 61 帧，右击，在快捷菜单中选择"创建传统补间动画"命令。按回车键看一下播放效果，照片会自动水平翻转。

（6）测试存盘。按快捷键 Ctrl＋Enter 测试影片，并自动输出一个 Flash 原始文件"纯真年代.fla"和同名的"纯真年代.swf"Flash 电影文件。

【实验题目 2】

利用 Flash 遮罩层创建"探照灯效果"的动画。

【实验步骤】

1. 新建 Flash 文档。

（1）新建 Flash 文档，单击"文字工具"图标 **T**，输入"大学生文化节"，并在"属性"面板设置文字的各种属性。

（2）修改"图层 1"的名字为"文字层"。

2. 创建遮罩层。

（1）新建一个图层，并修改图层的名称为"遮罩层"。

（2）在这一层用"画圆工具" ⚪ 绘制一个不带边线的圆形作为遮罩，颜色可任选；并将绘制好的圆转换成图形类元件。

3. 制作遮罩动画。

（1）把实例圆拖动到文字的左面。

（2）在"文字层"的第 40 帧按 F5 键，插入普通帧。

（3）在"遮罩层"的第 40 帧按 F6 键，插入关键帧，并将圆拖动到文字的右端。

（4）在"遮罩层"的第 1 帧右击，在打开的快捷菜单中选择"创建传统补间动画"命令。

4. 修改遮罩层的属性为"遮罩层"。

右击"遮罩层"，在打开的快捷菜单中选择"遮罩层"命令。

5. 测试并保存影片。

【实验题目 3】

使用 Flash 传统运动引导层制作纸飞机沿弧线运动的效果。

【实验步骤】

1. 新建 Flash 文档。

新建一个 Flash 文件，在"属性"对话框中，设定矩形填充颜色为"蓝色"。

2. 制作小飞机元件。

（1）利用"矩形工具"在舞台上绘制一个矩形，用"部分选择工具"向外拖动一角，再将另一对角向内拖动，用"直线工具"连接这两个角，利用"填充颜色"工具设置 2 个三角形的颜色，如图 13-11 所示。

（2）利用"选择工具"选中整个飞机，选择菜单中的"修改"→"转换为元件"命令，飞机上出现一个"○"符号。

3. 制作动画——创建飞机运动图层。

（1）双击"图层 1"，重命名该层为"飞机"，单击第 1 帧，将拖动飞机将其放在场景中的左下角。

（2）选择第 70 帧，按 F6 键插入关键帧。

（3）在第 1 帧右击，在打开的快捷菜单中选择"创建传统补间动画"命令，然后勾选"属性"面板上的"调整到路径"复选框。

4. 制作动画——创建路径引导图层。

（1）在"飞机"图层上右击，在打开的快捷菜单上选择"添加传统运动引导层"命令，为

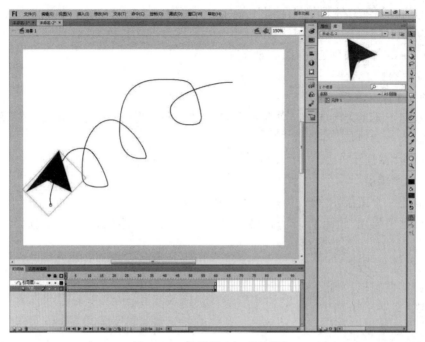

图 13-11　旋转纸飞机动画制作

"飞机"增加一个运动引导图层。

（2）单击"引导层"，在绘图工具箱中单击"铅笔工具"图标，并选择铅笔工具的附属选项"平滑"。然后用铅笔工具在场景中画一个平滑曲线，如图 13-11 所示。

（3）选择"飞机"图层的第 1 帧。拖动第 1 帧上的飞机到曲线左端点上，注意一定要保证"○"与线端重合。

（4）选择"飞机"图层的第 70 帧。用同样的方法将飞机拖动到曲线的右端点上，保证"○"与线端重合。

5. 测试并保存影片。

按回车键进行测试，如果成功了，可关闭运动引导层上的可视开关，使路径曲线在执行时不可见，然后保存影片。如果飞机飞行角度不对，可用"任意变形工具"旋转飞机，使飞机头向前沿着曲线运动。

【作业】

1. 按如下要求创建 Flash 动画。

准备：事先准备一些自己的照片或喜爱的明星的照片、音频等。

（1）新建一个 Flash 文档，导入照片，并将其转换为元件。

（2）添加多个关键帧，分别实现照片的从小到大效果、从左上角到右下角的位置移动效果、旋转效果、淡入淡出效果等。

（3）为动画作品添加背景音乐。

2. 利用"Flash 素材"包中的"蝴蝶.gif"和"花海.jpg"制作蝴蝶在花中飞舞的动画。

第14章 网络基础与 Internet 操作

实验 1　Edge 浏览器的使用

【实验目的】

1. 熟练掌握用 Microsoft Edge 浏览器浏览网页的方法。

2. 熟练掌握 Microsoft Edge 浏览器中收藏夹的使用方法。

3. 了解 Microsoft Edge 浏览器中常用选项的设置方法。

4. 了解 Microsoft Edge 浏览器中实用工具的使用方法。

【实验题目】

练习用 Edge 浏览器浏览与收藏网页,并对浏览器相关选项进行设置。

【实验步骤】

1. 浏览与收藏网页。

(1) 打开 Microsoft Edge 浏览器,输入一个有效的网址,访问一个自己喜欢的网页,如 www. baidu. com。

(2) 单击浏览器地址栏右侧的"将此页面添加到收藏夹"图标 ☆,在"编辑收藏夹"对话框的"名称"文本框中修改收藏网址的名称,在"文件夹"下拉列表中选择该网页收藏的位置,单击"完成"按钮,即可收藏该网页。

(3) 重复上述步骤,添加收藏若干网页的网址到收藏夹中。

(4) 访问收藏的网页。关闭浏览器,然后重新打开 Microsoft Edge 浏览器,单击地址栏右侧的"收藏夹"图标 ⭐,在打开的列表中可以看到收藏的所有网页的名称,单击要打开的网页的名称,直接进入该网页。

2. 设置起始页。

(1) 打开 Microsoft Edge 浏览器,单击窗口右上角的"设置及其他"图标 •••,在打开的菜单中选择"设置"命令,打开"设置"窗口。在窗口中选择左侧"设置"列表中的"开始、主页和新建标签页"命令。

(2) 在右侧的"Microsoft Edge 启动时"选项区域选择一个起始页。例如,选中"打开以下页面"单选按钮,然后单击"添加新页面"按钮,打开"添加新页面"对话框。

(3) 在"添加新页面"对话框中输入网址 www. lnu. edu. cn,再单击"添加"按钮,将辽宁大学网站设置为起始页。

(4) 关闭浏览器,再重新打开,查看设置效果。

3. 设置历史记录相关选项。

（1）打开 Microsoft Edge 浏览器，单击窗口右上角的"设置及其他"图标 ··· ，在打开的菜单中选择"历史记录"命令，打开"历史记录"窗格。

（2）查看与浏览历史记录。在"历史记录"窗格中，查看按日期和时间顺序列出的已访问网站列表，单击列表中某网站，浏览网站信息。

（3）删除历史记录。在历史记录列表右击想要删除的条目，在打开的快捷菜单中选择"删除"命令，删除选定的条目。

（4）设置浏览器自动清除历史记录。在"设置"窗口的"隐私搜索和服务"→"清除浏览数据"→"选择每次关闭浏览器时要清除的内容"中配置。

【作业】

1. 把辽宁大学网站地址（www.lnu.edu.cn）收藏到"收藏夹"中。

2. 新建一个名称为"门户网站"的收藏文件夹，把搜狐、新浪、网易等门户网站的地址收藏到该文件夹中。

3. 将浏览器的外观设为自己喜欢的主题，并把自己喜爱的网站地址设置为起始页。

4. 搜索并浏览与未来计算机相关的一些网页，并将这些网页添加到一个名称为"未来计算机"的收藏文件夹中。

5. 参考教材中有关内容练习 Microsoft Edge 浏览器的沉浸式阅读、PDF 阅读、分屏浏览、网页截图等功能，并对截取的网页进行编辑。

实验 2　电子邮件的收发

【实验目的】

1. 了解常见的免费电子邮箱提供商。

2. 熟练掌握电子邮件的收发。

【实验题目】

电子邮件的收发练习。

【实验步骤】

1. 打开 Microsoft Edge 浏览器，首先在搜索引擎中查找常见的免费电子邮箱提供商网址。

2. 在 Microsoft Edge 浏览器地址栏输入一个有效的免费电子邮箱提供商网址，如 www.126.com 等，按回车键进入网址。

3. 在 126 网站主页中，单击"注册新账号"，进入注册页面。

4. 在注册表单中，按要求填入用户名、密码及其他必须填写的用户资料后，单击"立即注册"按钮。

5. 页面返回"注册成功"提示框后，再次进入 126 首页，输入自己的邮箱地址和密码，单击"登录"按钮。

6. 进入邮箱后，如果提示有未读邮件，单击"未读邮件"阅读未读邮件。

7. 给同学写一封电子邮件。单击"写信"按钮，然后输入收件人地址（同学的 e-mail 地址）、邮件主题（邮件收发练习）、邮件正文（自定），然后单击"发送"按钮。

8.再写一封添加"附件"的电子邮件。按照步骤 7 再写一封邮件,并单击主题下方的"添加附件"按钮,按提示选择一个本地图片或音乐文件后,单击"打开"按钮。附件上传成功后,再单击"发送"按钮,便可将该附件文件随电子邮件一起发送给对方。

9.单击"收件箱",页面显示已接收邮件列表。单击某信件标题可以浏览该信件内容。

【作业】

1.以自己的"学号班级姓名"为主题,给老师发一封电子邮件,在正文中简单介绍一下自己,并把自己的照片以添加附件的方式发送给老师。

2.参考有关资料,学习和掌握电子邮箱的"通讯录"功能。

实验 3　常见网络故障诊断

【实验目的】

学习使用 ping 命令诊断网络连通故障的方法。

【实验题目】

使用 ping 命令诊断网络连通故障。

【实验步骤】

1.选择"开始"→"所有程序"→"Windows 系统"→"命令提示符"命令,打开"命令提示符"窗口。

2.在窗口中输入 ping 127.0.0.1 -t,按回车键。如图 14-1 所示为网络通的结果。

图 14-1　网络通的结果

提示:127.0.0.1 是本地循环地址,如果本地址无法 ping 通,则表明本地机 TCP/IP 协议不能正常工作。

3.按快捷键 Ctrl+C 结束该命令的执行。再输入 ping www.sohu.com -t。

4.记录 www.sohu.com 地址:1.56.98.101。拔下计算机的网线,重新进入命令提示符窗口,输入 ping 1.56.98.101 -t。

5. 把 ping 命令替换成 tracert www. baidu. com 观察对应地址经过的路径。

【作业】

1. 记录在拔下网线的情况下，使用 ping 127.0.0.1 -t 的结果并思考原因。

2. 分别记录 ping www. lnu. edu. cn -t 和 ping www. sohu. com -t 的结果，比较二者返回的时间值，说明了什么问题？

第15章 常用工具软件介绍

实验1 常用文件工具的使用

【实验目的】

1. 掌握使用 Bandizip 进行文件的压缩和解压缩的方法。

2. 掌握 PDF 文档的阅读方法。

3. 掌握使用百度网盘上传和分享文件的方法。

4. 掌握使用迅雷下载资源的过程。

【实验题目 1】

1. 利用 Bandizip 窗口压缩文件，并设置解压缩密码。

2. 使用快捷菜单直接解压缩文件。

【实验步骤】

准备 1：双击"此电脑"→"C：盘"→"Windows"→"Web"→"Wallpaper"打开文件夹，其中存放了 Windows 10 中各种桌面背景图片。将 Wallpaper 文件夹复制到桌面，用于练习压缩与解压缩。

准备 2：若计算机中未安装 Bandizip，在浏览器中下载并安装 Bandizip。官方下载网址为 https：//www.bandisoft.com/bandizip/。

1. 利用 Bandizip 窗口压缩文件夹 Wallpaper，并设置解压缩密码。

（1）在"开始"菜单的"所有程序"中找到并单击 Bandizip，或双击桌面上的 Bandizip 快捷方式图标，打开 Bandizip 主界面窗口。

（2）在 Bandizip 主界面窗口中，单击"新建压缩文件"按钮，打开"新建压缩文件"对话框。

（3）在对话框中单击"添加"按钮，在打开的"选择"对话框中选定桌面的 Wallpaper 文件夹，单击"打开"按钮，返回"新建压缩文件"对话框。

（4）在对话框中设置压缩文件保存路径为"桌面"，名称为"学号班级姓名"，如"123456789 经济 1 张三"，选择压缩文件格式为 ZIP、设置密码为 12345678 等，单击"开始"按钮，进入压缩状态，压缩操作成功后关闭窗口。

2. 在资源管理器或桌面中直接解压缩文件。

右击桌面的压缩文件"123456789 经济 1 张三.zip"，在弹出的快捷菜单中选择一种解压方式。例如，选择"解压到 123456789 经济 1 张三\"命令，会弹出"输入密码"对话框，输入密码 12345678，单击"确定"按钮，解压成功后会在桌面新建一个名为"123456789 经济 1 张三"

的文件夹并将文件解压到其中。

【实验题目2】

PDF文档的制作与阅读。

【实验步骤】

准备：若计算机中未安装SumatraPDF，在浏览器中下载并安装SumatraPDF。官方下载网址为 https://www.sumatrapdfreader.org/。

1. 制作一个Word文档，内容为歌曲《真心英雄》的歌词。其中，标题为黑体、二号字，其他文字为仿宋、四号字。

2. 选择"文件"菜单中的"另存为"命令，打开"另存为"对话框。在对话框中选择保存位置为C盘根目录，在"保存类型"下拉列表中选择PDF(＊.pdf)，命名文件名为"真心英雄.pdf"，再单击"保存"按钮。

3. 若在"另存为"对话框中勾选了"发布后打开文件"复选框，则生成的PDF文件会被默认的PDF阅读器打开。

4. 用SumatraPDF打开阅读该PDF文件，对文档进行标注操作。使用快捷键将文本标注为高亮文本，步骤为：选择标题文字按字母"a"，即可将题目标注为高亮文本。使用快捷菜单创建标注，步骤为：把插入点定位在第二行，右击，在打开的快捷菜单中选择"在光标位置创建标注"下的"文本"命令，输入标注内容"作词作曲为一人"，单击"保存至当前PDF"按钮。

5. 登录百度网站，搜索"报告PDF""说明书PDF""论文PDF"等。在搜索结果中对感兴趣的文档进行下载，并用SumatraPDF进行阅读。

【实验题目3】

使用迅雷下载搜狗输入法。

【实验步骤】

准备：若计算机中未安装迅雷，在浏览器中登录 http://dl.xunlei.com/，下载并安装迅雷。

1. 打开搜狗输入法的官网，在页面找到下载，右击"下载"链接，在弹出的快捷菜单中选择"复制链接"命令。

2. 在弹出的"添加链接或口令"窗口中，链接及文件名将自动添加在对应文本框中，选择"下载到"来确定文件保存位置，单击"立即下载"后开始下载。

3. 打开迅雷12主界面，可查看所有文件的下载进度。

4. 若下载时间过长，可选择"设置"→"下载完成后"→"关机"命令，设置下载完成后自动关机。

【实验题目4】

将Wallpaper文件夹上传至百度网盘，并分享给好友。

【实验步骤】

准备1：双击"此电脑"→"C:盘"→"Windows"→"Web"→"Wallpaper"打开文件夹，其中存放了Windows 10中各种桌面背景图片。将Wallpaper文件夹复制到桌面，用于练习利用百度网盘上传与分享文件。

准备2：若计算机中未安装百度网盘，在浏览器中登录 https://pan.baidu.com/，下载并安装百度网盘客户端。

1. 注册百度账号，登录百度网盘。

2. 在百度网盘客户端窗口中，单击"上传"按钮，打开"请选择文件/文件夹"对话框。

3. 选择桌面上的 Wallpaper 文件夹，单击"存入百度网盘"按钮，操作成功后窗口中显示上传文件。

4. 在百度网盘窗口选择刚上传的 Wallpaper 文件夹后右击，在弹出的快捷菜单中选择"分享"命令，打开"分享文件"对话框。

5. 在"链接分享"选项卡中设置分享形式、提取方式、访问人数、有效期等选项。

6. 单击"创建链接"按钮，即可生成分享链接和提取码，复制链接发送给好友即可实现文件分享。

【作业】

1. 将之前做过的 Word、Excel 和 PowerPoint 作业文件打包压缩成一个压缩文件："我的作业.zip"，并将其作为附件，给自己发一封 Email，留作纪念。

2. 将之前做过的 Word、Excel 和 PowerPoint 作业，另存为 PDF 文档，并用 SumatraPDF 打开阅览。

3. 使用迅雷下载工具下载几首喜欢的歌曲或几部电影，上传至百度网盘。

4. 在百度网盘中选择一首最喜欢的歌曲或电影分享给好友。

实验 2 常用多媒体工具的使用

【实验目的】

1. 掌握抓图软件 FastStone Capture 的使用方法。

2. 掌握使用格式工厂转换多媒体文件格式的方法。

3. 掌握使用 ScreenToGif 制作 GIF 的过程。

【实验题目 1】

1. 使用 FastStone Capture 捕捉网页中的画面。

2. 使用 FastStone Capture 捕捉网页中的滚动窗口。

3. 利用 FastStone Capture 合成图片。

【实验步骤】

准备 1：双击"此电脑"→"C:盘"→"Windows"→"Web"→"Wallpaper"打开文件夹，其中存放了 Windows 10 中各种桌面背景图片。将 Wallpaper 文件夹复制到桌面，用于图像的合并练习。

准备 2：若计算机中未安装 FastStone Capture，在浏览器中下载并安装 FastStone Capture，官方下载网址为 https://www.faststonecapture.cn/。

1. 捕捉网页中的画面。

(1) 运行 FastStone Capture 软件。

(2) 在浏览器地址栏输入 www.baidu.com，打开百度。

(3) 单击"捕获矩形区域"图标▣。

(4) 拖动鼠标，在百度主页选取矩形区域，截获的图像将显示在 FastStone Capture 编辑器中。

（5）单击工具栏中的"另存为"图标，在弹出的对话框中输入保存文件名称，单击"保存"按钮。

2. 捕捉网页中的滚动窗口。

（1）运行 FastStone Capture 软件。

（2）在浏览器地址栏输入 www.sina.com.cn，打开新浪主页。

（3）单击"捕获滚动窗口"图标 ，单击新浪主页，屏幕自动滚动，进入捕获，按 Esc 键退出捕获。

（4）捕获的图像将显示在 FastStone Capture 编辑器中。

（5）单击工具栏中的"另存为"图标，在弹出的对话框中输入保存文件名称，单击"保存"按钮。

3. 利用 FastStone Capture 合成图片。

（1）在编辑器中打开要合并的图片。捕获的图片会自动在编辑器中打开，如果要合并非捕获的图片，可以单击"在编辑器中打开文件"图标，在弹出的菜单中选择"打开"命令，在"打开"对话框中选择图片。例如，在 Wallpaper 文件夹的"日出"子文件夹中选择 4 个图片，单击"打开"按钮，则在编辑器中打开图片。

（2）在编辑器中，选择"工具"菜单中的"将图像合并为单个图像"命令，弹出"将图像合并为单个图像文件"对话框，编辑器中所有打开的图片均出现在对话框中。

（3）在对话框中，设置合并选项。

① 单击对话框底部的"添加"按钮可以添加新图片。

② 单击"移除"按钮移除不想合并的图片。

③ 拖动图片改变图片排列顺序。

④ 单击"箭头"图标 → 或 ↓ 选择图片合并的方向为"水平"还是"垂直"。

⑤ 选中标题选项，在标题后的文本框中输入标题文本，为合并后的图片添加标题。

此外，还可以设置合并时是否显示编号、文件名、阴影、调整大小等选项。

（4）设置完成后单击"预览"按钮查看合并效果，如果效果不满意可以返回重新设置。如果效果满意可以单击"合并"按钮，将选定的图片合并为一个。

（5）单击"编辑器"窗口的"保存"按钮，保存图片。

【实验题目 2】

使用格式工厂转换视频文件并添加水印。

【实验步骤】

准备 1：若计算机中未安装格式工厂，请下载并安装格式工厂。

准备 2：准备一部扩展名为 .mp4 的视频文件，保存在桌面。

1. 在格式工厂左侧的功能区中，单击视频链接点，展开"视频"窗格。在窗格中单击要转换为的视频类型按钮，例如，单击"→MKV"按钮，打开"→MKV"对话框。

2. 在对话框中单击"添加文件"按钮，在"选择文件"对话框中选定桌面上事先准备好的视频，单击"打开"按钮，将文件添加到转换列表中。

3. 在对话框中设置转换后视频文件的保存路径为"桌面"。

4. 单击"输出配置"按钮，在"视频设置"对话框中调整转换视频输出前的参数。

5. 切换到"水印"选项卡,为视频添加文本水印"测试",设置"透明度"为50,单击"确定"按钮,返回"视频设置"对话框,再次单击"确定"按钮,返回格式工厂主界面。

6. 在格式工厂主界面任务区单击工具栏中的"开始"按钮,开始进行格式转换。

7. 转换完成时,可在桌面查看转换后的视频。

【实验题目 3】

使用 ScreenToGif 制作一个 GIF 动画,该动画演示用格式工厂将.wav 音频文件转换为.mp3 音频文件的操作过程。

【实验步骤】

准备 1:若计算机中未安装 ScreenToGif,在浏览器中登录 https://www.screentogif.com/,下载并安装 ScreenToGif。

准备 2:准备一个或多个.wav 音频文件。

1. 运行 ScreenToGif 软件。

2. 单击"录像机"按钮,打开录像机窗口,调整录像机窗口的大小,使其能够录制整个桌面。

3. 单击"录制"按钮,开始动画录制。

4. 演示用格式工厂将.wav 音频文件转换为.mp3 音频文件的操作过程。

5. 操作结束后,在录像机窗口单击"结束"按钮,自动打开"编辑器"窗口,并加载录制的动画文件。

6. 在编辑器中编辑录制的 GIF 动画文件。单击"编辑"选项卡"帧"选项组的"减少帧数"图标,在打开的操作侧边栏中调整帧数;单击"图像"选项卡"文本"选项组的"Aa 自由文本"图标,在打开的操作侧边栏中为画面添加"音频转换"文字。

7. 单击"文件"选项卡的"文件"选项组中的"另存为"图标,在打开的操作侧边栏中设置"另存为"选项,如文件类型、编码器和量化器、颜色、保存路径等,单击"保存"按钮。

8. 编辑器处理中,处理结束后可在保存路径下查看制作的 GIF 动画。

【作业】

1. 下载一篇格式为 PDF 的学术论文,使用 FastStone Capture 的捕捉滚动窗口功能制作长图,显示论文内容。

2. 使用格式工厂将 MP3 格式的歌曲转换为 WMA 格式。

3. 使用 ScreenToGif 制作 GIF 在你喜欢的一部电影中记录让你难忘的几个镜头。

常用工具软件介绍

参 考 文 献

［1］ 闫瑞峰,张立铭,薛佳楣,等.大学计算机基础(Windows 10＋Office 2016)［M］.北京：清华大学出版社,2022.

［2］ 王铭,谢晓飞.大学计算机(Windows 10＋Office 2019)［M］.北京：电子工业出版社,2021.

［3］ 石利平,田辉平,蒋桂梅,等.计算机应用基础教程(Windows 10＋Office 2019)［M］.北京：中国水利水电出版社,2020.

［4］ 陈娟,卢东方,杜松江,等.计算机应用基础教程(Windows 10＋Office 2019)［M］.5 版.北京：电子工业出版社,2023.

［5］ 俞立峰,宋雯雯,陈暄,等.信息技术基础(Windows 10＋Office 2019)［M］.北京：电子工业出版社,2020.

［6］ 张爱民,陈炯.计算机应用基础(Windows 10＋Office 2019)［M］.4 版.北京：电子工业出版社,2021.

［7］ 雷丽晖,李鹏,邵仲世,等.大学计算机基础教程(Windows 10＋Office 2019)［M］.北京：科学出版社,2022.

［8］ 肖冰,洪灵,代才,等.大学计算机基础教程实验教程(Windows 10＋Office 2019)［M］.北京：科学出版社,2022.

［9］ 熊燕,杨宁.大学计算机基础(Windows 10＋Office 2016)［M］.北京：人民邮电出版社,2023.

［10］ 徐广宇,韩勇,吴和群,等.计算机常用工具软件实用教程［M］.北京：清华大学出版社,2023.

［11］ 谢丽丽.常用工具软件［M］.北京：北京理工大学出版社,2018.